职业教育信息技术类系列教材

U0868593

实战Dreamweaver CC网页制作教程

第4版

主　编　郭德仁　刘天真
副主编　王　森　李瑞良　王海花　孙小斐
参　编　曹佳瑞　王晓斐　宋良君　李志芳

机械工业出版社

本书针对中等职业学校学生的认知特点，从网页制作初学者的角度出发，通过完成一个个实际任务来学习Dreamweaver CC网页制作的相关知识，对网页布局中的技巧和商业站点的制作特点进行了阐述，重点培养学生的页面布局能力和技巧运用能力。

全书共12个学习单元，讲解了如何建立站点，在网页中添加各种元素和通过表格、表单美化页面布局；还讲解了HTML、CSS的建立与应用和使用Div+CSS布局网页。为丰富网页的制作效果，本书还介绍了行为、模板和库、常见动态特效等技术。在综合站点制作部分，不仅对前面学习单元中学习的技术进行了综合运用，还对Dreamweaver、Flash、Photoshop等软件之间的制作配合做了说明，有利于读者从素材整理、合成图片、制作Flash特效、布局网页等环节完整地把握网站的制作流程。

本书可作为中等职业学校计算机网络技术、计算机平面设计、数字媒体技术应用等计算机类相关专业的教材，也可供网页设计爱好者使用。

本书配有微课视频（扫描书中二维码观看），还配有电子课件等资源，选用本书作为授课教材的教师可登录机械工业出版社教育服务网（www.cmpedu.com）免费注册后下载，或咨询编辑（010-88379807）。

图书在版编目（CIP）数据

实战 DreamweaverCC 网页制作教程 / 郭德仁，刘天真主编．—4 版．—北京：机械工业出版社，2023.11（2026.1 重印）

职业教育信息技术类系列教材

ISBN 978-7-111-74249-4

Ⅰ．①实…　Ⅱ．①郭…　②刘…　Ⅲ．①网页制作工具—教材
Ⅳ．① TP393.092.2

中国国家版本馆 CIP 数据核字（2023）第 220960 号

机械工业出版社（北京市百万庄大街 22 号　邮政编码 100037）

策划编辑：张星瑶　　　责任编辑：张星瑶

责任校对：龚思文　张　征　　封面设计：马精明

责任印制：刘　媛

北京建宏印刷有限公司印刷

2026 年 1 月第 4 版第 4 次印刷

210 mm×285 mm・19.5 印张・407 千字

标准书号：ISBN 978-7-111-74249-4

定价：59.00 元

电话服务　　　　　　网络服务

客服电话：010-88361066　　机　工　官　网：www.cmpbook.com

010-88379833　　机　工　官　博：weibo.com/cmp1952

010-68326294　　金　书　网：www.golden-book.com

封底无防伪标均为盗版　　机工教育服务网：www.cmpedu.com

前　言

当今时代，随着“网络强国”“数字中国”等政策的推进，数字技术日益融入经济社会发展的各领域，网站和网页作为数字信息传播与展示的重要手段和载体，被各行各业所重视，学习网页制作技术变得非常重要。

本次修订认真贯彻落实党的二十大提出的“加快推进科技自立自强”“推进文化自信自强”“提高全社会文明程度”等精神，深入挖掘具有学科特色的思政元素，使其与学科内容有机融合，渗透“科技强国”理念，弘扬传统文化，突出工匠精神，培养生态保护意识，激发学生努力学习科学技术的热忱，肩负起科技报国的家国情怀和使命担当，为将我国建设为现代化强国而奋斗。

本书自2007年10月出版后，受到广大读者好评，至今已多次改版和印刷。随着网站主流制作技术的不断更新，本次修订在教材编写体例上改成“学习单元-任务”式，在内容上针对CC版本网站制作模式的新变化进行了全面更新，淘汰了部分过时的制作技术，采用属性面板和CSS对网站的元素进行样式定义。本书对表格、Div+CSS主流布局网页技术进行了详细介绍和综合运用，读者可根据自己的认知情况和网站制作需要，合理选择适合的制作技术布局网页。具体修订内容如下：

学习单元1、学习单元2、学习单元3利用CC版本新的操作模式，对站点进行定义，采用HTML属性面板、CSS属性面板、CSS样式、标记代码对添加的网页元素进行样式定义，修饰网页。

学习单元5中，增加了HTML的内容，对HTML的基本标记进行了详细介绍，为后面的提高学习打下基础。

学习单元7中，鉴于Div+CSS布局网页的技术已成为Web网站标准，本单元对Div+CSS布局网页技术的制作方法、流程进行了详细的介绍，对任务的操作也进行了相应调整，让读者通俗易懂地了解和掌握最新的主流网页布局技术。

学习单元8中，新版软件丰富了行为内容，在此进行了详细介绍。

学习单元10中，替换了“诗词新苑”网站，便于读者对应进行实战操作。

本书针对中等职业学校学生的认知特点和知识现状，通俗易懂地讲解了Dreamweaver CC网页制作的相关知识，注重实例的趣味性，重点培养学生的页面布局能力和技巧运用能力。在内容编排上通过任务实施、新知解析、强化训练等几个环节，由浅入深地将商业站点制作的技巧融入制作中，真正提高学生的实战能力。本书紧跟主流制作技术的步伐，将大型商业网站的Div+CSS布局网页技术引入，使得学生的制作能力与真实的企业能力需求进行有效对接。本书侧重讲解了网站开发设计中的技巧和容易存在的问题，并且结合商业站点的开发有针对性地讲解了Dreamweaver、Flash、Photoshop之间的配合问题。

为了能真正提高学生的网页设计能力，学校在开设课程时，最好全部进行上机学习，每次上机为2学时。有条件的学校，在安排本课程学习前，能够进行Photoshop等课程的学习，这样学生的实战能力会大大提高。

建议学时安排（不包含期中、期末考试复习）：

学 习 单 元	总 学 时
学习单元1　初识Dreamweaver CC	6
学习单元2　添加网页元素	6
学习单元3　使用表格布局页面	8
学习单元4　表单	2
学习单元5　HTML	6
学习单元6　使用CSS	4
学习单元7　Div+CSS布局网页	8
学习单元8　行为的应用	6
学习单元9　模板和库	6
学习单元10　常见动态特效的制作	4
学习单元11　站点的发布与维护	4
学习单元12　综合站点制作	12
合　　计	72

本书由郭德仁、刘天真担任主编，王森、李瑞良、王海花、孙小斐担任副主编，与青岛禾谷电子商务有限公司合作编写，参加编写的还有曹佳瑞、王晓斐、宋良君、李志芳。

由于编者水平有限，书中不足之处在所难免，恳请读者批评指正。

编　　者

二维码索引

（续）

序号	名称	图形	页码	序号	名称	图形	页码
23	2-11 制作网站“诗词大观”首页（3）设置锚点链接		39	35	3-5 制作网站“极地动物”主页（1）设置站点和页面属性		62
24	2-12 制作网站“诗词大观”首页（4）设置文件下载链接和绝对超链接		40	36	3-6 制作网站“极地动物”主页（2）布局页眉部分元素		62
25	2-13 制作网站“诗词大观”首页（5）设置版权区域和电子邮件链接		42	37	3-7 制作网站“极地动物”主页（3）制作跑马灯效果		62
26	2-14 制作网站“诗词大观”子页（1）布局网页		45	38	3-8 制作网站“极地动物”主页（4）制作页眉部分细线效果		63
27	2-15 制作网站“诗词大观”子页（2）设置文本属性		46	39	3-9 制作网站“极地动物”主页（5）制作左侧栏目1		64
28	2-16 制作网站“诗词大观”子页（3）制作版权区域及建立超链接		47	40	3-10 制作网站“极地动物”主页（6）制作左侧栏目2		64
29	2-17 制作网站“美联”导航部分		47	41	3-11 制作网站“极地动物”主页（7）制作右侧栏目		65
30	2-18 制作网站“闪闪作坊”页眉局部		49	42	3-12 制作网站“极地动物”主页（8）制作版权区域		66
31	3-1 制作世界杯四分之一决赛对阵表（1）制作细线表格		52	43	3-13 制作网站“极地动物”子页（1）布局网页		69
32	3-2 制作世界杯四分之一决赛对阵表（2）编辑表格和表格内容		53	44	3-14 制作网站“极地动物”子页（2）设置网站超链接		71
33	3-3 制作网站“行星大观”页眉导航部分（1）设置页眉表格背景		59	45	4-1 个人信息调查表（1）添加表单文字		74
34	3-4 制作网站“行星大观”页眉导航部分（2）制作页眉内容		60	46	4-2 个人信息调查表（2）添加表单元素		74

（续）

序号	名称	图形	页码	序号	名称	图形	页码
47	4-3　个人信息调查表（3）设置表单元素		75	59	6-4　使用类选择器规则美化网页“采蒲台的苇”（3）类选择器CSS规则创建与应用说明		133
48	4-4　制作网络写作注册信息表（1）制作表单背景		85	60	6-5　使用类选择器规则美化网页“采蒲台的苇”（4）创建并应用类选择器CSS规则“.content”		134
49	4-5　制作网络写作注册信息表（2）插入表单文字		88	61	6-6　使用类选择器规则美化网页“采蒲台的苇”（5）创建并应用类选择器CSS规则“.title”		135
50	4-6　制作网络写作注册信息表（3）插入表单元素		90	62	6-7　使用类选择器规则美化网页“采蒲台的苇”（6）创建并应用类选择器CSS规则“.copyright”		136
51	4-7　制作网络写作注册信息表（4）设置表单元素		92	63	6-8　使用类选择器规则美化网页“采蒲台的苇”（7）创建并应用类选择器CSS规则“.image”		137
52	5-1　认识HTML文档		95	64	6-9　使用类选择器规则美化网页“采蒲台的苇”（8）创建并应用类选择器CSS规则“.input”		138
53	5-2　用代码制作第一个网页		98	65	6-10　使用类选择器规则美化网页“采蒲台的苇”（9）设置网页属性		140
54	5-3　制作网页“计算机主要硬件组成”		99	66	6-11　美化网页“采蒲台的苇”（1）规划站点		141
55	5-4　制作网页“人生茶境”与网页“用户登录”		109	67	6-12　美化网页“采蒲台的苇”（2）定义站点		141
56	6-1　美化网页“书法背后的人生”		116	68	6-13　美化网页“采蒲台的苇”（3）创建并应用类选择器规则		141
57	6-2　使用类选择器规则美化网页“采蒲台的苇”（1）规划站点		133	69	6-14　美化网页“采蒲台的苇”（4）创建<td>标签选择器规则		142
58	6-3　使用类选择器规则美化网页“采蒲台的苇”（2）定义站点		133	70	6-15　美化网页“采蒲台的苇”（5）创建<body>标签选择器规则		142

（续）

序号	名称	图形	页码	序号	名称	图形	页码
71	6-16　美化网页“采蒲台的苇”（6）创建锚伪类CSS规则		144	82	7-4　制作网页“菊花的浇水学问”（4）制作文章标题部分		164
72	6-17　使用标签选择器规则与锚伪类规则美化网页“红楼梦评论”（1）规划站点		150	83	7-5　制作网页“菊花的浇水学问”（5）制作文章内容部分		165
73	6-18　使用标签选择器规则与锚伪类规则美化网页“红楼梦评论”（2）定义站点		150	84	7-6　制作网页“菊花的浇水学问”（6）制作版权部分		165
74	6-19　使用标签选择器规则与锚伪类规则美化网页“红楼梦评论”（3）设置标题与文章内容		150	85	7-7　制作网页“香水使用指南”（1）规划站点		177
75	6-20　使用标签选择器规则与锚伪类规则美化网页“红楼梦评论”（4）创建标签选择器CSS规则		150	86	7-8　制作网页“香水使用指南”（2）定义站点		178
76	6-21　使用标签选择器规则与锚伪类规则美化网页“红楼梦评论”（5）创建锚伪类CSS规则		152	87	7-9　制作网页“香水使用指南”（3）制作Banner部分		178
77	6-22　使用标签选择器规则与锚伪类规则美化网页“红楼梦评论”（6）创建并应用类选择器CSS规则		155	88	7-10　制作网页“香水使用指南”（4）制作标题部分		180
78	6-23　制作网页“关于词牌的几句话”		155	89	7-11　制作网页“香水使用指南”（5）制作正文部分		181
79	7-1　制作网页“菊花的浇水学问”（1）规划站点		161	90	7-12　制作网页“香水使用指南”（6）制作版权部分		182
80	7-2　制作网页“菊花的浇水学问”（2）定义站点		161	91	7-13　制作网页“回顾经典”（1）规划站点		184
81	7-3　制作网页“菊花的浇水学问”（3）制作Banner部分		161	92	7-14　制作网页“回顾经典”（2）定义站点		184

（续）

（续）

序号	名称	图形	页码	序号	名称	图形	页码
117	9-4　制作网站“金雁酒店”（1）处理图像		240	129	11-4　定义站点（4）高级设置		260
118	9-5　制作网站“金雁酒店”（2）切片并保存分割图像		241	130	11-5　利用“文件”面板管理文件（1）“文件”面板		261
119	9-6　制作网站“金雁酒店”（3）定义站点		242	131	11-6　利用“文件”面板管理文件（2）“文件”面板实现的功能		262
120	9-7　制作网站“金雁酒店”（4）制作导航部分		242	132	11-7　创建站点报告		263
121	9-8　制作网站“金雁酒店”（5）制作左侧部分		244	133	11-8　清理文档		264
122	9-9　制作网站“金雁酒店”（6）制作右侧三个栏目部分		246	134	11-9　检查网页链接		264
123	9-10　制作网站“金雁酒店”（7）制作版权部分		247	135	11-10　申请空间		265
124	10-1　为网页“诗词新苑”添加动态效果		249	136	11-11　上传下载网站		268
125	10-2　为“玫瑰文化”网页添加动态效果		254	137	12-1　制作网站“蝴蝶谷”（1）设置页眉背景图像		274
126	11-1　定义站点（1）定义本地站点		257	138	12-2　制作网站“蝴蝶谷”（2）为页眉添加网页元素		275
127	11-2　定义站点（2）设置远程服务器		257	139	12-3　制作网站“蝴蝶谷”（3）制作文字滚动效果		276
128	11-3　定义站点（3）版本控制设置		259	140	12-4　制作网站“蝴蝶谷”（4）制作左侧栏目1		278

（续）

目　录

学习单元1　初识Dreamweaver CC

学习目标

1）掌握Dreamweaver CC工作界面的基本操作。
2）能利用站点定义向导创建站点和编辑管理站点。
3）初步体验制作一个完整网站的方法。
4）培养学生精益求精的工匠精神。
5）培养学生的审美能力。

Dreamweaver CC是Adobe公司目前推出的最新版本的网页制作软件，利用它可以方便地进行网页设计和站点管理。它采用可视化的操作界面，易学，易用，只要掌握初步的知识，就可根据自己的创意制作出包含文本、图像、动画、视频、链接的网页。通过本单元的学习，将熟悉Dreamweaver CC的操作界面和运行环境，通过站点定义向导学会建立站点和管理站点。

1.1　Dreamweaver CC简述

Dreamweaver CC是Adobe公司推出的集网页制作和站点管理于一身的可视化网页制作软件，利用它可以制作出跨越平台限制和浏览器限制的、充满丰富动感的网页。设计者使用Dreamweaver CC就可以轻松制作出精美的网页，而且在制作过程中可以同步预览制作效果，使网页的设计过程简单明了。

Dreamweaver CC对工作界面进行了全面精简，增加了许多HTML5元素，使功能更强大。它不仅可以制作出结构复杂的静态网页，还具有完美的操作界面、强大的模板功能、动态网页的创建功能和强大的代码编辑功能。在Dreamweaver CC中，CSS+Div功能变得更加完善，站点管理更为简捷、高效。

1.2　Dreamweaver CC的工作界面和基本操作

在使用Dreamweaver CC开发网站之前，首先需要熟悉Dreamweaver CC的启动、界面环境和相关的操作，便于后面进一步学习。

1.2.1　Dreamweaver CC的启动

Dreamweaver CC的启动

单击“开始”按钮，选择“程序”中的“Adobe Dreamweaver CC”

命令，启动Dreamweaver CC应用程序。

启动Dreamweaver CC后首先看到的是开始页面，供用户选择新建文件的类型，或打开已有的文档等，如图1-1所示。选择“新建”下的“HTML”选项，便可进入工作界面。

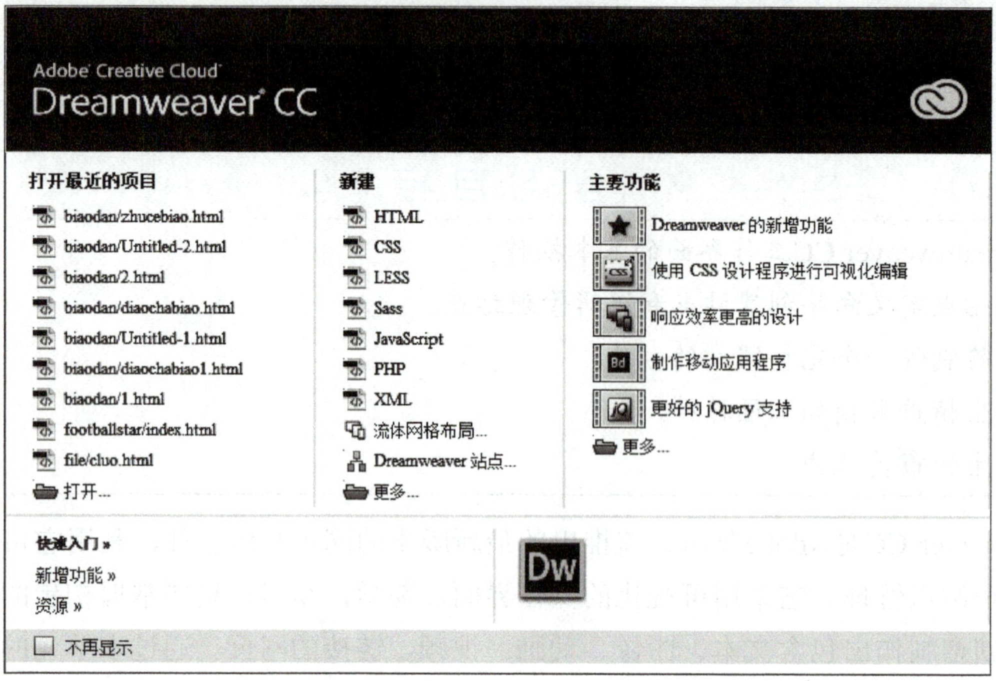

图1-1　开始页面

1.2.2　Dreamweaver CC的工作界面

Dreamweaver CC的工作界面

Dreamweaver CC的工作界面如图1-2所示。

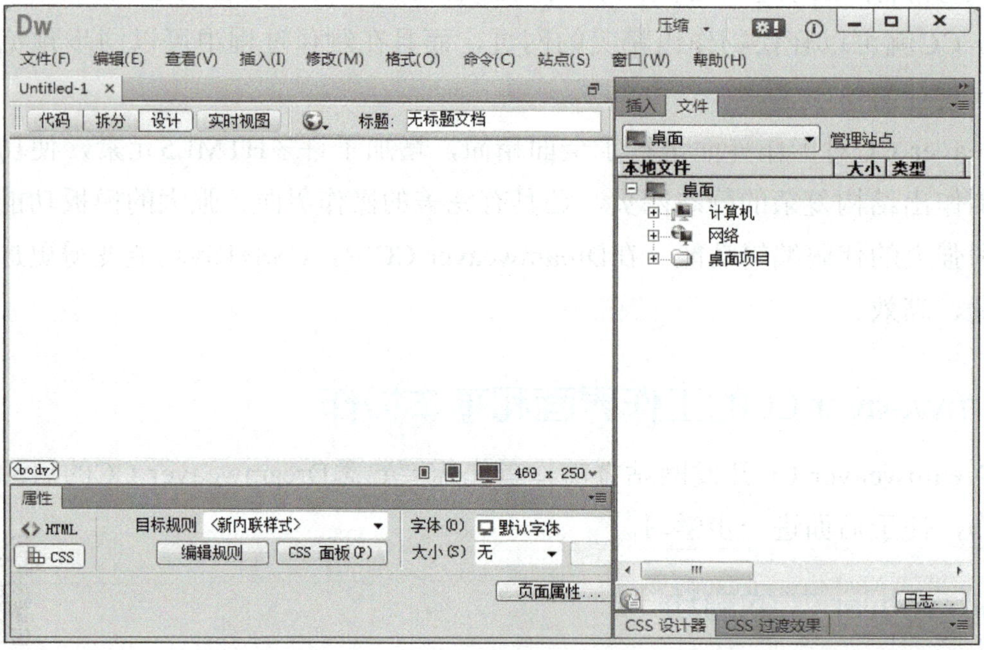

图1-2　Dreamweaver CC工作界面

Dreamweaver CC窗口是一个标准的Windows窗口，用户除了可以像其他软件一样通过菜单命令来进行相关操作外，还可以通过界面上的各类面板直接进行操作。

1. 菜单栏

菜单栏中包含了Dreamweaver CC操作的所有命令。这些命令按照操作类别分为“文件”“编辑”“查看”“插入”“修改”“格式”“命令”“站点”“窗口”“帮助”10个菜单。

2. 文档工具栏

文档工具栏中包含“代码”“拆分”“设计”“实时视图”等视图显示方式，相互之间可以快速切换，并且可以设置文档的标题，如图1-3所示。

图1-3　文档工具栏

“代码”视图：对于有编程经验的网页设计用户，可在“代码”视图中查看、修改和编写网页代码，以实现特殊的网页效果。

“设计”视图：以所见即所得的方式显示所有网页元素。

“拆分”视图：将文档窗口分为左右两部分，左侧是代码部分，显示代码。右侧是技术部分，显示网页元素及其在页面中的布局。

“实时视图”：显示不可编辑、交互式的、基于浏览器的文档视图。

文档标题是在用浏览器打开文档时显示在浏览器窗口标题栏上的名称，文档标题在文档的<title>和</title>标记中。它和文档的文件名称是不同的概念，文件名称则是文档存储在磁盘上的文件名。

3. 文档窗口

文档窗口是设计网页的主窗口，在该窗口中，用户可以对各种网页元素进行编辑和排版。在文档窗口中单击鼠标右键，在弹出的快捷菜单中可以选择相应的命令进行操作。

4. 状态栏

状态栏位于文档窗口的底部，用于提供与用户当前编辑的文档有关的信息，如标签选择器、窗口大小弹出菜单等。

5. 属性面板

Dreamweaver CC中的属性面板是经常使用的工具之一。当选中某一对象时，属性面板会自动地显示相关信息和参数，可以对其进行修改和设定，如图1-4所示。

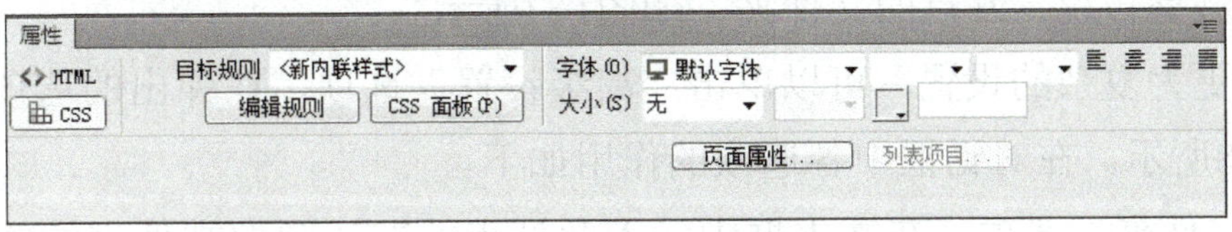

图1-4　属性面板

6. 面板组

除了属性面板外，针对不同的控制对象，还有其他几个面板组，例如，“插入”面板、“文件”面板以及“CSS设计器”面板等。按<F4>键可以打开或隐藏所有面板。

7. 开发中心

单击该按钮，可以使用系统默认浏览器自动打开Dreamweaver开发中心页面。

8. 同步设置

该按钮用于实现Dreamweaver CC与Creative Cloud同步，单击该按钮可在弹出的对话框中进行同步设置。

9. 设计器

单击该按钮，可以在弹出的菜单中选择适合自己的面板布局方式，以更好地适应不同的工作类型。单击该按钮弹出的下拉列表如图1-5所示。

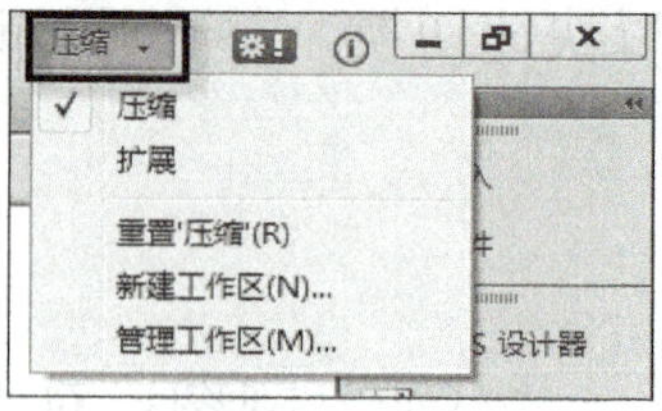

图1-5 “设计器”下拉列表

1.3 Dreamweaver CC站点的建立及规划

Web信息管理中的最小管理单位是站点。用户设计的网页和相关素材一般都要求存放在同一个文件夹内，将该文件夹定义为站点，这样可以方便地对网站进行维护和管理。在Dreamweaver CC中，站点通常包含两部分，即本地站点和远程站点。本地站点是本地计算机上的某个文件夹，里面存放着与站点有关的一组文件。远程站点是远程Web服务器上的一个位置。用户将本地站点的内容发布到网络上的远程站点，使公众可以访问它们。使用Dreamweaver CC创建Web站点，通常先在本地磁盘上创建本地站点，然后创建远程站点，再将这些网页的副本上传到远程Web服务器上，使其能被公众访问。下面就介绍如何创建本地站点。

1.3.1 利用站点定义向导创建站点

利用站点定义向导创建站点

使用Dreamweaver CC自带的“站点定义向导”工具可以方便地创建新站点。下面以一个具体例子来阐述如何利用站点定义向导定义站点。

【示例】“藏獒传说”网站的建立

执行“站点”→“新建站点”命令，可打开“站点设置对象”对话框，如图1-6所示。在站点名称右侧的文本框中输入网站的名称，这里输入“藏獒传说”，单击本地站点文件夹右侧的按钮，指定“藏獒传说”站点的文件夹，如图1-7所示。

若需要进行更为复杂的设置，可以单击“高级设置”选项，在弹出的选项卡中根据需要设置站点，如图1-8所示。在对话框中各选项的作用如下。

“默认图像文件夹”选项：在文本框中输入此站点的默认图像文件夹的路径，或者单击文件夹图标查找到该文件夹。

“链接相对于”选项：选择“文档”选项，表示使用文档相对路径来链接。选择“站点根目录”选项，表示使用站点根目录相对路径来链接。

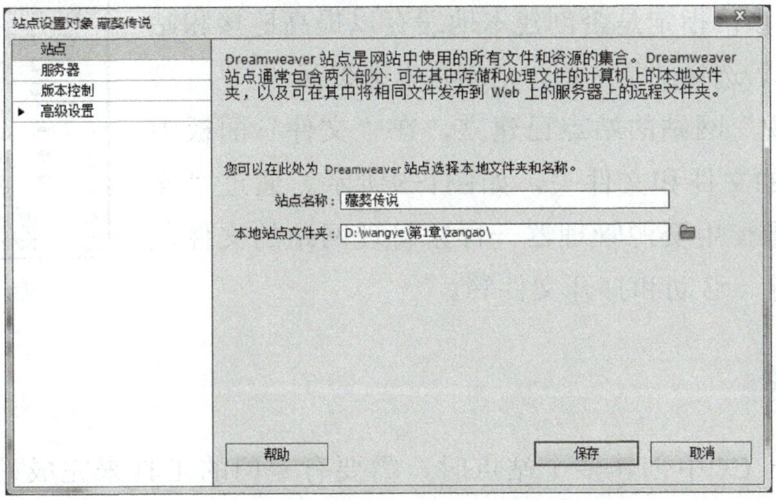

图1-6　默认的“站点设置对象”对话框

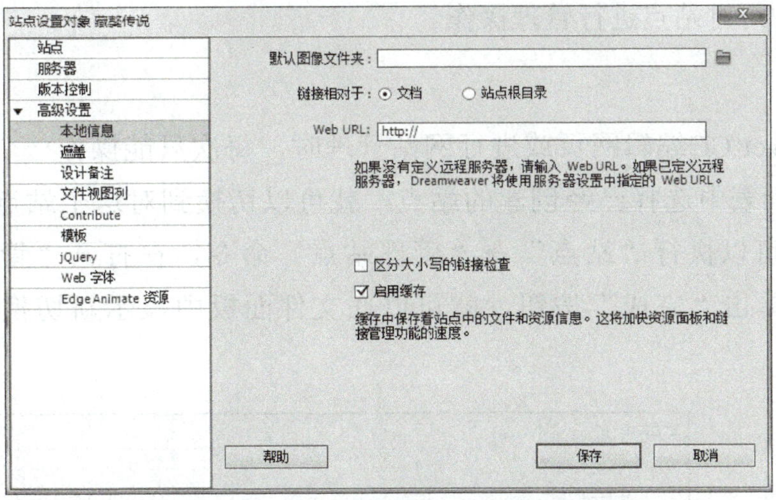

图1-7　定义“藏獒传说”本地站点

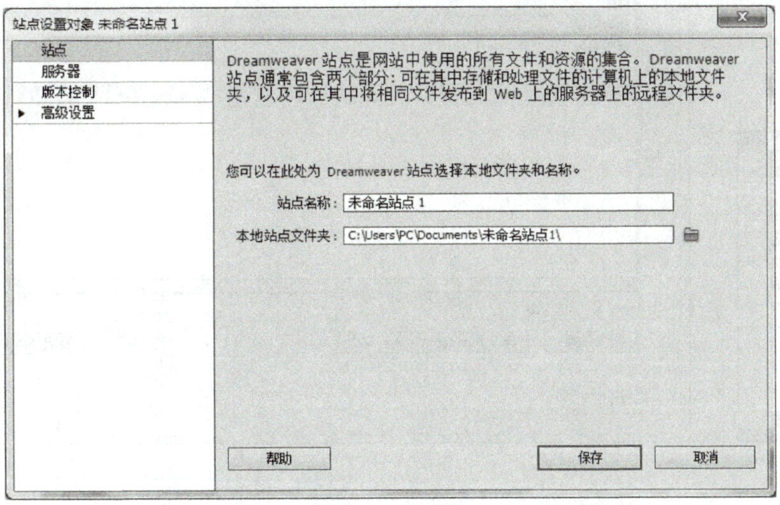

图1-8　站点设置对象的高级设置

“Web URL”选项：在文本框中输入已完成站点将使用的URL。

“区分大小写的链接检查”选项：选择此复选框，会对使用区分大小写的链接进行检查。

“启用缓存”选项：指定是否创建本地缓存以提高链接和站点管理任务的速度。若选择此复选框，则创建本地缓存。

至此“藏獒传说”网站的站点已建立，在“文件”面板中会显示站点中所有的文件和文件夹，如图1-9所示。通过“文件”面板，就可以像使用资源管理器一样来管理网站的文件，如复制、粘贴、删除、移动和打开文件等。

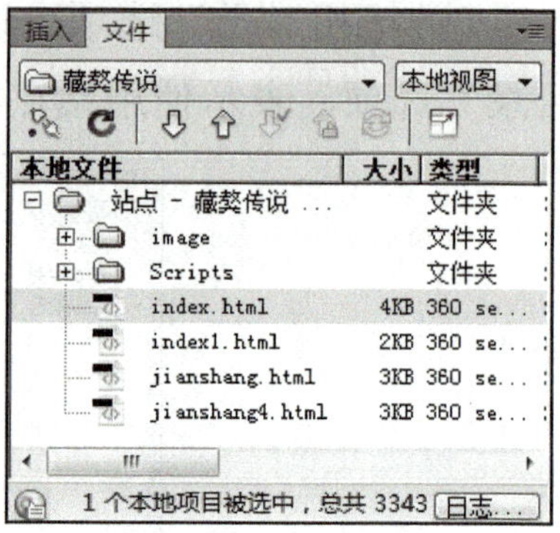

图1-9　文件面板

1.3.2　站点的管理

在Dreamweaver CC中创建多个站点时，需要有专门的工具来完成站点的切换、添加和删除等管理操作。执行“站点”→“管理站点”命令，在打开的“管理站点”命令对话框中可对站点进行管理操作。

站点的管理

1．站点的切换

使用Dreamweaver CC编辑网页或进行网站管理时，每次只能操作一个站点。在“文件”面板左上侧的下拉列表中选择已经创建的站点，就可以切换到对这个站点进行操作的状态，如图1-10所示。还可以执行“站点”→“管理站点”命令，在打开“管理站点”对话框中选择需要的站点，单击“完成”按钮，就可以在文件面板中显示新切换的站点，如图1-11所示。

图1-10　在“文件”面板切换站点

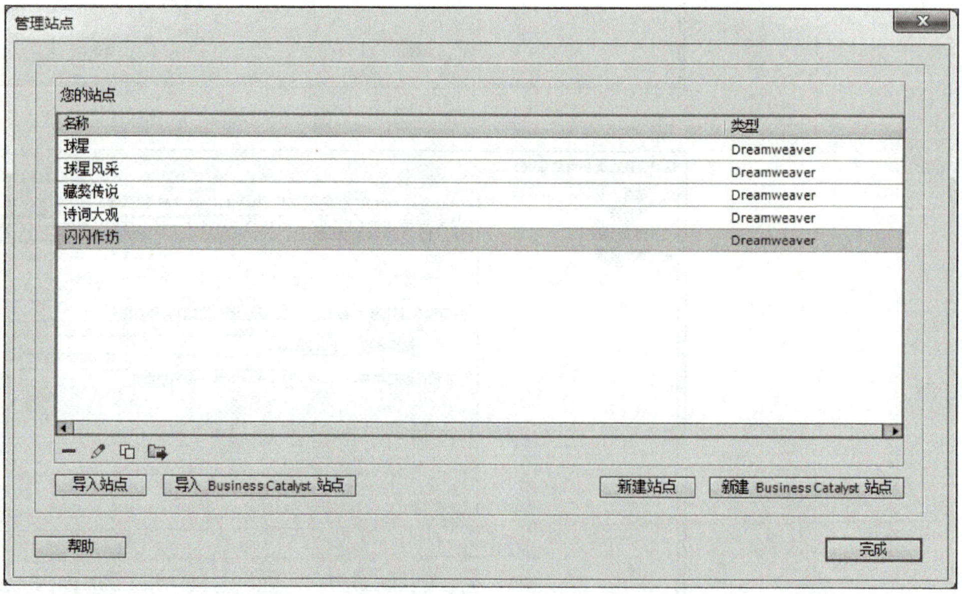

图1-11　管理站点对话框

2. “管理站点”对话框

在管理站点对话框中可以对站点进行编辑管理，如新建、编辑、复制、删除、导入和导出等。

站点列表：列表中显示了当前创建的所有站点，可选中需要进行管理的站点。

- ：删除当前选定的站点，这里删除的只是在Dreamweaver CC创建的站点，该站点中的文件并不会被删除。
- ：编辑当前选定的站点。
- ：复制当前选定的站点。
- ：导出当前选定的站点。
- 导入站点：单击该按钮，弹出“导入站点”对话框，在该对话框中选择需要导入的站点文件，单击“打开”按钮，即可将该站点文件导入到Dreamweaver CC中。
- 导入 Business Catalyst 站点：单击该按钮，弹出“Business Catalyst”对话框，显示当前用户所创建的Business Catalyst站点。选择需要导入的Business Catalyst站点，单击“Import Site”按钮，即可将选中的Business Catalyst站点导入到Dreamweaver CC中。
- 新建站点：单击该按钮，可以创建新的站点。
- 新建 Business Catalyst 站点：单击该按钮，弹出“Business Catalyst”对话框，可以创建新的Business Catalyst站点。

1.3.3　创建站点的文件和文件夹

可以通过“文件”面板对站点的内容进行管理。在“文件”面板中选中站点名称，在“文件”面板中的空白处单击鼠标右键，在弹出的快捷菜单中选择“新建文件”或“新建文件夹”命令，进行相应的操作。同理，可利用此方法选择其他的命令对站点内的文件进行编辑管理。

创建站点的文件和文件夹

【示例】修改站点信息

1）执行“站点”→“管理站点”命令，打开“管理站点”对话框，如图1-11所示，选择站点“藏獒传说”，单击“编辑当前选定的站点”按钮，在弹出的“站点设置对象”对话框中将网站名称改为“藏獒大世界”，单击“保存”和“完成”按钮结束站点编辑，如图1-12所示。

2）在“文件”面板中选中站点名称，在“文件”面板中的空白处单击鼠标右键，在弹出的快捷菜单中选择“新建文件夹”命令，此时文件夹名字处于可修改状态，输入文字“file”，按<Enter>键结束输入。

3）在“文件”面板中选中站点名称，在“文件”面板中的空白处单击鼠标右键，在弹出的快捷菜单中选择“新建文件”命令，输入文字“index2”，按<Enter>键结束输入，如图1-13所示。

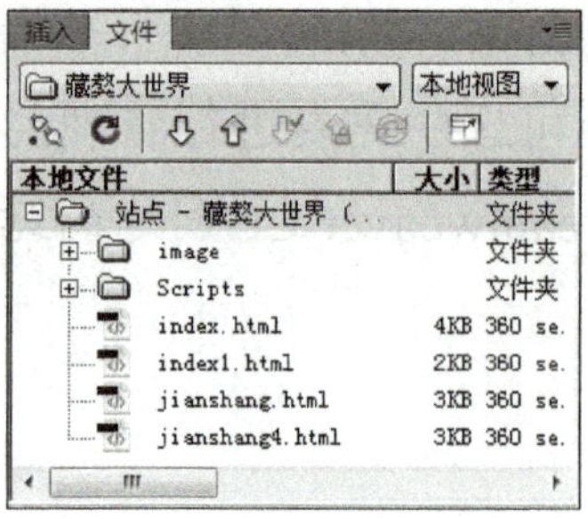

图1-12 修改站点名称

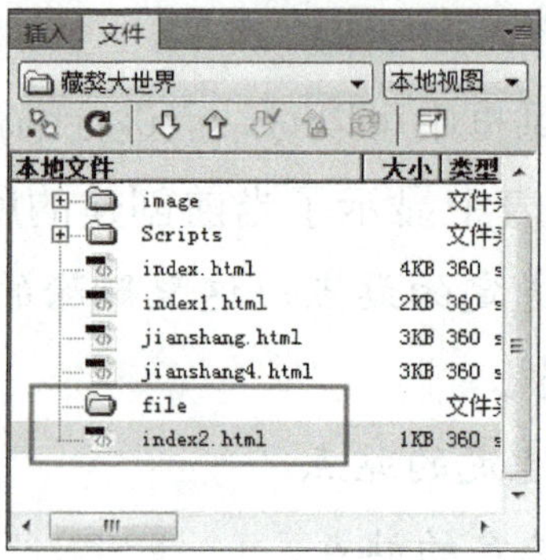

图1-13 编辑后的文件面板

1.4 文件的基本操作

文件的基本操作

1.4.1 创建新的空白文档

执行“文件”→“新建”命令，打开“新建文档”对话框，如图1-14所示。在左侧选择“空白页”选项，在“页面类型”列表框中选择“HTML”选项，在“布局”列表框中选择“无”选项，单击“创建”按钮，即可完成一个新的空白文档的创建，默认的文件名为Untitled-1.html。

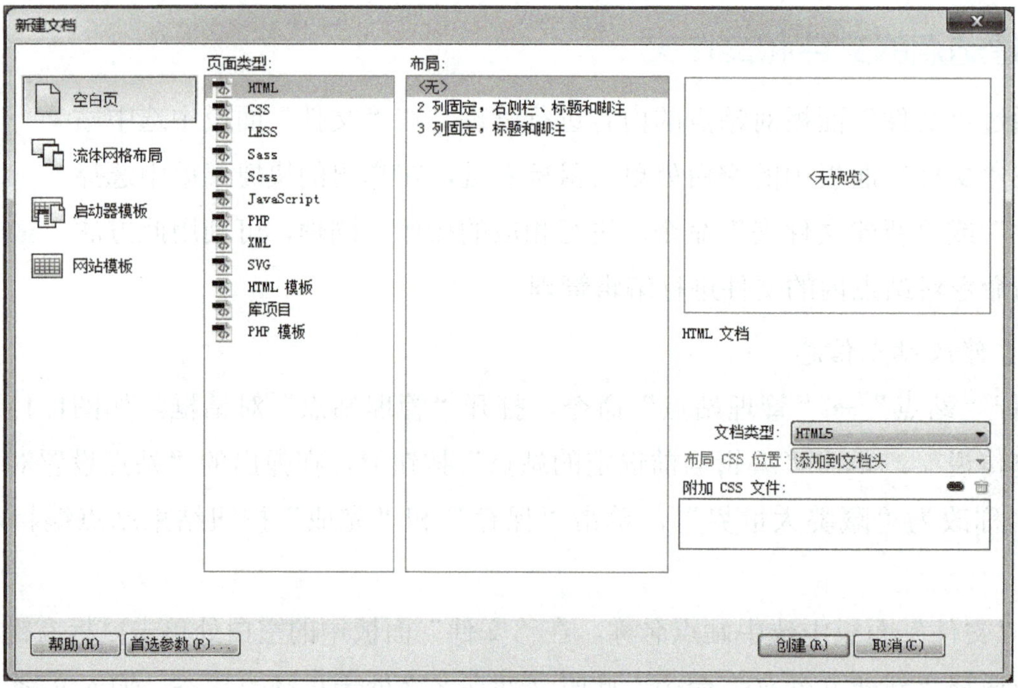

图1-14 “新建文档”对话框

1.4.2 打开现有文档

执行“文件”→“打开”命令，在“打开”对话框中选择要打开的文件后，单击“打开”按钮即可进入该文档的编辑模式。

1.4.3　基于模板创建文档

Dreamweaver CC可以将设计好版式的网页存为模板。如何建立模板请参阅学习单元9。

如果以模板为基础创建新的文档，只需选择“文件”→“新建”命令，打开“新建文档”对话框，单击左侧“网站模板”选项卡，选择相应的站点，指定对应的模板，单击“创建”按钮即可。若前面已建立了模板，则对话框中显示已建立的模板。若前面没有建立模板，则对话框中显示“<无项目>”，如图1-15所示。

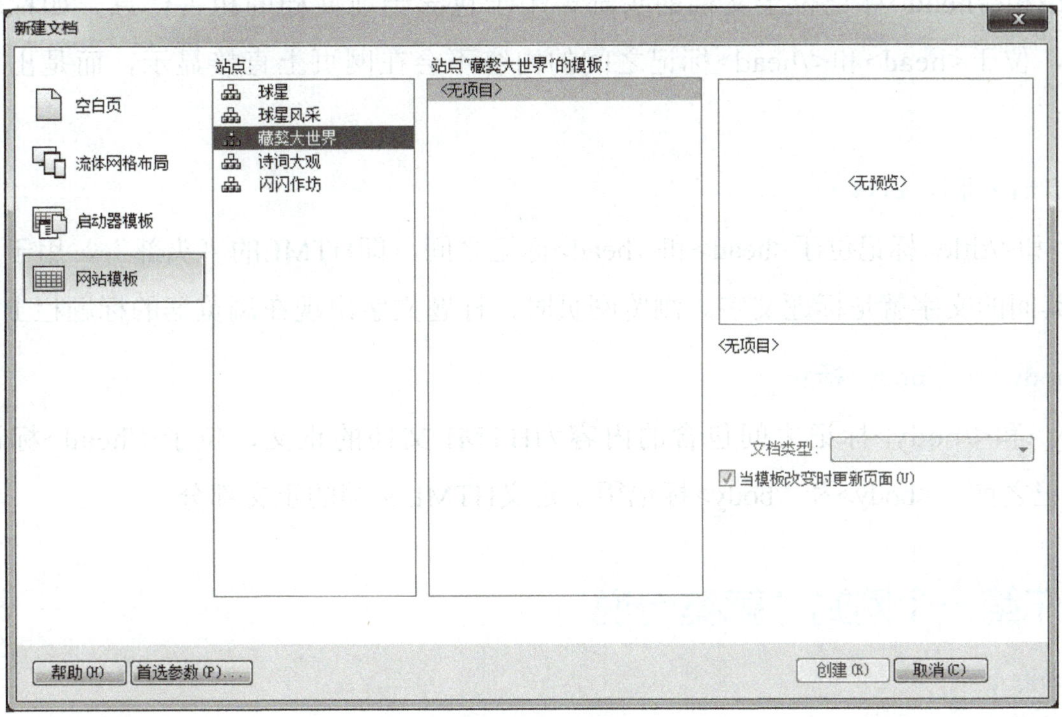

图1-15　新建“网站模板”对话框

1.4.4　存储和关闭文档

第一次保存文档时，执行“文件”→“保存”或“另存为”命令，在“另存为”对话框中选择要保存的文件路径、文件名和文件格式，单击“保存”按钮即可保存文档。已经保存过的文档再次保存时，只需执行“文件”→“保存”命令即可，此时不再出现对话框。

理解空白文档的初始代码

1.5　空白文档的初始代码

当新建空白文档后，切换到代码视图，发现虽然新建页面是空白的，但是其中已经有不少代码。默认状态下的源代码如图1-16所示。

```
<!doctype html>
<html>
<head>
<meta charset="utf-8">
<title>无标题文档</title>
</head>

<body>
</body>
</html>
```

图1-16　空白文档源代码

HTML是编写网页的统一语言规范，由于Dreamweaver CC是可视化的网页制作软件，系统会根据用户的操作自动生成相应的HTML代码，即使没有学过HTML的人也可以制作网站。HTML的详细讲解请参阅学习单元5。下面简要介绍一下HTML中重要的标记及语法规定。

1. <html>和</html>标记

<html>和</html>标记是HTML文档开始和结束的标记，文档中的所有内容都包含在这两个标记之间。在<html>前面添加的是HTML的版本描述信息。

2. <head>和</head>标记

<head>和</head>标记位于文档的头部，用于包含当前文档的相关信息，如标题关键字等。通常，位于<head>和</head>标记之间的内容不会在网页上直接显示，而是出现在其他地方。

3. <title>和</title>

<title>和</title>标记位于<head>和</head>标记之间，即HTML的“头部”，用于定义网页的标题，其间的文字就是标题文字。浏览网页时，标题文字出现在浏览器的标题栏上。

4. <body>和</body>标记

<body>和</body>标记之间包含的内容为HTML文档的正文，位于</head>标记之后，</html>标记之前。<body>和</body>标记用于定义HTML文档的正文部分。

1.6　制作第一个网站“藏獒传说”

【任务描述】

通过本任务的操作，学习如何通过站点定义向导建立站点，如何组织管理站点文件，如何在网页中添加各种元素，最终效果如图1-17和图1-18所示。

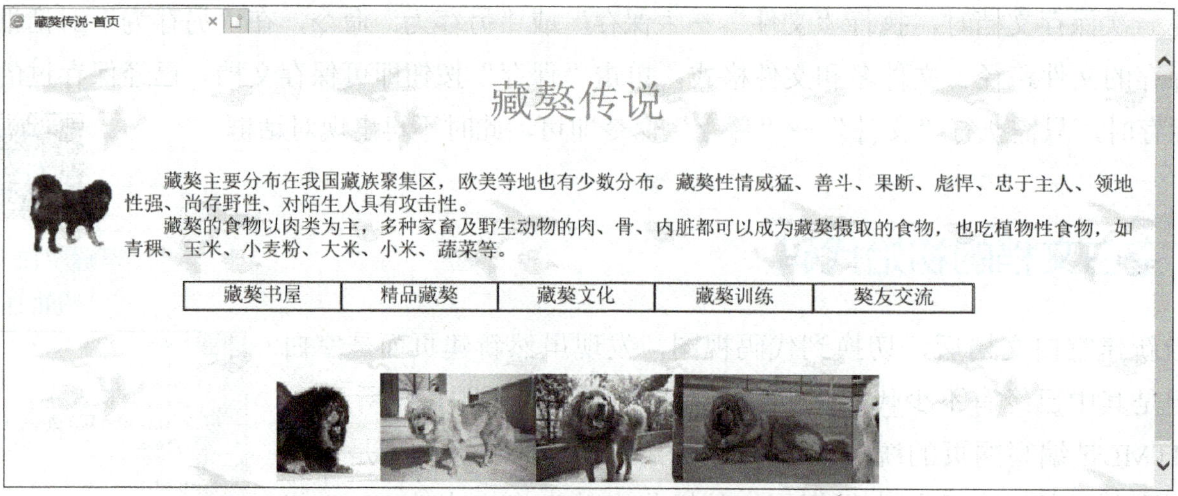

图1-17　“藏獒传说-首页”效果图

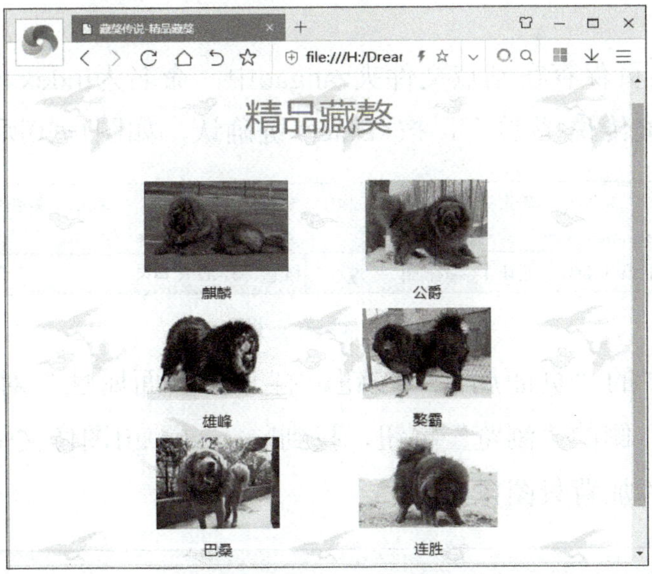

图1-18　“藏獒传说-精品藏獒”效果图

【任务实施】

建立站点

（1）组织素材，建立站点

1）新建文件夹zangao，在该文件夹中新建一个子文件夹image，将所有的素材图片复制到image文件夹中。

2）启动Dreamweaver CC，在欢迎界面中选择“新建”下的“HTML”选项，新建一个空白网页进入操作界面。

3）执行“站点”→“新建站点”命令，打开“站点设置对象”对话框，在站点名称文本框中输入网站的名称“藏獒传说”，单击本地站点文件夹右侧的按钮，指定“藏獒传说”站点的文件夹zangao，如图1-19所示。

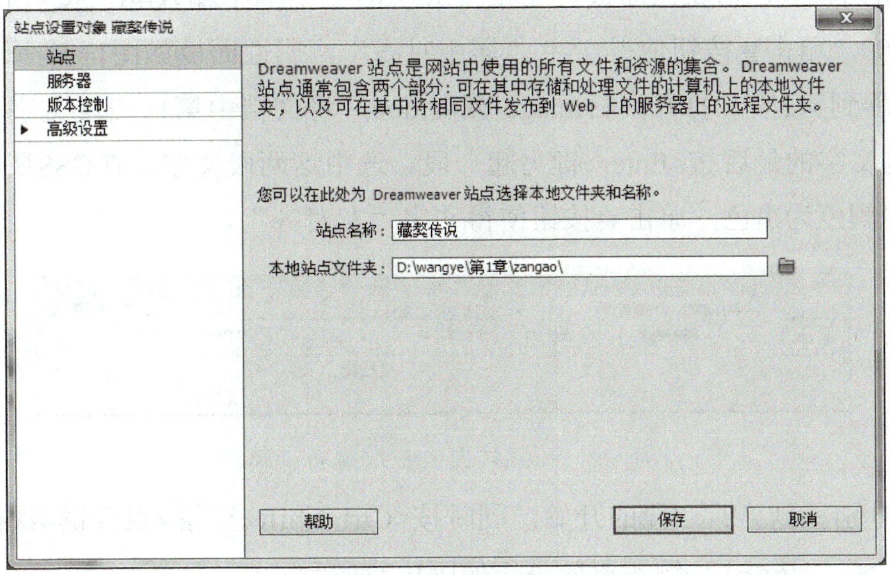

图1-19　新建站点

（2）制作网站首页

1）将当前的空白网页保存在站点文件夹zangao中，命名为index.html，在“文档”工具栏中将文档标题改为“藏獒传说-首页”，按<Enter>键确认，如图1-20所示。

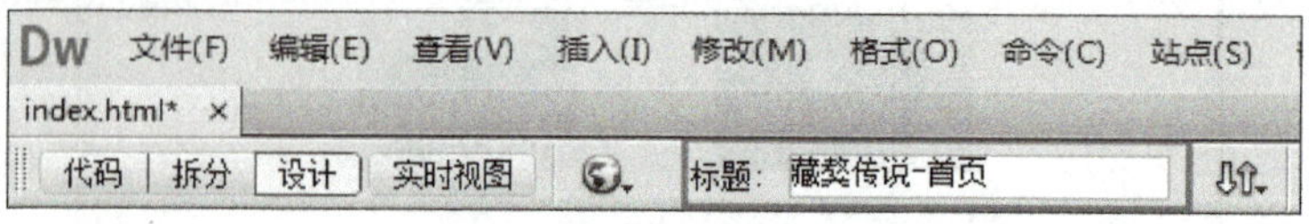

图1-20　修改文档标题

首页文字图像的制作

2）单击属性面板中的“页面属性”按钮，打开“页面属性”对话框。在“外观”选项下，单击“背景图像”右侧的“浏览”按钮，找到image/bg.gif图像文件，如图1-21所示。单击“确定”按钮，为网页添加背景图像。

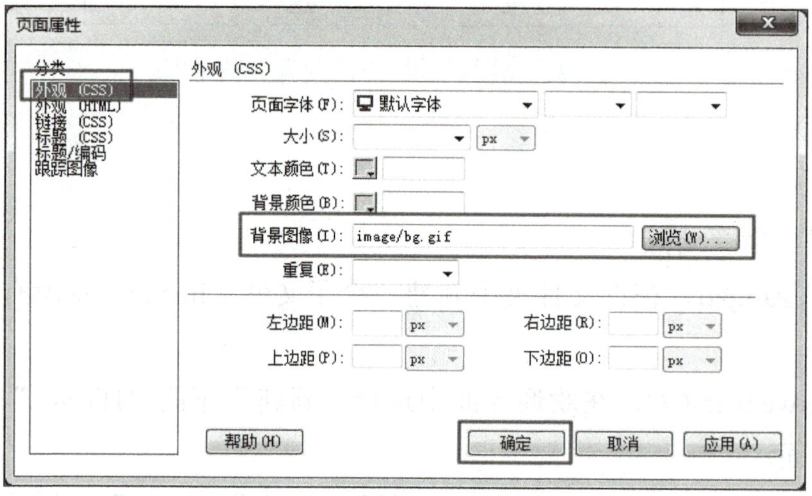

图1-21　“页面属性”对话框

3）在文档窗口中输入文字“藏獒传说”，按<Enter>键另起一段。选中文字，在属性面板中单击 CSS 按钮切换到CSS属性面板，在字号大小的文本框中输入40，按<Enter>键确认，文字颜色为#FF6600，单击按钮使得文字“居中对齐”，属性面板如图1-22所示。

4）将光标移到第2段，打开素材image/藏獒.doc，将文档中第1、2段文字复制粘贴到网页中，将光标移到文字的最后按<Enter>键另起一段。选中这两段文字，在CSS属性面板中设字号大小为18，文字颜色为黑色，单击按钮使得文字“左对齐”。

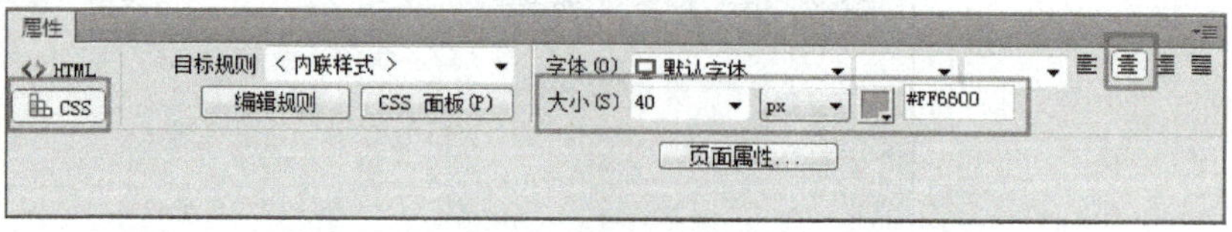

图1-22　在属性面板中设置文字属性

5）将光标分别移到第2、3段的开始，同时按<Ctrl+Shift+空格>组合键4次插入空格，使得每段文字缩进2个字。按<F12>键预览效果，如图1-23所示。

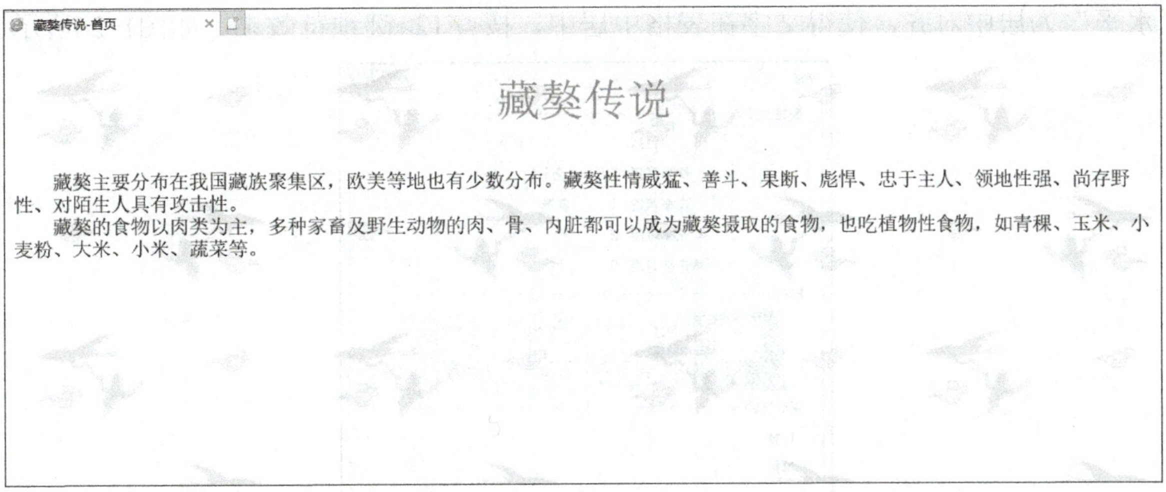

图1-23　设置文字效果

6）将光标移到第2段文字开始的最左端，执行“插入”→“图像”→“图像”命令，打开“选择图像源文件”对话框，找到站点中的image/zangao1.gif图像文件，单击“确定”按钮插入图像。右键单击选中图像，在弹出的菜单中选择“对齐”→“左对齐”命令，按<F12>键预览效果，如图1-24所示。

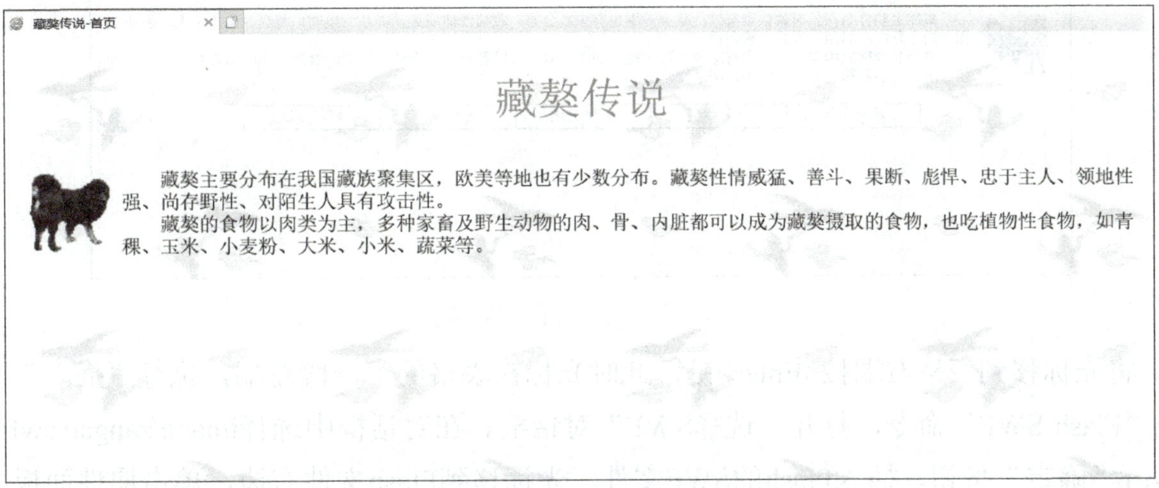

图1-24　插入图像效果

（3）首页表格Flash视频制作

首页表格Flash视频制作

1）光标移到第4段开始位置，执行“插入”→“表格”命令，打开“表格”对话框。设置表格为1行5列，表格宽度为70%，边框粗细为1，单元格边距为2，单元格间距为0，单击“确定”按钮，插入一个表格，如图1-25所示。

2）单击表格边沿选中表格，设属性面板中的“Align”为“居中对齐”，让表格在文档中居中对齐。

3）单击表格左端的第1个单元格，将光标移到该单元格中，输入文字“藏獒书屋”。同理，在其他的单元格中分别输入文字“精品藏獒”“藏獒文化”“藏獒训练”“獒友交流”。拖拽鼠标从左到右选中所有单元格，在CSS属性面板中设字号大小为18，文字颜色为黑色，单元格“水平”为居中对齐，使得文字在表格中居中。按<F12>键预览效果，如图1-26所示。

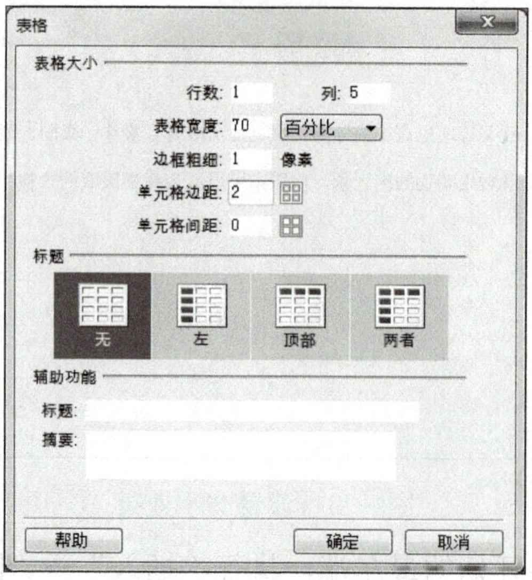

图1-25 “表格”对话框

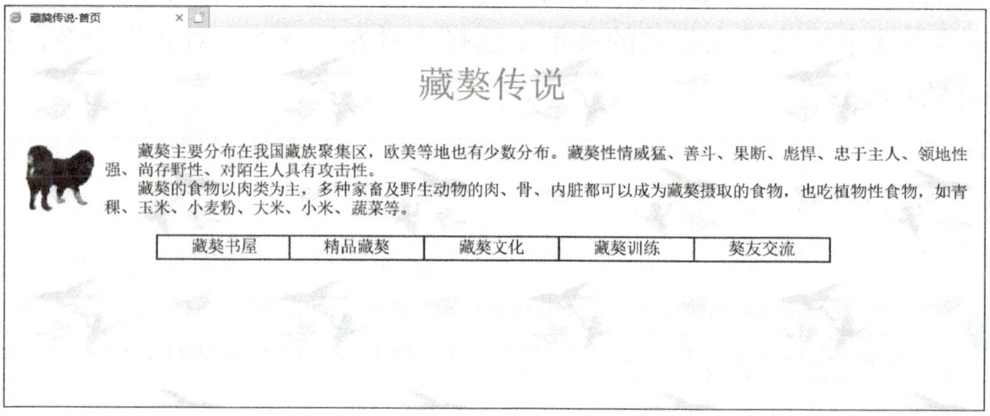

图1-26 插入表格效果

4）将光标移到表格右端按<Enter>键，此时光标在表格的下一段左端，执行“插入”→“媒体”→“Flash SWF”命令，打开“选择SWF”对话框。在对话框中选择image/zangao.swf文件，两次单击“确定”按钮，插入Flash的SWF文件。光标移到Flash文件右边，单击属性面板中的居中对齐按钮，使得Flash文件在文档中居中。按<F12>键预览效果，如图1-27所示。

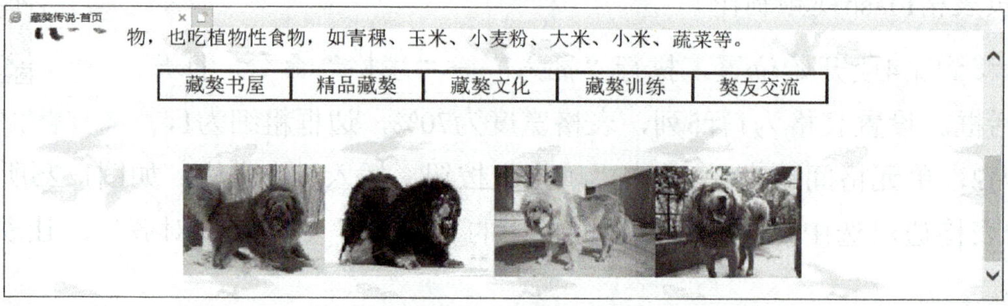

图1-27 插入SWF文件后的效果

（4）制作网站子页

1）新建网页，保存为index1.html，在“文档”工具栏中将文档标题改为“藏獒传说-精品藏獒”，按<Enter>键确认。

2）单击属性面板中的“页面属性”按钮，打开“页面属性”对话框。在“外观”选项下，单击“背景图像”右侧的“浏览”按钮，找到image/bg.gif图像文件，单击“确定”按钮，为网页添加背景图像。

制作网站子页

3）在文档窗口中输入“精品藏獒”，按<Enter>键另起一段。选中文本，在CSS属性面板中设字号大小字号为40，文字颜色为#FF6600，单击≣按钮使文字居中对齐。

4）光标移到第2段，执行“插入”→“表格”命令，打开“表格”对话框。设置表格为6行2列，表格宽度为70%，边框粗细为0，单元格边距为2，单元格间距为4，单击“确定”按钮，插入一个表格，如图1-28所示。

5）光标移到各单元格中，分别插入藏獒图像如图1-29所示。

6）光标移到各单元格中，输入文字如图1-29所示。

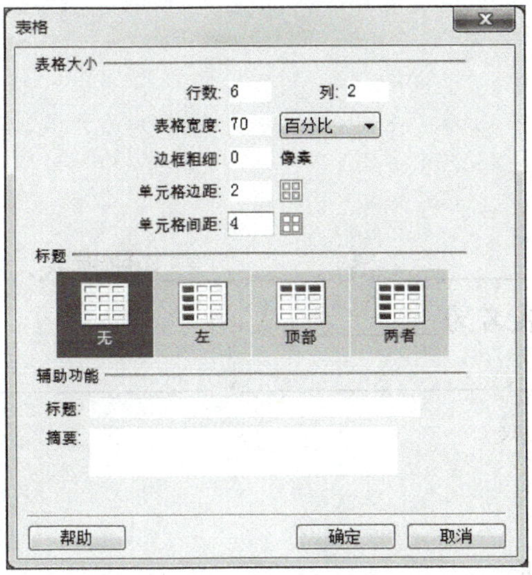

图1-28　新建表格

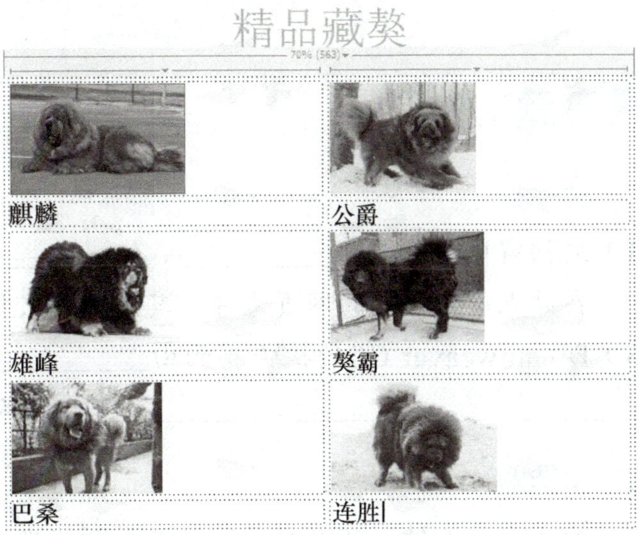

图1-29　在表格中插入图片和文字

7）分别选中文字，在CSS属性面板中设字号大小为12，文字颜色为黑色。

8）框选所有单元格，在属性面板中设单元格的“水平”为居中对齐。按<F12>键预览效果。

（5）建立超链接

1）当网页处于打开状态时，单击文档工具栏上端的网页标签切换到index.html文档，如图1-30所示。否则在“文件”面板中双击index.html打开网页。

建立超链接

图1-30　切换网页

2）选中表格中的文字“精品藏獒”，在属性面板中单击<> HTML按钮切换到HTML属性面板，单击“链接”文本框右侧的🗀按钮，打开“选择文件”对话框。在对话框中找到index1.html文件，单击“确定”按钮，为“精品藏獒”文字建立起跳转到index1.html的超链接，如图1-31所示。设有链接的文字颜色发生了改变，并带有下划线，如图1-32所示。按<F12>键预览效果。当光标移到文字“精品藏獒”上时，鼠标指针变为手形，单击文字后则打开index1.html网页。最终效果如图1-17和图1-18所示。

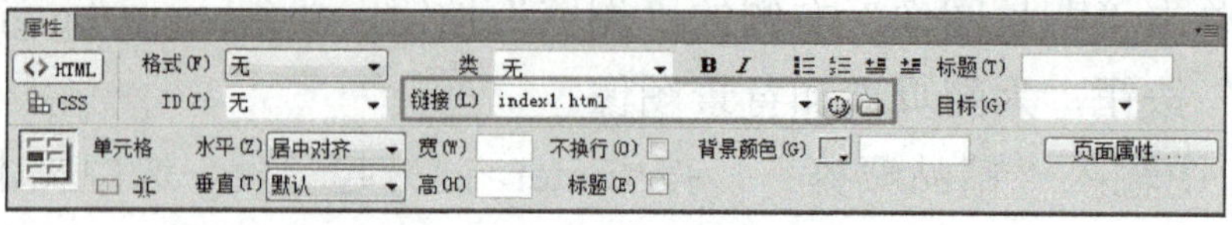

图1-31 为文字设置超链接

图1-32 设置超链接后的文字效果

习题

1. 填空题

1）文档窗口的视图有__________、__________、__________和__________4种模式。

2）在站点中建立新的网页文件，其默认的文件扩展名为__________。

3）Dreamweaver CC的操作界面由____________、____________、____________、____________、____________、____________等部分组成。

2. 单选题

1）按（　　）键，可以启动浏览器并预览当前网页。

A. <F9>　　B. <F10>　　C. <F11>　　D. <F12>

2）删除站点中的网页时，单击要删除的网页，然后按键盘上的（　　）键。

A. <Delete>　　B. <Shift+Delete>　　C. <Alt+Delete>　　D. <Shift+Alt+Delete>

3）Dreamweaver CC通过（　　）面板管理站点。

A. “组件”　　B. “文件”　　C. “资源”　　D. “结果”

4）Dreamweaver CC提供了多类组合面板，（　　）使所有停靠在一起的组合面板进行隐藏。

A. 单击菜单“窗口/隐藏面板”命令

B. 单击菜单“编辑/隐藏”命令

C. 单击组合面板顶端的“折叠为图标”按钮

D. 单击菜单“命令/隐藏”命令

3. 简答题

1）如何在文件面板中新建文件夹和网页文件？

2）如何利用站点定义向导定义站点？

学习单元2　添加网页元素

学 习 目 标

1）掌握各种网页元素添加的方法。
2）学会进行页面属性的设定。
3）学会进行简单的页面布局。
4）培养学生的创新设计能力。
5）培养学生严谨的工作态度和精益求精的工匠精神。

网页之所以吸引人，不仅是因为内容新颖、信息量大，更主要的是它集文本、图像、超链接、音频、视频等多种媒体于一体，图文并茂、动静结合、交互性强，还配合着美观的设计，更加引人注目。通过本单元的学习，将掌握如何在网页中添加各种元素，并合理地进行页面设置和布局。

任务1　文本和页面属性——制作网页“藏獒鉴赏”

【任务描述】

文本是网页中最基本的元素，虽然向网页中添加文本非常简单，但是要对文本进行组织协调并不容易，这个工作就是格式化文本。

通过本任务的操作，学习如何插入文本和利用属性面板设置文本属性，如何插入网页背景图像，如何插入水平线、日期、特殊符号并进行设置，最终效果如图2-1所示。

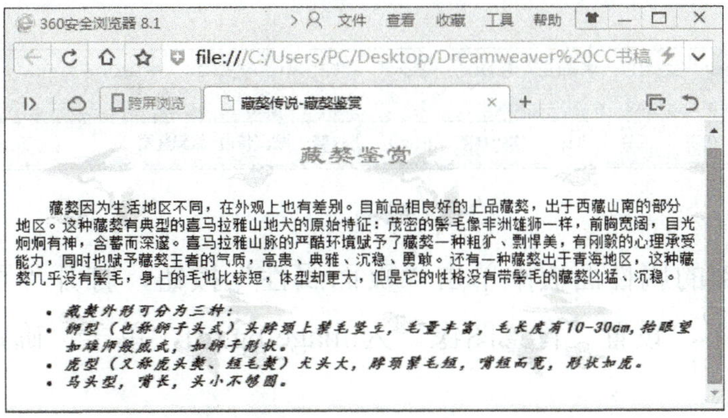

图2-1　网页“藏獒鉴赏”效果图

【任务实施】

1）新建文件夹zangao，在该文件夹中新建子文件夹image，将所有素材复制到image文件夹中。在Dreamweaver CC中，执行“站点”→“新建站点”命令，打开“站点设置对象”对话框进行站点定义，设站点名称为“藏獒传说”，站点文件夹定义为文件夹zangao。

2）执行“文件”→“新建”命令，在弹出的“新建文档”对话框中保持默认设置，单击“创建”按钮，新建一个空白网页，如图2-2所示。执行“文件”→“另存为”命令，保存网页为jianshang.html。

制作段落文字

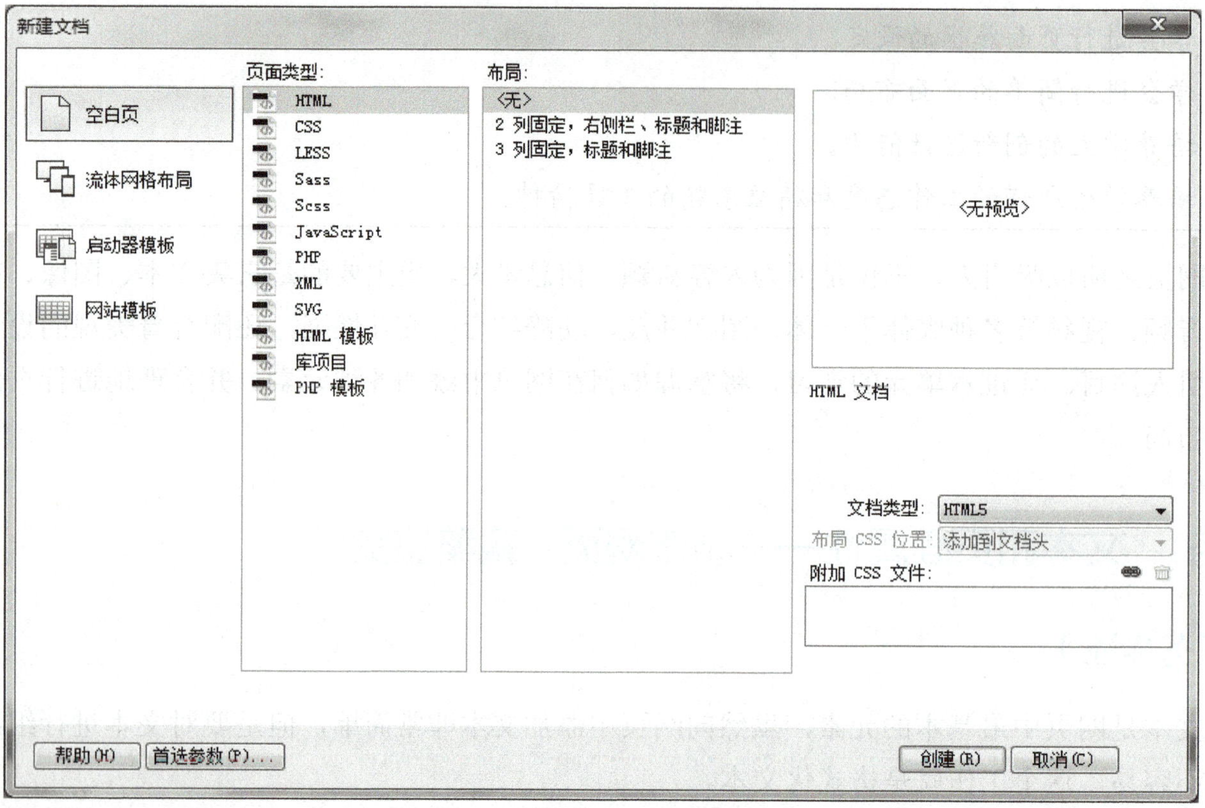

图2-2 新建文档对话框

3）在“文档”工具栏中设置网页的标题为“藏獒传说-藏獒鉴赏”，如图2-3所示。

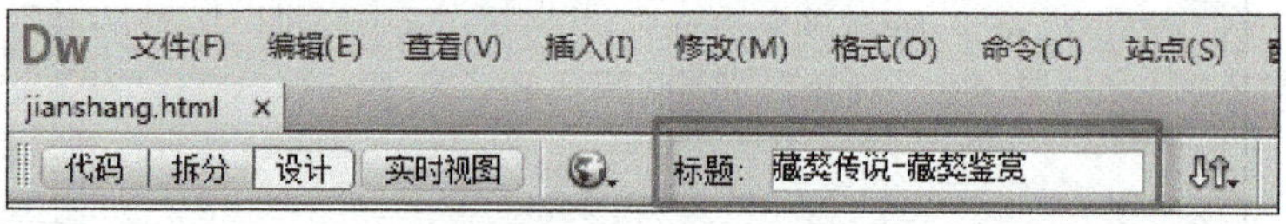

图2-3 设置文档标题

4）在文档窗口下部的属性面板中单击“页面属性”按钮，打开“页面属性”对话框。在“外观（CSS）”选项下，设置“背景图像”为image/bg.gif，单击“确定”按钮，为网页添加背景图像，如图2-4所示。

5）在文档窗口中输入文本“藏獒鉴赏”，按<Enter>键另起一段。打开image文件夹中的“藏獒文字介绍.doc”，将其中的第1段文字复制粘贴到网页中。将光标分别移动到如图2-5所示的文字处按<Enter>键，将文本分成不同的段落。

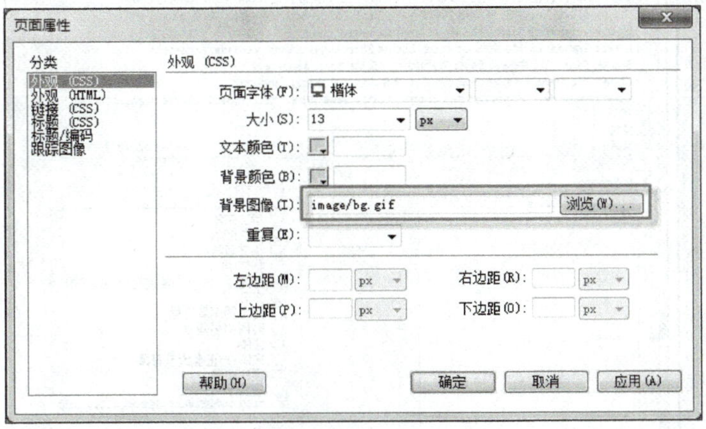

图2-4　为网页添加背景图像

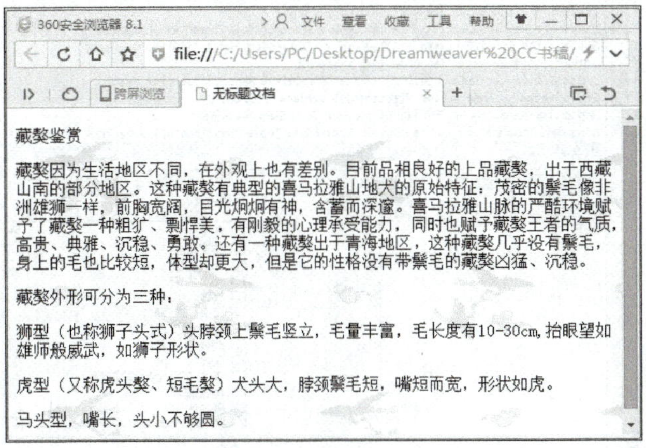

图2-5　输入文字

提示

当将光标移到某一文字前按<Enter>键另起一段时，有时会出现新段落的开始文字不是想要的文字。此时可以按<Ctrl+Z>组合键先撤消刚才的操作，切换到代码视图，将光标移动到想要另起一段开始的文字前，再切回设计视图，按<Enter>键，就可以正确地分段落了。

6）选中第一行文字。在属性面板中单击 CSS 按钮切换到文字CSS属性面板，设文字的大小为24，文字颜色为#ff6600，单击“居中对齐”按钮使得文字居中对齐，如图2-6所示。

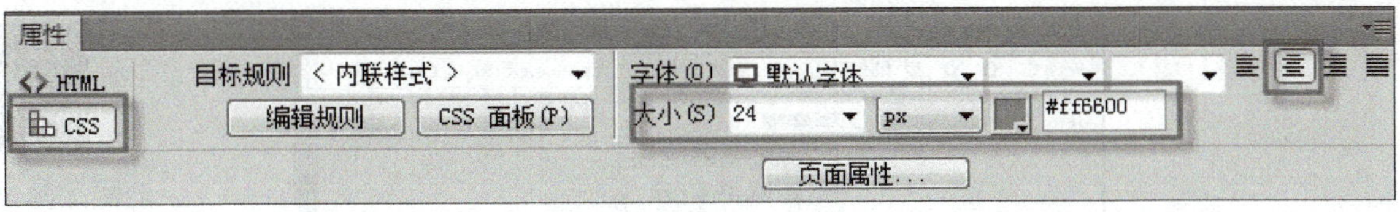

图2-6　CSS属性面板中设置文字属性

7）单击“字体”右侧的下拉列表，选择“管理字体”选项。在弹出的“管理字体”对话框中切换到“自定义字体堆栈”选项卡，在“可用字体”列表中选择“隶书”，单击 « 按钮将字体“隶书”添加到左侧的“选择的字体”列表框中，如图2-7所示。如果需要增加其他字体，则可单击对话框上部的 + 按钮，在“可用字体”中选择想要添加的字体，再单击 « 按钮进行添加。本案例中需要增加“宋体”和“楷体”，此时隶书、宋体和楷体就被添加在字体列表中了，单击“完成”按钮退出对话框，如图2-8所示。

单击“字体”右侧的下拉列表，选择“隶书”，将选中的文字变为隶书字体，属性面板如图2-9所示，文字效果如图2-10所示。

8）在文档中选中第2段文字，在文字CSS属性面板中设文字的字体为宋体，输入字号大小为13，按<Enter>键确认，文字颜色为黑色，单击“左对齐”按钮，属性面板如图2-11所示。

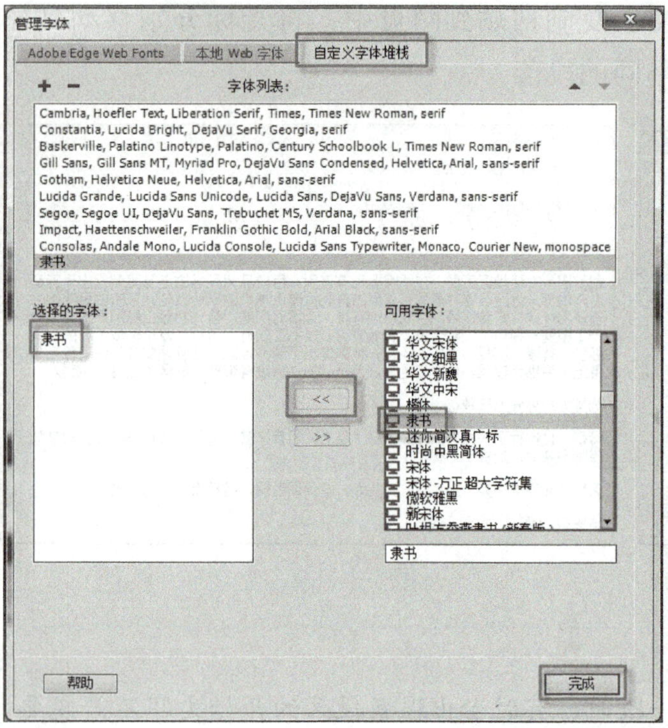

图2-7　在“管理字体”对话框中添加字体

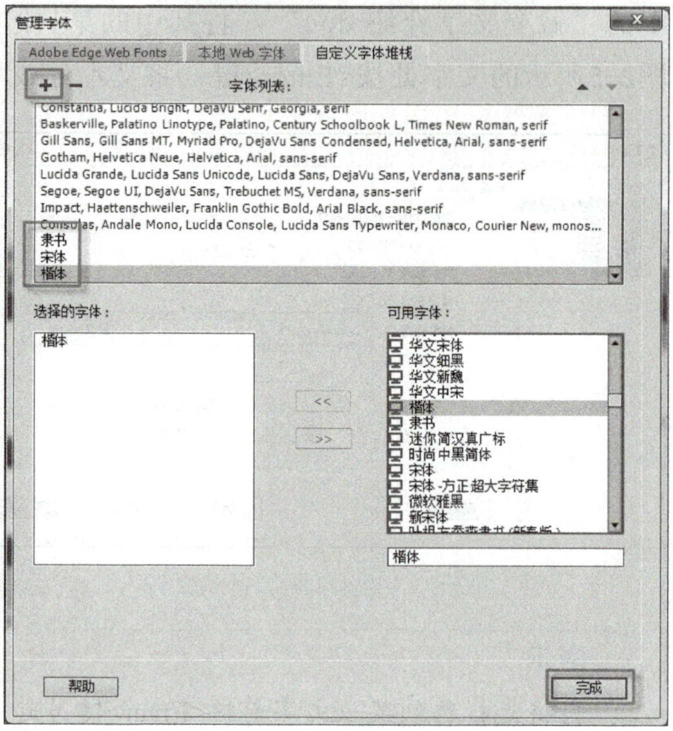

图2-8　在“管理字体”对话框中添加更多字体

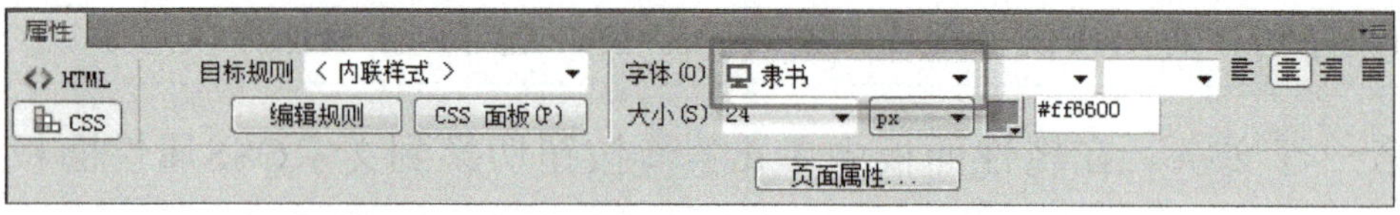

图2-9　文字CSS属性面板中设置文字属性

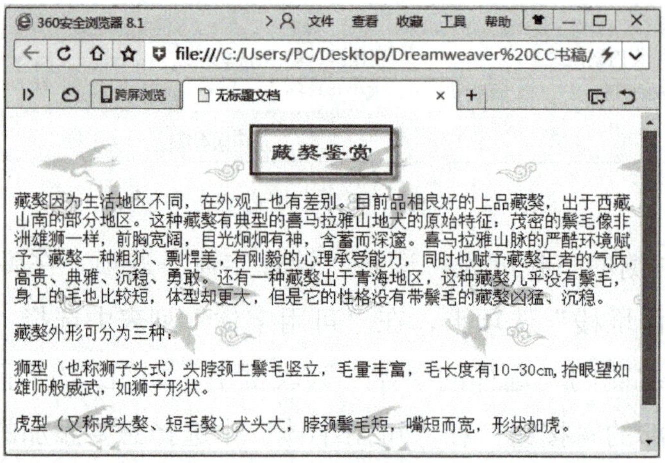

图2-10　设置文字属性后的效果

设置段落文字属性

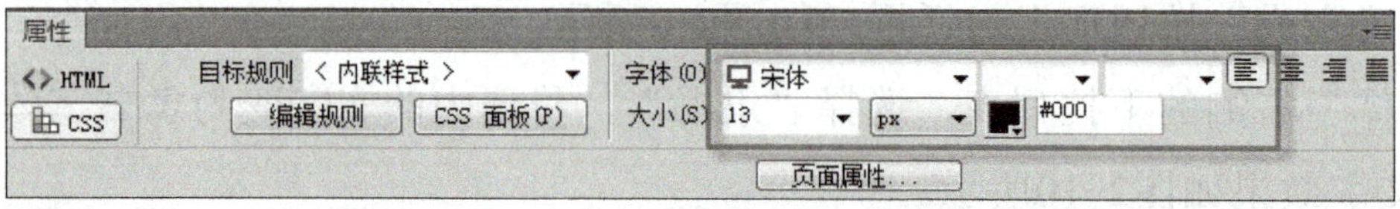

图2-11　设置文字属性

将光标移到第2段落开始位置，按住<Ctrl+Shift+空格>组合键插入空格，共按4次，使得段落首行缩进2个字，文字效果如图2-12所示。

选中第3、4、5、6段文字，在文字的CSS属性面板中设文字的字体为楷体，字号大小为13，文字颜色为黑色。在属性面板中单击 <> HTML 按钮切换到文字的HTML属性面板中，单击斜体 I 按钮将文字加粗变为斜体。

选中第4、5、6段文字，单击项目列表按钮，添加项目列表符号。属性面板如图2-13所示。将光标移到第3段落开始位置，按住<Ctrl+Shift+空格>组合键插入空格，共按4次，使得段落首行缩进两个字符，文字效果如图2-14所示。

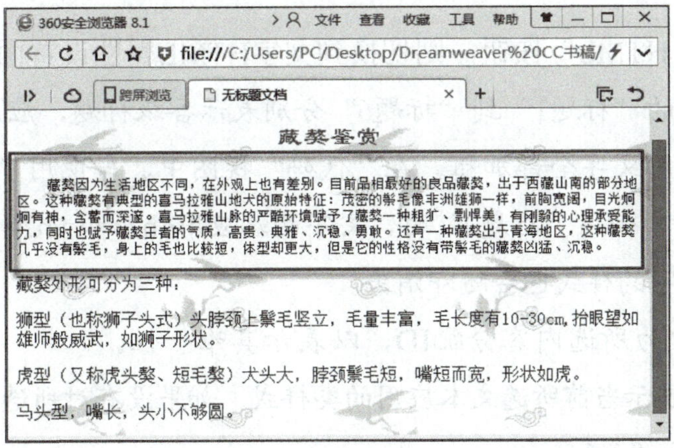

图2-12　设置文字属性后的效果

图2-13　文字HTML属性面板中设置文字属性

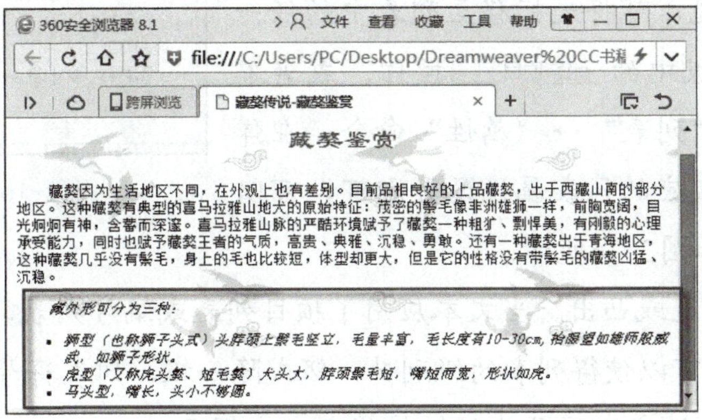

图2-14　设置文字属性后的效果

【新知解析】

1. 文本的“属性”面板

在文档窗口输入一段文字，选中文字，此时属性面板如图2-15所示，可通过属性面板对文本的属性进行设置。

图2-15　文本属性面板

文本属性面板的各种属性都按照类别被划分到相应的HTML和CSS属性中，用户可以有选择性地设置文本属性。

（1）HTML属性

在属性面板中单击“HTML”按钮，则切换到文字HTML属性设置面板，如图2-15所示。

- 格式：其下拉列表中的“标题1”到“标题6”分别表示各级标题，应用于网页的标题部分。对应字体由大到小，同时文字全部加粗。在“代码”视图中，当使用“标题1”时，文字两端应用<h1>和</h1>标签；当使用“标题2”时，文字两端应用<h2>和</h2>标签，以此类推。如果手动删除这些标签，文字的样式也会随即消失。
- ID：其下拉列表用于为所选内容分配ID，以表示其唯一性。
- 类：其下拉列表用于显示当前所选文本应用的类样式。如果没有对所选内容应用过任何样式，则“类”下拉列表中显示“无”。
- B：粗体按钮，可加粗显示文字。
- I：斜体按钮，可以斜体显示文字。
- ：选中要设置的段落文本，单击项目列表和编号列表，则可为文本添加项目列表和编号列表。若要调整列表的外观，可将光标移至列表中的任一位置，单击属性面板中的列表项目...按钮，或者单击菜单“格式”→“列表”→“属性”命令，在弹出的对话框中进行相应的列表属性设置即可，可以选择不同的样式，如图2-16所示。

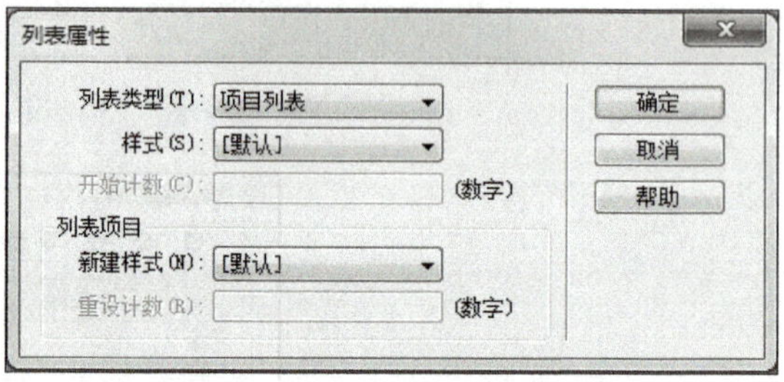

图2-16　列表属性对话框

- ：设置文本的缩进或凸出。当文本应用了项目列表或编号列表，单击删除内缩区块按钮或内缩区块按钮可以使得列表的级别升一级或降一级，列表符号也会发生变化。
- 标题：文本框中输入的文字用于为超链接指定文本提示。
- 链接：单击“链接”右边的文件夹按钮，在弹出的对话框中选择要链接的网页文件，或直接在“链接”的文本框中输入要链接的文件路径，即可建立文本的超链接。
- 目标：目标窗口，可以设定超链接在目标窗口打开的方式。

（2）CSS属性

在属性面板中单击“CSS”按钮，则切换到文字CSS属性设置面板，如图2-17所示。

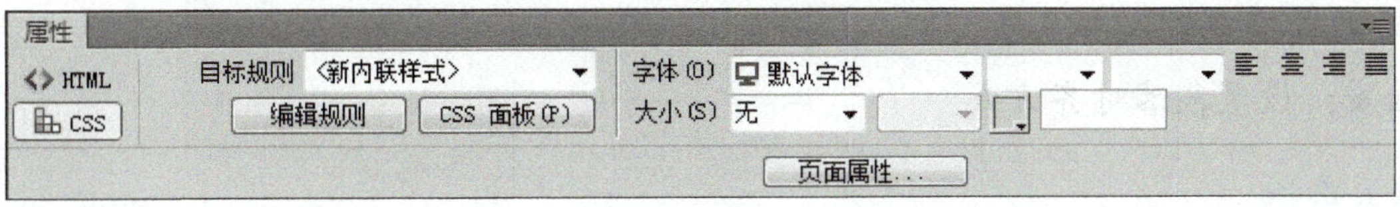

图2-17　文字CSS属性设置面板

- 目标规则：该选项是从“CSS设计器”面板中脱离出来，是对定义好的CSS样式进行应用的一种快捷方式。在其下拉列表中可以为选中的文字选择已经定义的CSS样式。
- 编辑规则：单击该按钮可在工作界面中显示“CSS设计器”面板，在该面板中可以对CSS样式进行创建和编辑。
- CSS面板：该按钮是另外一种打开“CSS设计器”面板的方法。
- 字体：在“字体”下拉列表中可以给选中的文本设置字体。当需要在字体列表框中添加更多的字体时，可以单击字体列表框中的“管理字体”选项，在“管理字体”对话框的“自定义堆栈”选项卡中选择合适的字体效果，单击按钮进行添加，再重复添加字体的操作直到需要的字体都选择完毕。最后单击“完成”按钮，新的字体就被添加到字体列表中，如图2-18所示。

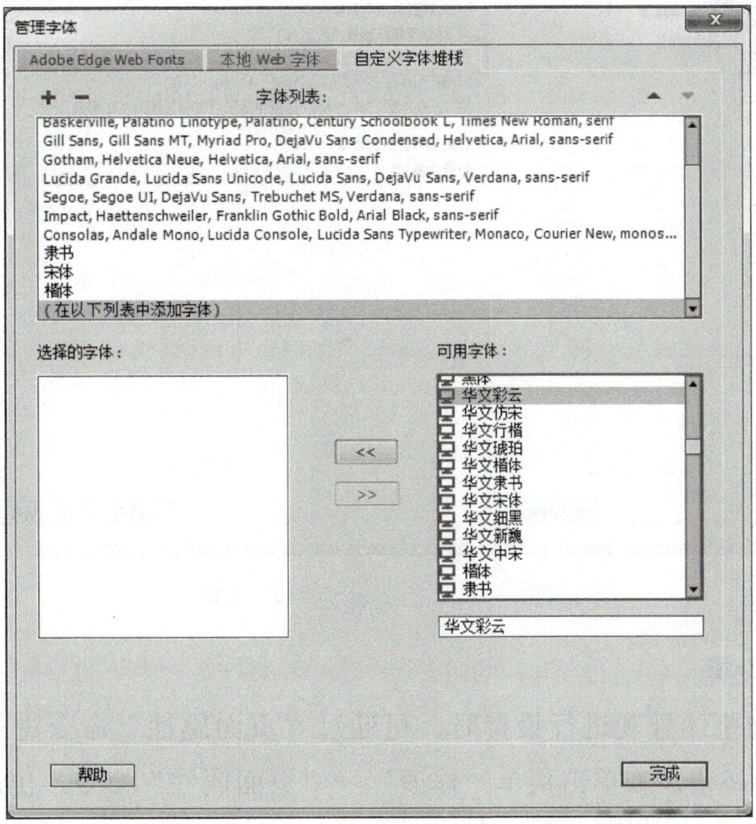

图2-18　“管理字体”对话框

- 大小：可在其下拉列表中选择字号来改变字体大小，也可以直接输入字号数字，按<Enter>键确认。
- ：颜色按钮，单击该颜色按钮，可在打开的颜色选择板中设置文字的颜色。也可以在其

右侧的文本框中输入颜色值。

- ≡≡≡≡：设置段落对齐方式。

2. 插入空格

在Dreamweaver CC中，无论按键盘上的空格键多少次，都只能添加一个空格。若要添加多个空格，一般采用按住<Ctrl+Shift+空格>组合键的方法，每按一次，可添加一个空格。

还可以执行“编辑”→“首选参数”命令，在“首选参数”对话框中，在“分类”选项下选择“常规”选项卡，勾选右侧的“允许多个连续的空格”复选框，如图2-19所示。这样当需要添加空格的时候，就可以直接按空格键输入了。

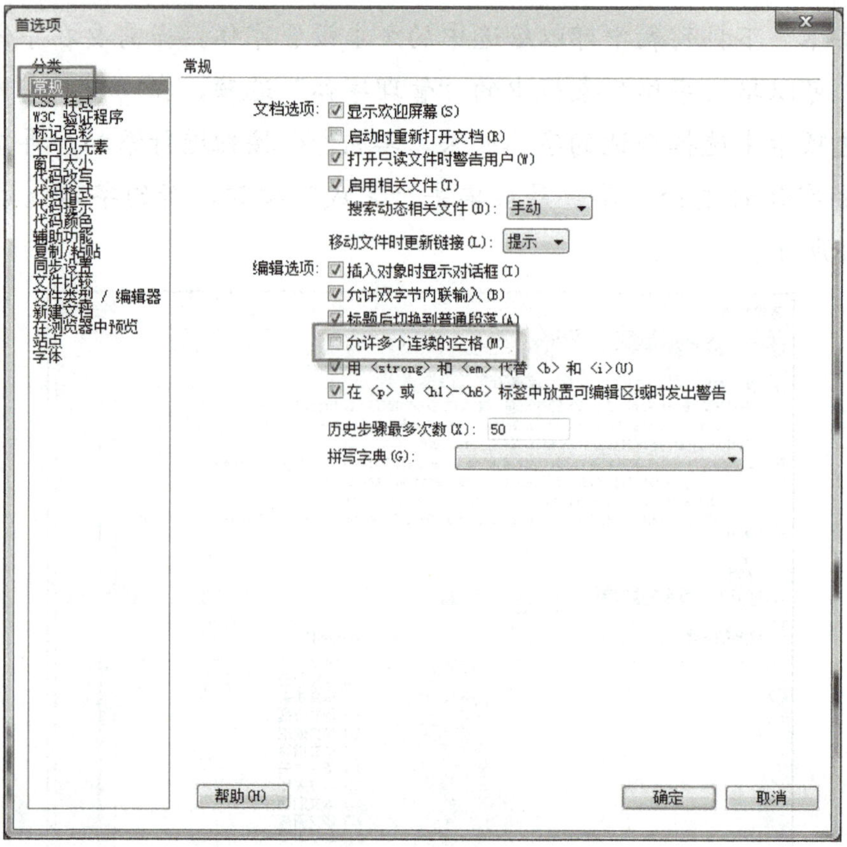

图2-19 “首选参数”对话框

3. 页面属性的设置

当需要对网页的整体外观进行设置时，可通过“页面属性”命令进行设置。在属性面板中单击“页面属性”按钮，或单击菜单“修改”→“页面属性”命令，出现如图2-20所示的对话框。在“外观（CSS）”选项下可以在整体上对网页中采用默认方式输入的文字的字体、大小、颜色、页面背景、边距等进行设定。

在“外观（HTML）”选项下可以整体上对页面背景、文字颜色、超链接的显示状态颜色、边距等进行设定，如图2-21所示。

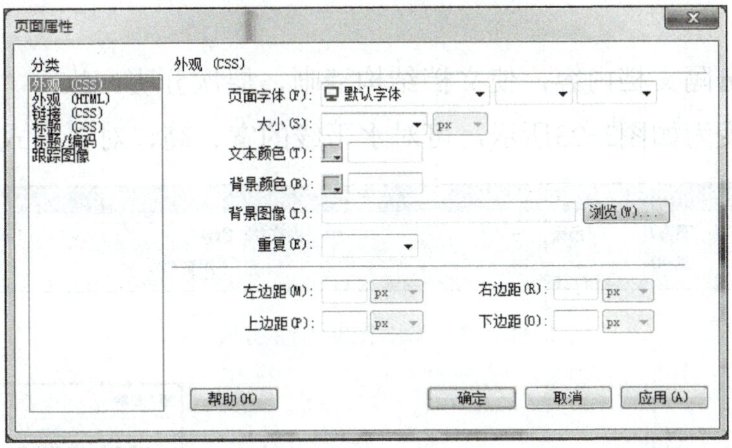

图2-20　“页面属性”对话框“外观（CSS）”选项

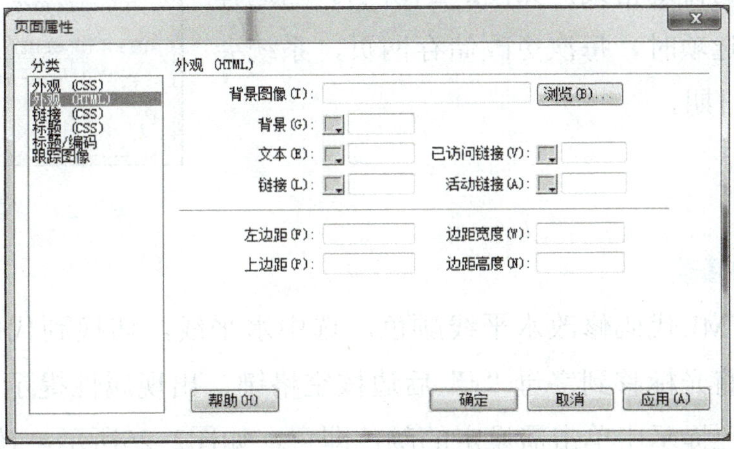

图2-21　“页面属性”对话框“外观（HTML）”选项

页面属性的“分类”下的其他几个选项分别对相应的页面属性进行了设置。

4. 特殊字符

当在网页中需输入一些特殊字符时，可执行“插入”→“字符”命令选择相应的选项，即可插入列出的字符。若需要插入更多特殊字符，可执行“插入”→“字符”→“其他字符”命令，在弹出的对话框中选择字符，单击“确定”按钮即可，如图2-22所示。

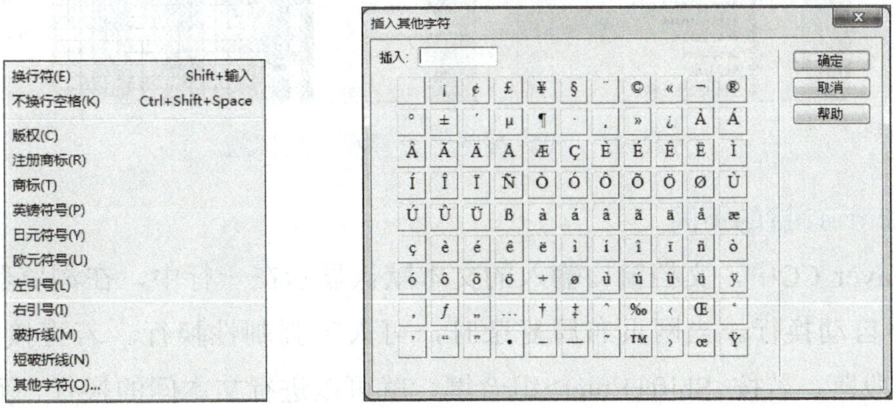

图2-22　插入特殊字符

5. 水平线

水平线主要用于分隔文档内容，使文档结构清晰，层次分明。执行“插入”→“水平线”命令，此时属性面板变为如图2-23所示，可对水平线的宽、高、对齐方式、阴影等进行设置。

图2-23 水平线属性面板

6. 插入日期

执行“插入”→“日期”命令，则弹出“插入日期”对话框，可设置相应的日期格式，如图2-24所示。当选择“储存时自动更新”选项时，每次更改储存网页，系统会自动更新日期为当前日期。

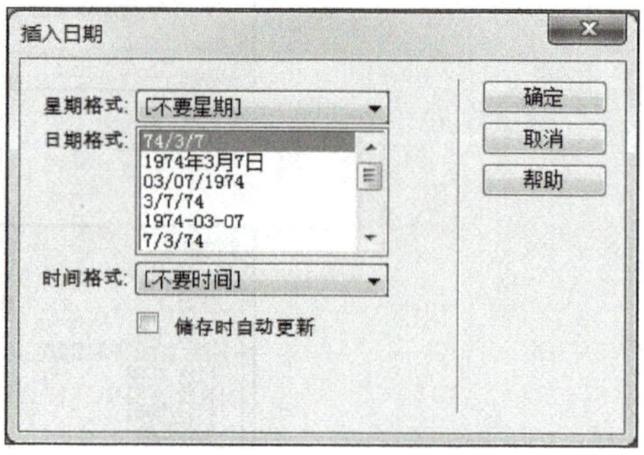

图2-24 “插入日期”对话框

【技巧提示】

1. 水平线颜色的修改

可以通过设置HTML代码修改水平线颜色。选中水平线，切换到代码视图，找到反白显示的代码“<hr>”。将光标移到字母“r”后边按空格键，出现属性提示，鼠标在属性中双击“color”，接着在颜色提示中单击需设定的颜色即可，如图2-25所示。按<F12>键可在浏览器中观察水平线的颜色改变情况。

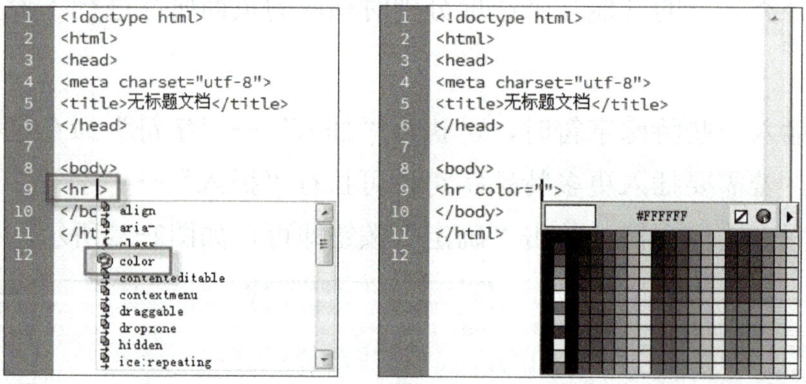

图2-25 代码视图中设置水平线颜色

2. 换行与<Enter>键的不同

在Dreamweaver CC中，文档窗口输入的文本默认显示在一行中，在浏览器窗口显示时会依据窗口的大小自动换行。当网页布局复杂时，可人工强制性换行。若直接按<Enter>键换行，则产生新的段落。若按<Shift+Enter>组合键，就可以进行文本间的换行，而不会形成两个段落。

【强化训练】 完善网页“藏獒鉴赏”

在前面网页“藏獒鉴赏”开始部分正文的基础上，继续完成整个网页的制作。通过操作可以学习如何插入文本和设置文本的属性，如何插入网页背景图像，如何插入水平线、日期、特殊符号并进行设置，最终效果如图2-26所示。

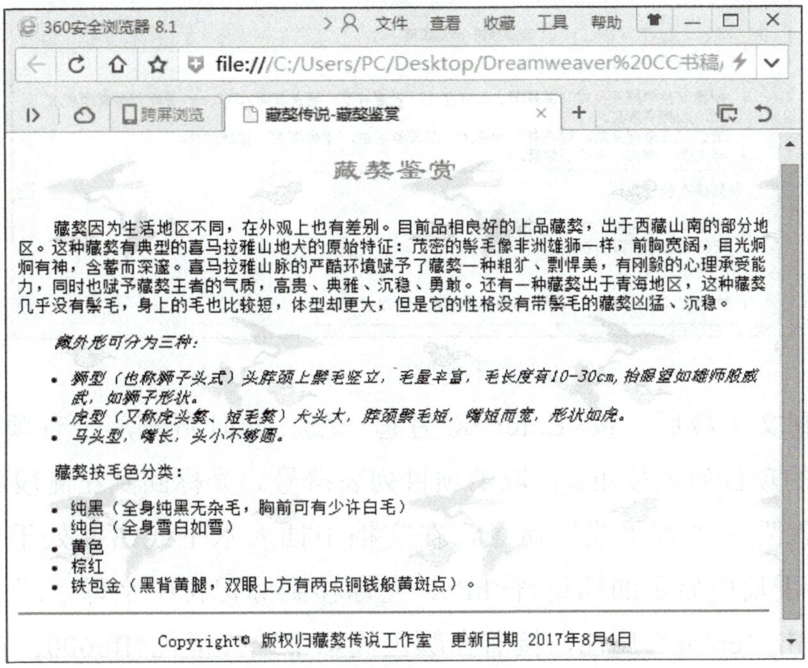

图2-26　网页“藏獒鉴赏”效果图

操作步骤：

1）将光标移到文字最后，按<Enter>键另起一段。此时新段落带有项目列表符号，单击HTML属性面板上的项目列表按钮，取消项目列表符号。光标回到左侧段落开始的地方。

设置新段落文字属性

2）打开image文件夹中的“藏獒文字介绍.doc”，将第2段文字复制粘贴到网页中。选中不同的文字，按<Enter>键将文本分成不同的段落，形成第7、8、9、10、11、12段，按<F12>键观察效果，如图2-27所示。

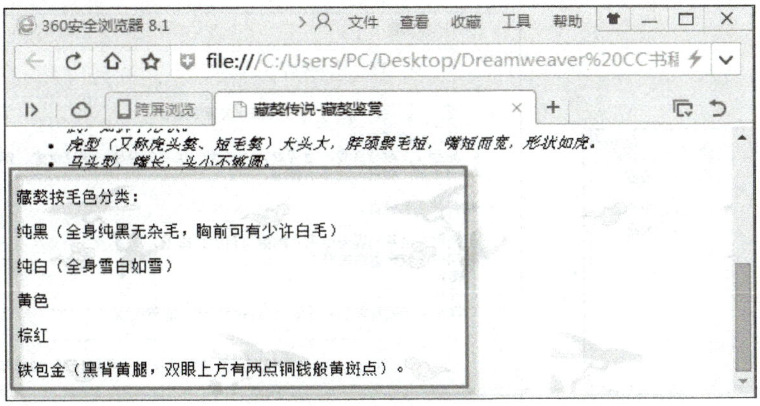

图2-27　输入文字

选中第8、9、10、11、12段文字，在HTML属性面板中单击项目列表按钮，添加项目列表符号。光标移到第7段开始，按住<Ctrl+Shift+空格>组合键4次将第7段文字向右缩进2个字符，如图2-28所示。

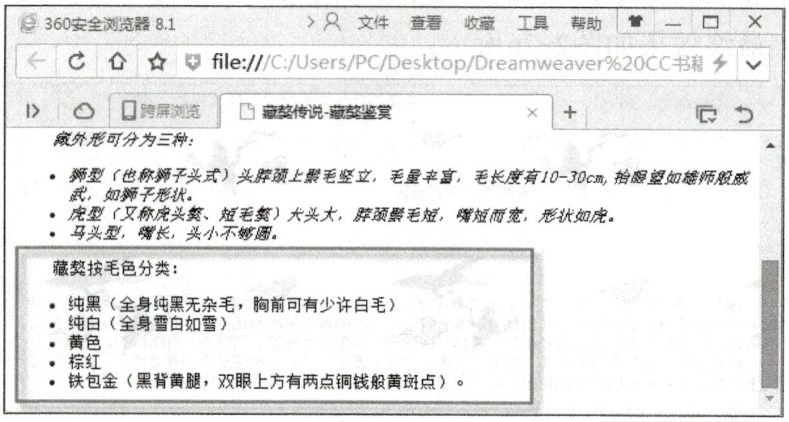

图2-28 “藏獒鉴赏”网页部分效果

设置水平线

3）将光标移到文字最后，按<Enter>键另起一段。此时新段落带有项目列表符号，单击HTML属性面板上的项目列表按钮，取消项目列表符号。光标回到左侧段落开始的地方。

4）执行“插入”→“水平线”命令，在文档中插入水平线，并处于选中状态。切换到代码视图，找到处于反白显示的标记符<hr>。光标移到标记符中字母“r”的后面按空格键，在提示的属性中双击“color”属性，接着在颜色提示中选择橙色#ff6600。输入完的代码是<hr color="#ff6600">。按<F12>键可在浏览器中观察到水平线变成橙色了。

5）光标移到水平线右侧，按<Enter>键另起一段。输入版权区域文字“Copyright”。接着执行“插入”→“字符”→“版权”命令，插入版权符“©”。再接着输入文字“版权归藏獒传说工作室　更新日期”。执行“插入”→“日期”命令，在“插入日期”对话框中，日期格式选择第2个格式，勾选“储存时自动更新”，单击“确定”按钮完成输入，如图2-29所示。

制作版权区域文字

选中版权区域所有文字，在文字CSS属性面板中设字体为宋体，字号为13，文字颜色为黑色，对齐方式为“居中对齐”，效果如图2-30所示。

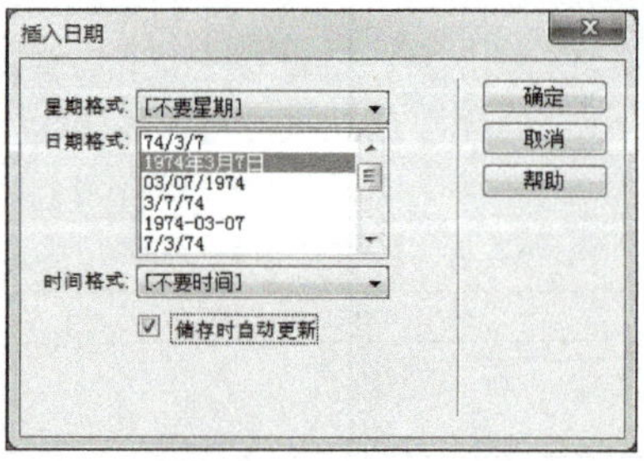

图2-29 插入日期对话框

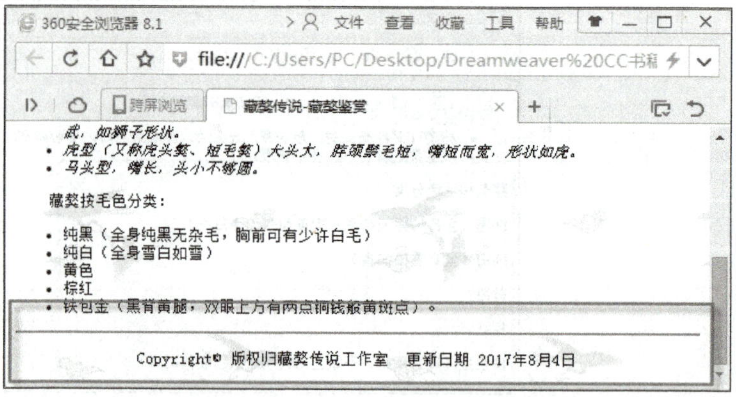

图2-30 插入水平线和版权信息

任务2　图像的插入和设置——制作网页“考拉”

【任务描述】

一个优秀的网页设计一定是图文并茂的。在网页中适当地插入图片，不仅可使网页的内容丰富多彩，还可使网页变得美观、形象和生动。通过本任务的操作，学习如何插入图像和设置图像属性，如何设置网页背景颜色，如何设置图像和文本的对齐方式和进行文本换行，最终效果如图2-31所示。

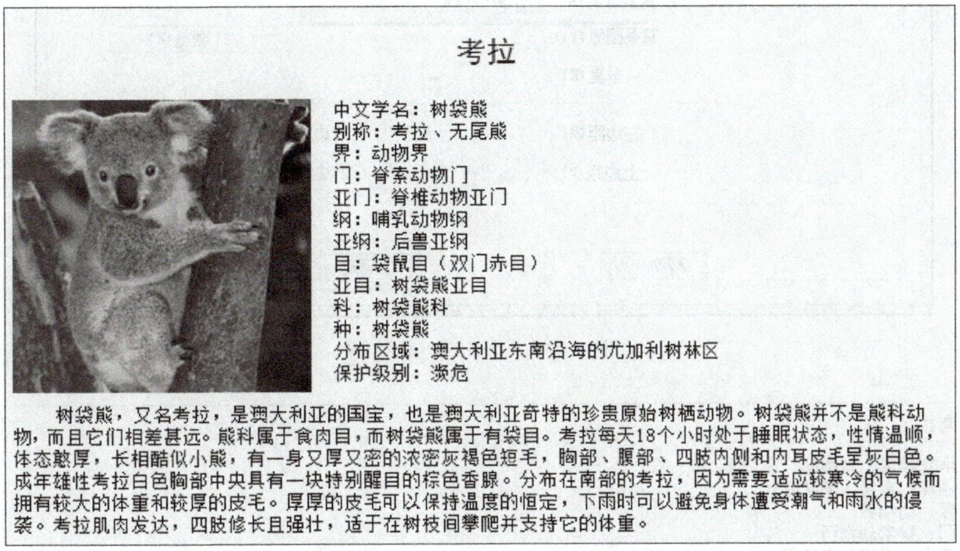

图2-31　网页“考拉”效果图

【任务实施】

1）新建文件夹kaola，在该文件夹中新建子文件夹image，将素材图片复制到image文件夹中。在Dreamweaver CC中，执行“站点”→“新建站点”命令，打开“站点设置对象”对话框进行站点定义，设站点名称为“考拉”，站点文件夹定义为文件夹kaola。

输入文字段落

2）新建网页，保存为kaola.html，设网页的标题为“考拉”。在属性面板中单击“页面属性”按钮，打开“页面属性”对话框，在外观（CSS）选项下设文字大小为13，文字颜色为#000，“背景颜色”为#F2F9FD，单击“确定”按钮，如图2-32所示。

3）输入文本“考拉”，按<Enter>键另起一段。

4）打开image文件夹中的“考拉资料文字.doc”，将所有文字复制并粘贴到网页中，形成网页中的文字。

5）根据图2-33所示的样式，按<Shift+Enter>组合键进行换行排列文字。

6）在文档窗口选中第1段标题文字，在文字CSS属性面板设字体为黑体，字号为20，对齐方式为“居中对齐”。

7）将光标移到第2段文字开始位置，执行“插入”→“图像”→“图像”命令，在打开的“选择图像源文件”对话框中找到image/kaola.jpg，单击“确定”按钮，属性面板如图2-34所示。

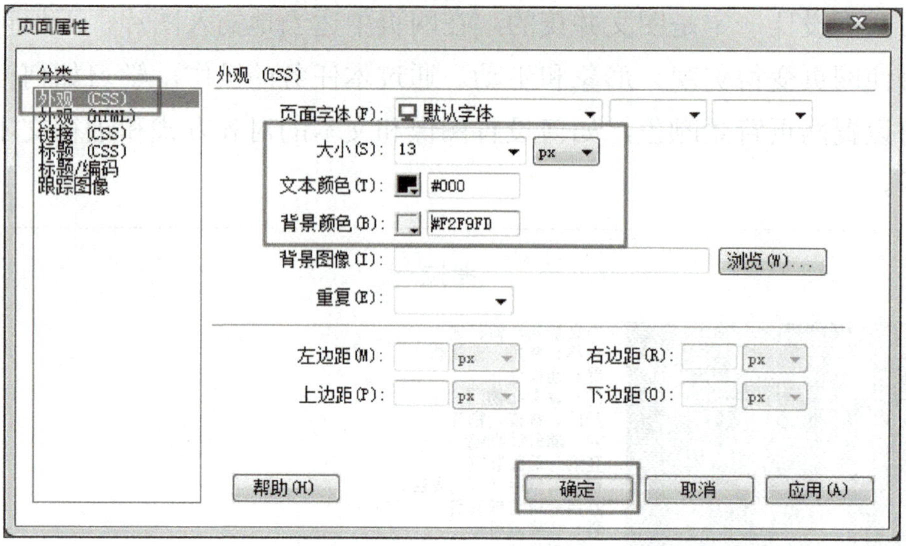

图2-32　页面属性设置

设置文字图像属性

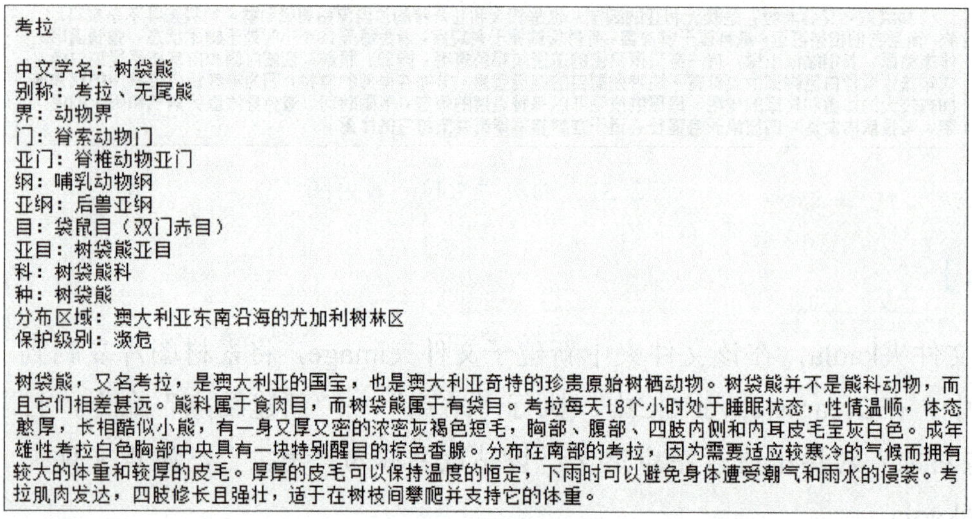

考拉

中文学名：树袋熊
别称：考拉、无尾熊
界：动物界
门：脊索动物门
亚门：脊椎动物亚门
纲：哺乳动物纲
亚纲：后兽亚纲
目：袋鼠目（双门齿目）
亚目：树袋熊亚目
科：树袋熊科
种：树袋熊
分布区域：澳大利亚东南沿海的尤加利树林区
保护级别：濒危

树袋熊，又名考拉，是澳大利亚的国宝，也是澳大利亚奇特的珍贵原始树栖动物。树袋熊并不是熊科动物，而且它们相差甚远。熊科属于食肉目，而树袋熊属于有袋目。考拉每天18个小时处于睡眠状态，性情温顺，体态憨厚，长相酷似小熊，有一身又厚又密的浓密灰褐色短毛，胸部、腹部、四肢内侧和内耳皮毛呈灰白色。成年雄性考拉白色胸部中央具有一块特别醒目的棕色香腺。分布在南部的考拉，因为需要适应较寒冷的气候而拥有较大的体重和较厚的皮毛。厚厚的皮毛可以保持温度的恒定，下雨时可以避免身体遭受潮气和雨水的侵袭。考拉肌肉发达，四肢修长且强壮，适于在树枝间攀爬并支持它的体重。

图2-33　排列文字

图2-34　图像的属性面板

在文档窗口中选中图像，在图像上单击鼠标右键，在弹出的快捷菜单中选择“对齐”→“左对齐”命令。按住<Shift>键的同时，鼠标拖拽图像边缘的控制柄调整图像大小，使图像与右侧文字的布局效果如图2-35所示。

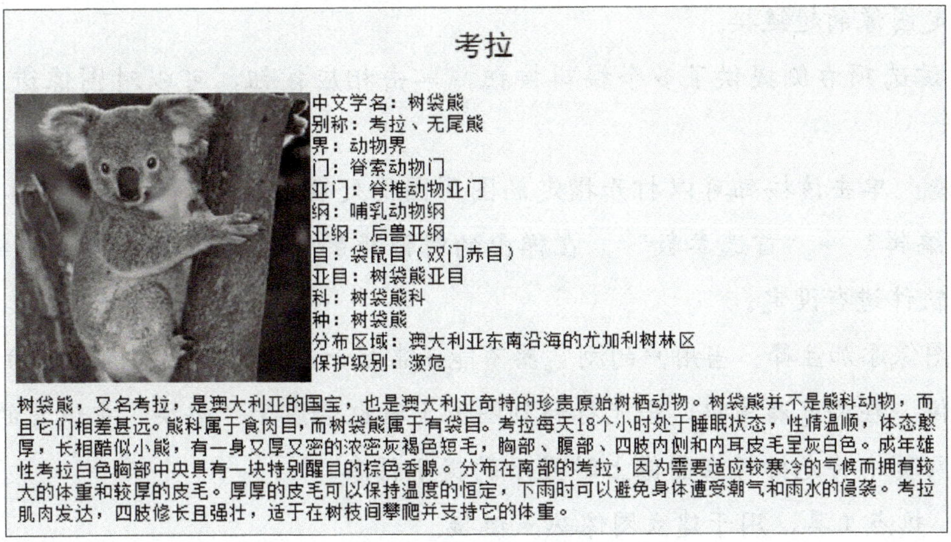

图2-35　插入图像

此时会发现图片与右侧的文字连接在一起，视觉上不好看，需要留出一点缝隙。分别将光标移到图片右侧每一行文字开始的位置，按住<Ctrl+Shift+空格>组合键添加两次空格。

8）将光标移到最后一段文字开始的位置，按住<Ctrl+Shift+空格>组合键添加空格，使其首行缩进两个字符，最终效果如图2-31所示。

【新知解析】

1. 常见的图像类型和格式

目前已知的图像格式有几十种，但能在浏览器中显示的图像有GIF、JPEG和PNG三种。

2. 插入图像

在插入图像前，应将图像与网页文件保存到同一站点文件夹中。

在网页中插入图像的方法是将光标移到要插入图片的地方，执行“插入”→“图像”→“图像”命令，打开“选择图像源文件”对话框，选中需要插入的图像文件，单击“确定”按钮，则在文档窗口中插入该图像。

3. 图像的属性面板

在网页中单击图像，则图像处于选中状态，四周出现控制柄，拖动控制柄可调整图像大小，同时属性面板显示出与图像有关的属性设置，如图2-36所示。

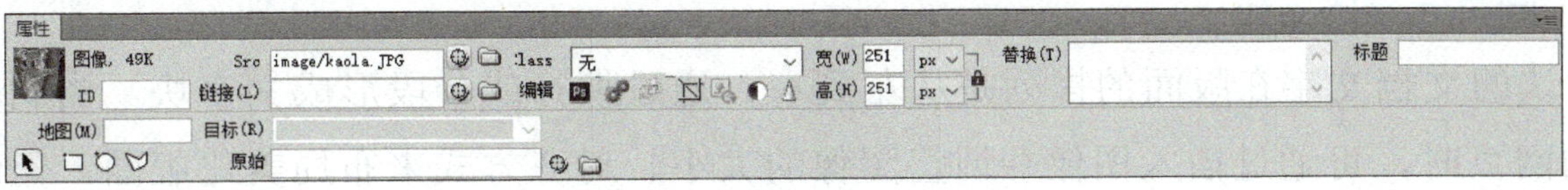

图2-36　图像属性面板

- 宽和高：指在浏览器中为图像保留的宽度和高度，默认单位为px（像素）。
- Scr：指定图像的路径，可以通过单击右侧的按钮来选定图像。

- 链接：指定图像的超链接。
- 编辑：在该选项右侧提供了多个编辑按钮，单击相应按钮，可以对图像进行相应的编辑操作。
- 编辑按钮：单击该按钮可以打开指定的图形图像处理软件对图像进行编辑。可以单击菜单命令“编辑”→“首选参数”，在弹出的对话框的“文件类型/编辑器”选项下对图形图像处理软件进行设定。
- 替换：为图像添加注释。当用户的浏览器不能正常显示图像时，会在图像的位置上用这个注释替代图像。在浏览器窗口，当光标移到图像上时也会显示“替换”中设置的注释文字。
- 标题：在网页中将光标停在图像上时显示的提示信息。
- ：热点工具，用于建立图像热点链接。

【技巧提示】

1. 图像与文字的混排效果

选中图像单击鼠标右键，在弹出菜单中选择“对齐”→“左对齐”（可自行选择）命令，改变同一段落中文本与旁边图像之间的相对对齐关系，实现特定的图文混排效果，与整个段落的对齐方式无关，如图2-37所示。

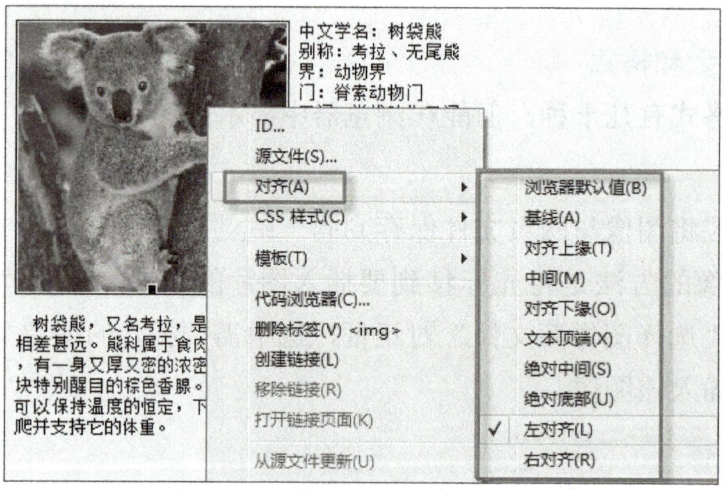

图2-37 图像属性面板的“对齐”设置

2. 网页元素的定位

默认的文档文字在版面的排列是从左到右，通过换行或分段形成文字块。当制作图文并茂的网页时，可通过插入图像并调整图像的大小、对齐方式来布局美化版面。但这种调节方式有一定的局限性，由于不能调整文字的行间距，文字与图像的版面排版会受限制。

从本单元起，为美化网页制作，在任务中将简单地应用表格定位技术，复杂精确的网页布局制作请参阅学习单元3。

【强化训练】 制作网页“濒危植物”

通过强化训练，学习如何插入图像和设置图像属性，如何借助表格进行文本和图像的定位，最终效果如图2-38所示。

图2-38　网页“濒危植物”效果图

制作网页“濒危植物”

操作步骤：

1）新建文件夹binweizhiwu，在该文件夹中新建子文件夹image，将所有的素材复制到image文件夹中。在Dreamweaver CC中，执行“站点”→“新建站点”命令，打开“站点设置对象”对话框进行站点定义，设站点名称为“濒危植物”，站点文件夹定义为文件夹binweizhiwu。

2）新建网页，保存为binweizhiwu.html，设网页的标题为“濒危植物”。

3）输入文本“濒危植物”。选中文本，在文本CSS属性面板中，设字体为隶书，字号为24，文字颜色为#339966，对齐方式为“居中对齐”。

4）将光标移到文字右侧，按<Enter>键另起一段。执行“插入”→“表格”命令新建表格，在弹出的对话框中设定表格为6行2列，宽为100%，边框粗细为0，单元格边距为0，单元格间距为4，如图2-39所示，单击“确定”按钮插入表格。

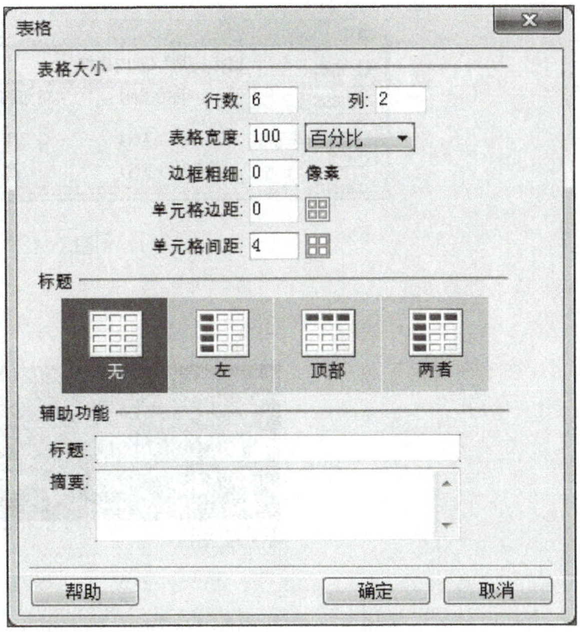

图2-39　表格设置对话框

5）单击表格边框选中表格，在属性面板中设定“Align”为居中对齐，如图2-40所示。效果如图2-41所示。

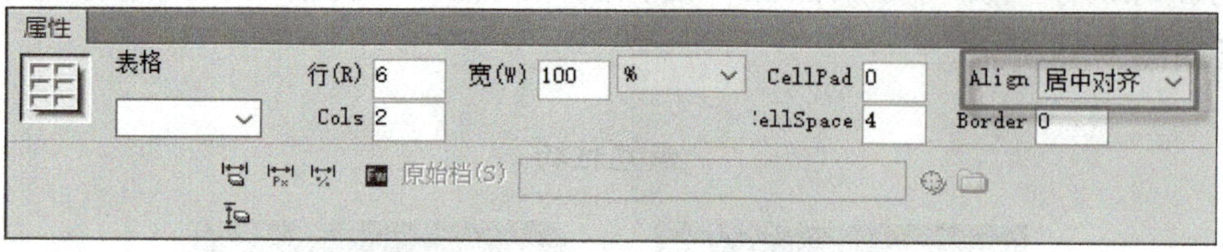

图2-40　设置表格的属性

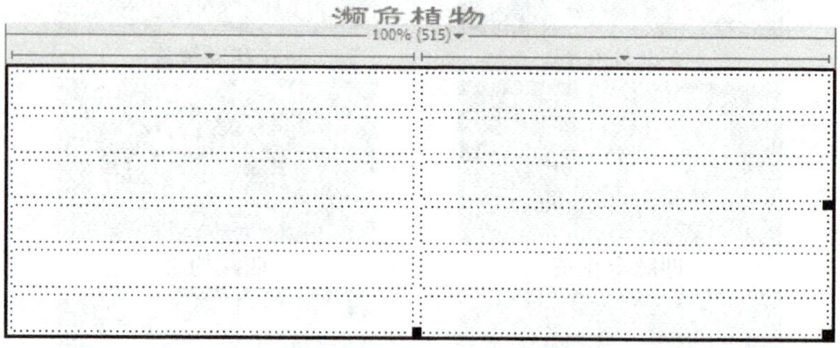

图2-41　表格在页面中居中对齐效果

6）单击第1个单元格并将光标移到该单元格中，执行“插入”→“图像”→“图像”命令，在打开的“选择图像源文件”对话框中找到image/hongdoushan.jpg，单击“确定”按钮，将图像插入到单元格中。单击下一行对应的单元格，输入文字“东北红豆杉”。选中该文本，在CSS属性面板中设“目标规则”为“新内联样式”，字体为宋体，字号大小为14，文字颜色为#339966，属性面板如图2-42所示。表格效果如图2-43所示。

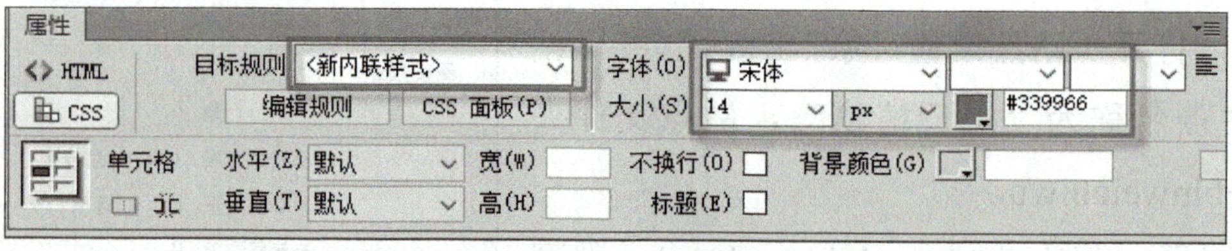

图2-42　设置单元格文字属性

图2-43　单元格中插入图片和文字

7）使用同样的操作，在其他单元格中插入图像和文字，如图2-44所示。

图2-44 单元格中插入图像和文字的效果

8）拖拽鼠标从第一个单元格到最后一个单元格，选中所有的单元格，在属性面板中设“背景颜色”为#EAFFF5，“水平”和“垂直”分别为居中对齐、居中，宽为50%，如图2-45所示。按<F12>键预览效果，调整浏览器窗口的大小观察内容有何变化。最终效果如图2-38所示。

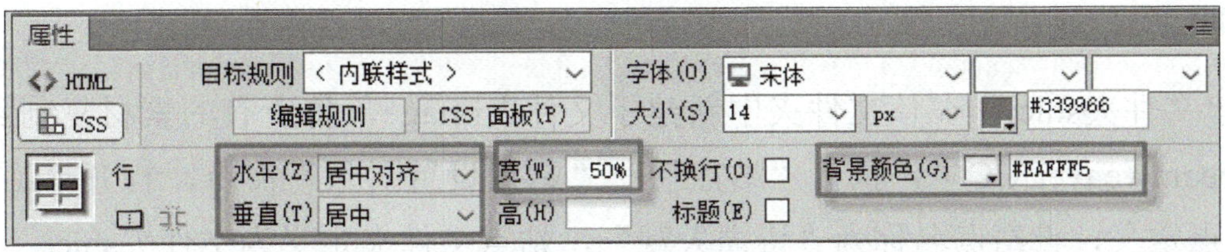

图2-45 设置单元格属性面板

任务3 超链接的设置方法——制作网站“诗词大观”首页

【任务描述】

Dreamweaver可以为对象、文本或图像创建超链接，以链接到其他文档或文件，或链接到单个文档的指定位置。通过本任务的操作，学习如何插入文本、图像和设置它们的属性，如何插入表格并借助表格进行文本和图像的定位，如何建立锚记链接、电子邮件链接、绝对超链接、空链接，最终效果如图2-46所示。

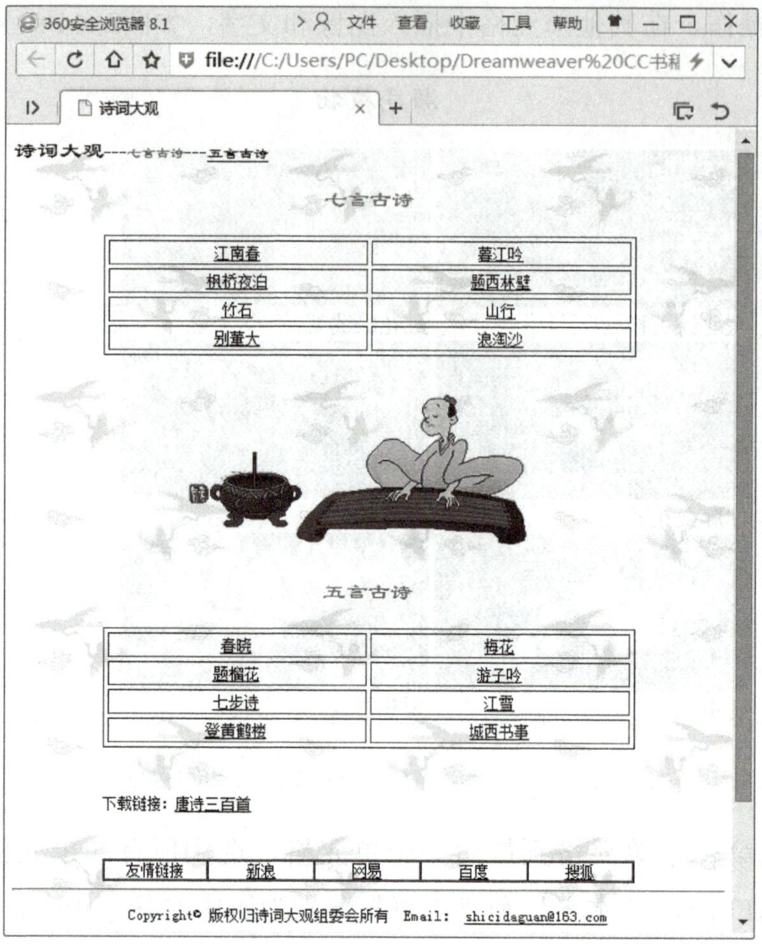

图2-46 诗词大观网站首页

【任务实施】

1）新建文件夹shici，在该文件夹中新建子文件夹image，将所有的素材复制到image文件夹中。在Dreamweaver CC中，执行“站点”→“站点设置对象”命令，打开“站点定义”对话框进行站点定义，设站点名称为“诗词大观”，站点文件夹定义为文件夹shici。

2）新建网页，保存为index.html，设网页的标题为“诗词大观”。

3）单击属性面板中的“页面属性”按钮，打开“页面属性”对话框，在“外观（CSS）”选项下，设“背景图像”为image/bg.gif，如图2-47所示。

再单击“链接（CSS）”选项，按照图2-48所示的颜色代码设置页面中所有超链接的4种显示状态，即正常显示的超链接文字颜色为黑色（链接颜色），光标移到超链接文字上时文字显示橙色#ff6600（变换图像链接），鼠标按下并未松开时文字显示蓝色#0000ff（活动链接），已访问过的超链接文字显示黑色，字号大小为12，单击“确定”按钮。

4）输入文本“诗词大观——七言古诗——五言古诗”，按<Enter>键另起一段。选中文本“诗词大观”，在文本CSS属性面板中，设字体为隶书，字号为24，颜色为黑色。

分别选中两个“——”，在文本CSS属性面板中，设字体为宋体，字号为12，颜色为黑色。

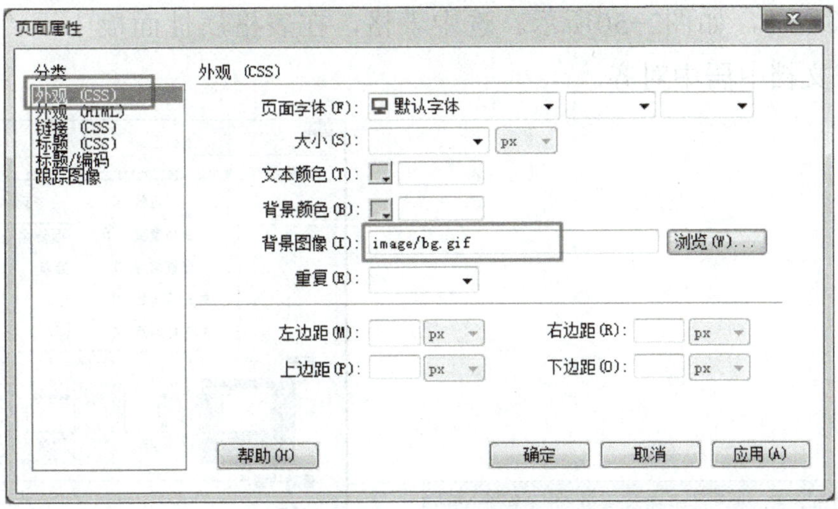

图2-47　页面属性外观（CSS）设置

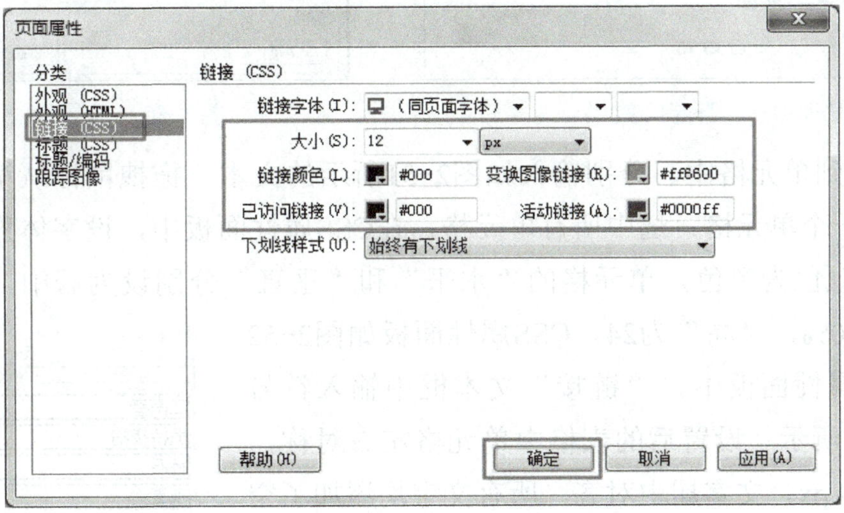

图2-48　页面超链接文字显示状态的设定对话框

选中文本“七言古诗”和“五言古诗”，在文本CSS属性面板中，设字体为隶书，字号为16，颜色为#ff6600。

提示

当设定新的文本属性时，如果前面设定的文本属性也同步发生变化时，需要先按<Ctrl+Z>组合键撤消刚才的操作，然后选中新文本，在文本CSS属性面板中设“目标规则”为“新内联样式”，然后再设定其他的文本属性，即可解决问题。

5）将光标移至下一段落，输入文本“七言古诗”，按<Enter>键另起一段。选中该文本，在文本CSS属性面板中，设字体为隶书，字号为24，颜色为#ff6600，对齐方式为“居中对齐”。文档窗口效果如图2-49所示。

6）将光标移至下一段落，执行“插入”→“表格”命令新建表格，在弹出的对话框中设定表格为4行2列，表格宽度为75%，边框粗细为1，单元格边距为0，单元格间距为4，单击

“确定”按钮插入表格，如图2-50所示。选中表格，在表格属性面板中设“Align”为“居中对齐”，使表格在文档中居中对齐。

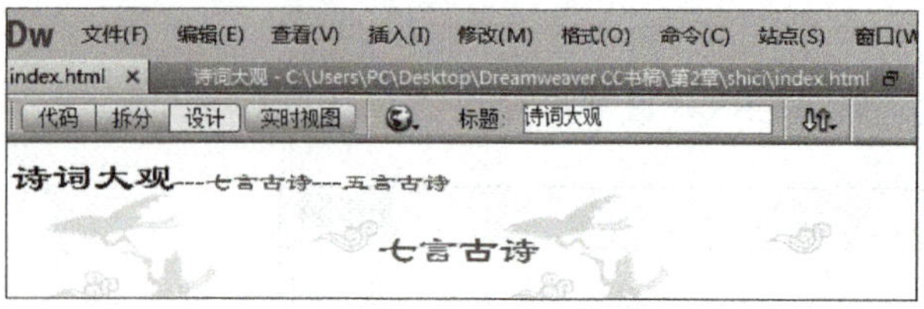

图2-49 文档窗口效果

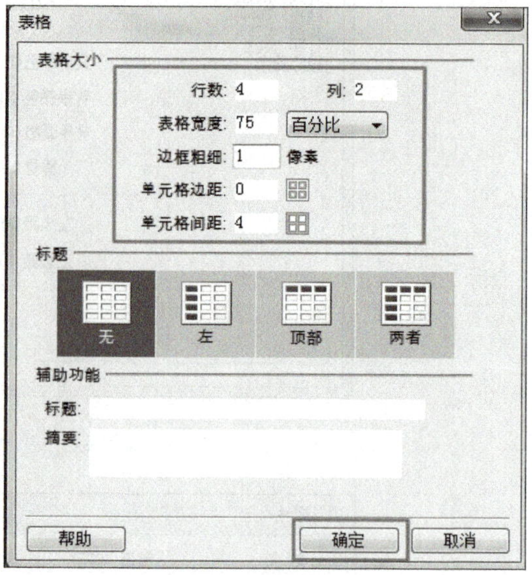

图2-50 设置表格参数

7）将光标移到单元格中，分别输入如图2-51所示的文本。拖拽鼠标从第一个单元格到最后一个单元格，选中所有单元格，在CSS属性面板中，设字体为宋体，字号为12，颜色为黑色，单元格的“水平”和“垂直”分别设为居中，单元格的“宽”为50%，“高”为24，CSS属性面板如图2-52所示。在HTML属性面板中，“链接”文本框中输入符号“#”，如图2-53所示。设置后的表格中单元格左右对称，单元格的高度为24 px，文字居中对齐，所有文字均添加了空链接。按<F12>键在浏览器中观看效果如图2-54所示。

布局七言古诗

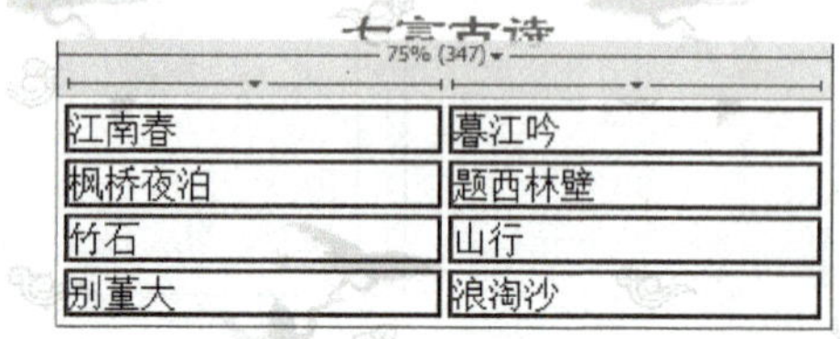

图2-51 输入文本

8）将光标移到表格的右侧，按<Enter>键另起一段。执行“插入”→“图像”→“图像”命令，插入的图像文件为image/renwu1.gif。将光标移到图像的右侧，在CSS属性面板中确认“目标规则”为“新内联样式”，单击居中对齐按钮 ，按<F12>键在浏览器中观看效果如图2-55所示。

布局五言古诗

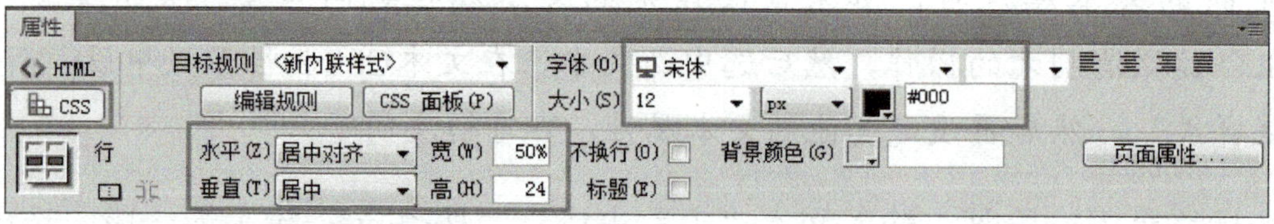

图2-52 设置CSS属性面板

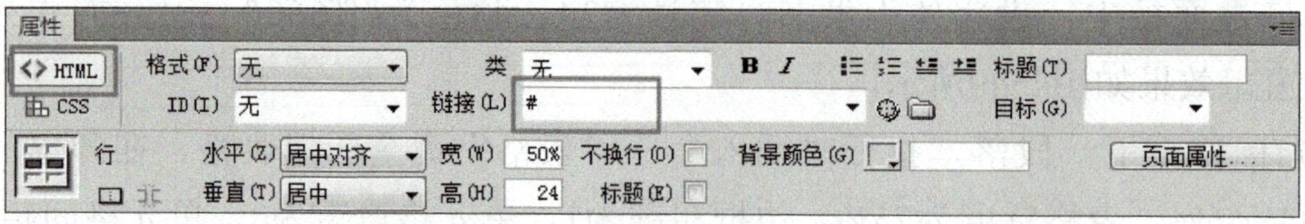

图2-53 设置HTML属性面板

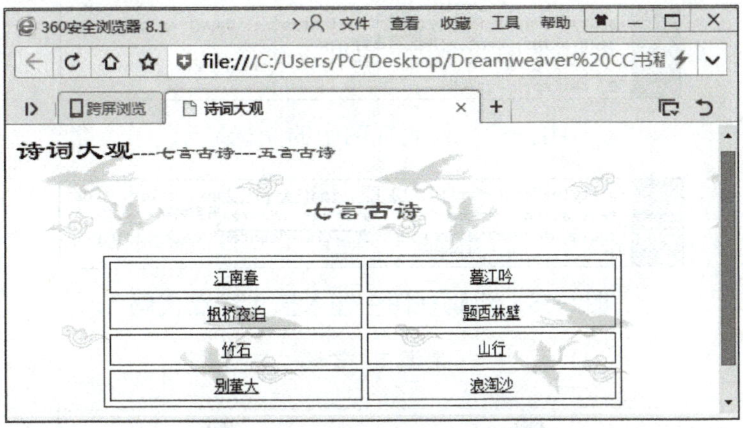

图2-54　浏览器观看效果

图2-55　插入图像效果

9）将光标移到图像右侧，按<Enter>键另起一段，重复步骤6、7、8，完成五言古诗的页面制作，如图2-56所示。

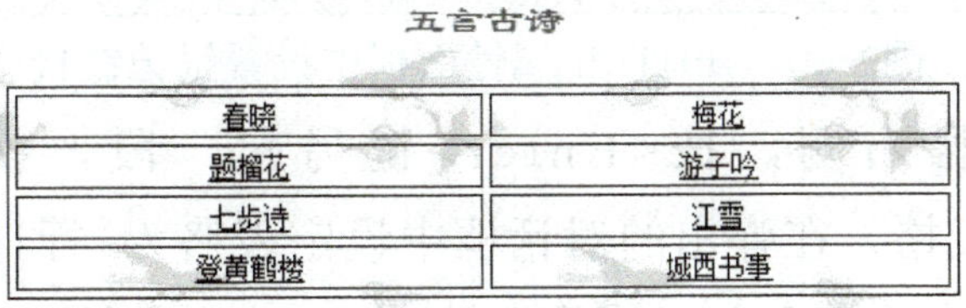

图2-56　制作五言古诗页面内容

10）将光标移到“五言古诗”前面，切换到代码视图，会发现光标在文字“五言古诗”前面闪烁，如图2-57所示。

此时在光标闪烁处手工输入代码<a name="wuyan"></a>，意味着在此处插入了一个名称为“wuyan”的锚点，代码如图2-58所示。切回到设计视图，会发现在文字“五言古诗”前面出现了一个锚记图标，如图2-59所示。

设置锚点链接

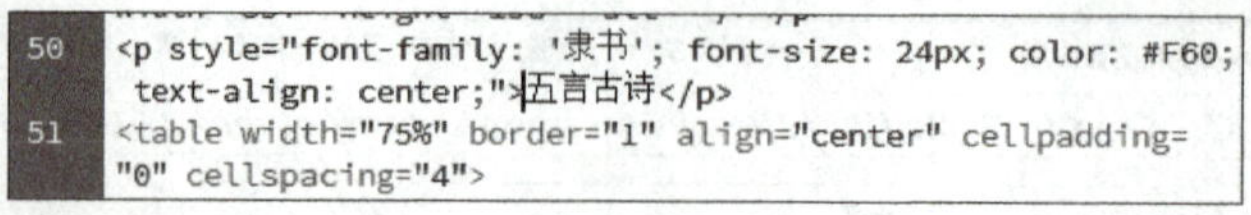

图2-57 代码视图中的光标显示

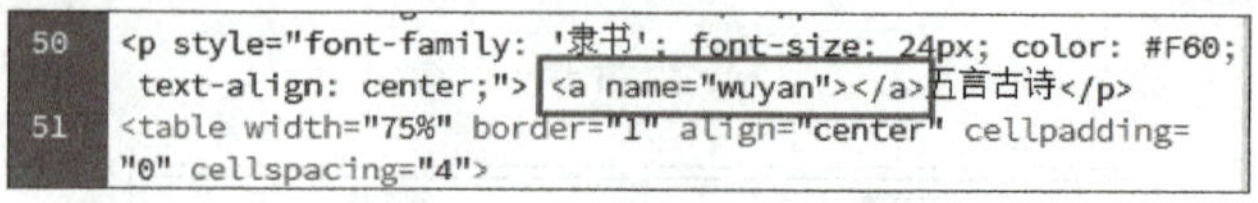

图2-58 代码视图中输入插入锚点代码

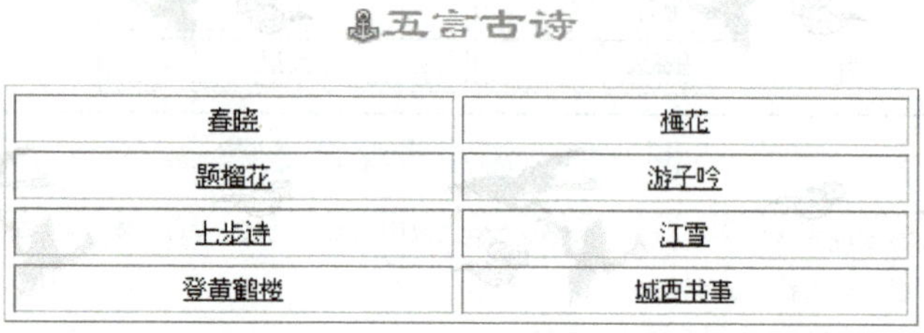

图2-59 插入“命名锚记”效果

提示

Dreamweaver CC取消了插入“命名锚记”的命令，但在使用中经常需要通过文字的超链接在同一网页的不同位置进行快速跳转，来加快信息浏览的效率。以前的版本是通过插入“命名锚记”命令来实现，而在Dreamweaver CC版本，只能通过输入代码的方式来实现该效果。

11）光标移到文档第一行，选中“五言古诗”，在HTML属性面板的“链接”文本框中输入“#wuyan”，这样就建立了锚记链接，HTML属性面板如图2-60所示，按<F12>键在浏览器中观察效果。由于网页内容较长，屏幕中不能全部显示，当单击第一行的“五言古诗”超链接时，立即跳转到五言古诗的锚记位置，使得命名锚记点后面的内容成为当前的显示内容，避免了窗口的滚动操作。

图2-60 在HTML属性面板中设置锚记链接

12）将光标移到表格右侧，按<Enter>键另起一段，执行“插入”→“表格”命令新建表格，在弹出的对话框中设定表格为1行1列，宽为75%，边框粗细为0，单元格边距和单元格间距均为0，单击“确定”按钮插入表格。选中表格，在“属性”面板中设“Align”为“居中对齐”。在单元格中输入文本“下载链接：唐诗三百首”，如图2-61所示。

设置文件下载链接和绝对超链接

选中文本“下载链接”，在CSS属性面板中设字号大小为12。选中文本“唐诗三百首”，在HTML属性面板中单击“链接”右侧的浏览文件按钮，在弹出的对话框中指定文件image/唐诗三百首.rar，属性面板如图2-62所示。按<F12>键在浏览器中观察效果，单击链接文本“唐诗三百首”时，会弹出文件下载的对话框。

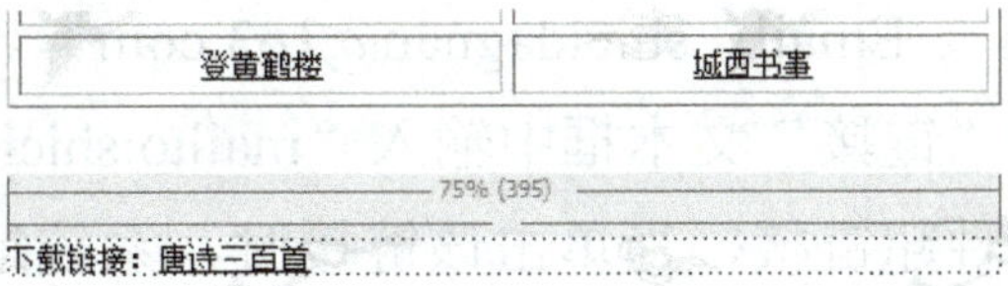

图2-61 建立表格并输入相关下载文字

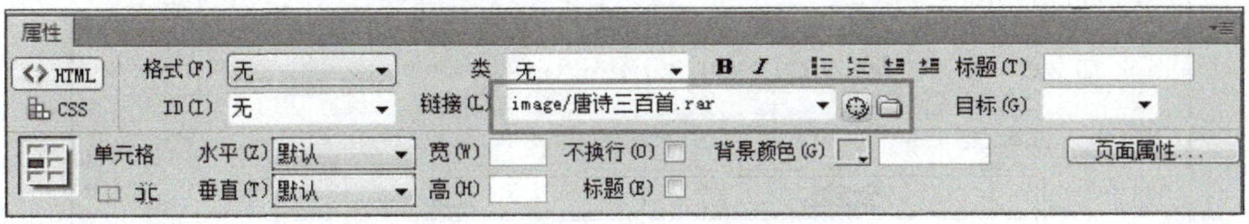

图2-62 设定文件下载链接

13）将光标移到表格右侧，按<Enter>键另起一段。执行“插入”→“表格”命令新建表格，在弹出的对话框中设定表格为1行5列，宽为75%，边框粗细为1，单元格边距和单元格间距均为0，单击“确定”按钮插入表格。选中表格，在“属性”面板中设“Align”为“居中对齐”。分别输入文本“友情链接”“新浪”“网易”“百度”“搜狐”，选中所有单元格，设单元格的“水平”为居中对齐，宽为20%，如图2-63所示。

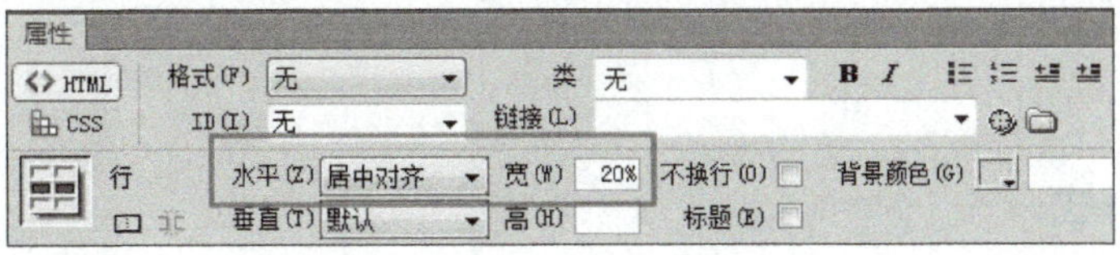

图2-63 设置单元格属性

选中文本“新浪”，在HTML属性面板的“链接”文本框中输入“http://www.sina.com.cn”，为文本“新浪”建立绝对超链接。同理，设“网易”的超链接网址是“http://www.163.com”，“百度”的超链接网址是“http://www.baidu.com”，“搜狐”的超链接网址是“http://www.soho.com”，按<F12>键在浏览器中观察效果如图2-64所示。

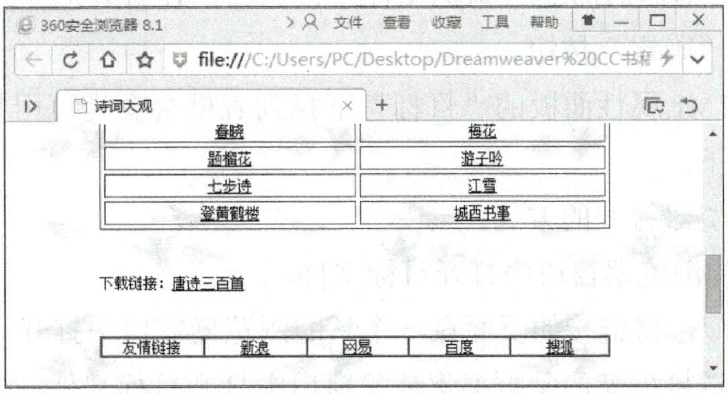

图2-64 设置绝对超链接

14）将光标移到表格右侧按<Enter>键另起一段，执行“插入”→“水平线”命令，插入水平线。将光标移到水平线右侧，按<Enter>键另起一段，输入版权区域文字“Copyright”。接着执行“插入”→“字符”→“版权”命令，插入版权符“©”。再输入文字“版权归诗词大观组委会所有　Email：shicidaguan@163.com”。选中邮箱地址文本，在HTML属性面板的“链接”文本框中输入“mailto:shicidaguan@163.com”，这样就建立了电子邮件超链接，当单击该链接时，系统默认自动启动软件Outlook，如图2-65所示。

设置版权区域和电子邮件链接

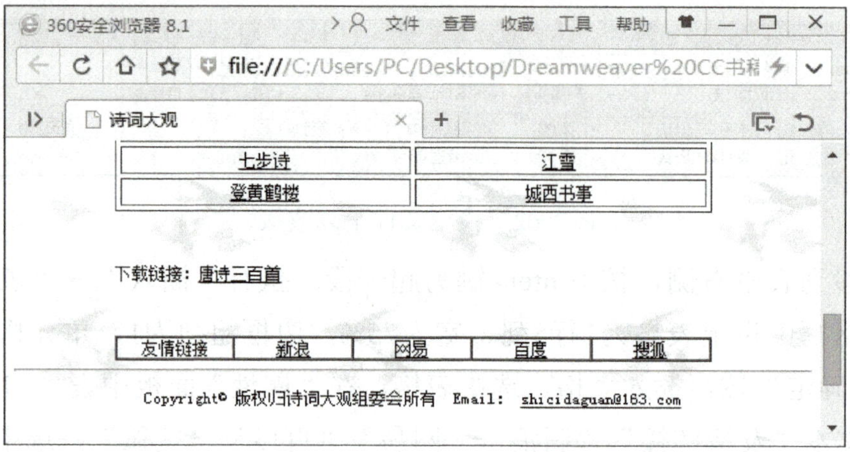

图2-65　水平线和电子邮件链接的设定效果

【新知解析】

1. 超链接的表现形式

（1）网页之间的超链接　要在网页中创建超链接，首先要选中创建链接的对象（文本、图像或其他页面对象），然后可以通过以下3种方法之一创建超链接。

1）在HTML属性面板的“链接”文本框中输入目标对象的URL或路径。

2）拖动“链接”文本框后面的“指向文件”图标到“文件”面板中的目标对象上（默认使用相对路径）。

3）单击“链接”文本框后面的“浏览文件”按钮，在打开的“选择文件”对话框中选择链接对象，然后单击“确定”按钮。

设置完链接后，HTML属性面板的“目标”下拉列表框会变为可用状态。“目标”下拉列表框中各选项的含义如下。

默认：默认使用浏览器打开的方式。

_blank：在一个新的浏览器窗口中打开目标文件。

_new：与_blank类似，将链接的页面在一个新的浏览器窗口中打开。

_parent：在含有该链接框架的父框架集或父窗口中打开目标文件。

_self：在该链接所在的窗口或同一框架中打开目标文件，此为默认选项。

_top：在整个浏览器窗口中打开目标文件，因而会删除所有框架。

（2）网页内的超链接　网页内的超链接是通过使用“命名锚记”来创建的，因此“页内超链接”又称为“命名锚记链接”。

建立锚记链接的方法如下。

1）插入命名锚记。将光标移到需要插入锚点的位置，切换到代码视图，在光标闪烁处手工输入代码<a name="锚记名称"></a>，切回到设计视图，会发现在插入点出现了一个锚记图标。

2）创建跳转到锚记的超链接。建立锚记链接的格式是“#锚记名称”。例如，为文本建立跳到命名锚记为“wuyan”的链接时，可选中文本，在HTML属性面板的“链接”文本框中输入“#wuyan”。

（3）E-mail链接　E-mail链接是一种特殊的链接，单击这种链接将打开一个空白通信窗口，允许用户创建电子邮件，并发送到指定的邮箱地址。

创建E-mail链接的方法是选择要创建E-mail链接的对象，在HTML属性面板的“链接”文本框中输入“mailto:”和E-mail地址。

还可以单击菜单“插入”→“电子邮件链接”命令，在打开的“电子邮件链接”对话框中进行设置，如图2-66所示。

图2-66　电子邮件链接对话框

（4）空链接和脚本链接　空链接指的是一个无指向的链接，只要在HTML属性面板的“链接”文本框中输入“#”就可以了。空链接一般为网页上的对象或文本附加行为。

脚本链接是指执行JavaScript代码或调用JavaScript函数。该方式可使用户在不离开当前页面的情况下了解某个项目的附加信息，还可用于执行计算操作、表单验证或其他任务。要创建脚本链接时，只需在选定的文字或图像后，在HTML属性面板的“链接”文本框中输入“javascript:”，并输入JavaScript代码或函数调用即可。

（5）文件下载链接　当用户希望浏览者从自己的网站上下载资料时，就需要为文件提供下载链接。选中网页中的操作对象，在HTML属性面板的链接中指定要下载的文件即可。

（6）图像热点链接　可以为图像的局部创建链接，需要先选中图像，利用属性面板中的矩形热点工具、椭圆热点工具和多边形热点工具在图像上绘制热点区域，利用指针热点工具选中热区，在属性面板的“链接”栏中指定链接文件，就可以建立热点链接，属性面板如图2-67所示。如图2-68所示的效果中，图像的不同区域通过绘制热点区域来建立热点链接。

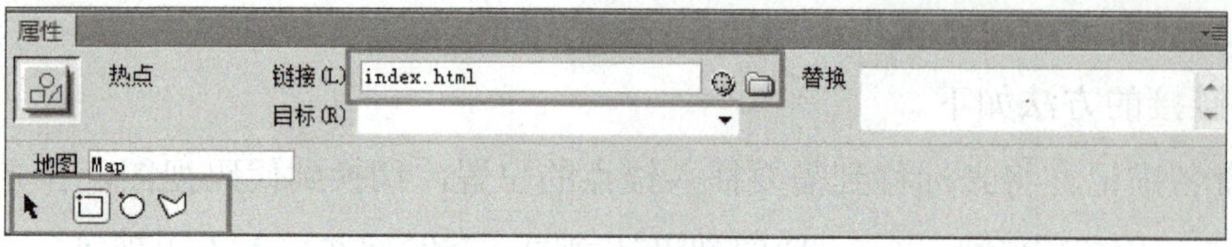

图2-67　在属性面板设定热点链接

图2-68　在图像中绘制热点区域

2．页面超链接状态的设定

在网页中可以对超链接文字的显示状态进行设定。

执行“修改”→“页面属性”命令或单击文本属性面板中的“页面属性”按钮，打开“页面属性”对话框，在分类下单击“链接（CSS）”选项，如图2-69所示，其中“链接颜色”为正常显示的超链接文字颜色，“变换图像链接”为光标移到超链接文字上时文字显示的颜色，“活动链接”为光标移到链接文字上按下鼠标并未松开时文字显示的颜色。“已访问链接”为已访问过的超链接文字的显示颜色。“下划线样式”的下拉列表中设置了下划线的几种设置状态，设置好各项参数后，单击“确定”按钮。

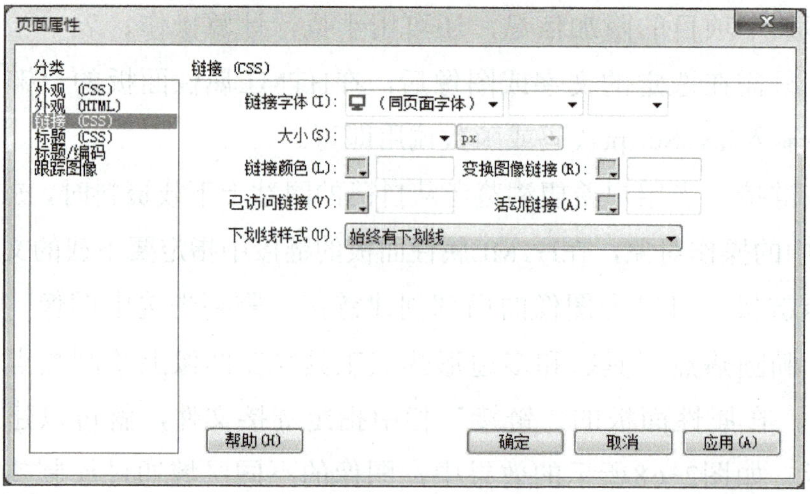

图2-69　设置超链接文字显示状态

【技巧提示】

绝对超链接和相对超链接

根据链接路径的不同，超链接可以分为：

1）绝对超链接。绝对超链接通常用于站点之外的文件链接。建立绝对超链接时，用户必须提供目的端的URL。绝对地址的URL格式为协议：//域名/目录/文件名。例如，http://www.hudie.com/index.htm或c:\my web\index.htm。

2）相对超链接。相对超链接通常用于站点之内的文件链接。它利用的是两个链接文件之间的地址相对关系，不受站点文件夹所处服务器位置的影响。书写形式上省略了绝对超链接中的相同部分。例如，hudie\file\jianshang.htm。

【强化训练】 制作网站“诗词大观”子页

在网站“诗词大观”首页的基础上，继续完成子页的制作，通过操作可以学习如何插入表格及编辑单元格，如何在表格中插入文本和图像，如何建立网页间超链接、电子邮件链接，最终效果如图2-70所示。

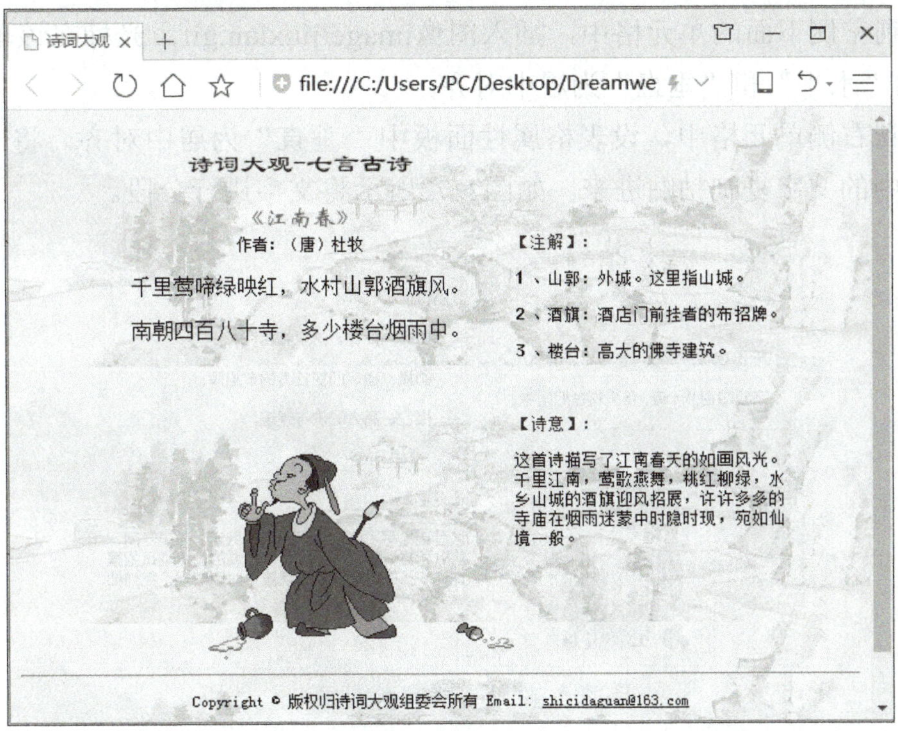

图2-70　网站“诗词大观”子页效果图

操作步骤：

在前面案例制作的网站首页的基础上，继续完成子页的制作。

1）新建网页，保存为jiangnanchun.html，设网页的标题为“诗词大观”。单击属性面板中的“页面属性”按钮，打开“页面属性”对话框，在“外观（CSS）”

布局网页

选项下，设“背景图像”为image/ywh.gif。再单击“链接（CSS）”选项设置页面中所有超链接的4种显示状态：链接颜色为黑色，变换图像链接为橙色#ff6600，活动链接为蓝色#0000ff，已访问链接为黑色，字号大小为12，单击“确定”按钮。

2）执行“插入”→“表格”命令新建表格，在弹出的对话框中设定表格为2行2列，宽为88%，边框粗细、单元格边距、单元格间距均为0，单击“确定”按钮插入表格。选中表格，在表格属性面板中设“Align”为居中对齐。选中右侧的上下单元格，单击表格属性面板中的合并单元格按钮，效果如图2-71所示。

图2-71　表格合并单元格后的效果图

3）光标移到左侧第1个单元格中，输入“诗词大观-七言古诗”。按<Enter>键，输入文本“《江南春》”。按<Shift+Enter>组合键换行，再输入“作者：（唐）杜牧”。按<Enter>键，另起一段，打开素材文件夹提供的文件“江南春文字介绍.doc”，复制文本“千里莺啼绿映红，水村山郭酒旗风。南朝四百八十寺，多少楼台烟雨中。”将光标移到第一句介绍的地方，按<Enter>键另起一段。在表格的属性面板中设单元格的“水平”和“垂直”为居中对齐。

设置文本属性

4）光标移到左侧下面的单元格中，插入图像image/jiuxian.gif。光标在该单元格中，设表格属性面板中的“水平”和“垂直”为居中对齐。

5）光标移到右侧单元格中，设表格属性面板中“垂直”为居中对齐。将“image/江南春文字介绍.doc”中的文字复制粘贴进来。如图2-72所示将文字进行分段。

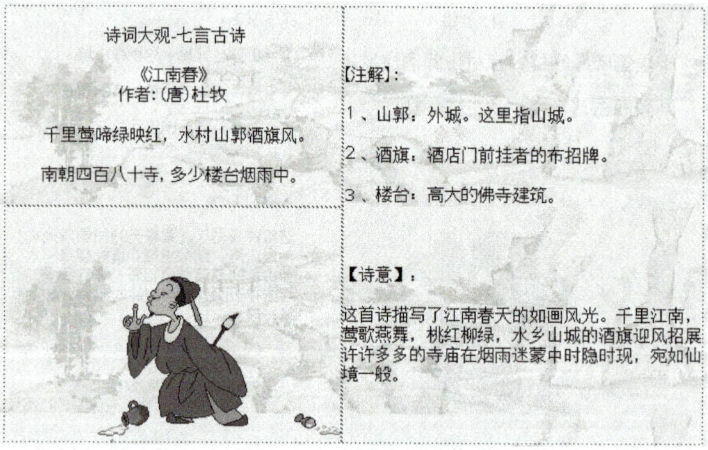

图2-72　文档窗口效果

6）光标移到左侧第1个单元格中，选中“诗词大观-七言古诗”，在CSS属性面板设字体为隶书，字号为20，颜色为黑色。

选中文本“《江南春》”，在CSS属性面板设“目标规则”为“新内联样式”，字体为华文新魏，字号为18，颜色为红色。

选中“作者：（唐）杜牧”，在CSS属性面板设“目标规则”为“新内联样式”，字号为12，颜色为黑色。

选中文本两行诗词内容，在CSS属性面板设“目标规则”为“新内联样式”，设字号为14，颜色为黑色。

光标移到右侧单元格中选中所有文本，在CSS属性面板设“目标规则”为“新内联样式”，设字号为13。

分别选择“【注解】：”和“【诗意】：”，在CSS属性面板设“目标规则”为“新内联样式”，设颜色为#660000。文档效果如图2-73所示。

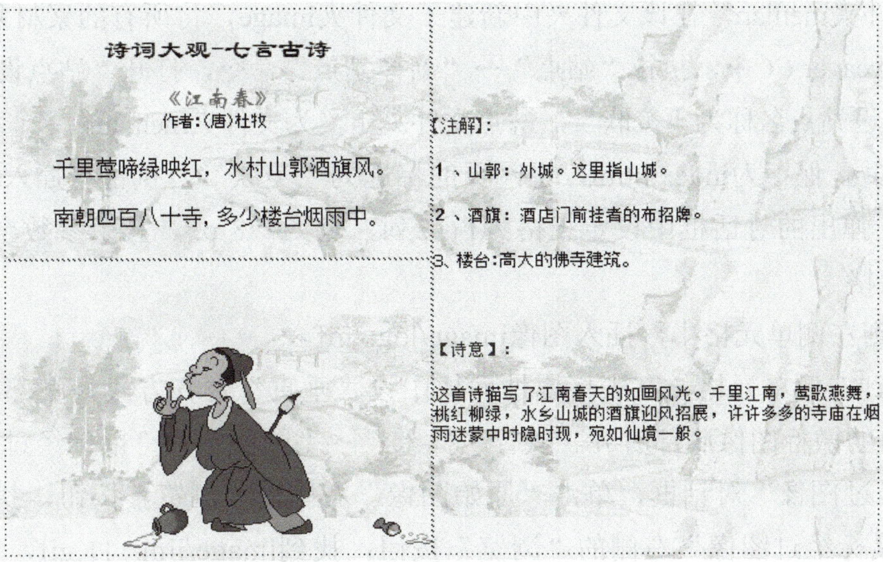

图2-73　设置页面效果

7）光标移到表格右侧按<Enter>键另起一段。执行“插入”→“水平线”命令插入水平线，光标移到水平线右侧按<Enter>键另起一段。

8）输入“Copyright ”，执行“插入”→“字符”→“版权”命令插入版权符。再输入文字“版权归诗词大观组委会所有Email: shicidaguan@163.com”，选中邮箱地址文本，在HTML属性面板的“链接”文本框中输入“mailto:shicidaguan@163.com”，建立电子邮件超链接。选中版权区域所有文字，在CSS属性面板中设字号大小为12，居中对齐。

制作版权区域及建立超链接

9）打开主页index.html，选中七言古诗中的文字“江南春”，在HTML属性面板的“链接”文本框中改为“jiangnanchun.html”，将文字“江南春”超链接到网页jiangnanchun.html。

任务4　翻转图——制作网站“美联”导航部分

【任务描述】

随着网页制作技术的发展，利用动态制作技术可以使网页的样式由死板、单一变为灵活、丰富、引人入胜。其中翻转图便是动态效果之一，它使得图像效果更加生动丰富。通过本任务的操作，学

制作网站“美联”导航部分

习如何插入表格及编辑调整单元格，如何在表格中插入翻转图像，最终效果如图2-74所示。

图2-74　网站“美联”导航部分

【任务实施】

1）新建文件夹meilian，在该文件夹中新建子文件夹image，将所有的素材复制到image文件夹中。在Dreamweaver CC中，执行“站点”→“新建站点”命令，打开“站点设置对象”对话框进行站点定义，设站点名称为“美联”，站点文件夹定义为文件夹meilian。

2）新建网页，保存为index.html，设网页的标题为“美联”。执行“插入”→“表格”命令新建表格，在弹出的对话框中设定表格为1行2列，宽为778 px，其余参数全为0，单击“确定”按钮插入表格。

3）光标移到左侧单元格中，插入图像image/logo.gif。

4）光标移到右侧单元格，在表格属性面板中设“垂直”对齐方式为底部，使后面插入的翻转图像与左面的徽标图像底部对齐。执行“插入”→“图像”→“鼠标经过图像”命令，打开“插入鼠标经过图像”对话框，单击“原始图像”右侧的“浏览”按钮，找到image/link_1.gif，再单击“鼠标经过图像”右侧的“浏览”按钮，找到image/link_11.gif，单击“确定”按钮，插入第1个翻转图像，如图2-75所示。光标移到翻转图像右侧，按照相同的操作，插入其他翻转图像。

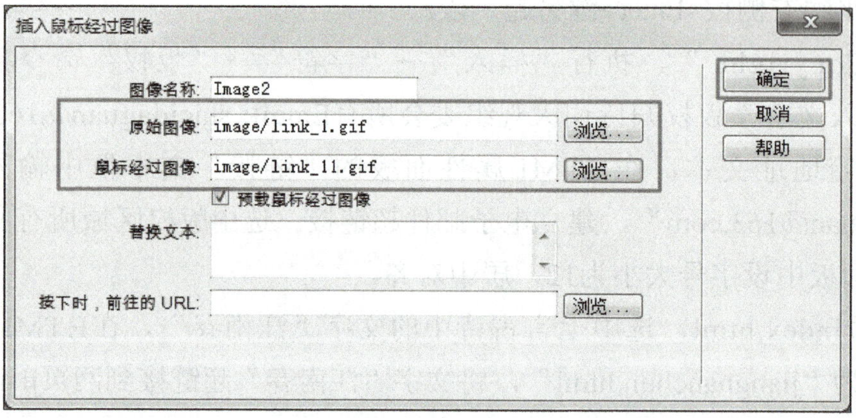

图2-75　设置“插入鼠标经过图像”对话框

【新知解析】

翻转图是最简单的一种动态网页效果，当光标指向图像时会变为另一幅图像，光标移出后又变回原先的图像。

要制作翻转图，只需执行“插入”→“图像”→“鼠标经过图像”命令，打开“插入鼠标经过图像”对话框，如图2-75所示。

【技巧提示】

翻转图像链接的设置方法：

当网页中需插入翻转图像，并为其设置超链接时，可以在插入翻转图像时直接在对话框中的“按下时，前往的URL”文本框中输入超链接的地址。也可以先插入翻转图像，然后再选中翻转图像，在HTML属性面板的“链接”文本框中输入链接地址。

【强化训练】 制作网站“闪闪作坊”页眉局部

制作网站“闪闪作坊”页眉局部

通过强化训练，学习如何插入表格及编辑调整单元格，如何在表格中插入翻转图像，最终效果如图2-76所示。

图2-76　网站“闪闪作坊”页眉局部效果图

操作步骤：

1）新建文件夹shanshan，在该文件夹中新建子文件夹image，将所有的素材复制到image文件夹中。在Dreamweaver CC中，执行“站点”→“新建站点”命令，打开“站点设置对象”对话框进行站点定义，设站点名称为“闪闪作坊”，站点文件夹定义为文件夹shanshan。

2）新建网页，保存为shanshan.html，设网页的标题为“闪闪作坊”。

3）执行“插入”→“表格”命令新建表格，在弹出的对话框中设定表格为4行3列，宽为531 px，其余参数全为0，单击“确定”按钮插入表格。选中表格，在属性面板中设“Align”为“居中对齐”。

4）光标移到第1行左侧单元格中，插入图像image/fm01.gif。光标移到第2行中间单元格中，执行“插入”→“图像”→“鼠标经过图像”命令插入翻转图像，在对话框中设原始图像为image/fm02.gif，鼠标经过图像为image/fm02x.gif。光标移到第2行右侧单元格中，插入图像为image/fm03.gif，如图2-77所示。

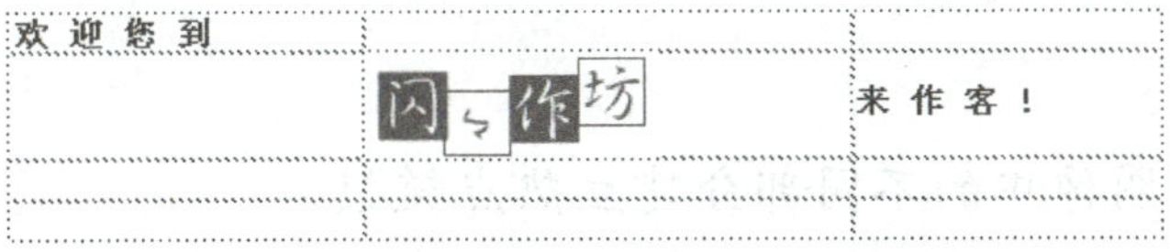

图2-77　插入图像后的效果图

5）选中第4行的所有单元格，单击表格属性面板中的合并单元格按钮合并单元格。光标移到该行单元格中，执行“插入”→“图像”→“鼠标经过图像”命令，打开“插入鼠标经过图像”对话框，设“原始图像”为image/01.gif，“鼠标经过图像”为image/01x.gif，单击“确定”按钮，插入第1个翻转图像。光标移到翻转图像右侧，按照相同的操作，插入其他翻转图像。最终效果如图2-76所示。

习题

1. 填空题

1）在Dreamweaver CC中对文本进行属性设置有两种方式，它们分别是________和________。

2）目前应用于网页的图像格式有________、________和________3种格式。

3）在Dreamweaver CC中可以创建5种类型的链接，分别是________、________、________、________和________。

2. 单选题

1）在Dreamweaver CC中，如果要设置页面属性，应该执行（　　）命令。

A. “文件”菜单　　B. “编辑”菜单

C. “命令”菜单　　D. “修改”菜单

2）在Dreamweaver CC文档编辑区域，若要换行，应使用（　　）快捷键。

A. <Enter>　　B. <Enter+Shift>　　C. <Enter+Alt>　　D. <Enter+Del>

3）在网页中连续输入多个空格的方法是（　　）。

A. 连续按空格键

B. 按下<Ctrl>键再连续按空格键

C. 连续按<Ctrl+Shift+空格>组合键

D. 按下<Shift>键再连续按空格键

4）Dreamweaver CC中，利用热点工具绘制热点区域时，不能绘制的形状是（　　）。

A. 矩形　　B. 椭圆　　C. 多边形　　D. 任意曲线图形

3. 简答题

1）如何设定一个网页的背景图像？

2）如何插入水平线并修改颜色？

4. 操作题

利用热点工具为任意图像中的不同部分建立热点链接。

学习单元3 使用表格布局页面

学习目标

1）能够插入表格，会使用属性面板和菜单对表格进行设定和编辑。

2）能够运用表格及表格的嵌套和叠加进行网页布局。

3）能够对表格数据进行处理。

4）培养学生的创新设计能力。

5）培养学生严谨的工作态度。

在网页设计中，要将网页的各种元素有效地组织起来，使版面设计赏心悦目，就需要运用网页定位技术。常用的网页定位技术有表格、Div、框架等，其中表格是最简便也是最有效的网页定位技术，只需将内容按特定的行、列规则进行排列就构成了表格。Dreamweaver CC具有很强的表格编辑功能，能创建各种规格的表格，并能对表格进行特殊地修饰，使网页更加生动活泼。通过本单元的学习，将能够熟练运用表格技术定位网页元素，进行版式设计。

任务1 表格的建立和编辑——制作世界杯四分之一决赛对阵表

【任务描述】

在Dreamweaver CC中，表格不仅可以用来显示和定位表格数据，还可以通过表格的属性面板或菜单对表格中的单元格、行、列、边框、背景色、背景图片等进行设定和编辑，制作各种形式的表格，进而美化网页结构。通过本任务的操作，学习如何建立表格和插入表格内容，如何选中表格、行、单元格和设定单元格的高、宽、对齐方式，如何设置表格和单元格的背景颜色，如何制作细线表格，最终效果如图3-1所示。

四分之一决赛对阵				
日期	时间	对阵	比赛地	场次
7月6日	17:00	乌拉圭 0-2 法国	下诺夫哥罗德	57
7月6日	21:00	巴西 1-2 比利时	喀山	58
7月7日	17:00	瑞典 0-2 英格兰	萨马拉	60
7月7日	21:00	俄罗斯 2-2 克罗地亚	索契	59

图3-1 世界杯四分之一决赛对阵

【任务实施】

1）新建文件夹duizhen，在该文件夹中新建子文件夹image，将素材复制到该文件夹中。利用站点设置对象向导新建站点，将站点文件夹定义为“duizhen”。

2）新建网页，保存为index.html，将网页的标题改为“世界杯四分之一决赛对阵”。

3）执行“插入”→“表格”命令，在弹出的对话框中设置表格为6行5列，表格宽度为578 px，单元格间距为1，其他参数为0，如图3-2所示。单击“确定”按钮，在网页中新建一个表格。

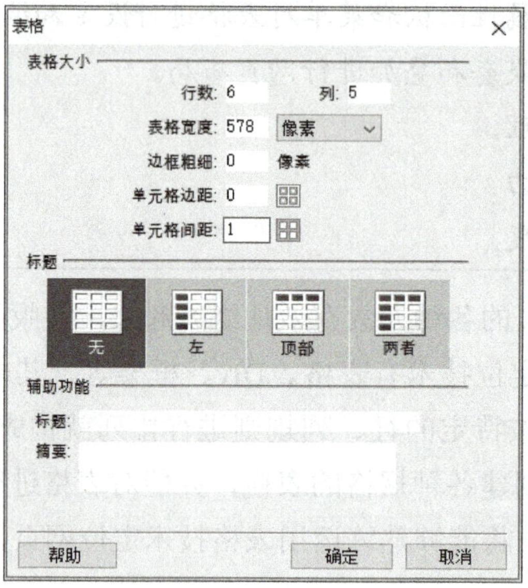

图3-2　新建表格对话框

制作细线表格

4）此时表格处于选中状态，在属性面板中设“Align”为“居中对齐”。

5）切换到代码视图，将光标移到字符“<table”后面按空格键，在出现的属性下拉列表中双击“bgcolor”属性，如图3-3所示。系统会自动添加背景颜色bgcolor属性，输入颜色值为#C9DEF3，如图3-4所示。

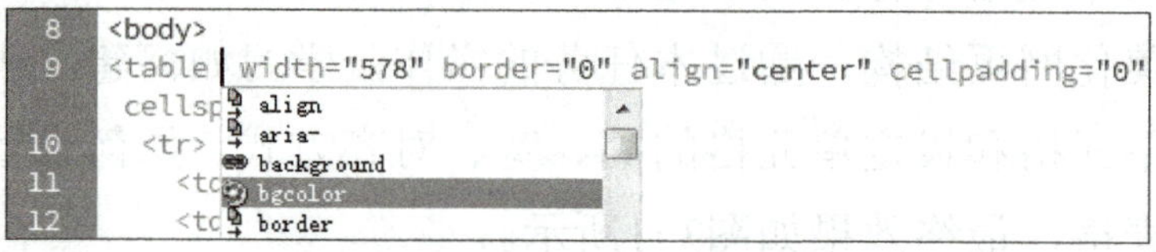

图3-3　在代码视图添加“bgcolor”属性

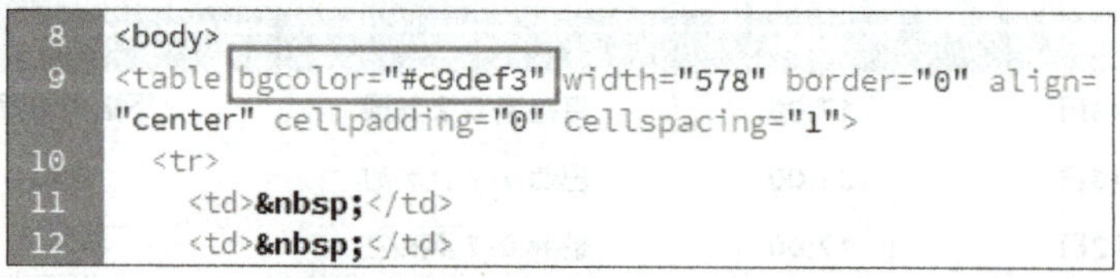

图3-4　在代码视图设置“bgcolor”属性的颜色数值

6）切回到设计视图，会发现整个表格的背景色为浅蓝色，如图3-5所示。

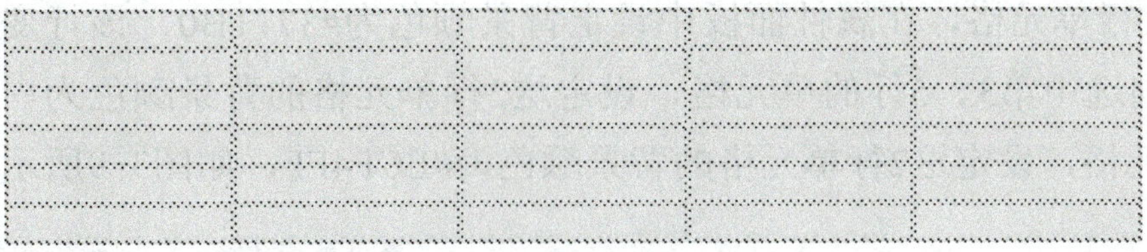

图3-5　设定表格背景色

7）拖拽鼠标从表格第1行到最后一行，框选选中所有单元格，在属性面板中设“高”为25，“水平”和“垂直”均设为居中，如图3-6所示。

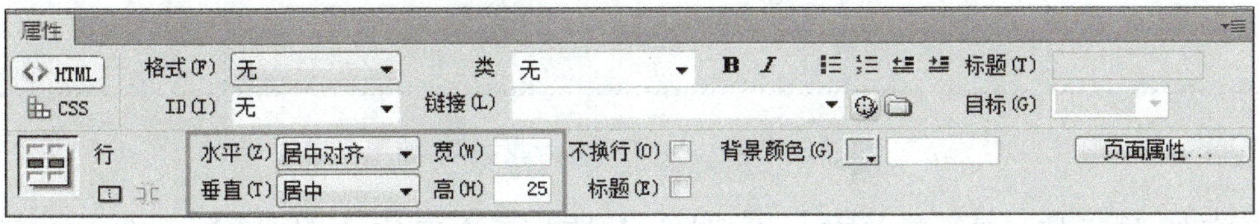

图3-6　设定表格单元格属性

8）选中第1行所有的单元格，在属性面板中设“背景颜色”为#EFEFEF，则该行单元格变为浅灰色。选中该行第2个到右端的多个单元格，在属性面板中单击合并单元格按钮，设单元格“水平”为右对齐，如图3-7所示。

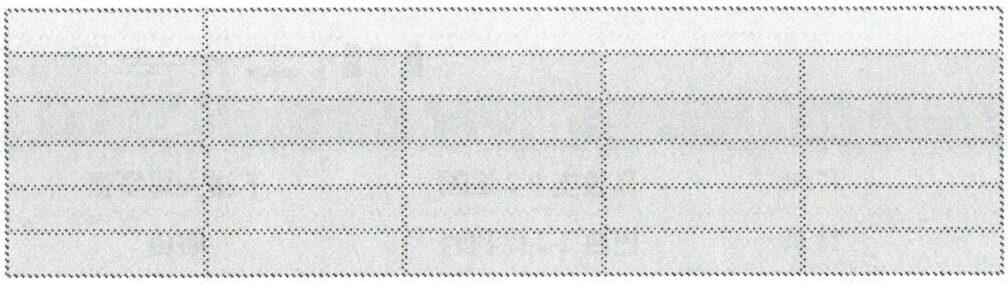

图3-7　设置单元格的背景色及合并单元格

编辑表格和表格内容

9）将光标移到第1行左侧单元格内，输入文字“四分之一决赛对阵”。选中文字，在CSS属性面板中设字号为12，文字颜色为#ff6600。在HTML属性面板单击粗体按钮B加粗文字。将光标移到该行右侧的单元格中，分别插入8个国旗图像，将光标移到图片之间按<Ctrl+Shift+空格>组合键插入空隙，如图3-8所示。

图3-8　表格中输入文字和插入图像

10）此时单元格的宽度大小不一致，框选任意一行单元格，在属性面板中设“宽”为20%，使单元格的宽度保持一致。

11）选中第2行单元格，在属性面板中设定背景颜色为#3771B0，该行变为深蓝色背景。按住<Ctrl>键分别选中第3、5行的单元格，设定这2行单元格的背景颜色为白色。同理再分别选中第4、6行单元格，设定这2行单元格的背景颜色为#ECF4FF，如图3-9所示。

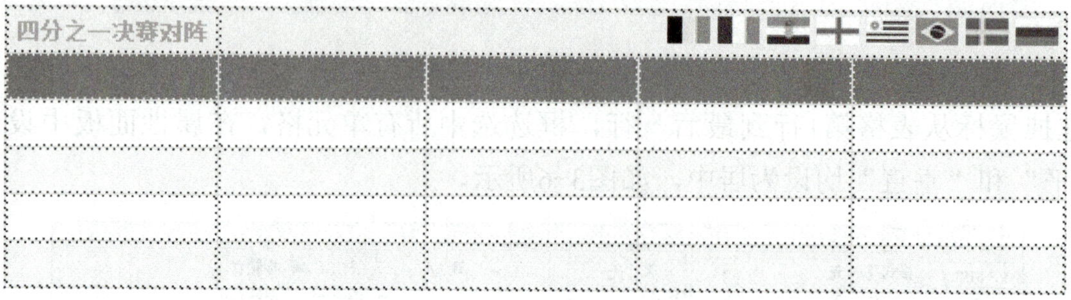

图3-9　设定多行单元格背景色

12）在相应的单元格中输入文字。分别选中第2行单元格中的文字，在CSS属性面板中，设字号为12，文字颜色为白色，在HTML属性面板中单击粗体按钮 **B** 加粗文字。选中第3～8行的文字，在CSS属性面板中，设字号为12，文字颜色为黑色，在HTML属性面板中单击粗体按钮 **B** 加粗文字。将光标移到单元格的垂直边框上，拖动边框调整各列单元格的宽度如图3-10所示。

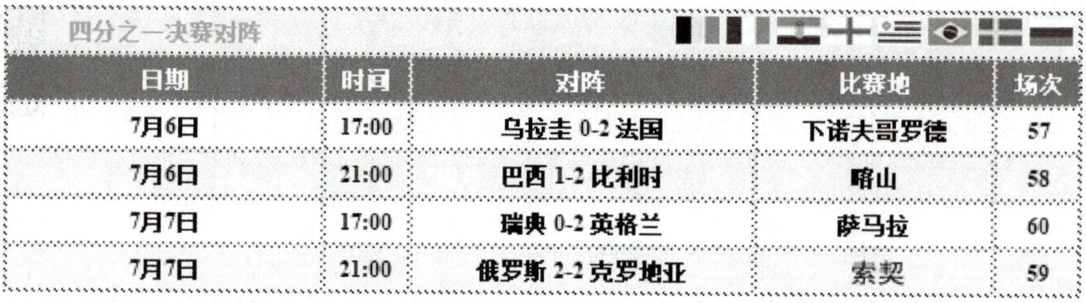

四分之一决赛对阵				
日期	时间	对阵	比赛地	场次
7月6日	17:00	乌拉圭 0-2 法国	下诺夫哥罗德	57
7月6日	21:00	巴西 1-2 比利时	喀山	58
7月7日	17:00	瑞典 0-2 英格兰	萨马拉	60
7月7日	21:00	俄罗斯 2-2 克罗地亚	索契	59

图3-10　输入表格文字并设置文字属性

【新知解析】

1. 创建表格

创建表格可以通过“插入”面板或菜单两种方法实现，步骤如下。

1）将光标移到要插入表格的位置。

2）在窗口右侧的“插入”面板中，切换到“常用”选项下，单击表格按钮或执行“插入”→“表格”命令，弹出表格对话框，如图3-11所示，可根据需要进行相应的参数设置。

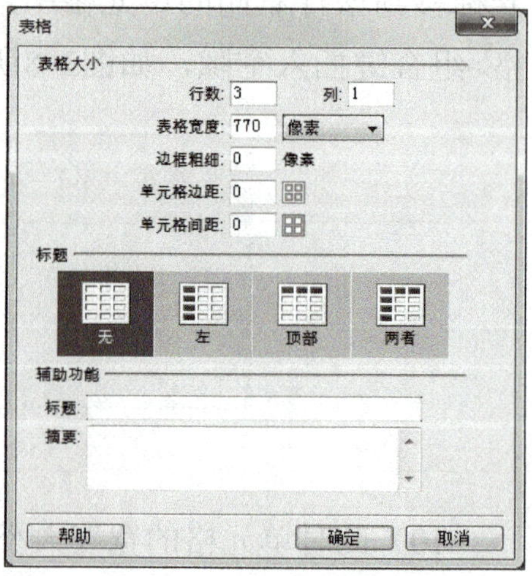

图3-11　新建“表格”对话框

需要注意的是下面的设置项目：

- “表格宽度”的单位为百分比或像素。使用百分比时可分为两种情况，如果不是嵌套表格，那么百分比是相对于浏览器窗口而言的；如果是嵌套表格，那么百分比是相对于嵌套表格所在的单元格宽度。

- "边框粗细"设定表格边框的宽度，单位为像素。
- "单元格边距"为表格内容和边框之间的空白区域，单位为像素。
- "单元格间距"为单元格之间的距离，单位为像素。

3）单击"确定"按钮。

2. 选取表格元素

（1）选取整个表格　将鼠标指针移动到表格的边框线上，单击鼠标左键选择整个表格；或者将光标放在表格中，执行"修改"→"表格"→"选择表格"命令；也可以将光标放在单元格中，在文档窗口的左下角的标签选择器中选择"Table"标签，选取整个表格。

（2）选取单元格　将鼠标指针移动到某个单元格上，按住<Ctrl>键不放，再单击就可以选中这个单元格。按住<Ctrl>键，再逐个单击要选取的单元格，就可以选中不连续的多个单元格。光标移到某个单元格中，按住<Shift>键单击另外一个单元格，这两个单元格之间的所有单元格将被选中，形成一个连续矩形区域。也可以通过鼠标拖拽的方法选取连续的多个单元格。

（3）选取行或列　从一个单元格开始，拖动鼠标选中整行或整列的单元格，单元格所在的行或列即被选中。或将鼠标停留在一行的左边框或一列的上边框，当选择行或列的图标出现时，如图3-12和图3-13所示，单击即可选择行或列。

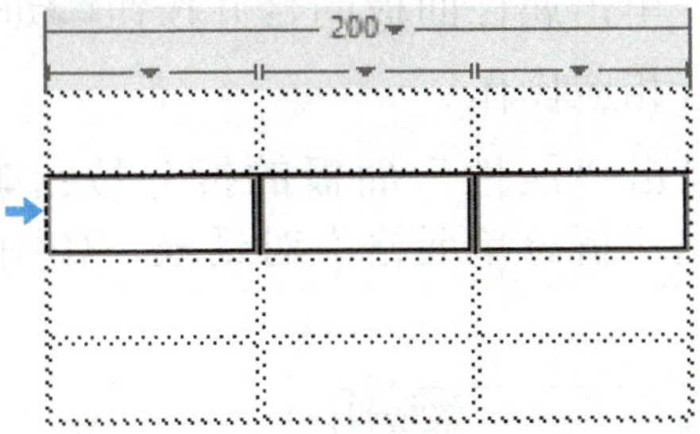

图3-12　选中行

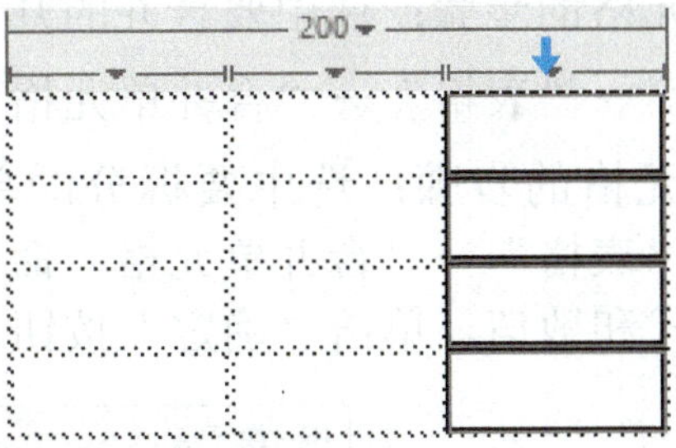

图3-13　选中列

3. 设定表格和单元格属性

（1）表格属性　当选中整个表格时，属性面板会自动变成表格的设置面板。可以通过这个面板修改表格的行数、列数、大小等属性。表格的属性面板如图3-14所示。

图3-14　表格"属性"面板

（2）行列和单元格属性的设定　选择行、列或单元格后的属性面板如图3-15所示。面板分上下两部分，上面是选中区域内文字属性的设定，下面是选中的行、列或单元格属性的设定。

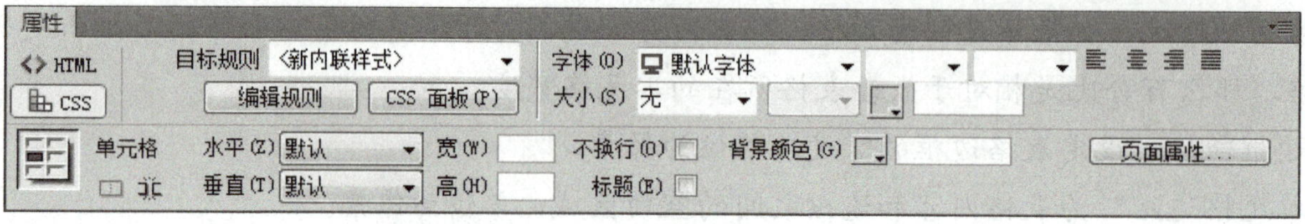

图3-15 单元格属性面板

4. 编辑表格和单元格

（1）调整表格大小　选中表格后，通过属性面板设定表格的宽和高来改变大小。

（2）更改列宽和行高　选定相应的行或列，通过属性面板设定行高或列宽值，也可以拖动列、行的边框来更改列宽或行高。

（3）添加行和列　将光标置于表格中的适当位置，执行“修改”→“表格”→“插入行”命令，可在当前行的上方插入一行。执行“修改”→“表格”→“插入列”命令，可在当前列的左侧插入一列。

（4）删除行和列　将光标置于要删除的行或列中的任意一个单元格，执行“修改”→“表格”→“删除行”或“删除列”命令，或者单击鼠标右键，在弹出的快捷菜单中选择“表格”→“删除行”或“删除列”命令，即可删除当前行或列。

（5）拆分与合并单元格　拆分只能在一个单元格中进行，合并应在多于一个单元格中进行。

合并单元格的步骤：选中要合并的几个单元格，单击属性面板的合并按钮进行合并，或执行“修改”→“表格”→“合并单元格”命令进行相应操作。

拆分单元格的步骤：选中要拆分的单元格，单击“属性”面板的拆分按钮，或执行“修改”→“表格”→“合并单元格”命令，会弹出“拆分单元格”对话框，如图3-16所示。设定拆分方式和数值，单击“确定”按钮。

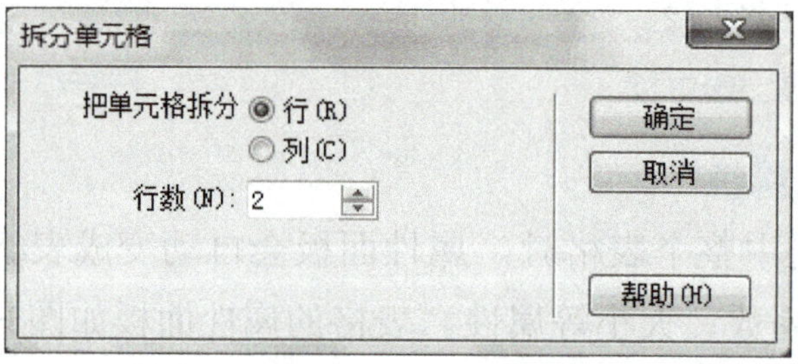

图3-16 拆分单元格对话框

【技巧提示】

1. CellPad（单元格边距）和CellSpace（单元格间距）

CellPad（单元格边距）：为表格内容和边框之间的空白区域，单位为像素。

CellSpace（单元格间距）：为单元格之间的距离，单位为像素。

新建表格时，当单元格边距和单元格间距的数值空缺时，单元格边距和单元格间距的默认值分别为1和2。

2. 细线表格和细线的制作

在网页中经常能够看到修饰漂亮的细线表格，这里介绍几种利用表格属性制作细线方法。

（1）利用表格的单元格间距制作细线表格

新建表格，行、列、宽自由定义，单元格边距为0，单元格间距为1。选中表格，在代码视图中的<Table>标签内添加bgcolor属性，设定颜色值，为表格设定好背景颜色。再回到设计视图，拖拽鼠标选定所有的单元格，为单元格设定另一种背景颜色。按<F12>键预览，会看到表格带有细边框。原因是在建立表格时，单元格间距的数值设为1，使单元格之间有1px的缝隙，又由于表格的背景色与单元格的背景色不同，因此缝隙显示的颜色是表格的背景色。

（2）利用CSS样式制作细线

新建一个3行1列、表格宽度为500px、其他参数为0的表格。将光标移到第2行的单元格中，设属性面板中的“背景颜色”为红色。在窗口右侧的“CSS设计器”面板中，单击“源”选项右侧的按钮+，在弹出的菜单中选择“在页面中定义”，如图3-17所示。系统自动添加了<style>，如图3-18所示。

图3-17　添加新的CSS源

图3-18　添加CSS源后的效果

在“选择器”选项右侧单击按钮+，设置新的样式名称为“.biankuang”，如图3-19所示。注意名称前面有一个黑点符号，代表类标签。

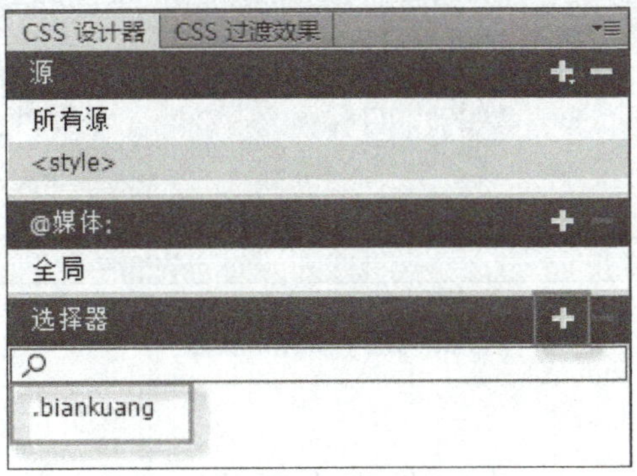

图3-19　设置新样式名称

在“选择器”选项中单击选中样式“.biankuang”，在属性选项中单击第二个标签按钮T，设置line-height（行高）为1px，如图3-20所示。

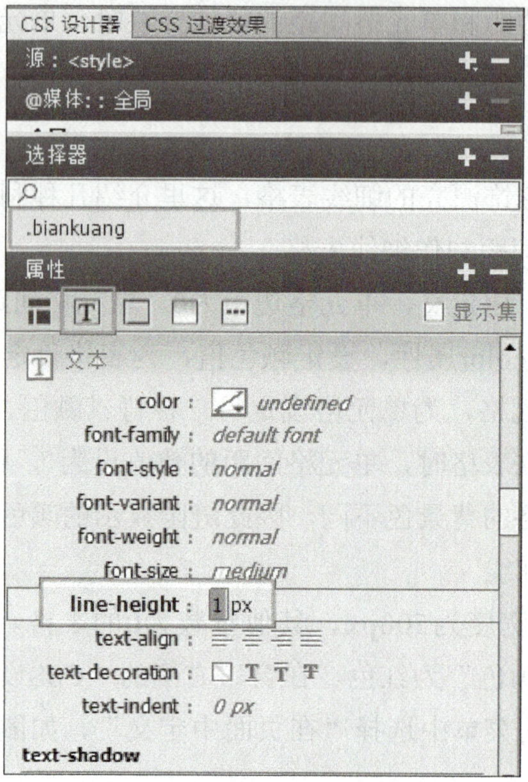

图3-20 设置CSS属性

单击属性面板的“目标规则”右侧的下拉按钮，选择“biankuang”应用biankuang样式。

【强化训练】 制作网站“行星大观”页眉导航部分

通过强化训练，学习如何建立表格和插入表格内容，如何选中表格、行、单元格和设定单元格的高、宽、对齐方式，如何设置表格的背景图像，如何设置Flash背景透明，最终效果如图3-21所示。

图3-21 最终效果

操作步骤：

1）新建文件夹xingxingdaguan，在文件夹中新建image文件夹，将所有的图片素材复制到image文件夹中。在文件夹中新建other文件夹，将swf素材复制到other文件夹中。

2）启动Dreamweaver CC，执行“站点”→“新建站点”命令，新建站点xingxingdaguan，将文件夹xingxingdaguan定义为存放当前站点的文件夹。

3）新建网页，保存为logo.html，将网页的标题改为“行星大观”。

4）在网页中新建表格，表格为3行6列、宽为770px，其余参数均为0。

5）此时表格处于选中状态，在属性面板中设“Align”为“居中对齐”，使得表格在网页中居中对齐。

6）切换到代码视图，将光标移到字符“<table”后面按空格键，在出现的属性下拉列表中双击“background”属性，如图3-22所示。系统会自动添加背景图像“background”属性，同时显示出文件浏览按钮，如图3-23所示。单击该按钮指定背景图像文件为image/logo.jpg。代码如图3-24所示。

设置页眉表格背景

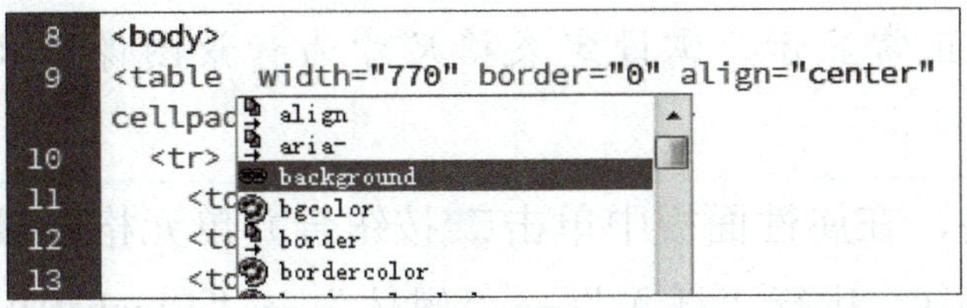

图3-22　在代码视图添加“background”属性

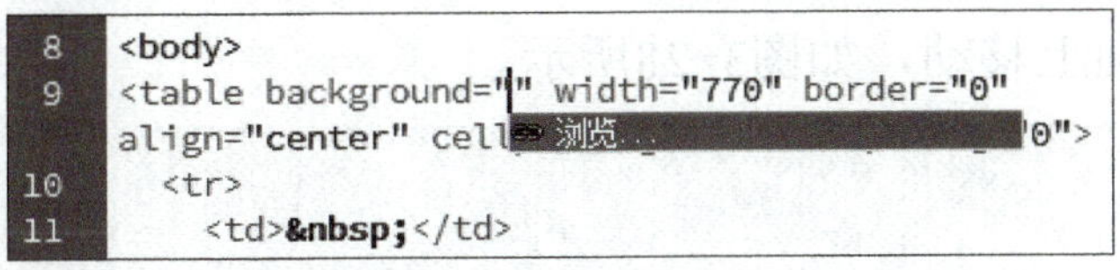

图3-23　代码视图中的文件浏览按钮

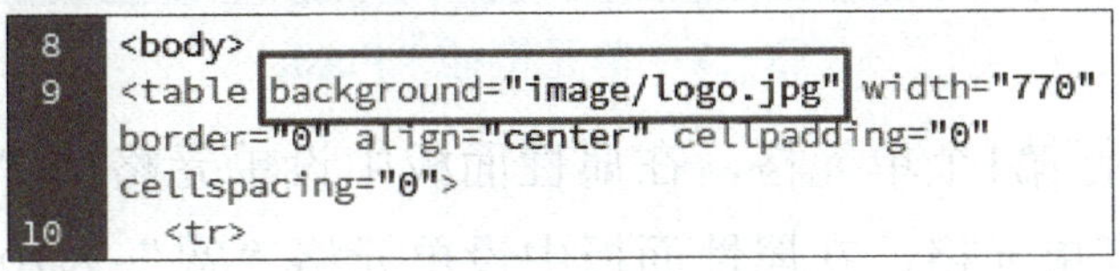

图3-24　表格插入背景图像后的代码

7）继续按空格键，在出现的属性下拉列表中双击“height”属性，如图3-25所示。设定表格的高度为181，代码如图3-26所示。

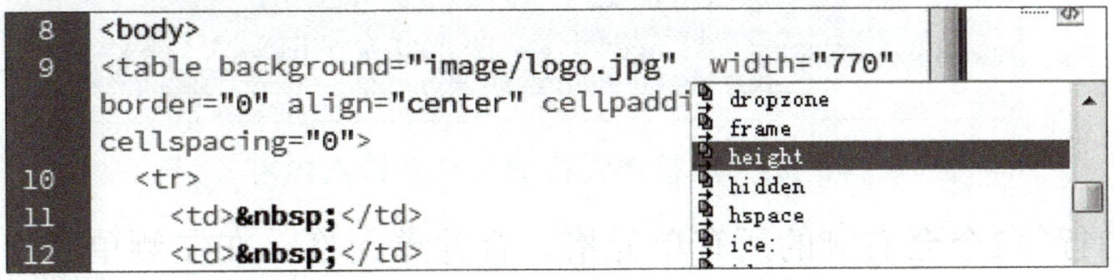

图3-25　在代码视图中添加“height”属性

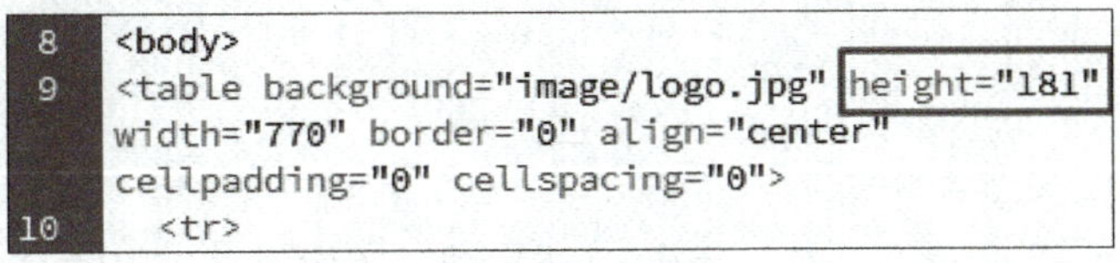

图3-26　设定表格高度后的代码

8）切回到设计视图，会发现表格的大小和背景发生了变化，如图3-27所示。

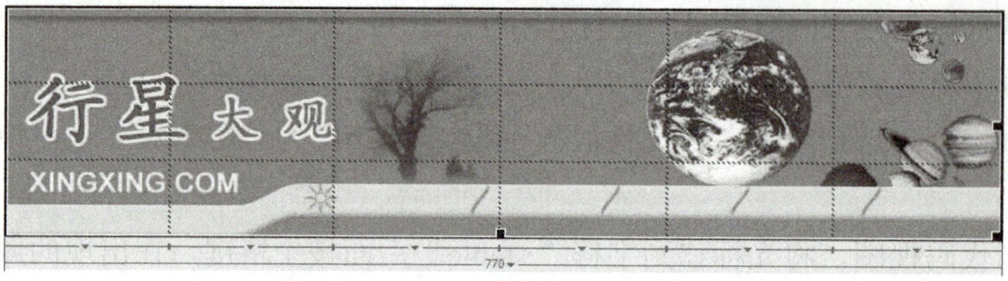

图3-27　添加表格属性代码的效果

> **注意**
>
> 当表格的尺寸大于背景图像尺寸时，背景图像将会平铺显示，当小于时背景图像将会显示不全。为了使图像正常显示，需设定表格尺寸为背景图像的尺寸，即为770×181（单位：像素）。

9）选中第1行单元格，在属性面板中单击□按钮合并单元格，设单元格的“高”为138。将光标移到第1行单元格中，执行“插入”→“媒体”→“Flash SWF（F）”命令插入Flash文件other/flash.swf，选中Flash，在属性面板中设“高”为138px，设wmode为透明。鼠标拖拽Flash所在单元格的下沿向上移动，如图3-28所示。

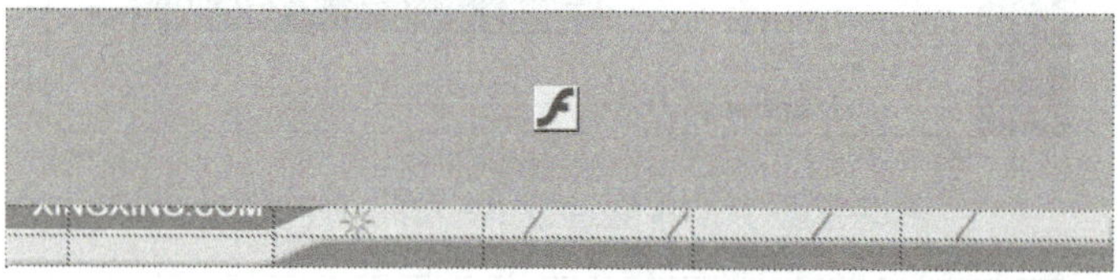

图3-28　单元格插入Flash

制作页眉内容

10）将光标移到第2行第1个单元格，在属性面板中设单元格的“宽”为270 px，“高”为24 px。选中该行其他所有单元格，在属性面板中设单元格“宽”为100 px，水平、垂直方向均为居中对齐。输入对应文字，如图3-29所示。

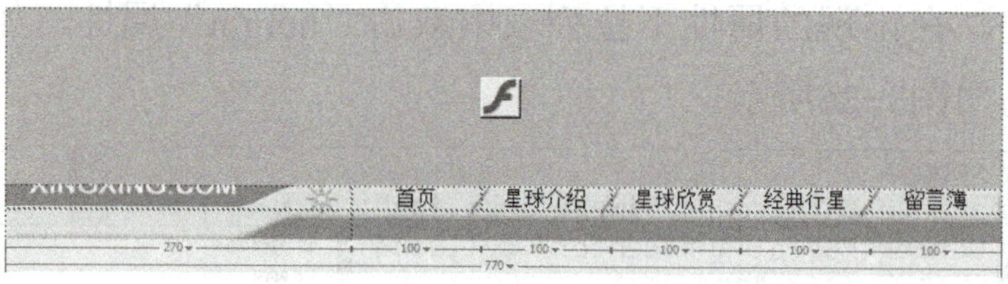

图3-29　调整单元格的尺寸及输入内容

11）选中第3行第2个至右侧的所有单元格，合并单元格，在左侧单元格输入文字“当前位置：首页”，在右侧单元格中输入文字“欢迎访问行星大观官方网站”，如图3-30所示。

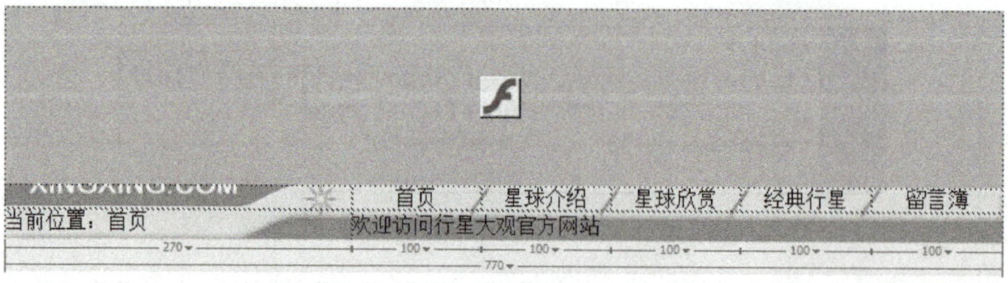

图3-30　版面布局

12）选中第2、3行中的所有文字，在CSS属性面板中设文字颜色为黑色，字号大小为12。选中文字“欢迎访问行星大观官方网站”，在CSS属性面板中设文字颜色为白色。光标移到第3行第1个单元格里，在属性面板中设“垂直”为“顶端”，使得该单元格文字顶端对齐。按<F12>键观察预览效果。

任务2　表格在页面布局中的应用——制作网站“极地动物”主页

【任务描述】

要设计一个版式精美的网站，仅凭借表格中单元格的合并和拆分很难制作出结构完美和合理的页面，为了使得页面布局更具灵活性，常将表格的合并与拆分、表格的嵌套与叠加技术相结合。通过本任务的操作，学习如何建立表格和设置表格的背景图像，如何选中表格、行、单元格和设定其尺寸、对齐方式，如何设定表格的嵌套和叠加，如何利用marquee语句制作跑马灯效果，如何利用表格单元格制作细线，最终效果如图3-31所示。

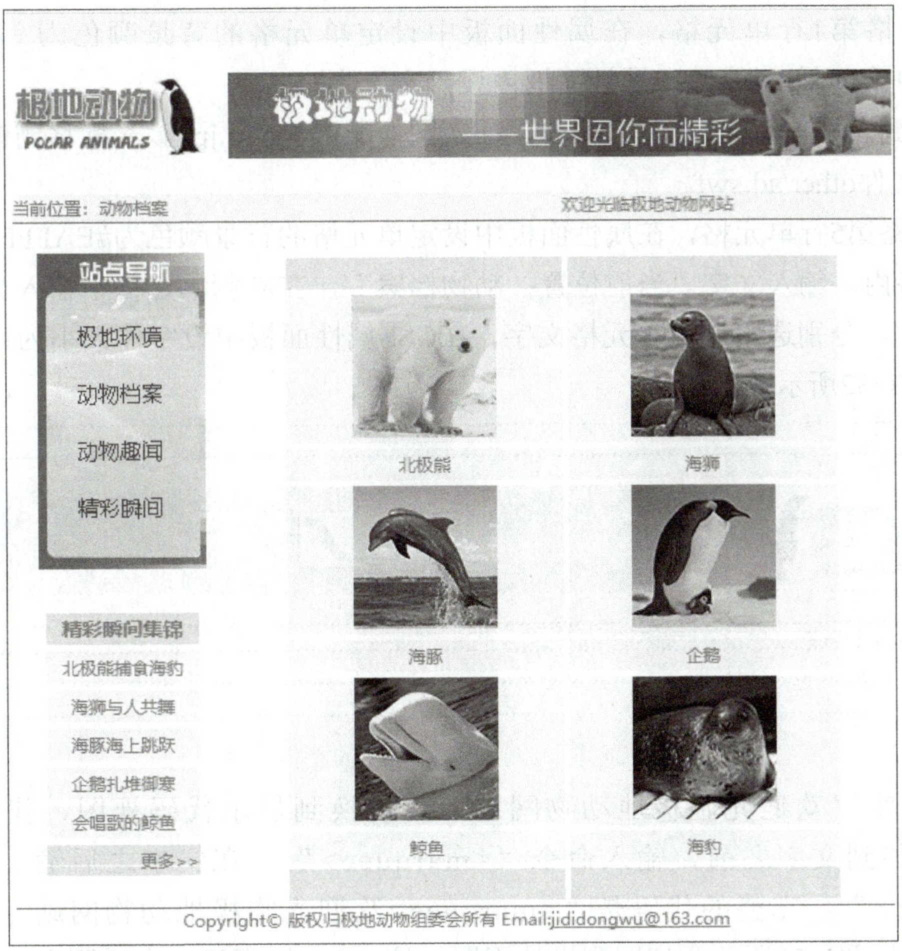

图3-31　极地动物主页效果图

【任务实施】

设置站点和页面属性

（1）规划站点　新建文件夹jididongwu，在文件夹中新建image、file、other三个子文件夹。将所有图片素材放置在image文件夹中，站点中除主页以外的所有网页文件都放置在file文件夹中，其他所有的素材都放置在other文件夹中。将站点中的图片素材复制到image文件夹中，将Flash素材复制到other文件夹中。

（2）定义站点　启动Dreamweaver CC，单击菜单“站点”→“新建站点”命令，通过站点设置对象向导新建站点jididongwu，将文件夹jididongwu定义为存放当前站点的文件夹。

（3）制作网页页眉部分

1）新建网页，保存在站点的根目录下，名称为index.html，将网页的标题改为“极地动物”。在属性面板中单击“页面设置”按钮，在“外观（CSS）”选项下，设上、下、左、右边距均为0。在“链接（CSS）”选项下，设“大小”为12，“链接颜色”和“已访问链接”的颜色代码是#45A476，“变换图像链接”和“活动链接”的颜色为红色。单击“确定”按钮退出“页面设置”对话框。

布局页眉部分元素

2）执行“插入”→“表格”命令新建表格，设定表格为7行2列，宽为610px，其余参数为0。选中表格，在属性面板中设“Align”为居中对齐。

3）选中表格第1行单元格，在属性面板中设定单元格的背景颜色为#EAFFF5。选中第1列单元格，在属性面板内设“宽”为150。

4）光标移到表格第3行左侧单元格内，插入图像image/logo.jpg。光标移到该行右侧单元格内，插入Flash文件other/ad.swf。

5）选中表格第5行单元格，在属性面板中设定单元格的背景颜色为#EAFFF5。将光标移到该行左侧单元格内，输入文字“当前位置：动物档案”，在右侧单元格中输入文字“欢迎光临极地动物网站”。分别选中左右单元格文字，在CSS属性面板中设字体大小为12，字体颜色为#45A476，如图3-32所示。

图3-32　插入网页页眉部分的不同元素

制作跑马灯效果

6）选中文字“欢迎光临极地动物网站”，切换到显示代码视图，找到反白显示的文字，将光标移到文字之前，输入命令“<marquee>”，在文字之后输入“</marquee>”，完整的代码是“<marquee>欢迎光临极地动物网站</marquee>”，如图3-33所示。切回到设计视图，按<F12>键观察，会看到文字“跑起来”。详细讲解请参照“新知解析”部分。

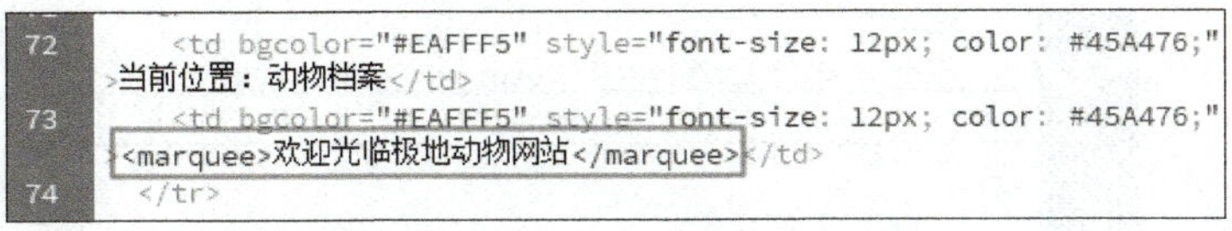

图3-33　设置<marquee>代码

制作页眉部分细线效果

7）将光标移到第6行，合并该行单元格，设单元格的背景颜色为#339966。在窗口右侧的“CSS设计器”面板中，单击“源”选项右侧的按钮，在弹出的菜单中选择“在页面中定义”，系统自动添加了<style>。在“选择器”选项右侧单击按钮，设置新的样式名称为“.x1”。在“选择器”选项中单击选中样式“.x1”，在属性选项中单击第二个标签按钮，设置line-geight（行高）为1px。

在属性面板的“目标规则”中选择“x1”，则该行单元格变为1px的绿色细线，按<F12>键观察效果如图3-34所示。

图3-34　网页页眉制作效果

（4）制作网页的正文部分

1）光标移到表格右侧，新建一个1行2列的表格（后面简称大表格），宽度为610px，其他参数为0。选中表格，在属性面板中设“Align”为“居中对齐”，如图3-35所示。

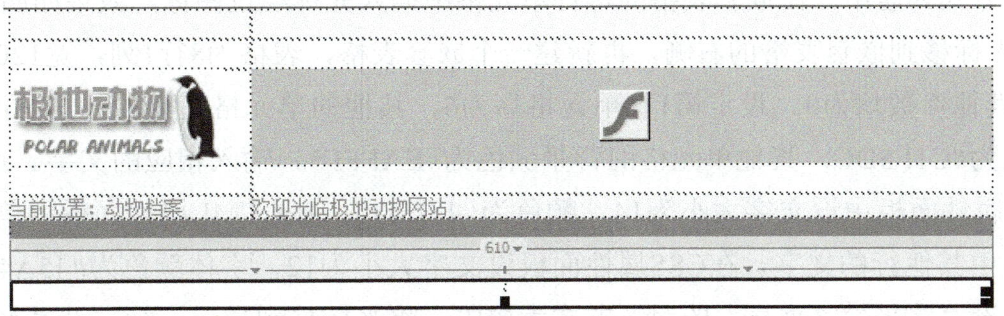

图3-35　新建表格

2）将光标移到左侧的单元格中，在属性面板中设定单元格的“宽”为150，“水平”为“居中对齐”，“垂直”为“顶端”对齐。新建表格，表格为6行1列，宽为116 px，在左侧单元格中插入嵌套表格。

3）此时嵌套的表格处于选中状态，切换到代码视图，将光标移到字符“<table”后面按空格键，在出现的属性下拉列表中双击“background”属性，单击弹出的浏览按钮，指定背景图像文件为image/beijing.gif 。继续按空格键，在出现的属性下拉列表中双击“height”属性，输入数值为218，设定嵌套表格的高度为218 px，代码如图3-36所示。

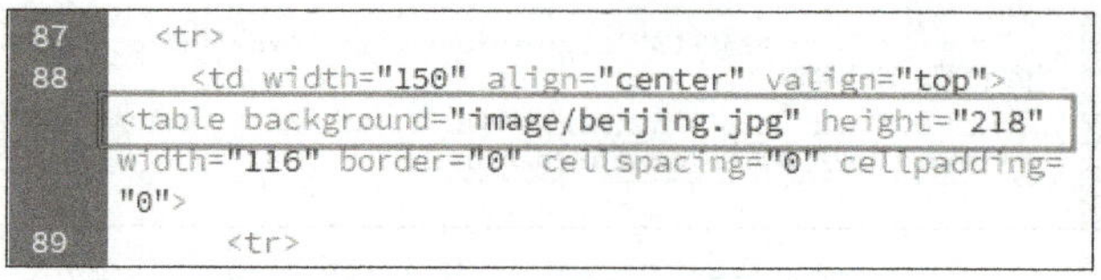

图3-36　为嵌套表格设定背景图像和高度

4）切回到设计视图，嵌套表格的效果如图3-37所示。

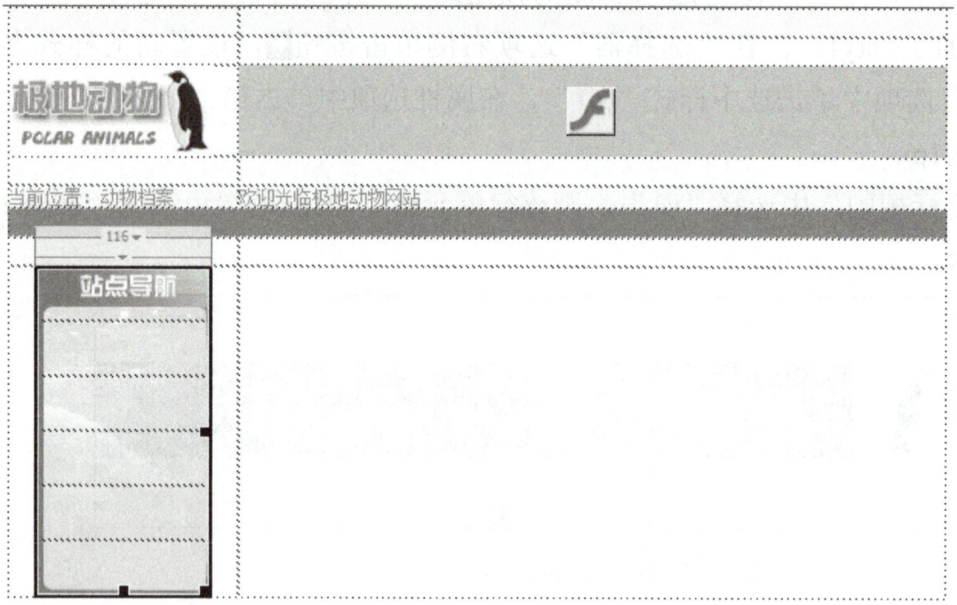

图3-37　插入和设置嵌套表格

制作左侧栏目1

5）为调整单元格的上下位置，选中该嵌套表格前5行单元格，设单元格高度为40，水平和垂直的对齐方式为居中。在嵌套表格的每行单元格中插入光标经过图像，效果如图3-38所示。

6）将光标移到嵌套表格的右侧，再新建一个嵌套表格，表格为8行1列，宽120px，单元格间距为5，其他参数均为0。设定第1行单元格高为6，其他的单元格高为22。第2行和最后一行的背景颜色为#C1F5DC，其他单元格的背景颜色为#EAFFF5。输入相应的文字。选中第1行文字，在CSS属性面板中设文字大小为14，颜色为#45A476，在HTML属性面板中单击**B**按钮加粗字体。选中其他行的文字，在CSS属性面板设文字大小为12，字体颜色为#45A476。框选所有单元格，设“水平”“垂直”的对齐方式为居中。将光标移到最后一行，设“水平”为“右对齐”，如图3-39所示。

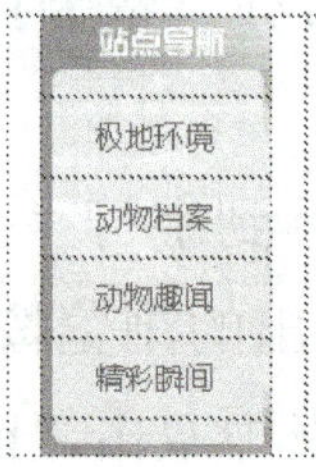

图3-38　插入光标经过图像

图3-39　嵌套表格效果

制作左侧栏目2

7）将光标移到大表格右侧的单元格中，在属性面板中设单元格的“水平”为“居中对齐，”“垂直”为“顶端”。

8）新建一个表格，表格为8行2列，宽为85%，单元格间距为4，其他参数为0。该表格是大表格右侧单元格内的嵌套表格。

9）选中该嵌套表格所有的单元格，在属性面板中设定单元格的高为22，宽为50%，“水平”和“垂直”对齐方式均为居中。设定第1行和最后一行单元格的背景色为#C1F5DC，其他单元格的背景色为#EAFFF5。如图3-40所示输入文字和插入图像，选中所有文字，在CSS属性面板中设“字体大小”为12，字体颜色为#45A476。

图3-40　正文部分网页布局

制作右侧栏目

（5）制作版权区域

1）将光标移到大表格的右端外侧，新建一个2行1列、宽为610px的表格，其他参数均为0。选中表格，在属性面板中设“Align”为居中对齐。

2）选中第1行单元格，在属性面板中设背景颜色为#339966。在属性面板的“目标规则”中选择“x1”，该单元格自动变为高为1px的绿色细线。

3）将光标移到第2行单元格中，设单元格的“水平”为“居中对齐”。输入文字“Copyright”，执行“插入”→“字符”→“版权”命令，插入版权符“©”。再输入文字“版权归极地动物组委会所有Email:”，执行“插入”→“电子邮件链接”命令，在弹出的对话框中，在“文本”和“电子邮件”右侧的文本框中输入“jididongwu@163.com”，单击“确定”按钮。选中文字，在CSS属性面板中设字体大小为12，字体颜色为#45A476，如图3-41所示。

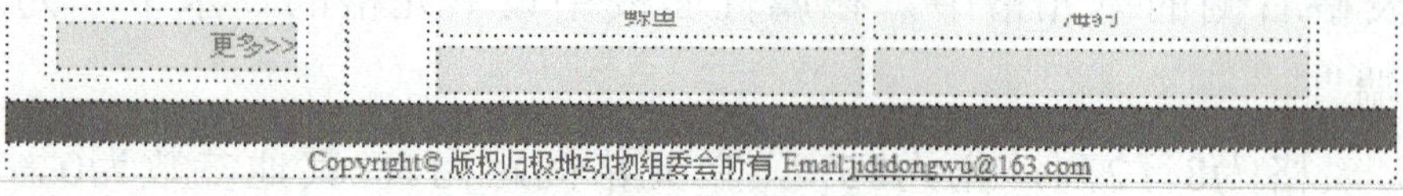

图3-41　版权区域设置效果

制作版权区域

4）按<F12>键在浏览器中观察效果，最终效果如图3-31所示。

【新知解析】

1. 表格的嵌套

要设计一个版式精美的网站，只凭借一个表格的单元格合并和拆分不能制作出结构完美和合理的页面，这时就需要应用表格的嵌套。

在版面设计中引入表格嵌套，由总表格负责整体的排版，由嵌套的表格负责各个子栏目的排版，并插入到总表格的相应位置，如图3-42所示。

创建嵌套表格的操作方法是将光标置于要插入嵌套表格的单元格中，选择菜单命令“插入”→“表格”。

2. 表格的叠加

当使用表格进行排版定位时，整个网页的结构都应使用表格，不能仅局部使用表格。由于在浏览器解析网页时，是将整个表格的结构下载完毕之后才显示表格，如果表格过大、过于复杂，就会影响浏览下载速度。将复杂的表格拆分成上下叠加各自独立的表格，每个表格中再嵌套表格，就可以在布局网页时既减轻难度、增加灵活性，又能加快浏览下载速度。图3-43所示的网页结构就是采用表格的嵌套和叠加技术实现的。

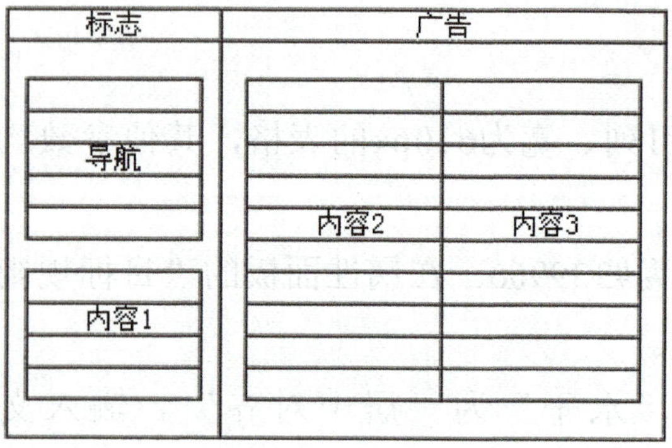

图3-42　表格嵌套

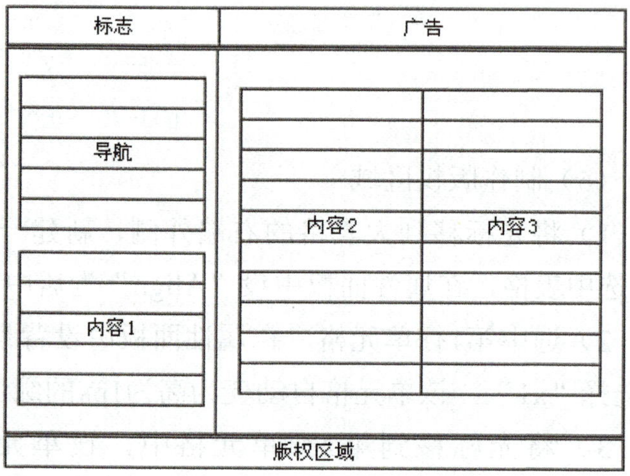

图3-43　表格的嵌套和叠加

3. 利用<marquee></marquee>标记符设置跑马灯效果

基本语法：

```
<marquee>文字或图片</marquee>
```

该语法只能在<body>标记中使用，作用是实现标记中的内容在页面中移动的效果。marquee参数属性见表3-1。

表3-1　marquee参数属性

参　　数	说　　明
bgcolor	背景颜色，可输入颜色的英文名或十六进制代码
direction=left、right、up、down	滚动方向
behavior=scroll、slide、alternate	scroll表示由一端滚动到另一端 slide表示由一端快速滑动到另一端，不再重复 alternate表示在两端之间来回滚动
height=数值	滚动区域的高度
width=数值	滚动区域的宽度
scroolamount=数值	决定滚动的速度，数值越大滚动越快
scrooldelay=数值	延迟时间，数值越大跳跃越明显
loop=数值	循环次数，不设置该值即表示无限循环

在本任务中，可设置文字“欢迎光临极地动物网站”在一定范围内来回跑动。代码设置的方法是：在表格的单元格中输入文字“欢迎光临极地动物网站”，选中文字，切换到代码视图，找到反白显示的选中文字，如图3-44所示。

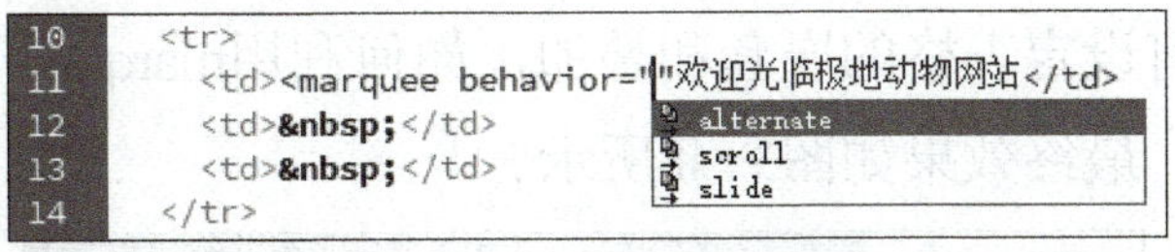

图3-44　代码视图中反白显示的文字

将光标移到文字前，输入“<marquee”，在输入过程中，系统会出现提示，如图3-45所示。可双击系统的提示命令或移动键盘上的上下方向键选择提示命令并按<Enter>键，也可自己全部输入。将光标移到“<marquee”后面，按空格键会出现属性提示，找到“behavior”双击，再在提示中双击“alternate”，如图3-46所示。

图3-45　代码视图中marquee语句的自动提示

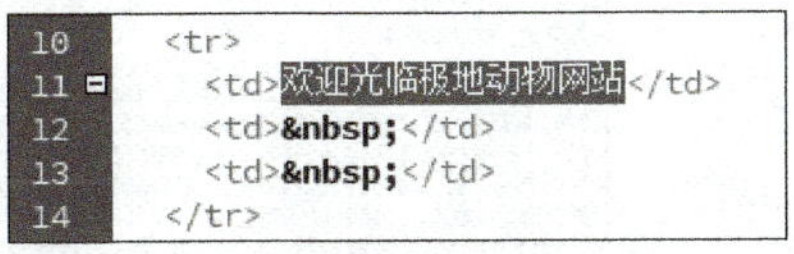

图3-46　代码视图中marquee语句的参数属性自动提示

按空格键出现参数，找到“width”双击，后面会自动出现=“”，在双引号中输入数值200。将光标移到引号后，若需要输入其他参数，可按空格键继续选择参数进行输入。当参数输入完成后再输入符号“>”。将光标移到文字后面，输入“</marquee>”。如图3-47所示。

```
<tr>
  <td><marquee behavior="alternate" width="200">欢迎光临极地动物网站</marquee></td>
  <td> </td>
  <td> </td>
```

图3-47 设置完成的marquee代码

【技巧提示】

1. 嵌套注意事项

总表格设置的是网页整体的排版。为了在不同分辨率显示器下保持统一外观，总表格的宽度一般使用像素。为了使嵌套表格的高宽不和总表格发生冲突，嵌套表格一般使用百分比设置高宽。

2. 鼠标对跑马灯特效的影响

网页中有时有滚动的字幕，当光标移上去时，文字会停下来，当光标离开时，文字又继续跑起来。实现这个效果其实很简单，仍然利用marquee语句，只需添加“onmousemove=this.stop（） onmouseout=this.start（）”即可。

【强化训练】 制作网站“极地动物”子页

通过强化训练，学习如何建立表格和设置表格的背景图像，如何选中表格、行、单元格和设定其尺寸、对齐方式，如何设定表格的嵌套和叠加，如何利用marquee语句制作跑马灯效果，如何利用表格单元格制作细线，最终效果如图3-48所示。

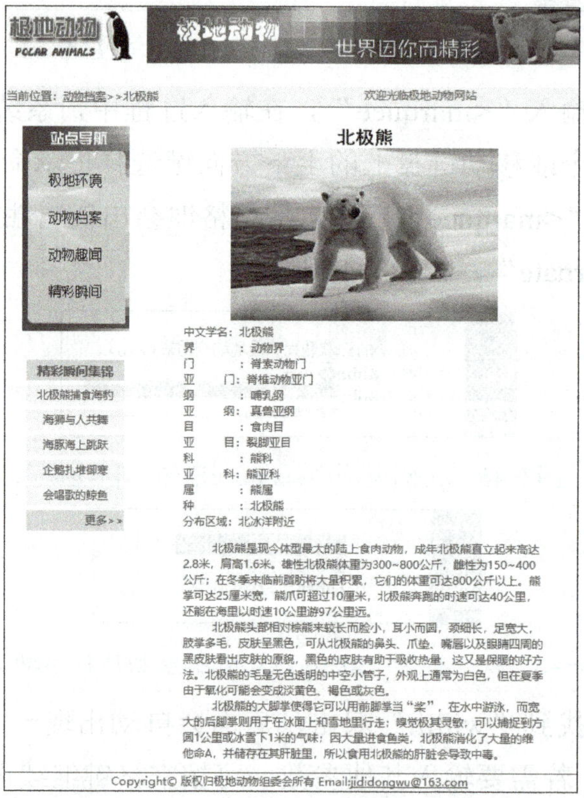

图3-48 网站“极地动物”子页效果图

操作步骤：

1）打开主页index.html，另存为file\beijixiong.html。将网页标题改为“动物档案>>北极熊”。选中正文区域右侧的嵌套表格，删除。重新插入一个4行3列、宽度为90%、其他参数为0的嵌套表格，将嵌套表格的中间两列边框向左右拖动，如图3-49所示。

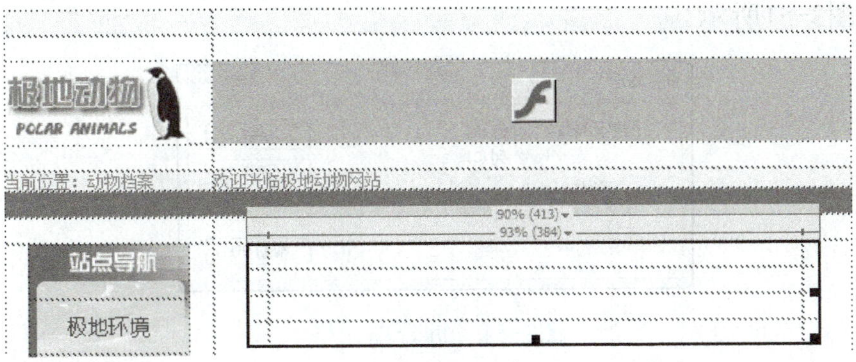

图3-49　极地动物网站子页布局图

布局网页

2）在第1行的中间单元格中输入“北极熊”，在CSS属性面板中设字体为黑体，字体大小为20，字体颜色为黑色，设单元格的“水平”为居中对齐。

3）在第2行的中间单元格中插入图像image/beijixiong1.jpg。设单元格的“水平”为居中对齐。

4）在素材文件夹image中打开“极地动物介绍文字.doc”，选中与北极熊有关的文字，复制并粘贴到第3、4行中间单元格中。选中这些文字，在CSS属性面板设文字大小为12，字体颜色为#45A476。按住<Shift+Ctrl+空格>组合键在合适位置添加空格，排列好文字版式，使第一部分的冒号对齐，各段落首行缩进2个字符，如图3-50所示。

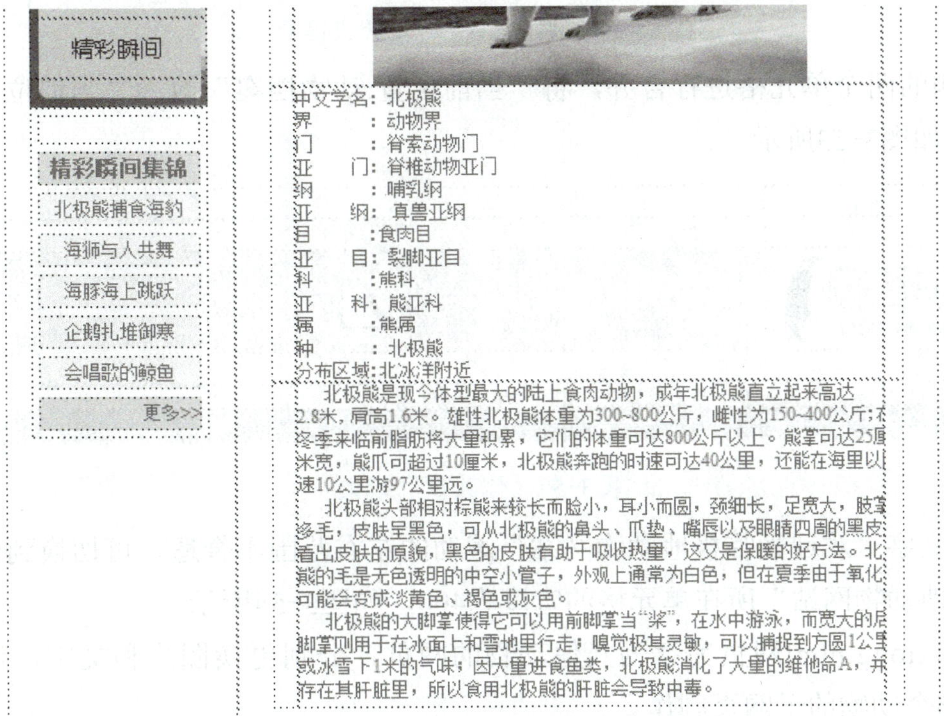

图3-50　添加文字并调整版式

5）按<F12>键预览效果，可根据情况将光标移到单元格边框上进行上下拖动，调整单元格的高度，使文字的布局较为理想。

6）在网页的页眉部分，将光标移到“欢迎光临极地动物网站”后面，在属性面板中单击拆分单元格按钮，在弹出的对话框中选择“列”，列数为2，单击“确定”按钮，将该单元格拆分为2列，如图3-51所示。

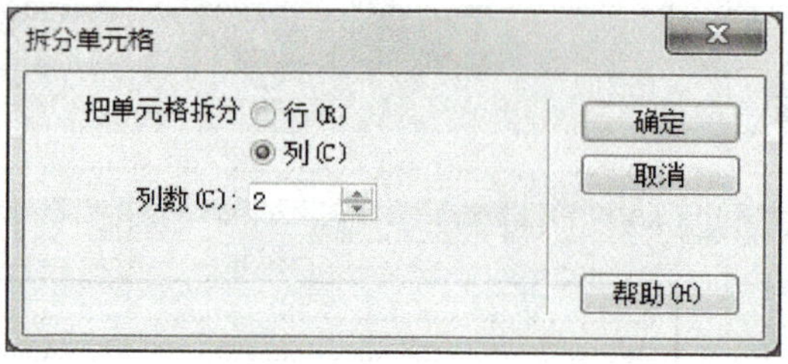

图3-51　拆分单元格

7）选中文字“欢迎光临极地动物网站”，按<Ctrl+X>组合键进行剪切，光标移到右侧单元格，按<Ctrl+V>组合键进行粘贴将文字移到右侧单元格，适当调整单元格宽度，使得文字显示为1行。切换到代码视图，将原先代码中<marquee></marquee>分别插入到文字“欢迎光临极地动物网站”的前后，如图3-52所示。

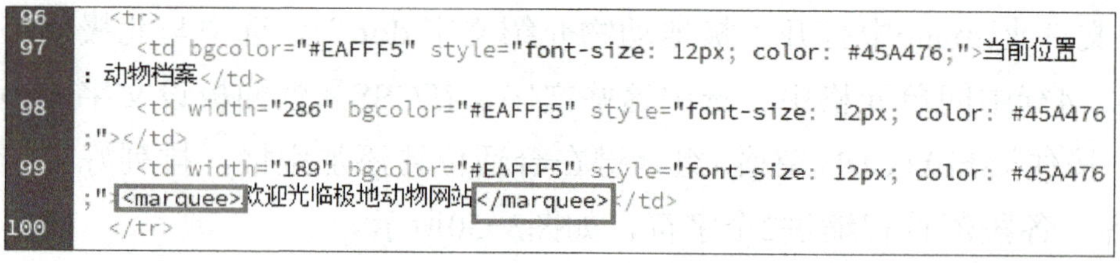

图3-52　调整代码让文字动起来

8）将左侧的两个单元格进行合并，将“当前位置:动物档案”改为“当前位置：动物档案>>北极熊”，如图3-53所示。

图3-53　修改页眉效果

如果发现文字“欢迎光临极地动物网站”滚动的左右范围不合适，可切换到代码视图，设“欢迎光临极地动物网站”所在单元格的宽度为400，如图3-54所示。

9）将beijixiong.html网页另存为其他动物的网页，分别更换图片和文字，调整好文字版式，完成其他5个动物的子网页制作。

10）所有的网页制作完成后，打开主页，为主页中的动物图片和动物名字建立超链接，分别链接到对应的子页。为所有子页的站点导航中的“明星档案”建立超链接，链接到首页index.html。

```
<tr>
  <td colspan="3" bgcolor="#EAFFF5" style="font-size: 12px;
color: #45A476;">当前位置：<a href="../index.html">动物档案</a>
&gt;&gt;北极熊</td>
  <td width="400" bgcolor="#EAFFF5" style="font-size: 12px;
color: #45A476;"><marquee>欢迎光临极地动物网站</marquee></td>
</tr>
```

设置网站超链接

图3-54 设定右侧单元格宽度

11）按<F12>键预览测试超链接是否正确。整个网站制作完成，最终效果如图3-48所示。

习题

1. 填空题

1）为了加快浏览下载速度，尽量__________将整个网页的内容放在一个大的表格中。

2）单元格边距是指单元格内的对象与单元格__________之间的距离。

3）单元格间距是指单元格与__________之间的距离。

2. 单选题

1）要在一个表格中选择多个不连续的单元格，应按（　　）键，然后单击需要选择的单元格。

A. <Alt>　　B. <Ctrl>　　C. <Shift>　　D. <Table>

2）Dreamweaver CC中，有关表格属性的说法错误的是（　　）。

A. 可以设置其宽度

B. 可以设置单元格之间的距离

C. 可以设置其高度

D. 不可以设置单元格内部的内容和单元格边框之间的距离

3）下列关于表格的说法正确的是（　　）。

A. 表格不能用来布局　　B. 表格不能调整大小

C. 表格之间可以层叠　　D. 表格之间可以嵌套

4）在Dreamweaver CC中，对表格所进行的操作中论述正确的是（　　）。

A. 选择表格中的单个或多个单元格都能对单元格进行拆分操作

B. 在一个表格中，如果所选择的区域是矩形区域则可以对其进行拆分操作

C. 在一个表格中，如果所选区域是矩形则可以对其进行合并操作

D. 在一个表格中，只能对所选的非连续区域进行合并操作

3. 简答题

1）选中表格有几种操作方法？

2）如何设定一个表格的背景图像？

3）如何制作1 px的细线表格？

4. 操作题

利用表格的定位技术完成图3-55所示的网页布局。

图3-55　蝴蝶网页布局

学习单元4 表单

学 习 目 标
1）理解表单的含义，能够插入表单域制作表单。
2）能够插入和设置各种表单元素。
3）能够在表格布局中添加表单元素。
4）培养学生的创新设计能力。
5）培养学生严谨的工作态度和精益求精的工匠精神。

在网页设计中，表单是网页与浏览者交互的一种界面，主要功能是收集信息，比如调查、定购、搜索等功能。表单功能的实现由两部分组成，一是使用HTML编写的页面，二是服务器上的脚本程序。Dreamweaver CC创建表单的功能非常强大，表单中可以包含多种对象，可以实现信息收集页面制作、生成动态网页、数据处理等。通过本单元的学习，将能熟练运用表单元素制作各种各样的表单。

任务 表单制作——个人信息调查表

【任务描述】

在Dreamweaver CC中，每个表单都是由一个表单域和若干个表单元素组成，当浏览者依据不同的表单元素的内容将信息输入表单并提交时，整个表单域的信息将被发送到服务器进行处理，表单元素放在表单域中才会有效。通过本任务的操作，学习如何建立表单域和插入表单元素，如何设置表单元素属性，如何利用表格定位表单元素，最终效果如图4-1所示。

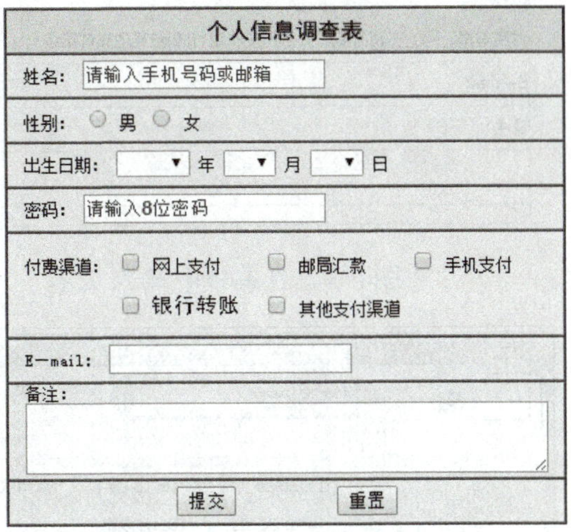

图4-1 个人信息调查表效果图

【任务实施】

1）新建文件夹biaodan，利用站点对象设置向导新建站点，将站点文件夹定义为biaodan。新建网页，保存为diaochabiao.html。

2）在“插入”面板“表单”选项下单击“表单”按钮，在文档窗口中将出现一个红色虚线框，光标处于表单域中。执行“插入”→“表格”命令，设表格为9行1列、宽为400px，边框粗细为1，其余参数为0，单击“确定”按钮。在属性面板中设“Align”为居中对齐。选中所有单元格，在属性面板中设“高”为30，“垂直”为居中，颜色为#EEEEEE，如图4-2所示。

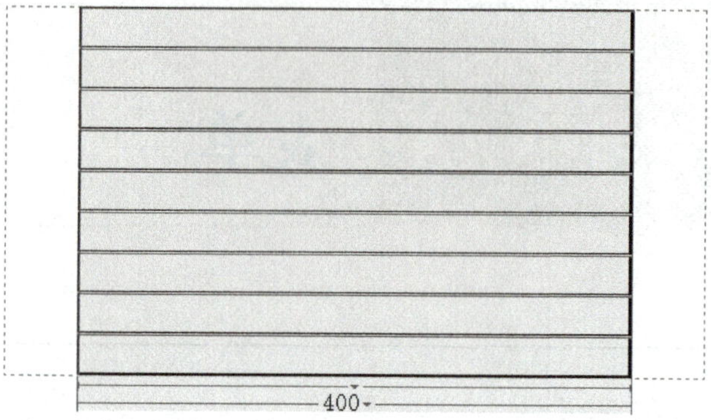

图4-2　表单域中插入表格

3）在单元格中输入相应的文字信息，选中第1行文字，在CSS属性面板中，设字体为黑体，字号大小为16，文字颜色为黑色，在HTML属性面板中单击**B**加粗字体，设单元格“水平”为居中对齐。选中其他几个单元格，在CSS属性面板中，设字体为黑体，字号大小为12，文字颜色为黑色，如图4-3所示。

添加表单文字

4）光标移到表格第2行的文字右侧，单击“插入”面板“表单”选项下的“文本”按钮插入文本域，将文本域前面的英文提示字符删除，如图4-4所示。选中该文本域，在属性面板中设文本域名称为name，勾选“Required”，在“Place Holder”中输入“请输入手机号码或邮箱”，使该文本域必须被填写，且空白显示时出现提示文字，如图4-5所示。

添加表单元素

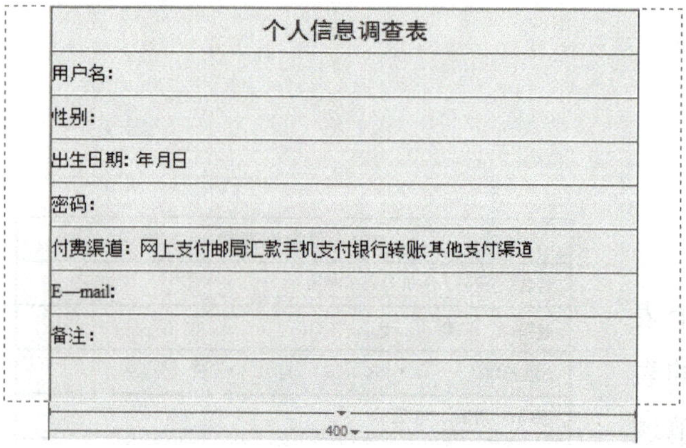

图4-3　表单域中输入文字

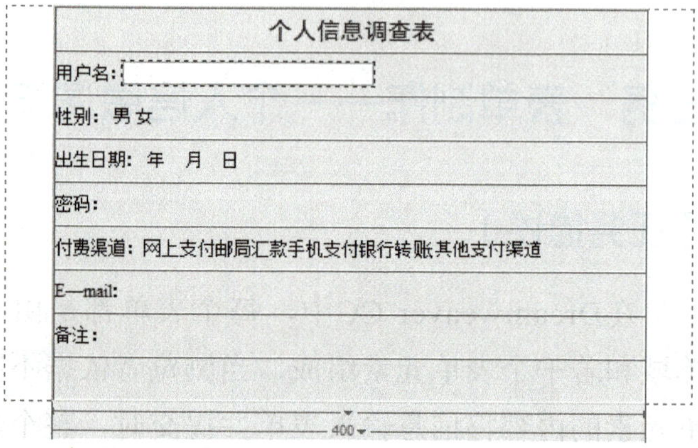

图4-4　插入文本字段

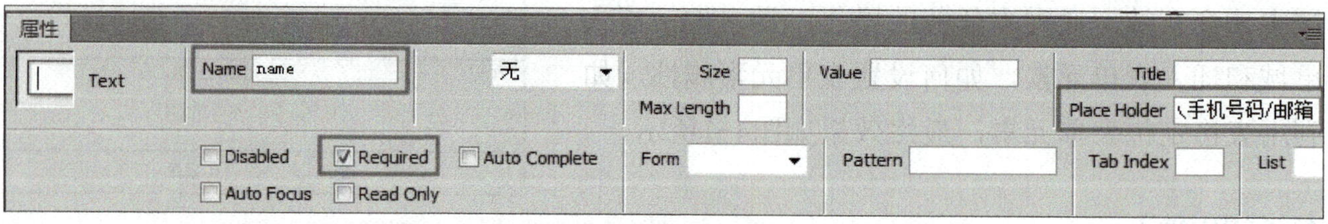

图4-5　设置文本域名称

5）光标移到第3行文字右侧，单击“插入”面板“表单”选项下的“单选按钮组”按钮。在弹出的对话框中进行设定，如图4-6所示。插入的按钮组是垂直排列的，将光标移到单选按钮前面向前删除，单选按钮可排列成一行。选中单选按钮及文字，在CSS属性面板中，设字体为黑体，字号大小为12，文字颜色为黑色。若单元格的高度发生变化，将光标放在第3行单元格内，在属性面板中设单元格的“高”为30，即可恢复原来的高度。

6）将光标移到表格第4行的“年”前面，单击“插入”面板“表单”选项下的“选择”按钮，将列表域前面的英文提示字符删除。选中该列表域，在属性面板中设列表名称为“year”，单击“列表值”按钮，在“列表值”对话框中添加“项目标签”和“值”的内容，单击按钮和按钮可以添加或删除列表内容，最后单击“确定”按钮，如图4-7所示。在“Selected”中指定初始值为第1行空白值，属性面板如图4-8所示。

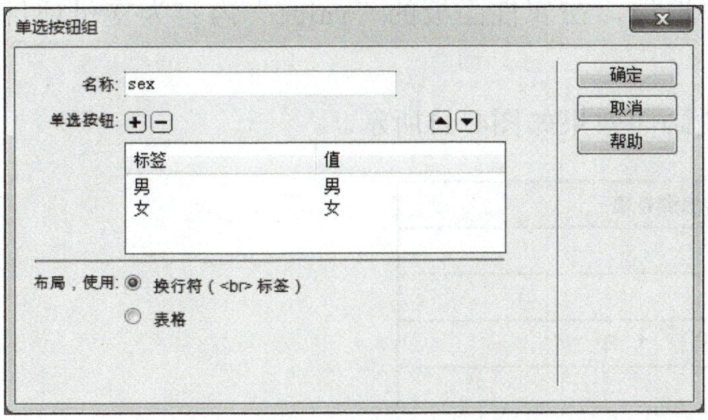

图4-6　单选按钮组的设定

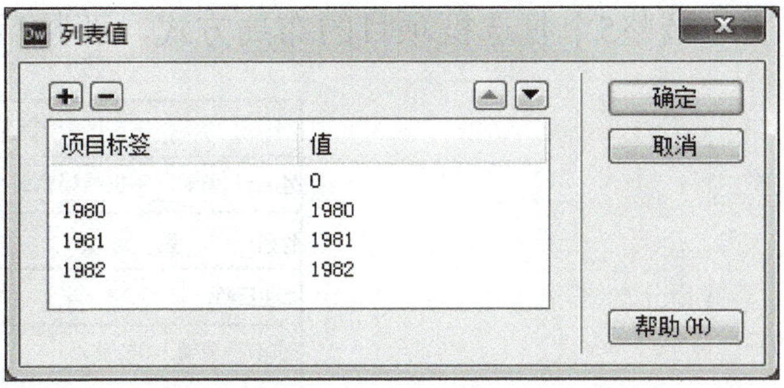

图4-7　添加列表值

图4-8　列表属性面板

7）同样的操作，在“月”前面插入列表域，设列表域名称为“month”，“列表值”为0～12。在“日”前面插入列表域，设列表域名称为“day”，列表值为0～31。

设置表单元素

8）光标移到表格第5行的文字右侧，单击“插入”面板“表单”选项下的“密码”按钮插入密码域。选中该密码域，在属性面板中设密码域名称为pw，勾选“Required”，在“Place Holder”中输入“请输入8位密码”，如图4-9所示。

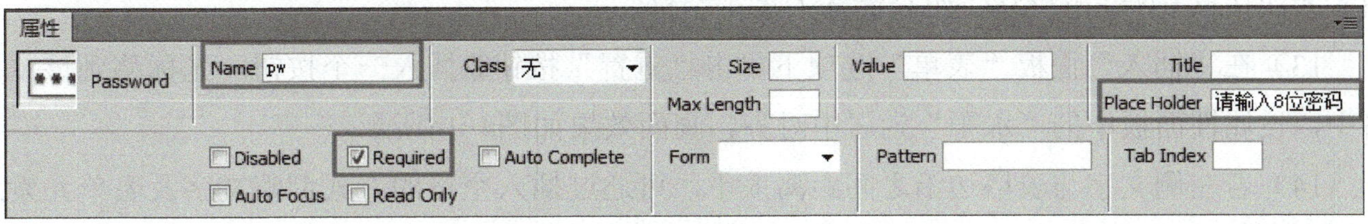

图4-9　设置密码域名称

9）在第6行的付费渠道项目内容中分别单击“插入”面板“表单”选项下的“复选框”按钮☑插入复选框，在属性面板的“value”文本框中键入“网上支付”，如图4-10所示。

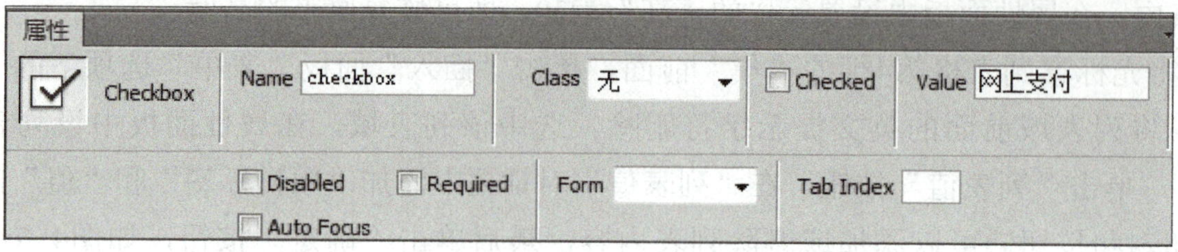

图4-10 复选框的属性面板

同样的操作，在其他支付项目前面插入复选框，在属性面板的“value”内容为支付项目名称。

调整5个复选框项目的布局方式，调整后的画面效果如图4-11所示。

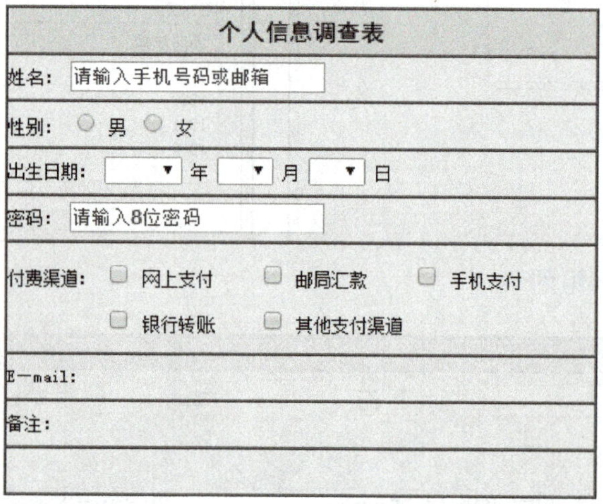

图4-11 调整复选框项目排列方式

10）光标移到表格第7行的文字右侧，单击“插入”面板“表单”选项下的“文本”按钮▭插入文本域，在属性面板中设文本域名称为“Email”，勾选“Required”。

11）光标移到文字“备注：”后面，按<Shift+Enter>组合键进行换行，单击“插入”面板“表单”选项下的“文本区域”按钮▭插入文本区域，在属性面板中设置字段名称Name为“note”，行数Rows为3，列宽Cols为50，属性面板如图4-12所示。文本区域的画面效果如图4-13所示。

12）光标移到第9行，在“插入”面板“表单”选项下单击“提交”按钮插入一个按钮。多次按<Ctrl+Shift+空格>组合键插入多个空格。

13）在“插入”面板“表单”选项下单击“重置”按钮插入一个按钮。光标移到该单元格中，设属性面板中的“水平”为居中对齐，画面效果如图4-14所示。

14）若左侧文字与表格边沿之间距离太小，可通过插入空格的方式调整文字及表单元素之间的空隙大小，按<F12>键进行预览，最终效果如图4-1所示。

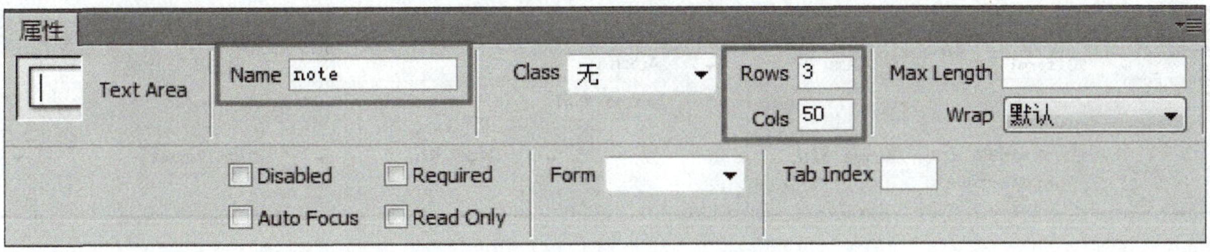

图4-12　文本区域属性面板

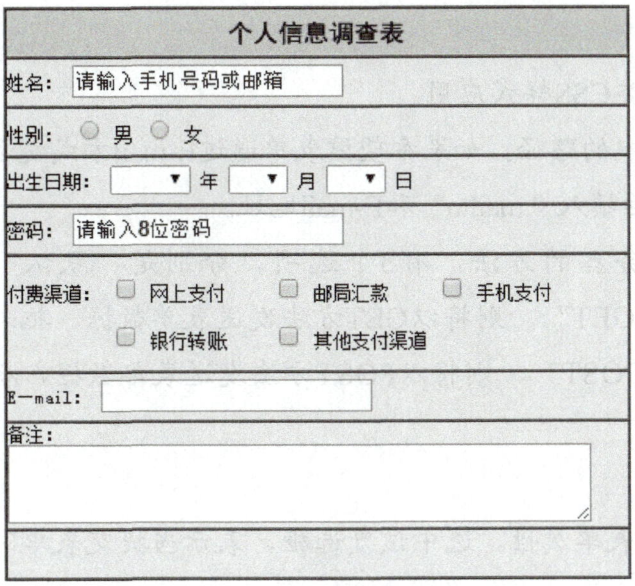

图4-13　添加文本区域效果

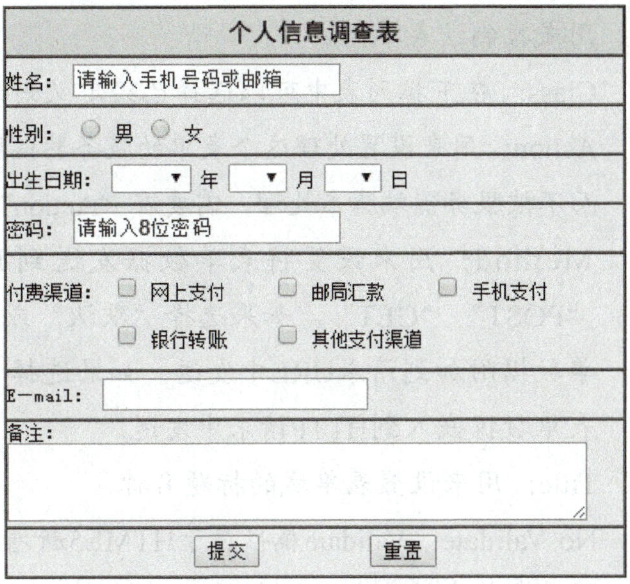

图4-14　添加“提交”“重置”按钮效果

【新知解析】

1. 插入表单

在网页中添加表单元素，首先需要创建表单。表单在浏览网页时属于不可见元素，在Dreamweaver CC中，当页面处于“设计”视图时，红色的虚轮廓线指示表单。如果没有看到此轮廓线，请检查是否执行了“查看”→“可视化助理”→“不可见元素”命令。创建表单可以通过“插入”面板或菜单两种方法实现。

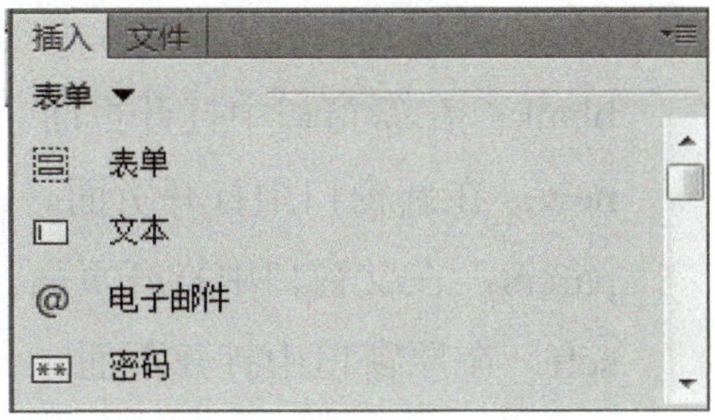

图4-15　“插入”面板“表单”选项

1）将光标放在表单的插入位置，执行“插入”→“表单”命令或单击“插入”面板“表单”选项下的“表单”图标，插入表单，如图4-15所示。

2）单击红色的虚线选中表单，可在属性面板中设置表单的各项属性，如图4-16所示。

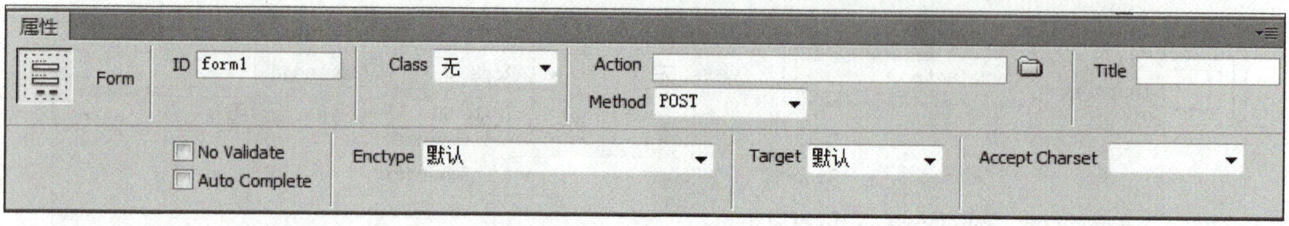

图4-16　表单的“属性”面板

- ID：标识该表单的唯一名称，命名表单后就可以使用脚本语言（如JavaScript或VBScript）引用或控制该表单。
- Class：在下拉列表中可以选择已经定义好的类CSS样式应用。
- Action：用来设置处理这个表单的服务器端脚本的路径。如果希望该表单通过E-mail方式发送而不被服务器端脚本处理，需要在“Action”后填入“mailto”和E-mail地址。
- Method：用来设置将表单数据发送到服务器的方法，有3个选项，分别是“默认”“POST”“GET”。如果选择“默认”或“GET”，则将以GET方法发送表单数据，把表单数据附加到请求URL中发送。如果选择“POST”，则将以POST方法发送表单数据，将表单数据嵌入到HTTP请求中发送。
- Title：用来设置表单域的标题名称。
- No Validate：Validate属性属于HTML5新增的表单属性，选中该复选框，表示当提交表单时不对表单中的内容进行验证。
- Auto Complete：Completee属性属于HTML5新增的表单属性，选中该复选框，表示启用表单的自动完成功能。
- Enctype：用来设置发送数据的编码类型，有两个选项，分别是“application/x-www-form-urlencode”和“multipart/form-data”，默认的编码类型是“application/x-www-form-urlencode”，通常与POST方法协同使用。如果表单中包含文件上传域，则应选择“multipart/form-data”。
- Target：用来设置表单被处理后，反馈网页打开的方式，有6个选项，分别介绍如下。

  默认：在原窗口打开页面。

  _blank：在新窗口中打开页面。

  _new：在新窗口中打开页面。

  _parent：在父窗口中打开页面。

  _self：在原窗口中打开页面。

  _top：在顶层窗口打开页面。
- Accept Charset：该选项用来设置服务器处理表单数据所接受的字符集，在该选项下拉列表中有3个选项，分别是“默认”“UTF-8”和“ISO-8859-1”。

2. 插入文本域

1）将光标放在表单域内，执行“插入”→“表单”→“文本”命令或单击“插入”面板“表单”选项下的“文本”按钮。

2）选中该对象，在属性面板中，根据需要设置文本域的属性，如图4-17所示。

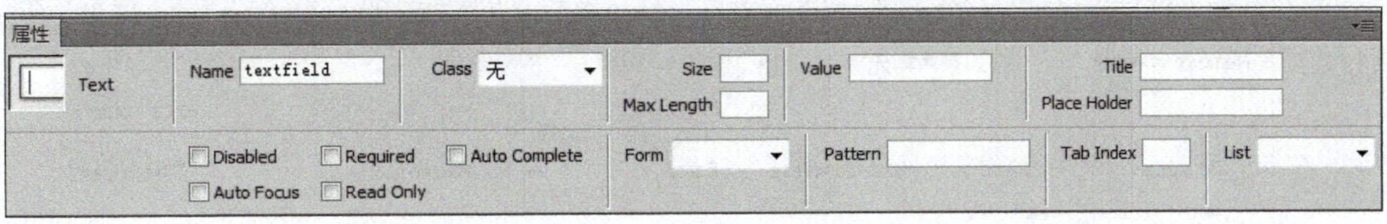

图4-17　文本域的属性面板

- Name：每个文本域都必须有一个唯一名称，名称不能包含空格或特殊字符，可以使用字母数字字符和下划线（_）的任意组合。
- Class：在该下拉列表中可以选择已经定义好的类CSS样式应用。
- Size：设置文本域中最多可显示的字符数。
- Max Length：用于设置文本域中最多可输入的字符数。如果不对该选项进行设置，那么浏览者可以输入任意数量的文本。
- Value：在该文本框中可以输入一些提示性的文本，帮助浏览者顺利填写该文本域中的资料。当浏览者输入资料时，初始文本将被输入的内容代替。
- Title：用于文本域提示的标题文字。
- Place Holder：HTML5新增的表单属性，用户设置文本域预期值的提示信息，该提示信息会在文本域为空时显示，并会在文本域获得焦点时消失。
- Disabled：选中该复选框，表示禁用该文本域。被禁用的文本域既不可用，也不可单击。
- Auto Focus：HTML5新增的表单属性。选中该复选框，表示当网页被加载时，该文本域自动获得焦点。
- Required：HTML5新增的表单属性。选中该复选框，表示提交表单之前必须填写该文本域。
- Read Only：选中该复选框，表示该文本域为只读，不能对文本域中内容进行修改。
- Auto Complete：HTML5新增的表单属性。选中该复选框，表示该文本域启用自动完成功能。
- Form：用于设置与该表单元素相关联的表单标签的ID，可以在该选项后的下拉列表中选择网页中已经存在的表单域标签。
- Pattern：HTML5新增的表单属性，用于设置文本域值的模式或格式。例如，Pattern=“[0-9]”，表示输入值必须在0～9之间的数字。

3．插入密码域

1）将光标放在表单域内，执行“插入”→“表单”→“密码”命令或单击“插入”面板“表单”选项下的“密码”图标。

2）选中该对象，在属性面板中，根据需要设置密码域的属性，如图4-18所示。

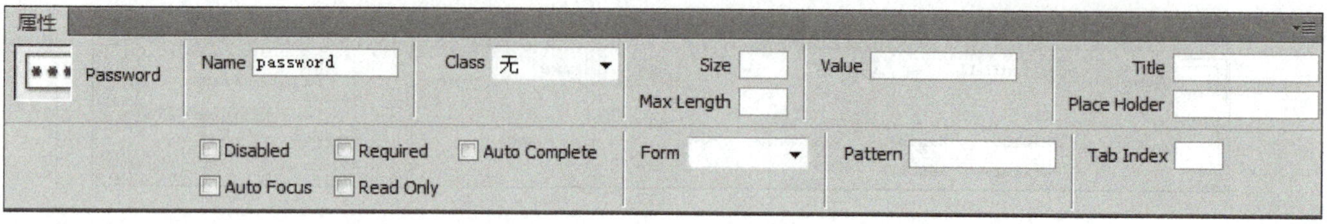

图4-18　密码域的属性面板

密码域与文本域的形式是一样的，只是在密码域中输入的内容会以星号或圆点的方式显示。

4．插入文本区域

多行文本区域的使用也是非常多见的，通常在一些注册页面中看到的用户注册协议就是使用多行文本区域制作的。

1）将光标放在表单域内，执行“插入”→“表单”→“文本区域”命令或单击“插入”面板“表单”选项下的“文本区域”图标。

2）选中该对象，在属性面板中，根据需要设置文本区域的属性，如图4-19所示。

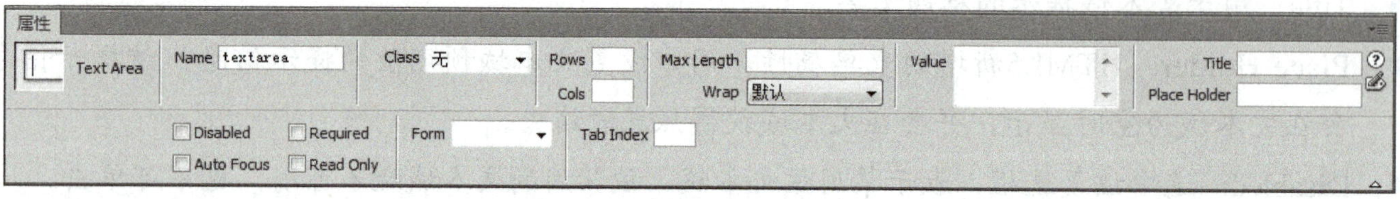

图4-19　文本区域的属性面板

- Wrap：通常情况下，当用户在文本区域中输入文本后，浏览器会将它们按照输入时的状态发送给服务器。只有用户按下<Enter>键的地方生成换行。如果希望启动自动换行功能，可以将该选项设置为“Virtual”或“Physical”。当用户输入的一行文本长于文本区域的宽度时，浏览器会自动将多余的文字挪到下一行显示。

5．插入按钮

按钮的作用是当用户单击后执行一定的任务。在Dreamweaver CC中将按钮分为3种类型，即按钮、“提交”按钮和“重置”按钮。

1）将光标放在表单域内，执行“插入”→“表单”→“按钮”命令或单击“插入”面板“表单”选项下的“按钮”图标。

2）选中该对象，在“属性”面板中，根据需要设置按钮的属性，如图4-20所示。

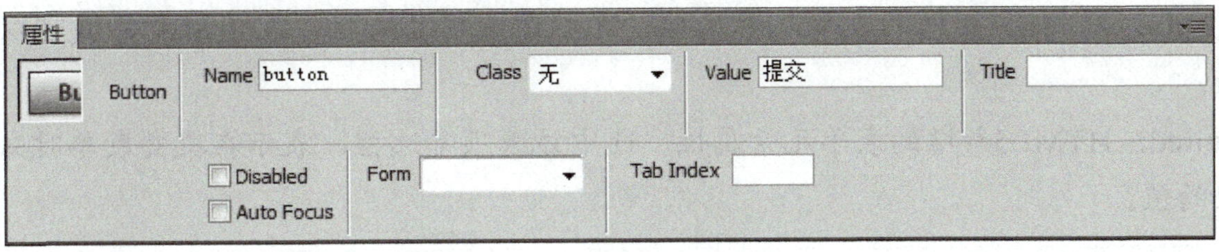

图4-20　按钮的属性面板

同样的操作，可以插入“提交”按钮、“重置”按钮，它们的属性面板如图4-21和图4-22所示。

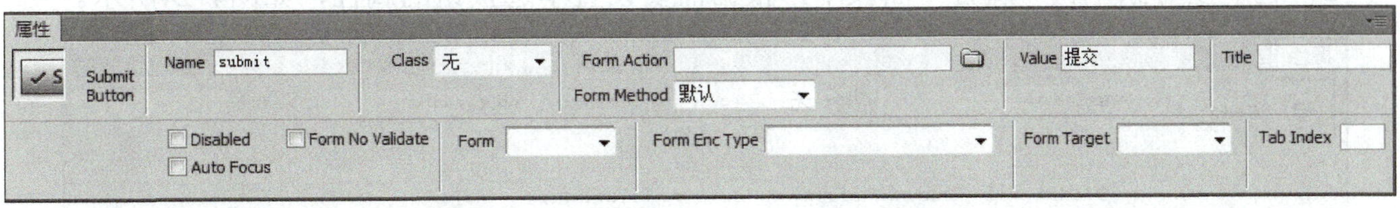

图4-21　“提交”按钮属性面板

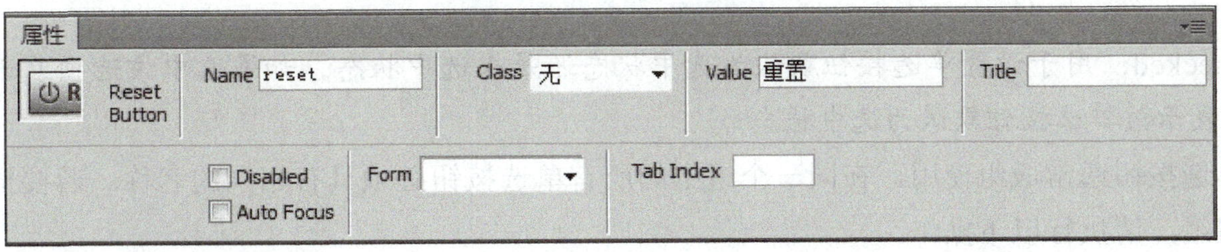

图4-22　“重置”按钮属性面板

6. 插入文件域

文件域使用户可以选择计算机上的文件，如字处理文档或图形文件，并将该文件上传到服务器。文件域的外观与其他文本域类似，但文件域还包含一个“浏览”按钮。用户可以手动输入要上传的文件的路径，也可以使用“浏览”按钮定位并选择该文件。

若要在表单中创建文件域，请执行以下操作。

1）将光标放置在表单域内，执行“插入”→“表单”→“文件”命令或单击“插入”面板“表单”选项下的“文件”图标。

2）选中该对象，在“属性”面板中，根据需要设置文件域的属性，如图4-23所示。

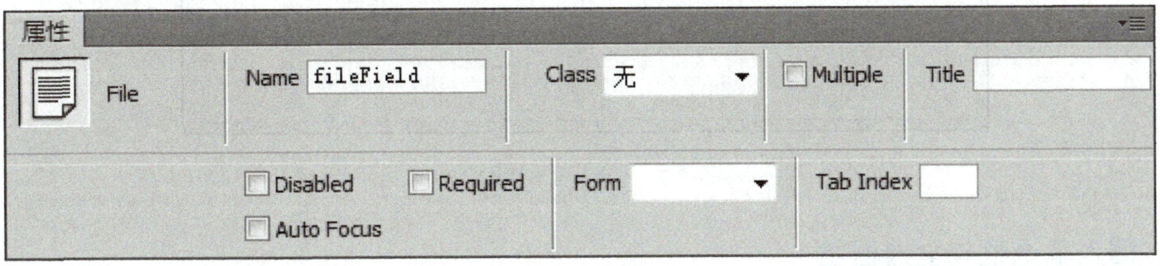

图4-23　文件域属性面板

- Multiple：HTML5新增的表单元素属性，选中该选项复选框，表示该文件域可以接受多个值。
- Required：HTML5新增的表单元素属性，选中该选项复选框，表示在提交表单时必须设置相应的值。

7. 插入单选按钮与单选按钮组

1）将光标放在表单域内，执行“插入”→“表单”→“单选按钮”命令或单击“插入”面板“表单”选项下的“单选按钮”图标。

2）选中该对象，在“属性”面板中，根据需要设置单选按钮的属性，如图4-24所示。

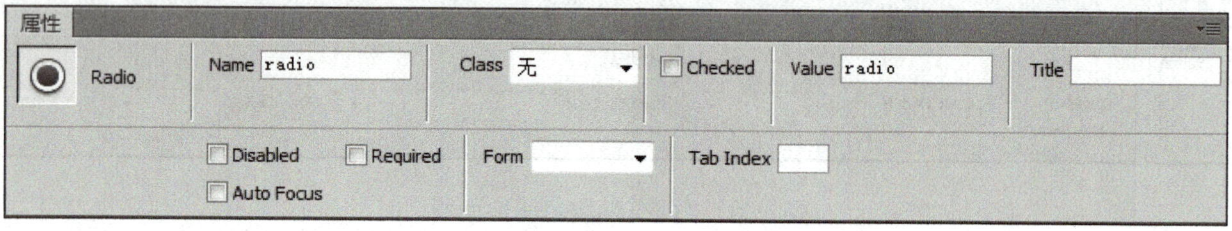

图4-24　设置单选按钮

- Checked：用于设置单选按钮默认为选中状态还是未选中状态。如果选中该选项复选框，则表示该单选按钮默认为选中状态。

单选按钮通常成组使用，在同一个组中的所有单选按钮必须具有相同的名称。若要插入单选按钮组，请执行以下操作。

1）将光标放在表单域内，执行“插入”→“表单”→“单选按钮组”命令或单击“插入”面板“表单”选项下的“单选按钮组”按钮。

2）在“单选按钮组”对话框中完成选项的设置，然后单击“确定”按钮，如图4-25所示。

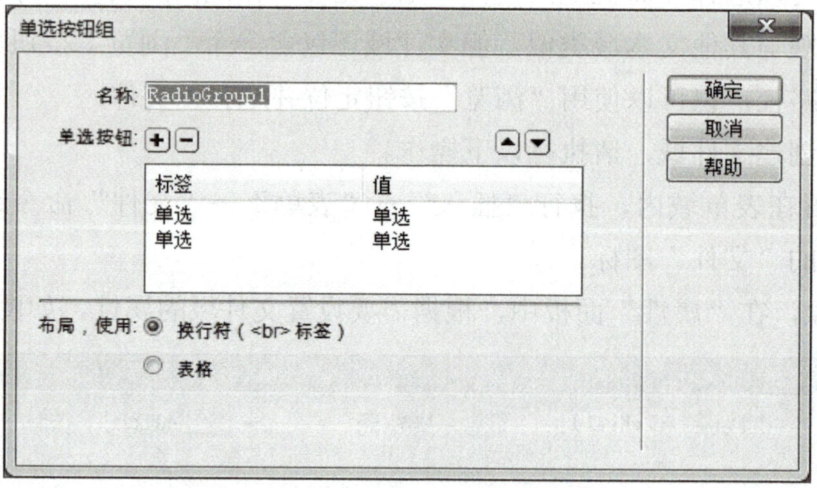

图4-25　设置单选按钮组

8. 插入复选框与复选框组

1）将光标放在表单域内，执行“插入”→“表单”→“复选框”命令或单击“插入”面板板“表单”选项下的“复选框”图标。

2）选中该对象，在属性面板中，根据需要设置复选框的属性，如图4-26所示。

图4-26 复选框属性面板

当插入复选框组，会弹出如图4-27所示的对话框，分别进行设置即可。

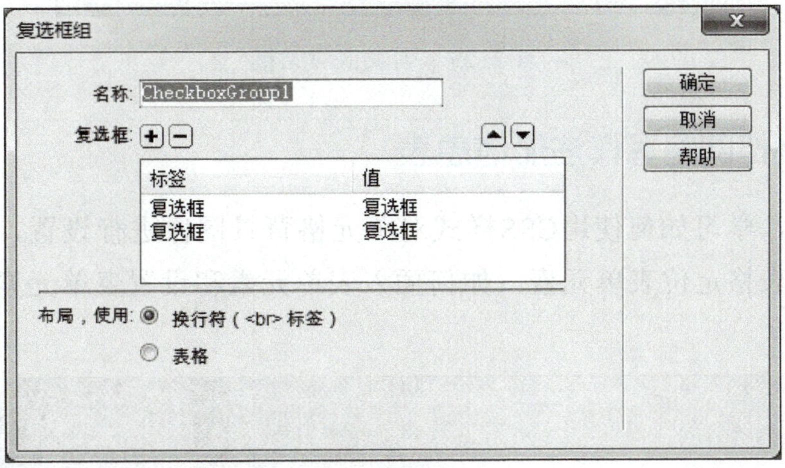

图4-27 复选框组对话框

9. 插入选择域

选择域可以列出很多选项供浏览者进行选择。当空间有限但需要显示许多选项时，采用列表/菜单形式非常有用，可以具体设置某个菜单返回的确切值。

1）将光标放在表单域内，执行“插入”→“表单”→“选择”命令或单击“插入”面板“表单”选项下的“选择”图标。

2）选中该对象，在属性面板中根据需要设置选择域的属性，如图4-28所示。

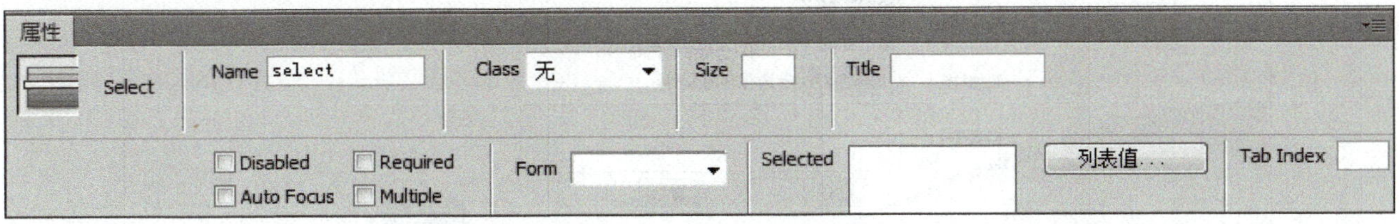

图4-28 选择域属性面板

- Name：为选择域指定一个名称。该名称必须是唯一的。
- Size：该属性规定下拉列表中可见选项的数目。
- Multiple：指定用户是否可以从列表中选择多个项。

- Selected：设置列表中默认选择的项目。单击列表中的一个或多个菜单项。
- “列表值”：打开一个对话框，可以在该对话框中添加列表项。使用加号（+）或减号（−）按钮添加或删除列表中的项，如图4-29所示。

图4-29　列表值对话框

【强化训练】 制作网络写作注册信息表

通过强化训练，学习如何使用CSS样式对单元格背景图像进行设置，如何在网页布局中建立表单域和利用表格定位表单元素，如何插入表单元素和设置表单元素属性，最终效果如图4-30所示。

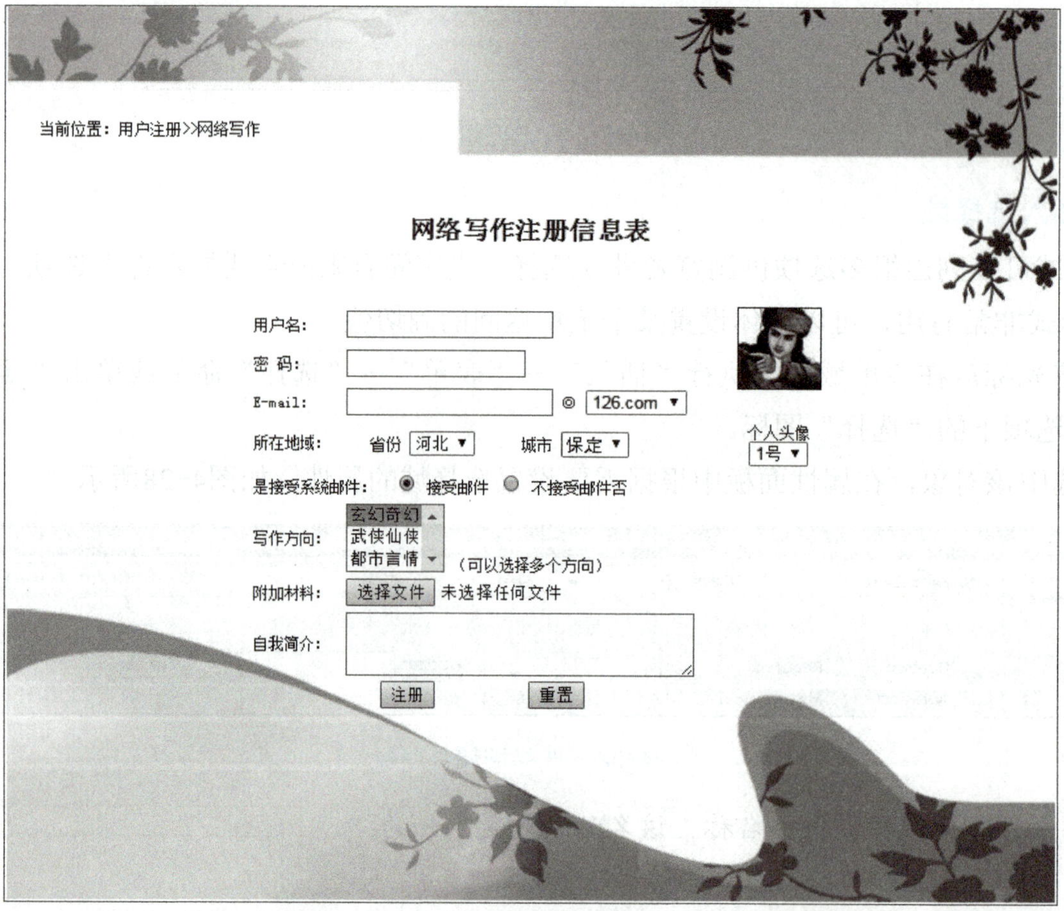

图4-30　网络写作注册信息表效果图

操作步骤：

1）新建文件夹biaodan，在文件夹中新建images文件夹，将所有的素材复制到images文件夹中。

制作表单背景

2）启动Dreamweaver CC，执行“站点”→“新建站点”命令，利用站点设置对象向导新建站点，将站点文件夹定义为biaodan。

3）新建网页，保存为zhucebiao.html，设网页标题为“网络写作注册信息表”。

4）在网页中插入3行1列、宽为800px、其他参数为0的表格。选中表格，在属性面板中设“Align”为居中对齐。

5）光标移到第1行单元格中，在属性面板中设单元格的“高”为74，在单元格中插入图像images/ing_01.jpg。光标移到第3行单元格中，在属性面板中设单元格的“高”为127，在单元格中插入图像images/ing_33.jpg。效果如图4-31所示。

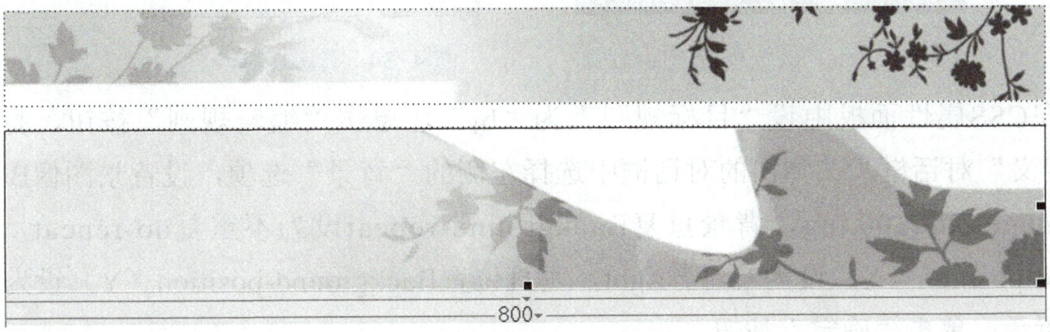

图4-31　表格插入图像

6）光标移到第2行单元格，在属性面板中设单元格的“垂直”对齐为“顶端”。

7）新建一个2行1列、宽为100%，其他参数均为0的表格，该表格是外部大表格的嵌套表格（命名为嵌套表格1）。

8）光标移到嵌套表格1的第1行，在属性面板中设单元格的“高”为156，如图4-32所示。

图4-32　设置单元格高度

9）在文档窗口右侧的“CSS设计器”面板中单击“源”窗格右侧的按钮+，在弹出的菜单中选择“在页面中定义”，如图4-33所示。在“源”窗格中生成<style>标签，表示创建“源”成功。

选中在“源”窗格中创建的<style>标签，在“选择器”窗格的右侧单击按钮+，设置新的选择器名称为“.bj”，如图4-34所示。

图4-33 在“源”窗格中创建源

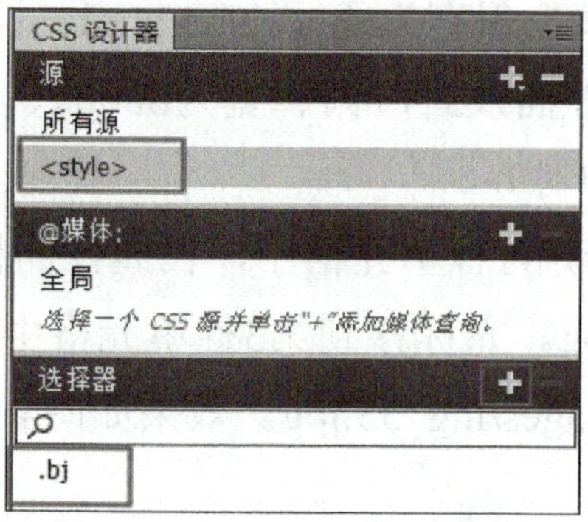

图4-34 添加选择器“.bj”

10）在CSS属性面板中设“目标规则”为“bj”，单击“编辑规则”按钮，打开“.bj的CSS规则定义”对话框，在弹出的对话框中选择左侧的“背景”选项，设背景图像Background-image为images/ing_06.jpg，背景重复Background-repeat设为不重复no-repeat，水平位置Background-position（X）设为右对齐right，垂直位置Background-position（Y）设为顶部top，如图4-35所示。单击“确定”按钮。

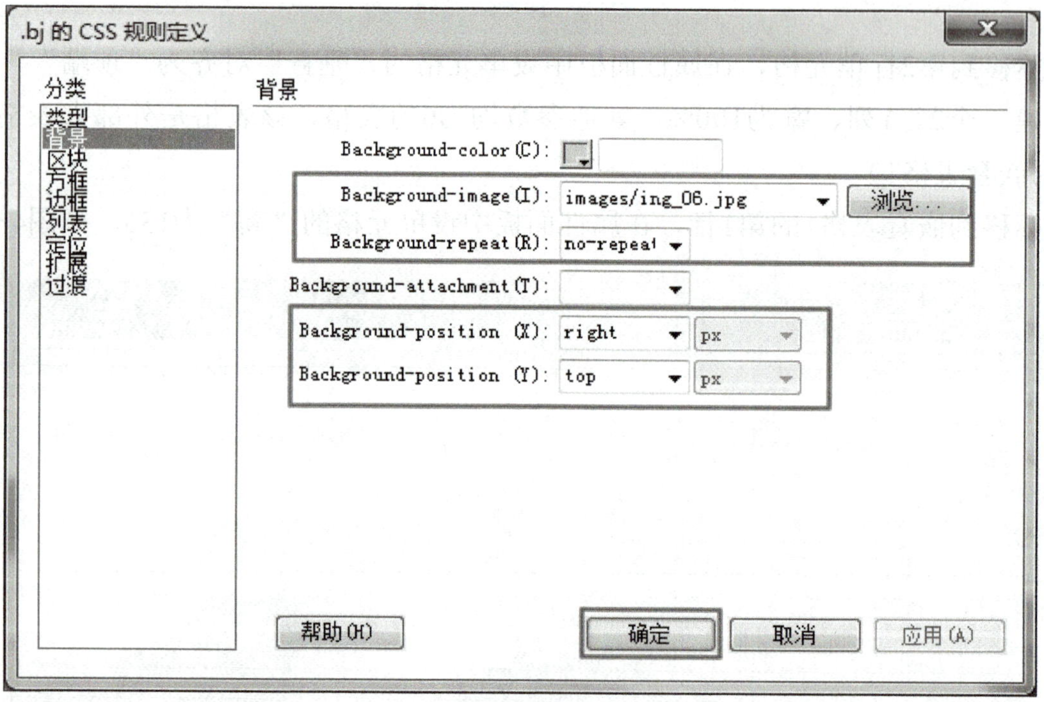

图4-35 .bj的CSS规则定义

嵌套表格1的第1行单元格设置了背景图像，如图4-36所示。

图4-36　嵌套表格1第1行单元格背景图像设置

11）将光标移到嵌套表格1的第2行，在属性面板中设单元格的“高”为280。

12）选中在CSS选择器“源”窗格中创建的<style>标签，在“选择器”窗格的右侧单击按钮，设置新的选择器名称为“.bj1”。

13）在CSS属性面板中设“目标规则”为“bj1”，单击“编辑规则”按钮，打开“.bj1的CSS规则定义”对话框，在弹出的对话框中选择左侧的“背景”选项，设背景图像Background-image为images/ing_19.jpg，背景重复Background-repeat设为不重复no-repeat，水平位置Background-position（X）设为左对齐left，垂直位置Background-position（Y）设为底部bottom，如图4-37所示。单击“确定”按钮。

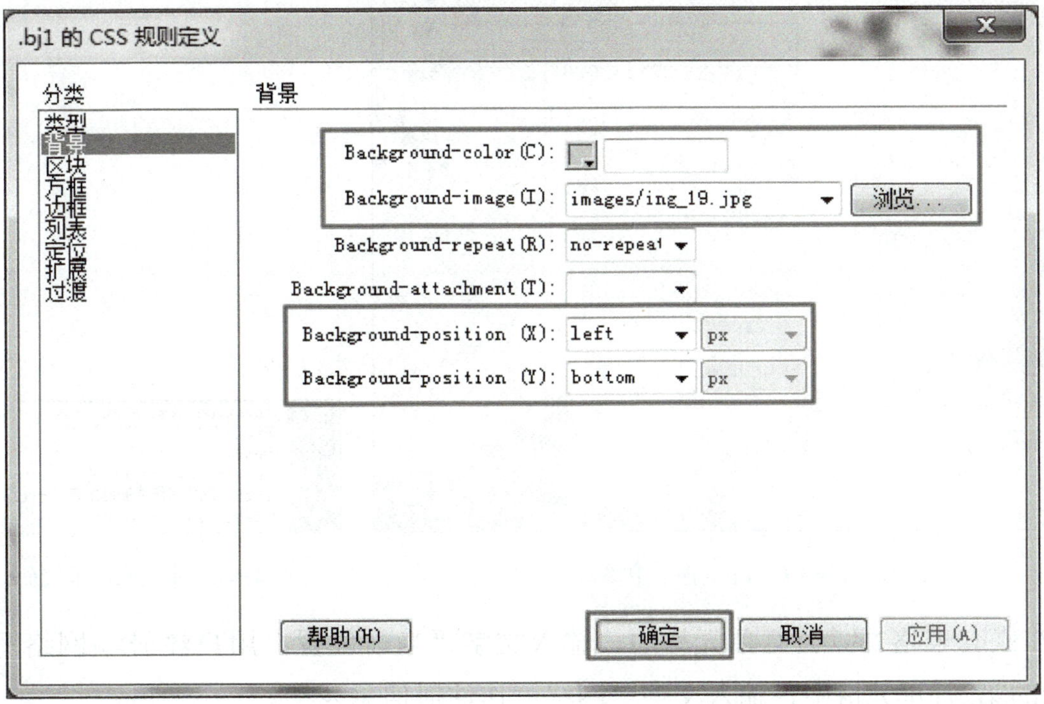

图4-37　.bj1的CSS规则定义

嵌套表格1的第2行单元格设置了背景图像，如图4-38所示。

图4-38 嵌套表格1第2行单元格背景图像设置

14）按<F12>键在浏览器中进行预览，发现网页顶部第1、2行背景图像中出现一条缝，没有完全密合，如图4-39所示。这是由于浏览器的兼容性问题。切换到代码视图，将第1行的代码“<!doctype html>”改为“<!doctype html PUBLIC >”即可解决，如图4-40所示。

15）将光标移到嵌套表格1的第1行单元格中，在属性面板中设单元格的“垂直”为顶端。新建一个2行1列、宽为100%，其他均为0的表格，该表格是嵌套表格1内的又一个嵌套表格（命名嵌套表格2）。

插入表单文字

图4-39 背景图像闪缝

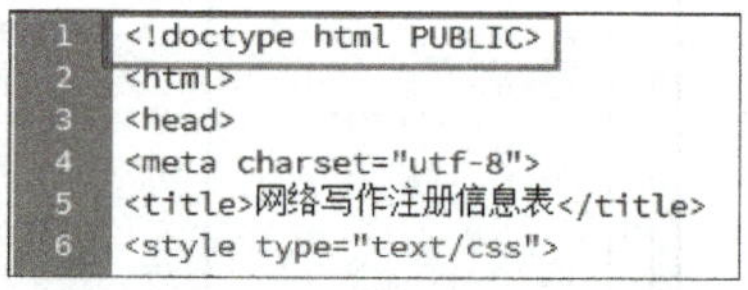

图4-40 修改顶部代码

16）在嵌套表格2的第1行单元格中，输入文字“当前位置：用户注册>>网络写作”。在嵌套表格2的第2行单元格中，输入文字“网络写作注册信息表”。

17）选中在CSS选择器“源”窗格中创建的<style>标签，在“选择器”窗格的右侧单击两次按钮+，设置新的选择器名称为“.t1”“.t2”。

18）将光标移到嵌套表格2的第1行单元格中，设单元格的“水平”为左对齐，“垂直”为居中，“高”为40。选中文字，在CSS属性面板的“目标规则”中选“t1”，单击“编辑规则”按钮，打开“.t1的CSS规则定义”对话框，在左侧的“类型”选项下，设字号大小Font-size为12，文字颜色Color为黑色，单击“确定”按钮，如图4-41所示。将光标移到文字前面，按住<Shift+Ctrl+空格>组合键添加4个空格。

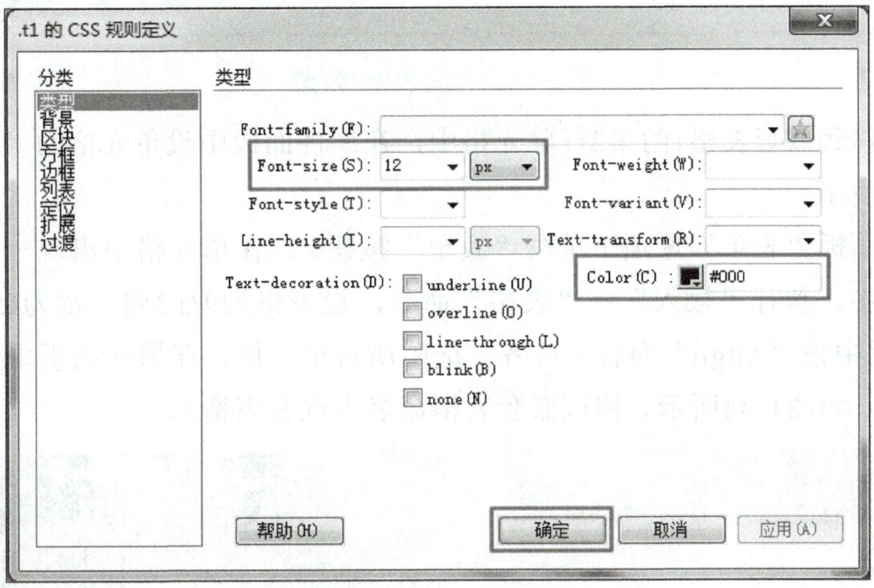

图4-41　.t1的CSS规则定义

19）将光标移到嵌套表格2的第2行单元格中，设单元格的“水平”为居中对齐，“垂直”为居中，“高”为115。选中文字，在属性面板的“目标规则”中选“t2”，单击“编辑规则”按钮，打开“.t2的CSS规则定义”对话框，在左侧的“类型”选项下，设字号大小Font-size为20，字体粗细Font-weight为粗体bold，文字颜色Color为黑色，单击“确定”按钮，如图4-42所示。网页效果如图4-43所示。

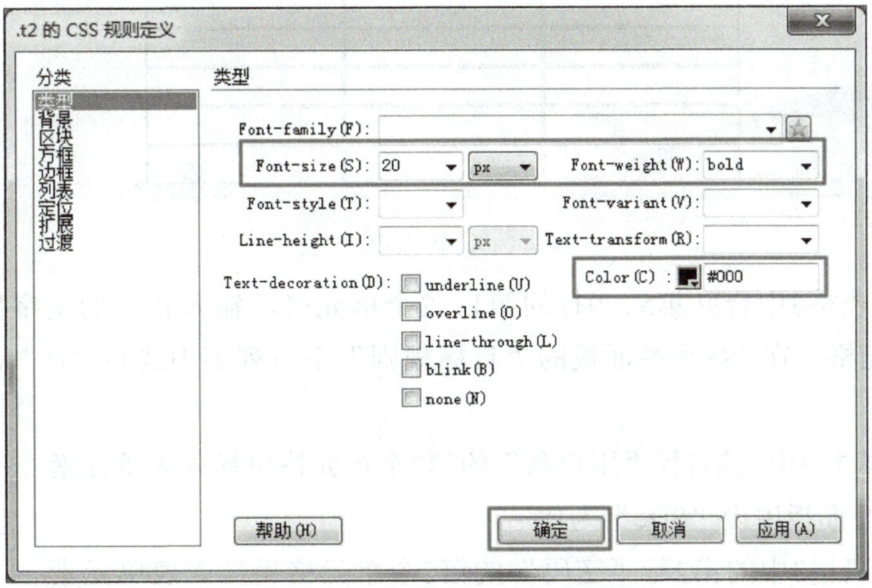

图4-42　.t2的CSS规则定义

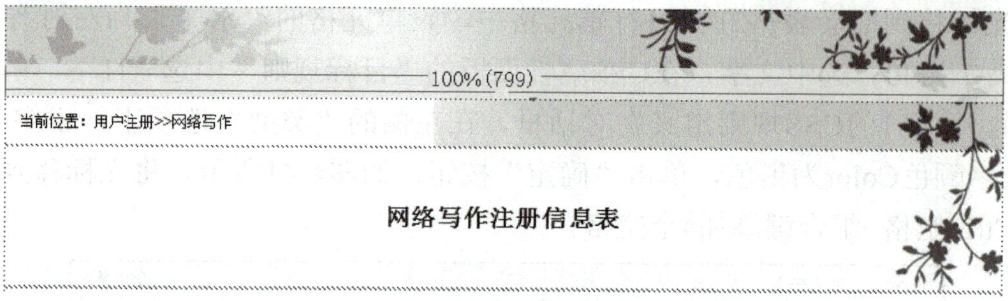

图4-43　嵌套表格2效果

20）将光标移到嵌套表格1的第2行单元格中，在属性面板中设单元格的“水平”为居中对齐，“垂直”为顶端。

在“插入”面板“表单”选项下单击“表单”按钮，在单元格中出现一个红色虚线框，光标处于表单域中。执行“插入”→“表格”命令，设表格为9行3列、宽为450px，其余参数为0，在属性面板中设“Align”为居中对齐。选中所有单元格，在属性面板中设“高”为30，“垂直”为居中，如图4-44所示。将该嵌套表格命名为嵌套表格3。

图4-44　设置嵌套表格3

21）在嵌套表格3中合并第5、9行的第1、2个单元格，输入相应的文字信息。框选嵌套表格3的所有单元格，在CSS属性面板的“目标规则”下拉列表中选择“t1”，效果如图4-45所示。

22）在嵌套表格3中的第1行“用户名”的第2个单元格里插入表单元素“文本”，在属性面板中设“Size”为18。

插入表单元素

23）在嵌套表格3中的第2行“密码”的第2个单元格里插入表单元素“密码”，在属性面板中设“Size”为15。

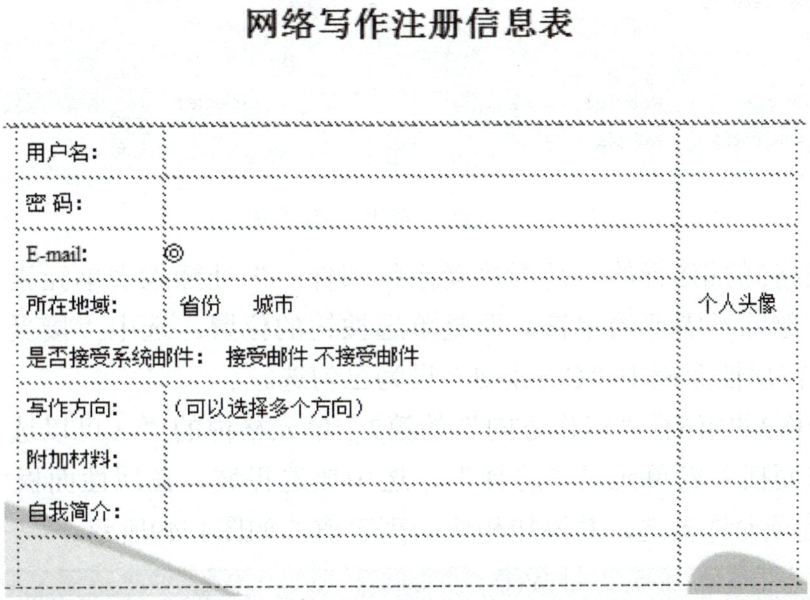

图4-45 嵌套表格3输入文字

24）在嵌套表格3的第3行“E-mail”的第2个单元格符号“@”前面插入表单元素“文本”，在属性面板中设“Size”为18。在符号“@”后插入表单元素“选择”，在属性面板中“Size”设为1，并添加列表值，指定初始值Selected为第1项，如图4-46所示。

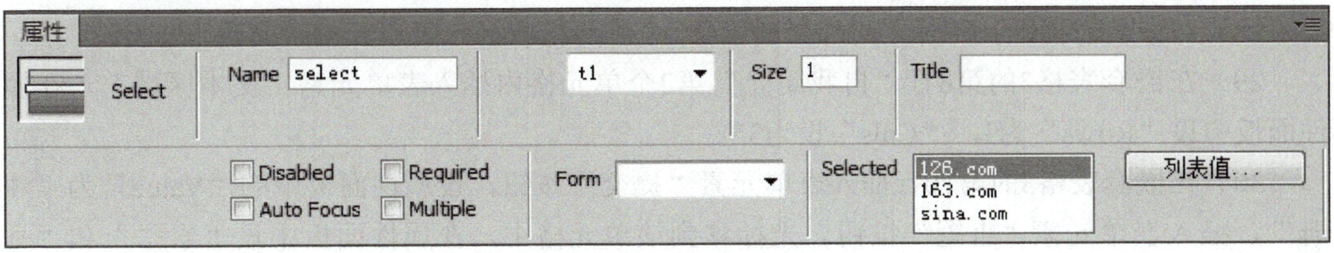

图4-46 设置“E-mail”选择域属性

25）在嵌套表格3的第4行“所在地域”的第2个单元格内“省份”和“城市”后面，插入表单元素“选择”，在属性面板中设“Size”设为1，添加的列表值分别为多个省份名称和城市名称，如图4-47和图4-48所示。

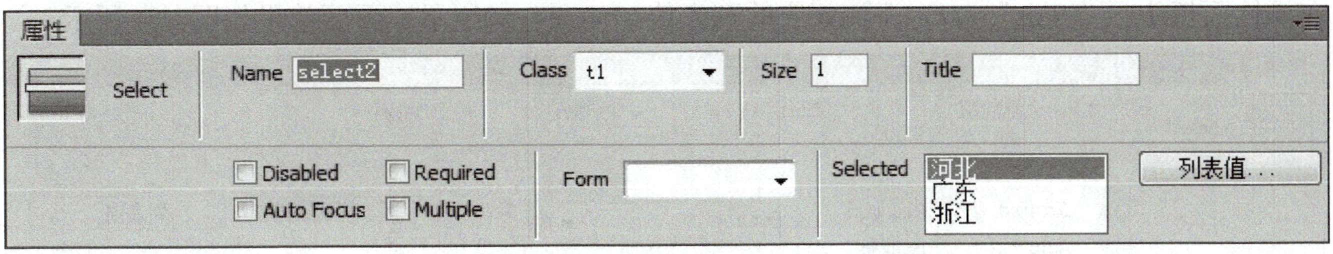

图4-47 设置“省份”选择域属性

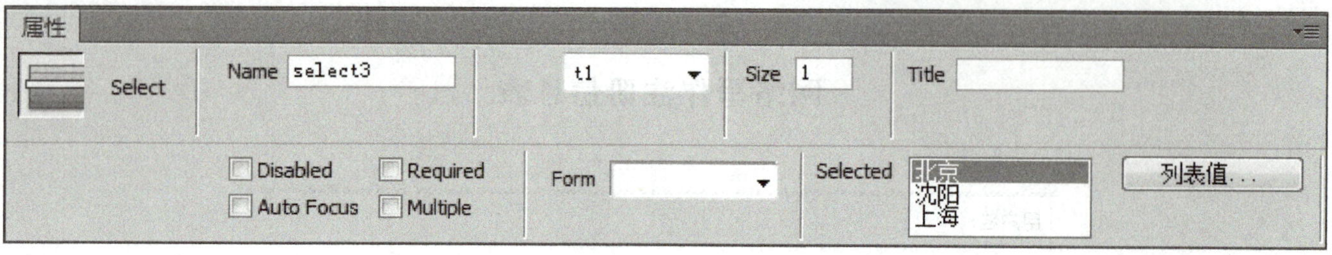

图4-48 设置“城市”选择域属性

26）在嵌套表格3的第5行的“是否接受系统邮件：”处插入表单元素“单选按钮组”，删除不需要的字符，调整单选按钮的位置。选中“接受邮件”单选按钮，在属性面板中“Checked”设为已勾选。

设置表单元素

27）在嵌套表格3的第6行“写作方向”的第2个单元格内的“（可以选择多个方向）”前面插入表单元素“选择”。选中该选择域，在属性面板中设“Size”为3，勾选“Multiple”选项允许多选，并添加相应的列表值，如图4-49所示。

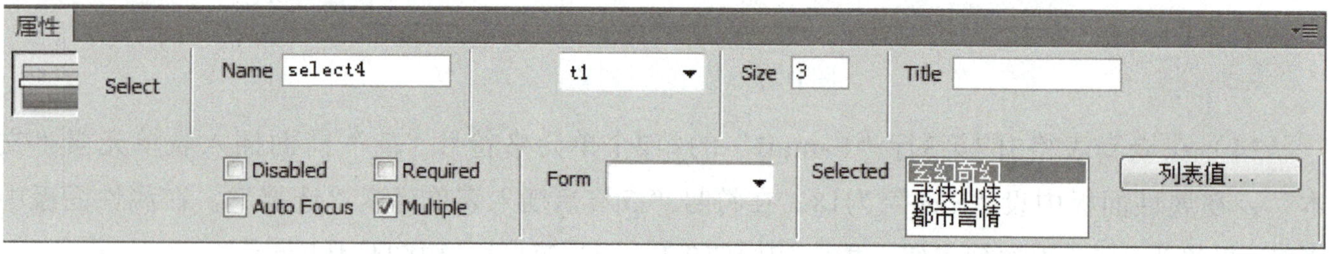

图4-49 设置“写作方向”选择域属性

28）在嵌套表格3的第7行“附加材料”第2个单元格内插入表单元素“文件”。

29）在嵌套表格3的第8行“自我简介”第2个单元格内插入表单元素“文本区域”，在属性面板中设“Rows”为3，“Cols”设为35。

30）在嵌套表格3的第10行插入表单元素“提交”按钮，设属性面板中的“Value”为“注册”，插入表单元素“重置”按钮。光标移到该单元格中，在属性面板中设“水平”和“垂直”都为“居中”对齐。将光标移到两个按钮之间，按住<Shift+Ctrl+空格>组合键添加空格，调整两个按钮间的距离。

31）在嵌套表格3中，将第1、2、3行的第3个单元格进行合并。将光标移到合并单元格中，在属性面板中设单元格的“水平”和“垂直”为居中对齐。设插入图像images/nan01.gif。

32）在嵌套表格3的第4行第3个单元格的“个人头像”文字后面插入表单元素“选择”，在属性面板中设“Size”为1，添加相应的列表值，如图4-50所示。画面效果如图4-51所示。

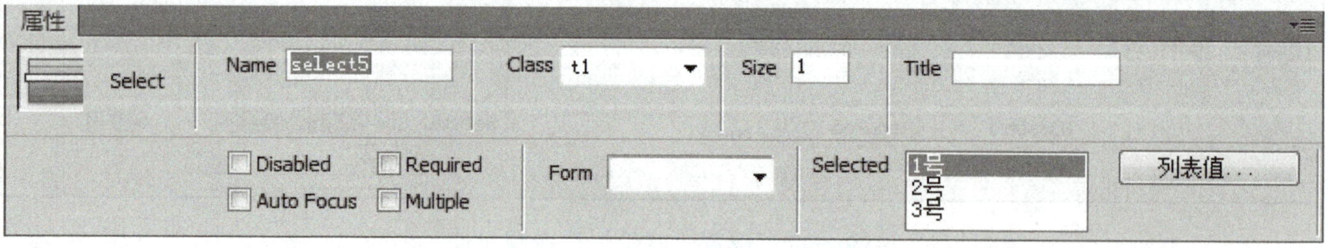

图4-50 设置个人头像选择域属性

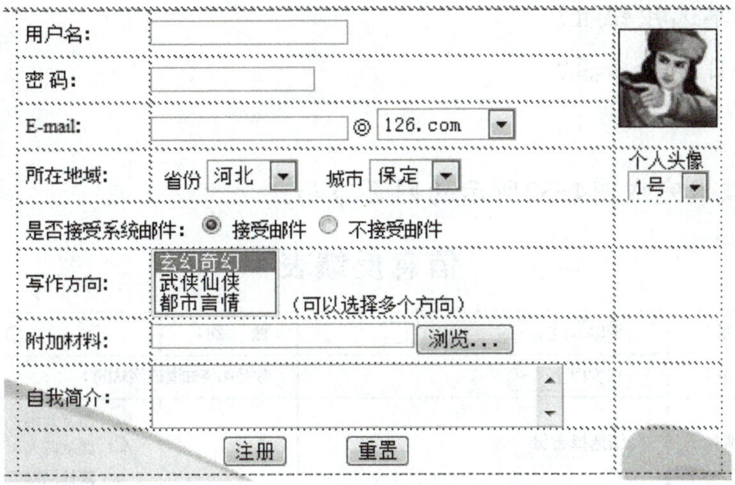

图4-51　设置完成的画面效果

33）按<F12>键在浏览器中进行预览，最终效果如图4-30所示。

习题

1. 填空题

1）在Dreamweaver CC中，表单数据传送到服务器的处理方法主要有＿＿＿＿＿、＿＿＿＿＿和＿＿＿＿＿。

2）在网页的表单中输入信息时，需要将输入的信息以星号或圆点形式进行显示，在制作表单时应插入的表单元素是＿＿＿＿＿＿。

3）将硬盘中的文件通过表单上传时应使用的表单元素是＿＿＿＿＿＿。

2. 单选题

1）若在一组数据里只能选择一个选项则应插入（　　）。

A. 文本域　　B. 单选按钮　　C. 复选框　　D. 隐藏域

2）一旦图像在浏览器中载入失败将显示描述性文本，这些文本应在属性面板的（　　）中设置。

A. 编辑　　B. 替代　　C. Src　　D. 标题

3）要在下拉列表中可以一次选择多项，应设置选择域的（　　）属性。

A. Disabled　　B. Required　　C. Auto Focus　　D. Multiple

3. 简答题

1）Dreamweaver CC中表单元素有哪些？

2）如何插入一个单选按钮组？

3）如何插入一个日期选择器？

4. 操作题

利用表格的定位技术完成图4-52所示的网页布局。

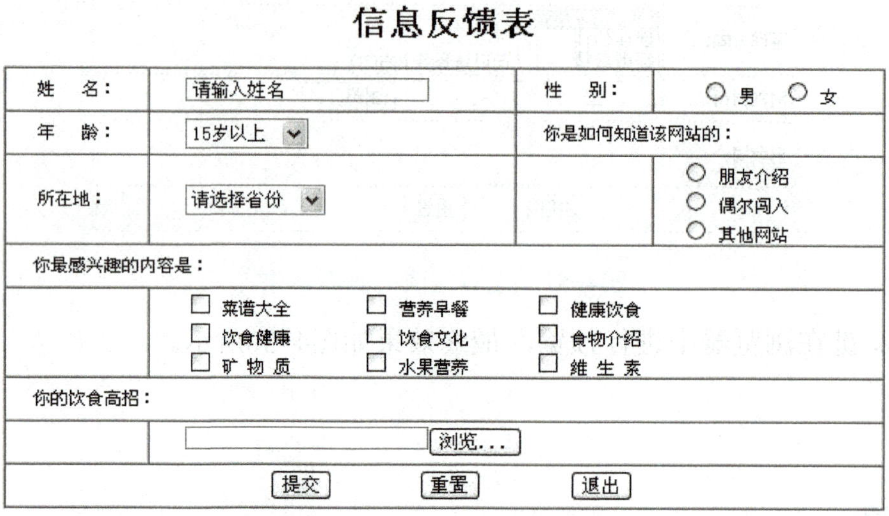

图4-52　信息反馈表效果图

学习单元5 HTML

学习目标

1）掌握什么是HTML文档。
2）掌握HTML文档的结构及基本语法结构。
3）掌握两种标签的使用方法。
4）掌握常用的HTML标签及属性。
5）能够使用HTML代码完成简单的网页。
6）培养学生严谨的工作态度。

HTML是一种广泛应用的建立网页文件的语言，通过标记式的指令将视频、声音、图片、文字、动画等内容显示出来，结合数据库技术、动态网页、CSS技术等，可以制作出功能强大、界面美观的网站。本单元将学习HTML的语法格式与使用方法。

任务1 认识HTML文档

【任务描述】

HTML即超文本标记语言，是标准通用标记语言下的一个应用，也是一种规范、一种标准。HTML文档即网页文件，它通过标记符号来标记要显示的网页中的各个部分。同时，显示网页时通过标记符告诉浏览器如何显示其中的内容。通过本任务的操作，学习什么是HTML文档，HTML文档的结构及基本语法结构，两种标签的使用方法，最终效果如图5-1所示。

认识HTML文档

图5-1 HTML文档index.html在浏览器中打开的效果

【任务实施】

1）打开素材文件夹“Myweb”，可以看到一个HTML文档“index.html”，在文档上右击，选择“默认程序”命令，打开“打开方式”对话框，选择“记事本”，单击“确定”按钮，可以打开文档。

2）文档中的内容如下。

```
<!doctype html>
<html>
<head>
<meta charset="utf-8">
<title>HTML代码学习</title>
</head>
<body>
<h1>HTML代码学习很简单！</h1>
</body>
</html>
```

3）文档中<!doctype>是声明，必须放在HTML文档的第一行，位于<html>标签之前。此HTML文档使用的是HTML5，因此声明为<!doctype html>，它告诉Web浏览器文档中编写指令使用的HTML版本。

4）<html></html>、<head></head>、<title></title>和<body></body>标签成对出现，构成HTML文档的结构。<html></html>标签表示本文档是一个HTML文档；<head></head>标签为文件头部分，<title></title>标签为网页的标题，<body></body>标签为文档主体部分。

5）<meta charset="utf-8">表示HTML文档采用的字符编码是UTF-8，<h1></h1>标签将文本以标题1的格式显示。在浏览器中打开HTML文档，最终效果如图5-1所示。

【新知解析】

HTML（Hypertext Marked Language，超文本标记语言）是一种用来制作超文本文档的简单标记语言。所谓超文本是因为它可以加入图片、声音、动画、视频等内容。每一个HTML文档都是一种静态的网页文件，这个文件里面包含了HTML指令代码，这些指令代码并不是一种程序语言，而是一种用于排版网页中内容的显示位置的标记结构语言，结构简单，易懂易学，目前被所有的浏览器所支持。

1．认识HTML

HTML是一种超文本的标记语言，简单来讲就是构建一套标记符号和语法规则，将所要显示的文字、图像、声音等元素按照一定的标准要求排版，形成一定的标题、段落、列表等单元，最终成为一个HTML文档，即网页文件。浏览器根据文件中添加的标记符来显示其中的内容。

创建HTML文件只需要一个普通的字符编辑器，可以是Windows中的记事本、写字板。

当然，也可以采用专用的HTML编辑软件，如Adobe Dreamweaver、Coffee HTML、HTML Edit Pro等。

但需要注意的是，对于不同的浏览器，对同一标记符可能会有不完全相同的解释，因而可能会有不同的显示效果。

2. 基本语法结构

（1）标签

HTML（网页文件）文档是由标签和标签的内容构成，标签要用“<”和“>”包括起来，“<>”中的标签字母不区别大小写，“<>”与标签中间不能用空格隔开。标签分为对称标签和单独标签。

1）对称标签：对称标签是指标签成对出现，表示方法为<标签>…</标签>，如<title>首页</title>。其中“<标签>”称为起始标签，表示某种格式功能的开始；“</标签>”称为结束标签，表示这种格式功能的结束，如<P>对称标签</P>表示一个段落，功能相当于WORD文档中的回车符。

对称标签必须首尾呼应、有头有尾，允许相互嵌套，但不能交叉嵌套。

2）单独标签：单独标签是不成对的，表示方法为<标签>。标签中只有起始标签没有结束标签，如
，表示换行。

（2）属性

标签中的文本、图像等内容怎么在文档中显示，需要用属性来决定。属性是用来描述对象的特征，控制内容如何显示及显示格式，标签一般都有一系列属性，属性的一般语法结构如下。

<标签 属性1=属性值 属性2=属性值…>内容</标签>

例如，将网页中标题1标签中的文本设置为居中显示，使用属性align，值为center，具体代码如下。

```
<h1 align="center">居中显示</h1>
```

当然，也不是所有的标签都有属性，也有个别标签是没有属性的，例如，换行标签
是没有属性的。

3. HTML文档的结构

HTML文档是由元素组成的，元素由标签和标签中间的元素体组成，一个HTML文档主要由以下部分组成。

（1）<html>标签

HTML文档都是以标签<html>开始，以</html>标签结束，<html>与</html>成对出现，表示这是一个HTML文件，其他文档标签和内容必须在起始标签<html>和结束标签</html>之间。

（2）<head>标签

在HTML文档中，文件头部分用<head></head>来表示，位于<html>与</html>中，主要包含着和网页文件有关的一些头信息，不会直接显示在HTML文档上。

（3）<body>标签

在HTML文档中，主体部分用<body></body>标签表示，HTML文档中所有的内容都位于<body></body>中，与<head></head>处于并列位置。

（4）<title>标签

HTML文档中的<title>标签是标题标签，它的作用是在浏览器的标题栏中显示HTML文档的标题，位于<head></head>标签中。

【强化训练】 用代码制作第一个网页

通过强化训练，学习什么是HTML文档，HTML文档的结构及基本语法结构，两种标签的使用方法，最终效果如图5-2所示。

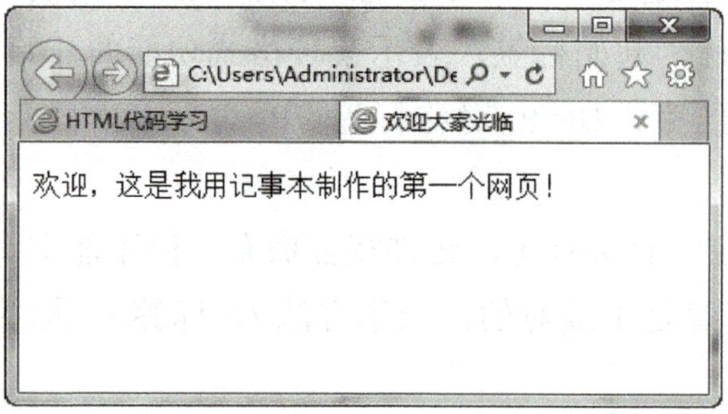

用代码制作第一个网页

图5-2　HTML文档index.html在浏览器中打开的效果

操作步骤：

1）新建“Myweb”文件夹并在其中新建记事本文件，名称为“firstPage.txt”，打开记事本文件。

2）在其中输入如下代码，保存并关闭文件。

```
<!doctype html>
<html>
<head>
<meta charset="utf-8">
<title>欢迎大家光临</title>
</head>
<body>
    <p>欢迎，这是我用记事本制作的第一个网页！</p>
</body>
</html>
```

3）将文件的扩展名改为“.html”或“.htm”，在浏览器中打开HTML文档，最终效果如图5-2所示。

注意

使用记事本写代码的方式制作网页，无任何代码提示，既麻烦又困难，完全可以使用Dreamweaver软件来代替，无论是写代码还是设计网页都非常方便。

任务2　HTML的基本标签——制作网页“计算机主要硬件组成”

【任务描述】

网页主要是由网页元素构成，如图像、表格、视频、音频等，而网页元素的本质上是标签，作为一位网站设计者需要认识网页中的基本标签。通过本任务的操作，学习HTML文档的结构及基本语法结构，常用的HTML标签及属性，能够使用HTML代码完成简单的网页，最终效果如图5-3所示。

制作网页“计算机主要硬件组成”

计算机主要硬件组成

机箱	CPU	硬盘	内存
显示器	主板	显卡	声卡

台式机　　笔记本　　iPad

图5-3　网页“计算机主要硬件组成”的效果

【任务实施】

（1）规划站点

新建文件夹“Computer”，将素材文件夹中的“images”文件夹复制到“Computer”文件夹中。

（2）定义站点

在Dreamweaver CC中，执行“站点”→“新建站点”命令，通过“站点设置对象”对话框定义站点，站点名称为“计算机”，本地站点文件夹设置为“Computer”文件夹。

（3）制作文章标题部分

新建网页“index.html”，保存到站点文件夹下，将网页的标题改为“计算机组成”，将网页切换到代码视图，在<body></body>标签中输入如下代码，输入完成后，可以切换到设计视图查看效果。

```
<h2 align="center">计算机主要硬件组成</h2>
```

其中，<h2></h2>为标题2标签，align属性用于设置标题2内容的对齐方式为居中。

（4）制作硬件组成部分

网页中的硬件组成部分为一个2行4列的表格，宽度为600px，边框为1px，居中显示。输入如下代码。

```
<table width="600" border="1" align="center" cellpadding="0" cellspacing="5">
    <tr>
      <td width="200" height="30" align="center"><a href="#">机箱</a></td>
      <td width="190" align="center">CPU</td>
      <td width="190" align="center">硬盘</td>
      <td width="190" align="center">内存</td>
    </tr>
    <tr>
      <td height="30" align="center">显示器</td>
      <td align="center">主板</td>
      <td align="center">显卡</td>
      <td align="center">声卡</td>
    </tr>
</table>
```

其中<tr>为行，<td>为单元格，cellpadding单元格边距，cellspacing用于设置单元格间距。<td>标签中的width用于设置宽度，height用于设置高度，切换到设计视图查看效果，如图5-4所示。

计算机主要硬件组成

机箱	CPU	硬盘	内存
显示器	主板	显卡	声卡

图5-4　硬件组成部分设计视图效果

（5）插入computer.jpg图像

在网页中输入如下代码，用于插入computer.jpg图像。输入完成后，可以切换到设计视图查看效果。

```
<p align="center"><img src="images/computer.jpg" width="788" height="243" /></p>
```

其中，<p>是段落标签，在此使用<p>标签是为了设置图像居中显示，<img>是图像标签，src属性用于设置图像的路径和文件名。

（6）制作三张小图片部分

为了方便布局三张小图片，创建一个2行3列的表格，在第一行三个单元格中分别放置三张图片，在第二行三个单元格中分别放置图片的说明。在网页中输入如下代码。

```
<table width="600" border="0" align="center" cellpadding="0" cellspacing="0">
    <tr>
      <td align="left"><img src="images/1.jpg" width="190" height="146" /></td>
      <td align="center"><img src="images/2.jpg" width="190" height="146" /></td>
      <td align="right"><img src="images/3.jpg" width="190" height="146"/></td>
    </tr>
    <tr>
      <td height="30" align="center"><strong>台式机</strong></td>
      <td align="center"><strong>笔记本</strong></td>
      <td align="center"><strong>iPad</strong></td>
    </tr>
</table>
```

其中，<strong>标签用于设置文本加粗。切换到设计视图查看效果，如图5-5所示。

图5-5　三张小图片部分设计视图效果

保存文件，预览，最终效果如图5-3所示。

【新知解析】

在网页中主要有以下常用标签。

1. 换行标签和段落标签

（1）换行标签

换行标签为
，表示此处强制换行，这是一个单独标签，例如：

```
故人西辞黄鹤楼，<br>
烟花三月下扬州。<br>
孤帆远影碧空尽，<br>
唯见长江天际流。
```

换行后在浏览器中的显示效果如图5-6所示。

故人西辞黄鹤楼，
烟花三月下扬州。
孤帆远影碧空尽，
唯见长江天际流。

图5-6　换行后在浏览器中的效果

（2）段落标签

段落标签为<p></p>，用于定义段落，内容上下有一个字高的空行，<p>标签有一个常用的属性align，可以用于设置内容的对齐方式，例如：

```
<p align="center">春晓</p>
<p align="center">春眠不觉晓，处处闻啼鸟。</p>
<p align="center">夜来风雨声，花落知多少。</p>
```

设置对齐后在浏览器中的显示效果如图5-7所示。

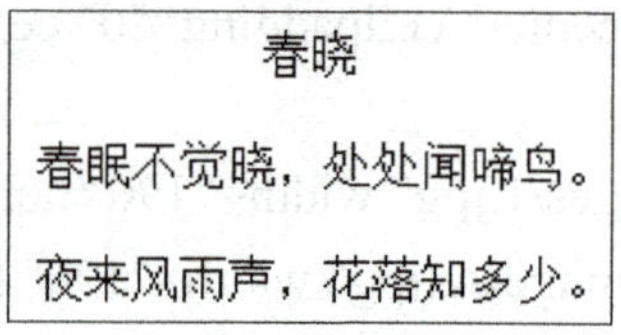

图5-7　设置对齐后在浏览器中的效果

2. 标题标签

<h1>、<h2>、<h3>、<h4>、<h5>、<h6>为标题标签，共有6个等级，数字越小等级越高，标题字号越大，其中<h1>定义最大的标题，<h6>定义最小的标题。例如：

```
<h1>这是标题1标签</h1>
<h2>这是标题2标签</h2>
<h3>这是标题3标签</h3>
<h4>这是标题4标签</h4>
<h5>这是标题5标签</h5>
<h6>这是标题6标签</h6>
```

各级标题在浏览器中的显示效果如图5-8所示。

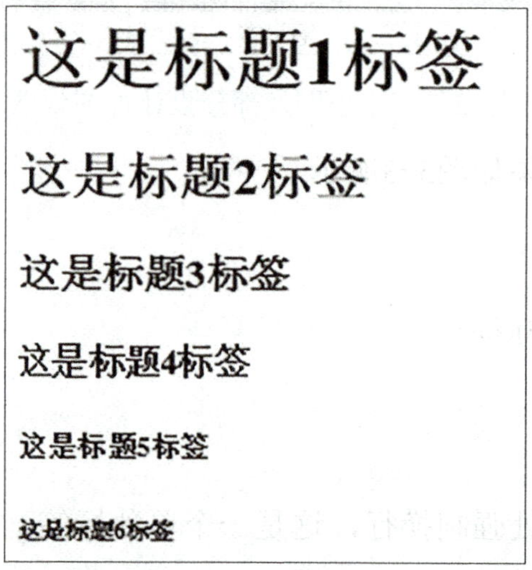

图5-8　各级标题在浏览器中的效果

3. 图像标签

图像标签为<img />，用于向HTML文档中插入一幅图像，是单独标签，其中scr属性用来设置图像所在的路径和文件名，width属性用于设置图像的宽度，height属性用于设置图像的高度，alt属性用来设置当图像无法显示时替代的文字。例如：

```
<img src="apple.jpg" width="182" height="165" alt="This is a apple!"/>
```

4. 超链接标签

超链接标签为<a>，可以实现从一个页面跳转到另一个页面，或从页面的一个位置跳转到另一个位置，主要有页面超链接、锚记超链接、电子邮件超链接，链接的目标除了页面还可以是图片、多媒体、电子邮件等。其属性href为要链接到的文件、地址、邮件地址、网页位置等，属性target为以何种方式打开窗口，本窗口或新窗口等。

（1）页面超链接

页面超链接是链接到网页的超链接，可以是网页中的一个文件，也可以是一个网址。例如：

```
<a href="http://house.qingdaonews.com/" target="_blank">青岛新闻网</a>
```

上述代码在浏览器中的显示效果如图5-9所示。

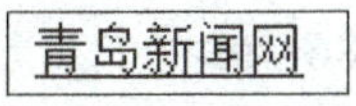

图5-9　页面超链接

（2）锚记超链接

锚记超链接用于对同一网页的不同部分进行链接。使用锚记链接时，首先应为页面中要跳转到的位置命名，命名时使用<a>标签的name属性，例如，定义一个文章底部的位置，如下面代码所示。

```
<a name="bottom">文章底端</a>
```

然后定义跳转的超链接，如下面代码所示。

```
<a href="#bottom">跳转至文章底端</a>
```

当浏览者单击“跳转至底端”超链接时，就能跳转到网页中文章底端的位置。

（3）电子邮件超链接

电子邮件超链接用于指向某一个电子邮件，当浏览者单击该超链接时，默认打开电子邮件软件Microsoft Outlook，如下。

```
<a href="mailto:123456@126.com">联系我们</a>
```

5. 表格标签

表格主要用来显示数据，它由三个标签组成<table>、<tr>和<td>，分别表示表格、行和单元格，格式如下。

```
<table>
    <tr>
      <td>内容1</td>
    </tr>
   …
   <tr>
      <td>内容n</td>
   </tr>
</table>
```

例如，一个学生成绩的表格，宽为300px，居中显示，边框为1px，单元格间距为0px，填充为0px，如下所示。

```
<table width="300" border="1" align="center" cellpadding="0" cellspacing="0">
    <tr>
      <th height="26" align="center" valign="middle">姓名</th>
      <th align="center" valign="middle">语文</th>
      <th align="center" valign="middle">数学</th>
      <th align="center" valign="middle">英语</th>
    </tr>
    <tr>
      <td height="26" align="center" valign="middle">张三</td>
      <td align="center" valign="middle">86</td>
      <td align="center" valign="middle">78</td>
      <td align="center" valign="middle">87</td>
    </tr>
    <tr>
      <td height="26" align="center" valign="middle">李四</td>
      <td align="center" valign="middle">95</td>
      <td align="center" valign="middle">90</td>
      <td align="center" valign="middle">72</td>
   </tr>
</table>
```

上述代码在浏览器中的显示效果如图5-10所示。

姓名	语文	数学	英语
张三	86	78	87
李四	95	90	72

图5-10　表格在浏览器中的效果

其中<table>、<tr>和<td>为组成表格的基本标签，成对出现，<th>标签用于设置表格的表头，可以认为它是一个带有格式的<td>，<th>和<td>必须包含在<tr>中，<tr>必须包含在<table>中。

除此之外还有一些常用的属性，width用于设置宽度，border用于设置边框，align用于设置对齐方式，cellspacing用于设置单元格的间距，cellpadding用于设置单元格边距，align用于设置水平对齐方式，valign用于设置垂直方式。

6. 层标签

层标签是<div></div>标签，用于在文档中定义区域，把文档分割为独立的、不同的部分，可以与CSS技术结合来布局网页，通常用ID选择器规则来设置<div>，如下所示。

```
<div id="top">
  <h3>这是标题</h3>
   <p>这是正文</p>
</div>
```

上述代码在浏览器中的显示效果如图5-11所示。

图5-11　层标签在浏览器中的效果

7. 表单标签

表单用于实现用户与服务器的交互，在网站中应用非常广泛，如注册页，登录页等。表单的标签是<form>，表示网页中的一个区域，只有这个区域中的表单元素可能被提交给服务器，而区域之外的元素不会被提交。

表单有很多组成元素，如标签、文本框、密码框、单选按钮、复选按钮、提交按钮等。大多数的表单元素都由<input>标签定义，表单的构造方法由type属性声明，但下拉菜单和文本域这两个表单元素例外。

（1）表单域

表单域标签是<form></form>，成对出现，表示网页中一个可以被提交的区域。

```
<form name="form1">
多个表单元素
</form>
```

（2）文本框

在Dreamweaver cc中，文本即文本框，文本框用来接受任何类型的文本输入。文本框的标签为<input>，其type属性为text。文本框代码如下。

```
<input type="text" name="username">
```

（3）密码框

在Dreamweaver cc 中，密码即密码框，密码框中输入的密码以黑点显示。密码框的标签为<input>，其type属性为password。密码框代码如下。

```
<input type="password" name="password">
```

（4）文本域

文本域本质上是一个多行的文本框，其标签为<textarea></textarea>，其属性rows用于设置文本域的行，cols属性用于设置文本域的列，当输入的文本超过范围时，自动出现滚动条。文本域代码如下。

```
<textarea name="inroduce" cols="40" rows="5"></textarea>
```

上述代码在浏览器中的显示效果如图5-12所示。

图5-12　文本域在浏览器中的效果

（5）标签标签

标签的标签是<label></label>，它可以将文本与其他HTML对象或内部控制关联起来，无论用户单击<label>标识的文本还是HTML对象，引发和接收事件的行为是一致的。要使<label>标识的文本和HTML对象关联，需要将<label>的for属性设置为HTML对象的ID属性，代码如下。

```
<label for=" commend">推荐理由：</label>
<textarea name="commend" id="commend" cols="40" rows="5"></textarea>
```

此时<label>标签的文本与文本域相关联，单击文本与单击文本域引发的事件相同。例如，预览网页后，单击“推荐理由”文本时，文本域可以获得焦点，与单击文本域的效果一样。

上述代码在浏览器中的显示效果如图5-13所示。

图5-13　在浏览器中的效果

（6）单选按钮组

单选按钮组提供一组单选按钮供用户选择，但每次只能选择一项。单选按钮组的标签为<input>，其type属性为radio，同一组单选按钮的name属性相同，value为提交的值。代码如下。

```
<label>
    您的性别：
</label>
<label for=" gender1">
    <input type="radio" id="gender1" name="gender1" value="male"> 男
</label>
<label for=" gender2">
    <input type="radio" id="gender2" name="gender2" value="female">女
</label>
```

上述代码在浏览器中的显示效果如图5-14所示。

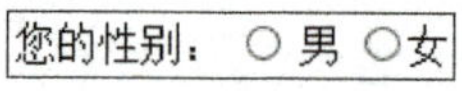

图5-14　单选按钮组在浏览器中的效果

（7）复选框组

复选框组提供一组复选框供用户选择，可以选择一项或多项，复选框的标签为<input>，其type属性为checkbox，value为提交的值，代码如下。

```
<label>您的参加的社团：</label>
<label>
    <input type="checkbox" name="aihao1" value="basketball">篮球社
</label>
<label>
    <input type="checkbox" name="aihao2" value="handwriting">书法社
</label>
```

```
<label>
    <input type="checkbox" name="aihao3" value="shadowboxing">太极社
</label>
<label>
    <input type="checkbox" name="aihao4" value="program">程序社
</label>
```

上述代码在浏览器中的显示效果如图5-15所示。

图5-15　复选框组标签在浏览器中的效果

（8）按钮

按钮的标签为<input>，如果type属性为submit，那么该按钮是一个提交按钮，可以将表单中的信息提交给服务器；如果type属性为reset，那么该按钮是一个重置按钮，可以将已经填写的内容恢复默认，等待用户重新填写。代码如下。

```
<input type="submit" name="submit" value="提交">
<input type="reset" name="reset" value="重置">
```

上述代码一个提交按钮，一个重置按钮，在浏览器中的显示效果如图5-16所示。

图5-16　两个按钮在浏览器中的效果

以上介绍的所有的表单元素必须位于表单域中，即所有表单的标签必须位于<form></form>标签中，例如，一个注册页面的代码如下。

```
<form name="form1" method="post">
<label><strong>用户注册</strong></label>
  <p>
    <label for="user">用户名：</label>
    <input type="text" name="username" id="user">
  </p>
  <p>
    <label for="pwd" >密　码：</label>
    <input type="password" name="password" id="pwd">
  </p>
    <label for="intro">个人简介：</label>
    <textarea name="introduce" cols="40" rows="5" id="intro"></textarea>
  <p>
  <label>
  您的职业：
  </label >
  <label for="Zhiye1">
      <input type="radio" name="Zhiye1" id="Zhiye1" value="Student">学生
```

```
        </label>
        <label for="Zhiye2">
          <input type="radio" name="Zhiye2" id="Zhiye2" value="Teacher">教师
        </label>
        <label for="Zhiye3">
          <input type="radio" name="Zhiye3" id="Zhiye3" value="Doctor">医生
        </label>
      </p>
      <p>
       <label>
      您的爱好：
      </label>
        <label for="aihao1">
            <input type="checkbox" name="aihao1" id=" aihao1" value="basketball">篮球
        </label>
        <label for="aihao2">
            <input type="checkbox" name="aihao2" id=" aihao2" value="swim">游泳
        </label>
        <label for="aihao3">
            <input type="checkbox" name="aihao3" id=" aihao3" value="skee">滑雪
        </label>
        <label for="aihao4">
            <input type="checkbox" name="aihao4" id=" aihao4" value="tennis ball ">网球
        </label>
     </p>
     <p>
        <input type="submit" name="submit" value="提交">
        <input type="reset" name="reset" value="重置">
     </p>
   </form>
```

上述注册页面代码在浏览器中的显示效果如图5-17所示。

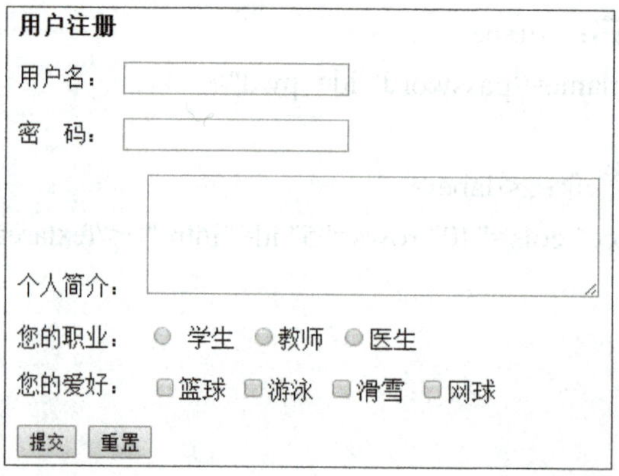

图5-17　注册页面代码在浏览器中的效果

【强化训练】 制作网页“人生茶境”与网页“用户登录”

通过强化训练，学习HTML文档的结构及基本语法结构，常用的HTML标签及属性，能够使用HTML代码完成简单的网页，网页“人生茶境”的效果如图5-18所示，网页“用户登录”的最终效果如图5-19所示。

制作网页“人生茶境”与网页“用户登录”

图5-18 网页“人生茶境”的效果

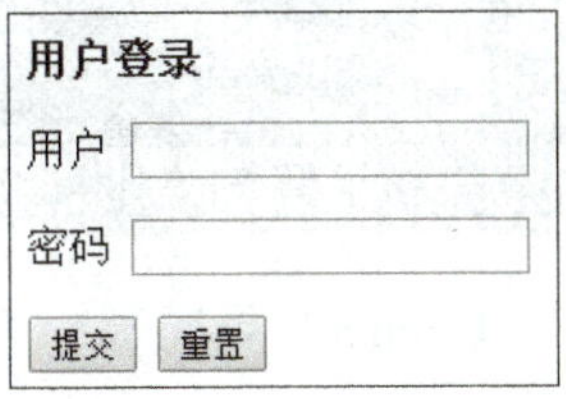

图5-19 网页“用户登录”的效果

操作步骤：

（1）规划站点

新建文件夹“Tea”，将素材文件夹中的“images”文件夹复制到“Tea”文件夹中。

（2）定义站点

在Dreamweaver CC 中，执行“站点”→“新建站点”命令，通过“站点设置对象”对话框定义站点，站点名称为“茶文化”，本地站点文件夹设置为“Tea”文件夹。

（3）制作“index.html”页的Banner与导航部分

1）新建网页“index.html”，保存到站点文件夹下，将网页的标题改为“人生茶境”，将网页切换到代码视图。

2）在<body></body>标签中输入如下2行1列的表格代码。

```
<table width="700" border="0" align="center" cellpadding="0" cellspacing="0">
    <tr>
      <td  bgcolor="#406215"></td>
    </tr>
    <tr>
      <td height="26" align="center" bgcolor="#559416"></td>
    </tr>
</table>
```

3）在第1个<td></td>标签中输入图像banner.jpg代码。

```
<img src="images/banner.jpg" width="700" height="107">
```

4）在第2个<td></td>标签中输入超链接代码作为导航，输入完成后，切换到设计视图，Banner与导航部分的效果如图5-20所示。

```
<a href="#">首页</a>
<a href="#">茶业动态</a>
<a href="#">名茶荟萃</a>
<a href="#">茶与文化</a>
<a href="mailto:123456@126.com">联系我们</a>
<a href="login.html">我要登录</a>
```

图5-20　Banner与导航部分的效果

（4）制作“index.html”页的主体部分

1）在上面表格代码的下方输入如下2行3列的表格代码。

```
<table width="700" height="273" border="0" align="center" cellpadding="0" cellspacing="0"
bgcolor="#CCF5BF">
    <tr>
      <td width="15"></td>
      <td height="20" align="center"></td>
      <td width="15"></td>
```

```
    </tr>
    <tr>
      <td height="247"></td>
      <td valign="top"></td>
      <td></td>
    </tr>
</table>
```

2）在第1行中间单元格<td></td>中，输入如下代码，制作文章标题。

```
<h4>人生茶境</h4>
```

3）在第2行的中间单元格中，输入素材中的文字“喝茶当于…理解上的障碍。”，并给每段添加<p></p>。

4）在上面表格代码的下方输入如下所示1行1列的表格代码。

```
<table width="700" border="0" align="center" cellpadding="0" cellspacing="0" bgcolor="#CCF5BF">
  <tr>
    <td align="center"></td>
  </tr>
</table>
```

5）在<td></td>标签中，输入如下代码，插入四张图像，切换到设计视图，主体部分在网页中的效果如图5-21所示。

```
<img src="images/1.jpg" width="150" height="112" />  
<img src="images/2.jpg" width="150" height="112" />  
<img src="images/3.jpg" width="150" height="112" />  
<img src="images/4.jpg" width="150" height="112" />
```

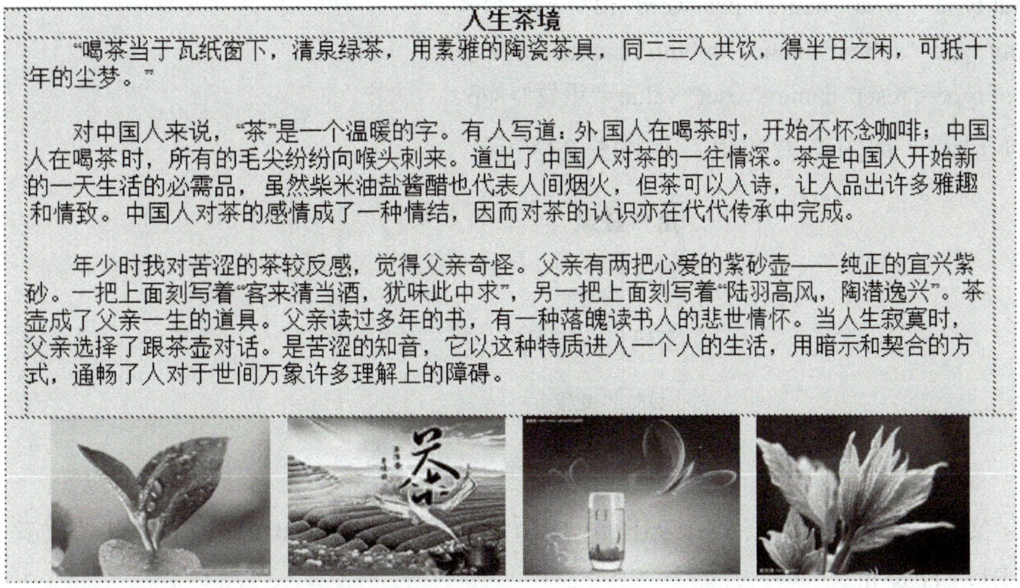

图5-21　Banner与导航部分的效果

（5）制作版权部分

1）在上面表格代码的下方输入如下所示1行1列的表格代码，主体部分在网页中的效果如图5-22所示。

```
<table width="700" border="0" align="center" cellpadding="0" cellspacing="0" bgcolor="#CCF5BF">
    <tr>
      <td height="45" bgcolor="#44AF23"></td>
    </tr>
</table>
```

2）在<td></td>标签中，输入如下代码，切换到设计视图，版权部分如图5-22所示。

```
<p align="center">版权所有：青岛崂山区××茶叶园　0532－898965××</p>
```

图5-22　版权部分的效果

3）保存文件，预览，网页“index.html”最终效果如图5-18所示。

（6）制作“login.html”页

1）在<body></body>标签中输入如下所示的表单和用户登录代码。

```
<form>
  <p><strong>用户登录</strong></p>
</form>
```

2）继续输入如下所示的文本框、密码框、提交和重置按钮代码。

```
<p><label for="user">用户</label>
   <input type="text" name=" username " id="user"></p>
<p><label for="pwd">密码</label>
   <input type=" pwd " name="password" id=" pwd "></p>
<p><input type="submit" name="submit" value="提交">
   <input type="reset" name="reset" value="重置"></p>
```

3）切换到设计视图查看效果，如图5-23所示。

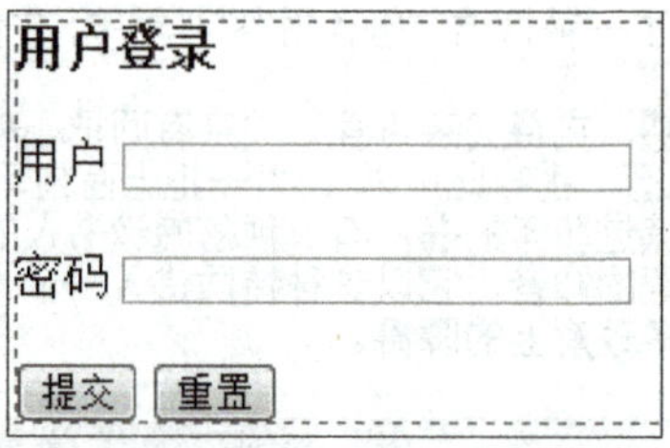

图5-23　用户登录页设计视图效果

4）保存文件，预览，最终效果如图5-19所示。单击index.html页面中的“我要登录”链接就可以打开用户登录页。

习题

1. 填空题

1）__________即超文本标记语言，是一种用来制作超文本文档的简单标记语言。

2）HTML（网页文件）文档中的标签分为__________和__________。

3）__________是标签用来描述对象的特征、控制内容如何显示及显示格式的。

4）在HTML文档中，主体部分用__________来表示，HTML文档中所有的内容如文本、图像等都位于<html>与</html>中，与<head></head>处于并列位置。

5）在单选按钮组中，如果几个单选按钮的__________属性相同，则表示是同一组单选按钮。

6）表单标签是__________，成对出现，表示网页中的一个可以被提交的区域。

2. 单选题

1）以下软件不适合用作HTML编辑器的软件是（ ）。

A. 记事本　　B. Adobe Photoshop

C. Adobe Dreamweaver　　D. HTMLedit Pro

2）以下关于标签说法错误的是（ ）。

A. 对称标签必须首尾呼应、有头有尾

B. 对称标签不能交叉嵌套

C. 所有标签必须首尾呼应有头有尾

D. 标签要用“<”和“>”包括起来

3）用于对一个词汇或术语描述的列表是（ ）。

A. 定义列表　　B. 无序列表　　C. 有序列表　　D. 都不正确

4）下列标签不是成对出现的是（ ）。

A. 表单标签　　B. 表格标签　　C. 段落标签　　D. 图像标签

3. 简答题

1）请写出HTML文档结构的代码。

2）表单中有哪些常用的标签？

3）常用的字体格式标签有哪些？各表示什么？

学习单元6 使用CSS

学习目标

1）了解什么是CSS。
2）掌握CSS规则的基本语法、存在形式和选择器的类型。
3）能够创建并灵活运用类选择器CSS规则、标签选择器CSS规则、锚伪类CSS规则。
4）能够编辑、删除CSS规则。
5）能够附加外部CSS文件。
6）培养学生精益求精的工匠精神。

要制作一个界面美观、风格统一的网站离不开CSS，通过CSS可以在网页中对文本、图像、超链接等网页元素进行更精确的设置，例如文本的行距、图像的边框、层的定位等。CSS在网页中的显示效果不会因浏览器的不同而发生变化，能够实现网页内容与形式的分离，更加有利于网页的显示和下载。本单元将学习CSS的相关语法与使用方法。

任务1　类选择器CSS规则——美化网页“书法背后的人生”

【任务描述】

在使用CSS之前，假如要求网站中所有的文章标题都是黑体、绿色、带下划线时，必须通过属性面板来设置，如果有100个文章页，则要设置100次标题格式，并且一旦标题格式发生改动，就需要一个一个地去改。但如果使用CSS技术，只需要创建一个黑体、绿色、带下划线的CSS规则，并在100个网页中应用。CSS大大减少了工作量，并且当文章标题的格式需要更改时，只要更改创建的CSS规则，所有应用了该规则的文章标题会自动更新，大大提高了网页制作效率。通过本任务的操作，学习创建CSS规则的方法，如何创建和应用类选择器CSS规则，最终效果如图6-1所示。

【任务实施】

（1）规划站点

新建文件夹“shufa_beihou”，将素材文件夹中所有文件和文件夹复制到“shufa_beihou”文件夹中。

图6-1　网页"书法背后的人生"效果图

（2）定义站点

在Dreamweaver CC中，执行"站点"→"新建站点"命令，通过"站点设置对象"对话框定义站点，站点名称为"箐箐家园"，本地站点文件夹设置为shufa_beihou文件夹。

（3）创建并应用类选择器CSS规则".content"

打开shufa_rensheng.html，创建一个类选择器规则来修饰文章的内容，字体为宋体，大小为9pt，颜色代码为#009900，行高140%。

1）执行"窗口"→"CSS设计器"命令，打开"CSS设计器"面板，如果"CSS设计器"命令前已打对钩，表示"CSS设计器"面板已经打开，无须执行此命令。

2）添加源。在"CSS设计器"面板"源"窗格中单击+图标，如图6-2所示，选择"在页面中定义"，在"源"窗格中生成<style>标签，表示创建源成功，如图6-3所示。

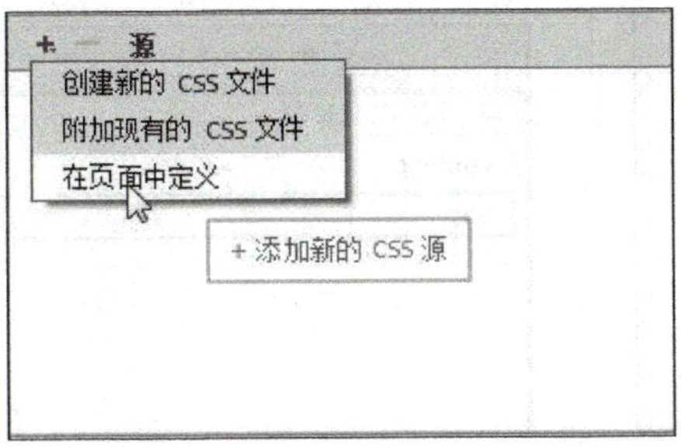

图6-2　在"源"窗格中创建源

图6-3　源创建成功

3）添加选择器。选择在“源”窗格中创建的源<style>，在“选择器”窗格中单击添加选择器图标+，输入选择器名称“.content”，如图6-4所示。

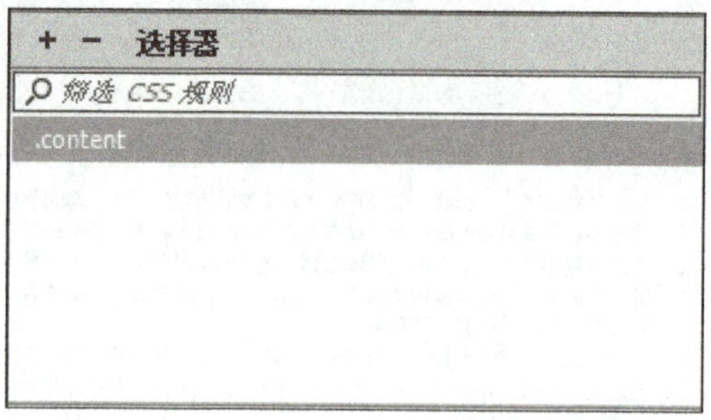

图6-4 添加选择器“.content”

美化网页
“书法背后的人生”

4）应用CSS规则。在页面中选择文章内容部分，将“属性”面板切换至CSS属性状态，在“目标规则”中选择“.content”规则，如图6-5所示。

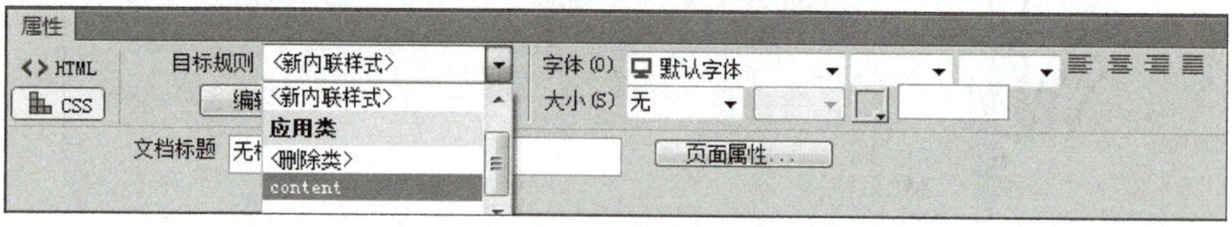

图6-5 在“属性”面板中应用“.content”CSS规则

5）单击“属性”面板中的“编辑规则”按钮，打开“.content的CSS规则定义”对话框，在左侧“分类”中单击“类型”，将“Font-family”设置为“宋体”，将“Font-size”设置为“9pt”，将“Color”设置为“#009900”，将“Line-height”设置为“140%”，如图6-6所示。

6）设置完成后单击“确定”按钮，按<F12>键预览，可以看到相应的CSS规则效果。

（4）创建并应用类选择器CSS规则“.title”

该规则用来修饰文章的标题，字体为宋体，大小为12pt，颜色代码为#006600，粗体。

1）添加选择器。选择“源”窗格中的源<style>，在“选择器”窗格中单击添加选择器图标+，输入选择器名称“.title”，如图6-7所示。

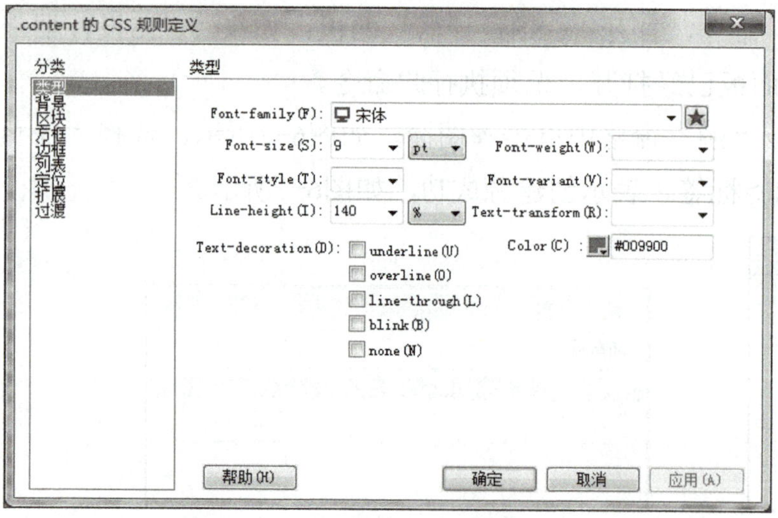

图6-6 “.content的CSS规则定义”对话框

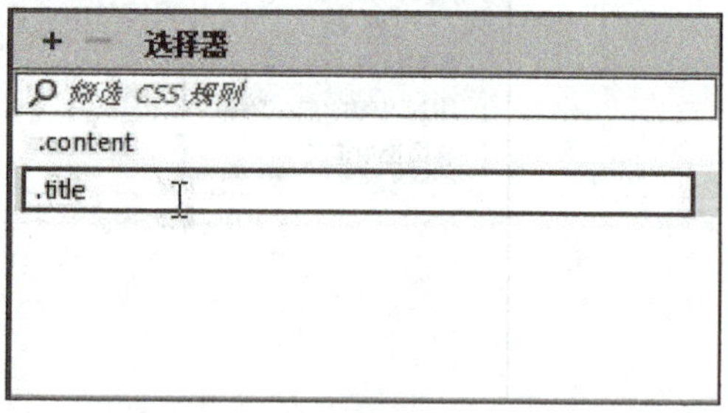

图6-7 添加选择器“.title”

2）应用CSS规则。在页面中选择文章标题部分，将“属性”面板切换至CSS属性状态，在“目标规则”中选择“.title”规则，如图6-8所示。

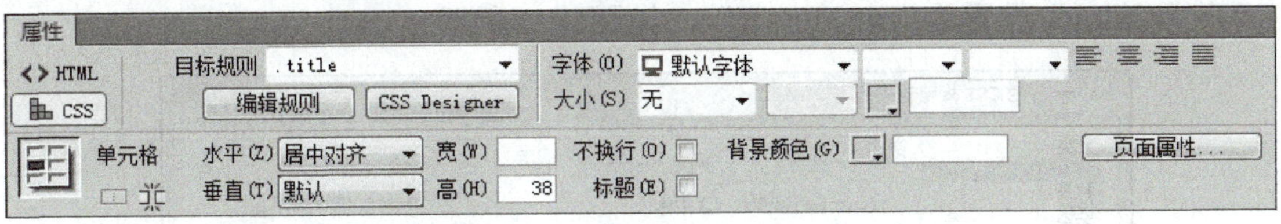

图6-8　在“属性”面板中应用CSS规则“.title”

3）单击“属性”面板中的“编辑规则”按钮，打开“.title的CSS规则定义”对话框，在左侧“分类”中单击“类型”，将“Font-family”设置为“宋体”，将“Font-size”设置为“12pt”，将“Font-weight”设置为“bold”，将“Color”设置为“#006600”，如图6-9所示。

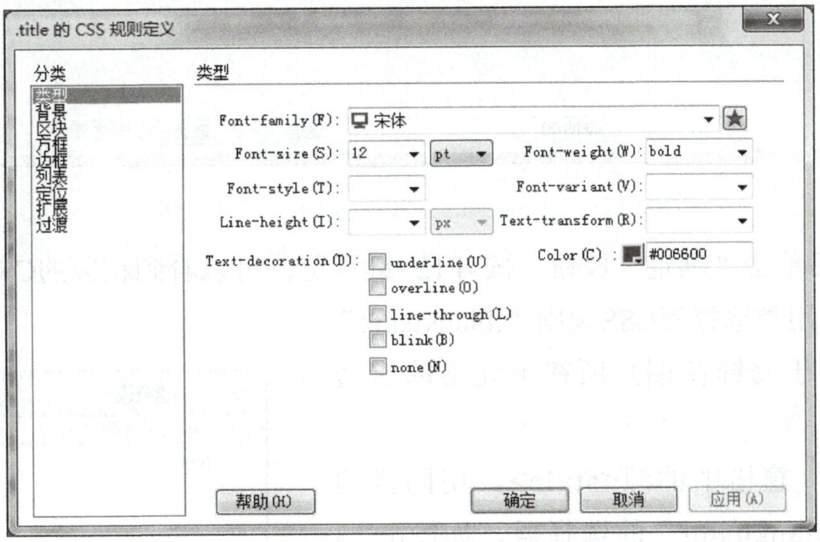

图6-9　“.title的CSS规则定义”对话框

4）设置完成后单击“确定”按钮，按<F12>键预览，可以看到相应的CSS规则效果。

（5）创建并应用类选择器CSS规则“.banquan”

1）选择“源”窗格中的源<style>，在“选择器”窗格中添加“.banquan”选择器。如图6-10所示。

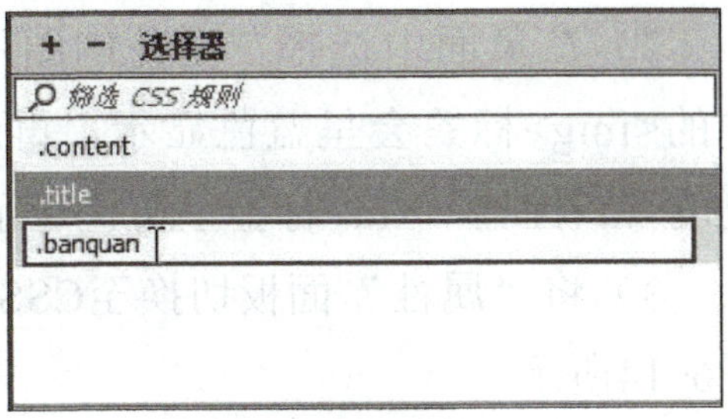

图6-10　添加选择器“.banquan”

2）在页面中选择文章版权部分，将“属性”面板切换至CSS属性状态，在“目标规则”中选择“.banquan”规则，如图6-11所示。

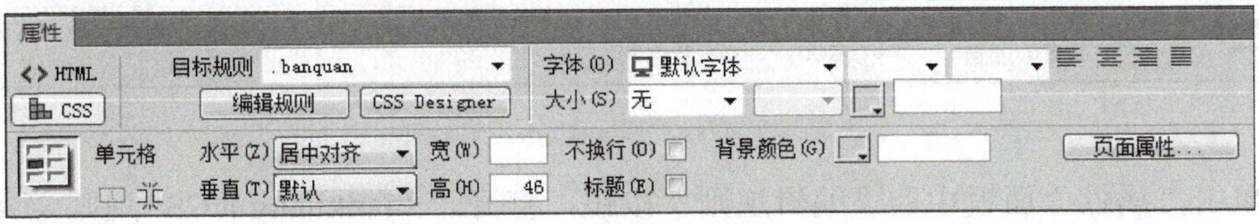

图6-11　在“属性”面板中应用CSS规则“.banquan”

3）单击“属性”面板中的“编辑规则”按钮，打开“.banquan的CSS规则定义”对话框，在左侧“分类”中单击“类型”，将“Font-family”设置为“宋体”，将“Font-size”设置为“12px”，将“Color”设置为“#FFFFFF”，如图6-12所示。

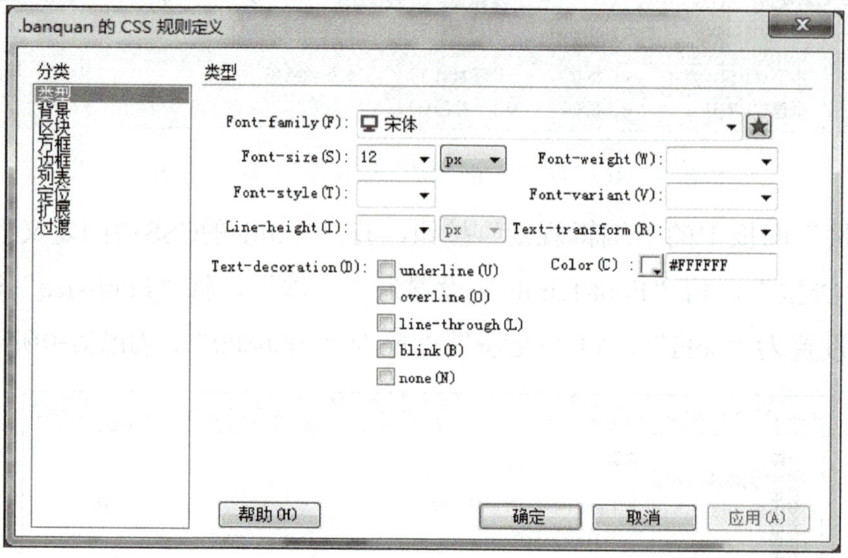

图6-12 “.banquan的CSS规则定义”对话框

4）设置完成后单击“确定”按钮，按<F12>键预览，可以看到相应的CSS规则效果。

（6）创建并应用类选择器CSS规则“.biankuang”

该CSS规则用于修饰花图片所在单元格的右边框，用于美化网页。

1）选择“源”窗格中的源<style>，用同样的方法添加一个“.biankuang”的选择器，如图6-13所示。

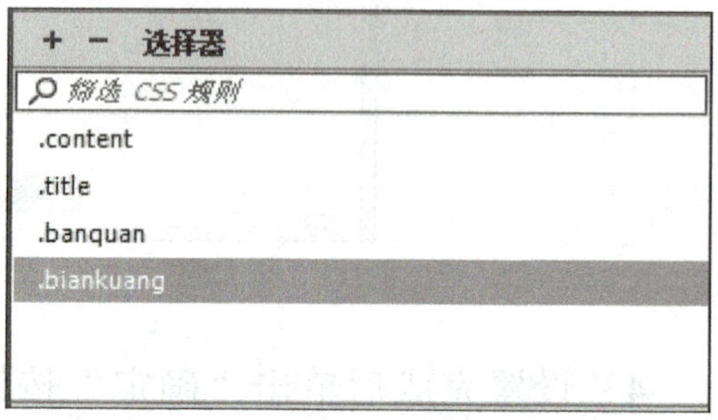

图6-13 添加选择器“.biankuang”

2）在页面中选择左侧花的图片，此时，状态栏中的<img>标签会呈蓝色显示，再选择<img>标签左侧的<td>标签，<td>标签呈蓝色显示，表示已经选中花图片所在的单元格。

3）将“属性”面板切换至CSS属性状态，在“目标规则”中选择“.biankuang”规则，如图6-14所示。

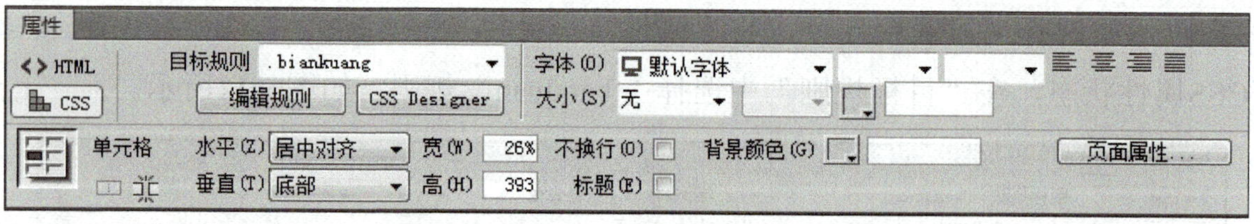

图6-14 在“属性”面板中应用CSS规则“.biankuang”

4）单击“属性”面板中的“编辑规则”按钮，打开“.biankuang的CSS规则定义”对话框。在左侧“分类”列表中选择“边框”，设置如图6-15所示。

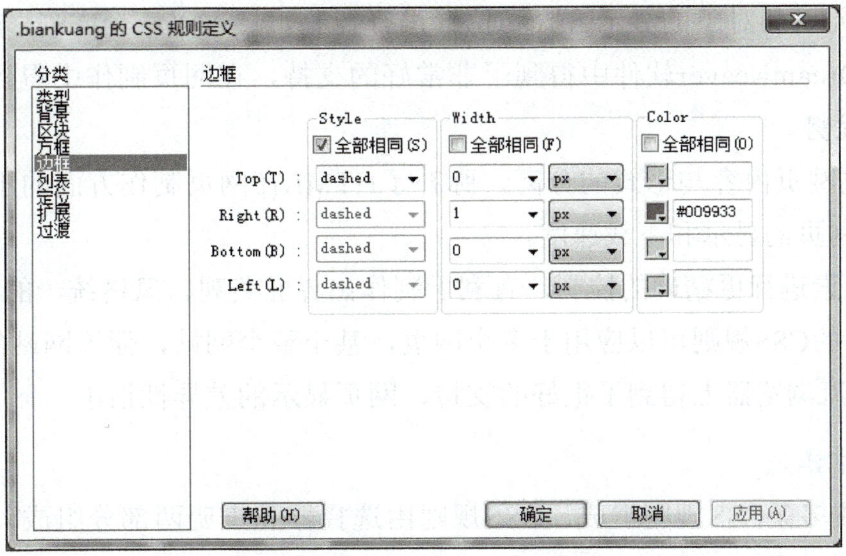

图6-15　“.biankuang的CSS规则定义”对话框

5）设置完成后单击“确定”按钮，按<F12>键预览，可以看到相应的CSS规则效果。单击 

中的“代码”图标，切换到代码视图，可以看到<head></head>标签中生成了相应代码，即CSS规则。

（7）设置网页属性

1）执行“修改”→“页面属性”命令，打开“页面属性”对话框。

2）设置“页面字体”为“宋体”，大小为12px，设置边距为0px，如图6-16所示。按<F12>键预览，可以看到网页效果如图6-1所示。

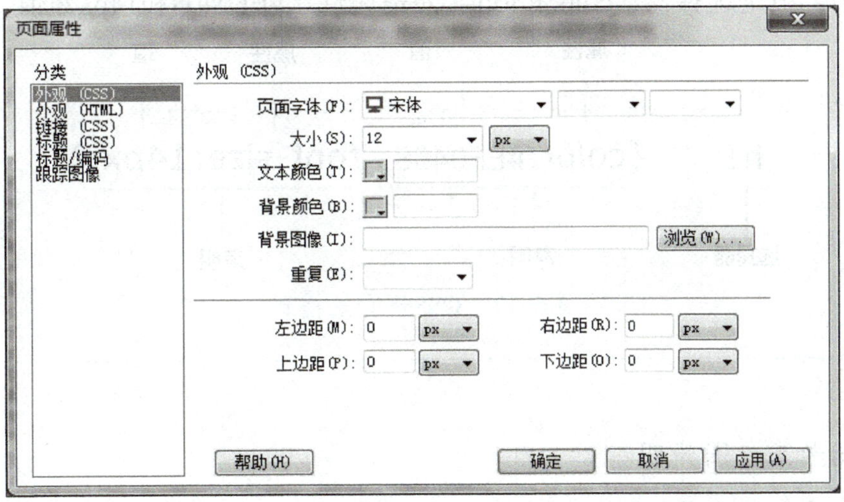

图6-16　“页面属性”设置对话框

【新知解析】

1. 什么是CSS

CSS（Cascading Style Sheets，层叠样式表）是一系列对网页元素和对象进行控制的规则，不仅能够对网页元素和对象的显示方式和位置进行控制，还可以结合Div技术实现网页布局。目前CSS技术在Dreamweaver软件中得到了非常好的支持，在网页制作中得到了广泛的应用。CSS主要有以下优势。

1）可以实现网页内容与形式的分离，弥补了HTML在网页制作方面的不足，消除了形式的冗余，加快了网页的显示和下载速度。

2）对网页元素进行更精确的控制，有利于制作出界面美观、风格统一的网站。

3）一次定义的CSS规则可以应用于多个网页，甚至整个网站，便于网站的维护和管理。

4）CSS在主流浏览器上得到了很好的支持，网页显示的差异性很小。

2. CSS的基本语法

CSS由一条或多条CSS规则组成，CSS规则由选择器和声明两部分组成，选择器是用于标识需要定义格式的一些HTML标记，如<p>、<td>、标签ID以及用户自定义的类名称等；声明可以是一条或多条，CSS规则的格式如下。

```
选择器{声明1; 声明2; …; 声明N }
```

每条声明由一个属性和一个值组成，每对属性和值间使用冒号分开，格式如下。

```
声明{属性: 值}
```

例如，下面这行代码的作用是将h1标签内的文字颜色定义为红色，将字体大小设置为14px。

```
h1 {color: #EF0408; font-size:14px;}
```

在这个例子中，h1是选择器，color和font-size是属性，#EF0408和14px是值。如图6-17所示。

图6-17　CSS规则的格式

> **注意**
>
> 1）使用花括号来包围声明。
>
> 2）是否包含空格不会影响CSS规则在浏览器中的显示效果。
>
> 3）在定义CSS规则时，大小写不敏感。

3. CSS的存在形式

在Dreamweaver CC中CSS有三种存在形式，分别为内嵌CSS、文档内部CSS和外部文件CSS。

（1）内嵌CSS

内嵌CSS非常简单，只需在相应的HTML标签中根据给出的提示写入相应的CSS属性和值即可。例如，在段落标签<p>中创建一个样式，字体为宋体，大小28px，颜色为绿色，代码如下。

```
<p style="font:'宋体'; color:#00FF00; font-size:28px">内嵌CSS样式表</p>
```

由于内嵌CSS样式没有实现内容与形式的分离，一般不推荐使用这种样式表。

（2）文档内部CSS

文档内部CSS创建的CSS样式表位于网页的<head></head>标签内，不生成文件，其作用范围仅限于本网页。如果用户定义的规则只在一个网页内使用，则可以使用文档内部样式表，例如，一个只有.content规则的样式表，文字大小为24px，颜色为红色，代码如下。

```
<head>
<style type="text/css">
.content
  {
     font-size: 24px;
     color: #FF0000;
  }
</style>
</head>
```

其中.content{ font-size: 24px; color: #FF0000;}为具体的CSS规则。

（3）外部文件CSS

外部文件CSS是将一系列CSS规则存放在一个扩展名为“.css”的外部文件中，通过链接或导入的方式在网页中应用。

这种CSS可在“CSS设计器”面板中创建，也可执行“文件”→“新建”命令新建一个CSS文件，直接写入代码。它实现了内容与形式的分离，便于网站风格的统一，方便网站的维护与管理，使用范围可以是一个或多个网页，也可以是整个站点。网站中其他网页文件如果要使用这一样式表，只需链接该样式表文件使用即可。

4. 选择器的类型

在Dreamweaver CC中CSS由一条或多条CSS规则组成，而CSS规则由选择器和声明组成，CSS选择器有几十种，下面介绍常用的几种。

（1）CSS类选择器

CSS类选择器由用户命名，以“.”开头，可以应用于任何HTML标签。例如，一个.content类选择器，文本大小9pt、颜色#009900、文本左对齐。代码如下。

```
.content {
     font-size: 9pt;
     color: #009900;
     text-align: left;
}
```

（2）标签选择器

标签选择器是将原有的HTML标签重新定义，给原有的标签赋予新的显示格式，例如，将<h2>（标题2）标签的显示格式重新定义为字体为黑体、大小14px、颜色为#FF0000，代码如下。

```
h2 {
    font-family: "黑体";
    font-size: 14px;
    color: #FF0000;
}
```

（3）ID选择器

ID选择器以符号“#”开头，只能应用于网页中的一个元素，如ID选择器#footer，定义宽为776px，高为130px，代码如下。该选择器主要用于布局网页时与<div>标签配合使用。

```
#footer {
    width: 776px;
    height: 130px;
}
```

（4）后代选择器

后代选择器又称为包含选择器，后代选择器可以选择作为某标签后的元素。用户可以通过定义后代选择器来创建CSS规则，使这些规则在某些文档结构中起作用，而在另外一些结构中不起作用。

例如，只希望对h1标签中的em元素应用规则，代码如下。

```
h1 em {color:red;}
```

上面这个规则会应用于h1标签后代的em标签中的文本，而不会应用于其他em标签中的文本（如段落或块引用中的em）。

```
<h1>This is a <em>important</em> heading</h1>
<p>This is a <em>important</em> paragraph.</p>
```

（5）锚伪类

在页面中超链接有四种不同的状态：未被访问状态、已访问状态、选定状态和鼠标悬停状态。锚伪类可以实现不同状态的超链接以不同的格式显示，代码如下。

```
a:link {color: #FF0000}          /* 未访问的超链接 */
a:visited {color: #00FF00}       /* 已访问的超链接 */
a:hover {color: #FF00FF}         /* 鼠标悬停的超链接 */
a:active {color: #0000FF}        /*超链接被激活的状态，即按下鼠标时的超链接*/
```

5. CSS设计器面板

“CSS设计器”面板主要用于实现CSS的创建、管理和显示等操作，通过“CSS设计器”面板，可以方便地实现CSS规则的创建、编辑、删除，也可以附加已有的CSS文件，为用户管理和使用CSS提供方便。

（1）打开“CSS设计器”面板的方法

按<Shift+F11>组合键或执行“窗口”→“CSS设计器”命令可以打开“CSS设计器”面板，如图6-18所示。

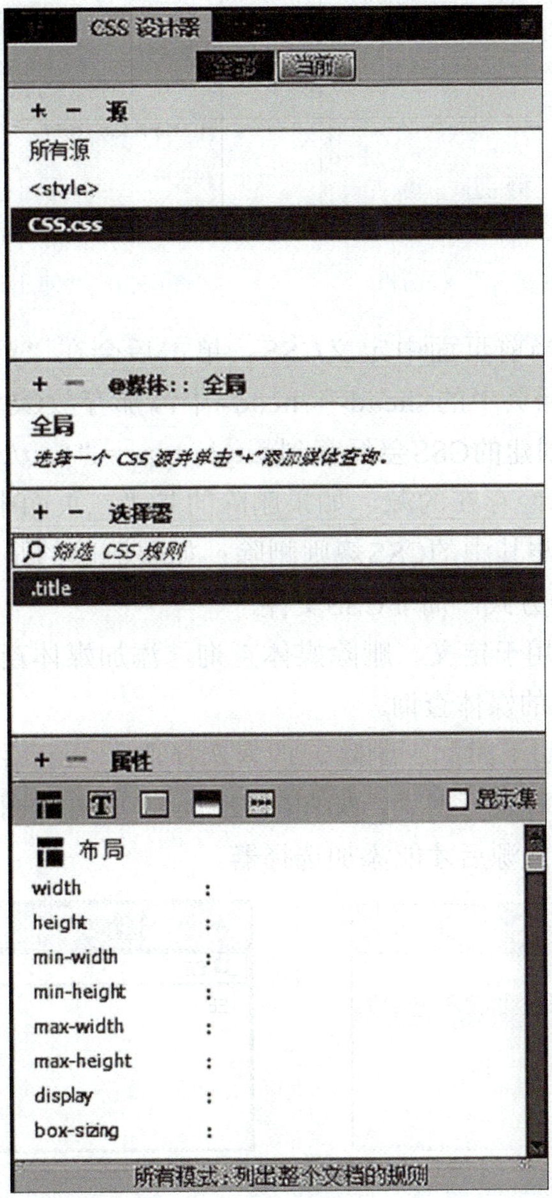

图6-18　“CSS设计器”面板

（2）“CSS设计器”面板的结构

Dreamweaver CC中的“CSS设计器”面板较以往的版本有所改进，变得更加方便易用，它共分为四个部分，“源”窗格、“@媒体:”窗格、“选择器”窗格和“属性”窗格。各部分功能如下。

1）“源”窗格。“源”窗格用于添加、删除CSS的源，单击+图标，可以实现如下功能。

①创建新的CSS文件：单击打开“创建新的CSS文件”对话框，要求输入文件名保存，同时需要确定是以链接的方式还是导入方式的添加到当前页面，如图6-19所示。

② 附加现有的CSS文件：将一个已经存在的CSS文件附加到现有的网页。单击打开“使用现有的CSS文件”对话框，如图6-20所示，单击“浏览”按钮，可以选择要附加的CSS文件。

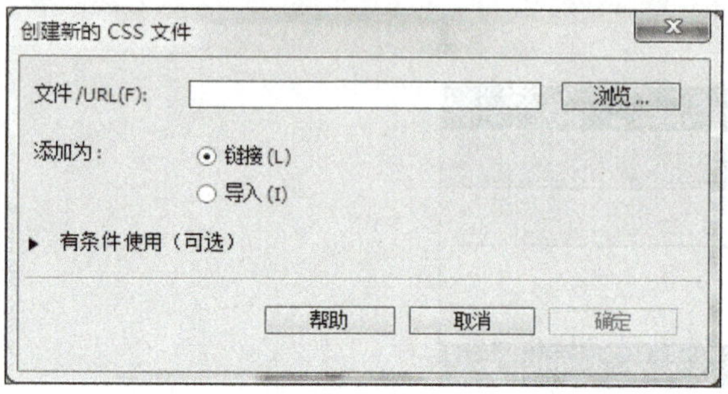

图6-19 “创建新的CSS文件”对话框

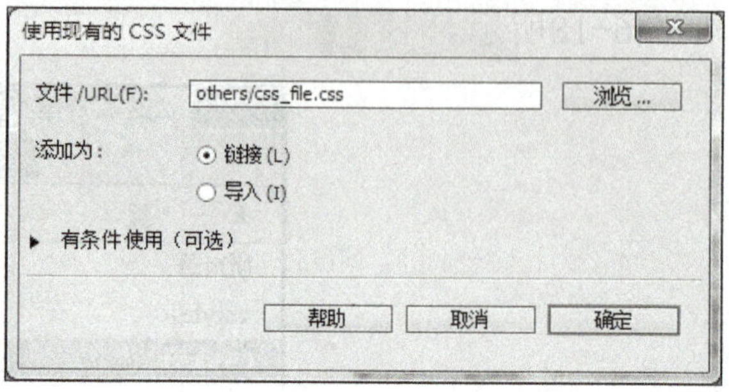

图6-20 “使用现有的CSS文件”对话框

③ 在页面中定义：在当前页面中定义CSS。单击后会在“源”窗格中生成<style>源，如图6-21所示，同时会在网页中的<head></head>中添加存放CSS的代码<style type=“text/css”></style>。在页面中创建的CSS会保存到<style type=“text/css”></style>中，单击删除CSS源图标−，可以删除已经存在的源，如果删除的是“在页面中定义的源”，则是将<style type=“text/css”></style>与其中的CSS规则删除；如果删除的是“附加的CSS文件”源，则只是删除附加链接或导入的方式，而非CSS文件。

2）“@媒体:”窗格。用于定义、删除媒体查询，添加媒体查询+图标用于定义一条媒体查询，−图标用于删除选中的媒体查询。

3）“选择器”窗格。用于添加、删除、搜索选择器。单击添加选择器+图标，出现文本框，用户可以输入选择器名称进行搜索，如图6-22所示，单击−图标可以删除选中的选择器；注意，只在“源”窗格中添加源后才能添加选择器。

图6-21 在“源”窗格中生成<style>源

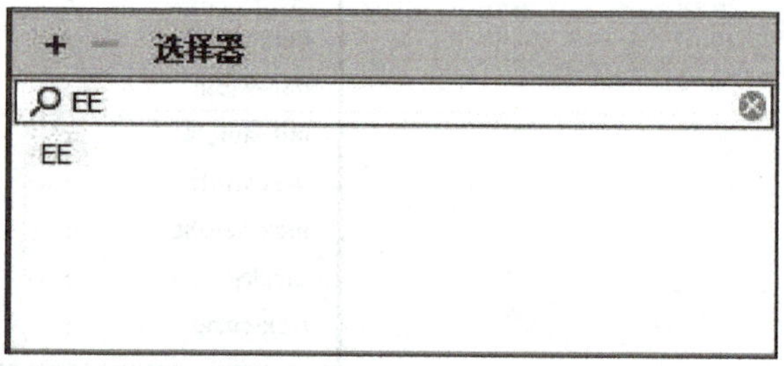

图6-22 在“选择器”窗格中搜索名称为“EE”的选择器

4）“属性”窗格。用于为选择器添加、删除、显示属性与属性值。在“属性”窗格中显示网页元素所有的属性，有布局、文本、边框、背景、更多和显示集图标，用于显示不同分类的属性。

6. 创建CSS的方法

在Dreamweaver CC软件中，创建CSS需要先添加源，再添加选择器，最后为选择器设置属性，如果有多条CSS规则，则多次添加选择器，多次设置属性，具体步骤如下。

1）添加源。在“CSS设计器”面板中的“源”窗格单击+图标，选择“创建的新CSS文件”或“在页面中定义”，完成源的添加。

2）添加选择器。选择在“源”窗格中创建的源，在“选择器”窗格中单击添加选择器+图标，在出现的文本框中输入选择器名称。

3）设置属性。在“选择器”窗格中选择添加的选择器，在“属性”窗格中相应的属性处添加属性值。

7. 创建类选择器CSS规则

一个CSS一般包含多条CSS规则，创建CSS的主要工作就是创建CSS规则。创建CSS规则有多种方法，在此介绍两种可视化创建方法，例如，CSS定义在页面中，使用类选择，选择器名称为“.content”，字体为仿宋，大小为9pt，颜色代码为#666666，行高140%。

（1）方法一：属性窗格法

1）添加源。在“源”窗格中单击+图标，如图6-23所示，选择“在页面中定义”命令，在“源”窗格中生成<style>标签，表示创建源成功，如图6-24所示。同时，在页面代码中的<head></head>标签中会生成<style type=”text/css”></style>代码。

图6-23　在“源”窗格中创建源

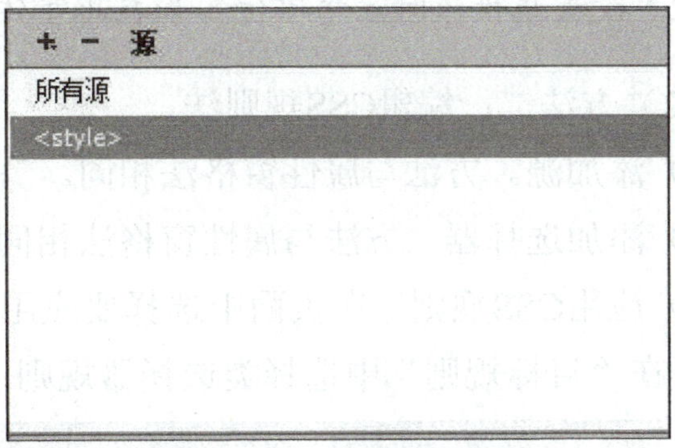

图6-24　<style>源创建成功

2）添加选择器。选择在“源”窗格中创建的源，在“选择器”窗格中单击添加选择器图标+，输入选择器名称“.content”，如图6-25所示。

3）设置属性。在“选择器”窗格中选择“.content”选择器，在“属性”窗格中单击文本T图标，进行设置。“font-family”属性，设置为“仿宋”；“font-size”属性，设置为“9pt”；“color”属性，设置为“#666666”；“line-height”属性，设置为“140%”。

在“选择器”窗格中取消选择□显示集，显示已经设置的属性及值，最终设置结果如图6-26所示。

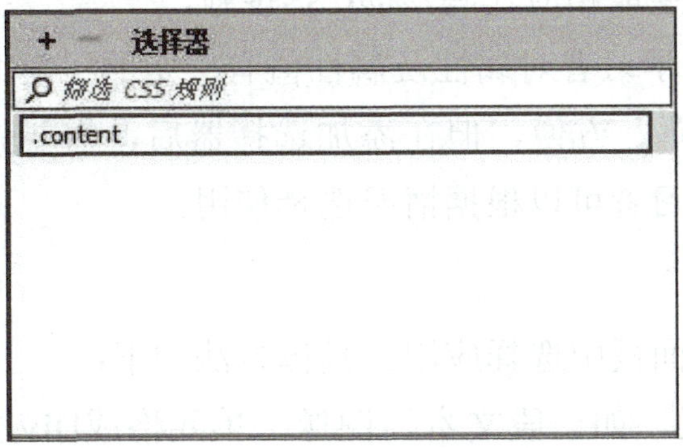

图6-25　添加选择器“.content”

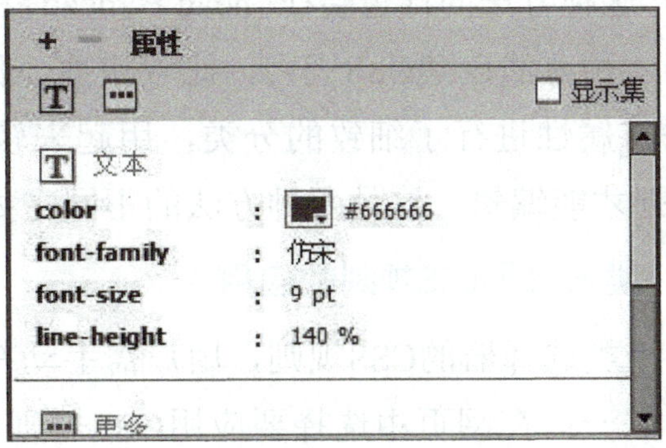

图6-26　属性的设置结果

4）在网页代码中可以看到<head></head>标签中生成了如下代码，即CSS规则。

```
<style type="text/css">
.content {
    font-size: 9pt;
    color: #666666;
    line-height: 140%;
    font-family: "仿宋";
}
</style>
```

注意

1）在设置字体颜色时，可以直接输入颜色代码，也可以单击颜色图标，然后选择需要的颜色。

2）设置属性值时注意单位。如在此字体大小为9pt，单位为pt；行高为140%，单位为%。

（2）方法二：编辑CSS规则法

1）添加源。方法与属性窗格法相同。

2）添加选择器。方法与属性窗格法相同。

3）应用CSS规则。在页面中选择要应用CSS规则的文本，将“属性”面板切换至CSS属性状态，在“目标规则”中选择类选择器规则“.content”，如图6-27所示。

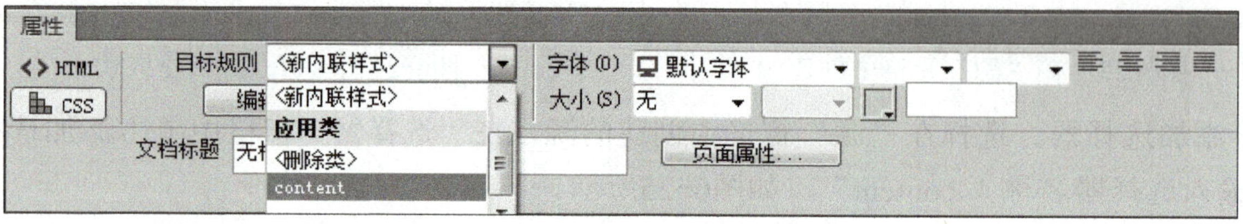

图6-27 在“属性”面板中应用CSS规则

4）单击“属性”面板中的“编辑规则”按钮，打开“.content的CSS规则定义”对话框，在左侧“分类”中单击“类型”，将“Font-size”设置为“9pt”；“Color”设置为“#666666”；“Line-height”设置为“140%”，如图6-28所示，最后单击“确定”按钮。

5）这种方法同样也会在<head></head>标签中生成相应代码，即CSS规则。

第一种方法创建CSS规则，比较快捷，但要求学习者对属性及属性值有一定的了解；第二种方法将属性进行了细致的分类，用起来较为简单、方便，但在添加选择器后，需要先应用CSS规则才能编辑，这是两种方法的不同之处，学习者可以根据情况选择使用。

8. 类选择器CSS规则的应用

对于类选择器的CSS规则，用户需手动在属性面板中选择应用。具体方法如下：

方法一：在网页中选择要应用CSS规则的元素，如一段文本、图像、单元格或Div层等，如果“属性”面板处于HTML属性状态，在“类”中选择要应用的类选择器规则即可，如

图6-29所示。

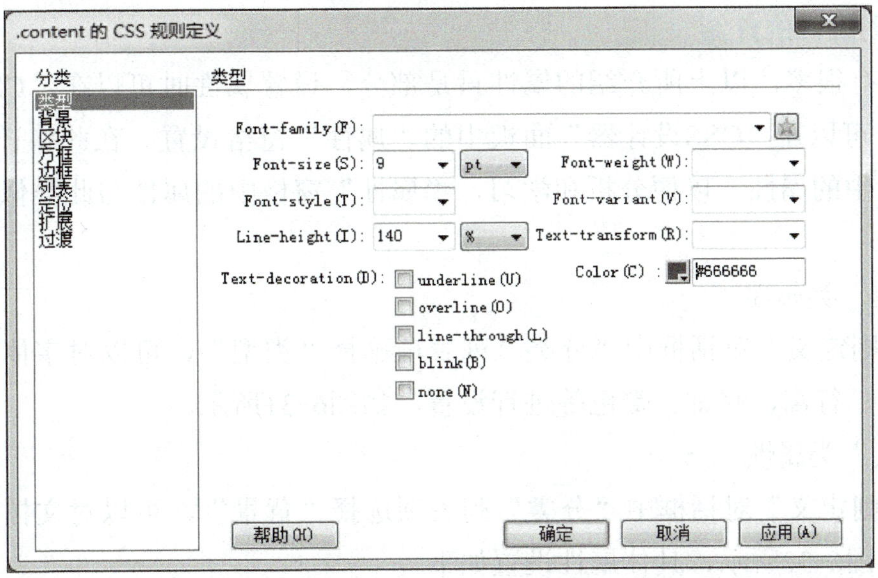

图6-28　定义“.content”规则的属性

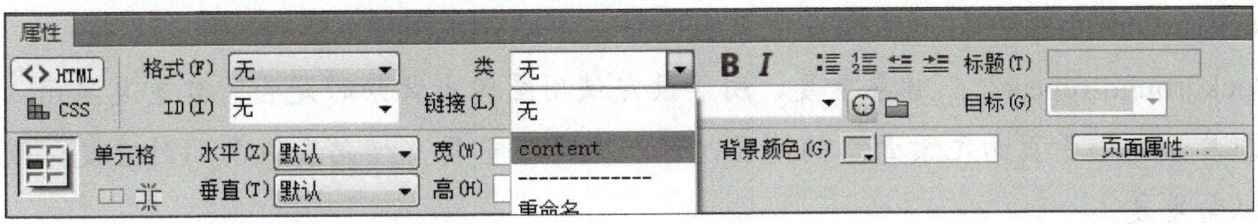

图6-29　在“属性”面板的HTML状态中应用CSS规则

方法二：如果“属性”面板处于CSS属性状态，则在“目标规则”中选择要应用的类选择器规则即可，如图6-30所示。

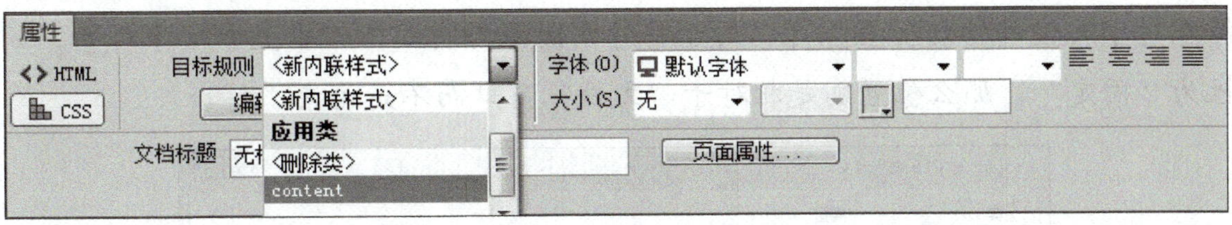

图6-30　在“属性”面板CSS属性状态中应用CSS规则

9. 取消CSS规则

如果某元素不再使用类选择器规则，可以选择该元素，将“属性”面板切换至CSS属性状态，在“目标规则”中选择“删除类”即可取消CSS规则的应用。

如果某元素不再使用标签CSS规则或锚伪类CSS规则，不能再使用上面的方法，如果CSS规则的存在方式是文档内部CSS，则需要删除CSS规则；如果是外部文件CSS，则可以删除附加方式或删除CSS规则，但要注意，删除CSS规则可能对其他网页有影响。

10. 删除CSS规则

如果某些CSS规则不再使用了，则可以在“选择器”窗格中选择某一选择器，单击 - 图标可以将其删除，注意在此删除的是CSS规则代码。

11. CSS规则属性的介绍

CSS的属性有很多，以上所介绍的属性只是部分，设置属性时可以在“CSS规则定义”对话框中设置，也可以在“CSS设计器”面板中的“属性”窗格设置。在此将详细介绍“CSS规则定义”对话框中的属性，以便分析和学习，“属性”窗格中的属性与此类似，可自行学习，具体如下。

（1）“类型”类属性

在“CSS规则定义”对话框中“分类”列表项选择“类型”，可以对字体、字体大小、粗细、样式、变体、行高、修饰、颜色等进行设置，如图6-31所示。

（2）“背景”类属性

在“CSS规则定义”对话框中“分类”列表项选择“背景”，可以对文档中网页元素的背景进行设置，如图6-32所示，具体属性设置如下。

- “Background-color”：背景颜色，设置网页元素的背景颜色。
- “Background-image”：背景图像，设置网页元素的背景图像。
- “Background-repeat”：背景重复，用于设定使用图像当背景时是否需要重复显示，一般用于图片面积小于页面元素面积的情况，可以选择不重复、横向和纵向同时重复、横向重复和纵向重复。
- “Background-attachment”：背景附加，确定背景图像是固定在它的原始位置还是随内容一起滚动。
- “Background-position(X)”和“Background-position(Y)”：垂直位置、水平位置，指定背景图像相对于元素的初始位置。可以用于将背景图像与页面中心垂直和水平对齐。如果附件属性为“固定”，那么位置则是相对于“文档”窗口而不是元素。

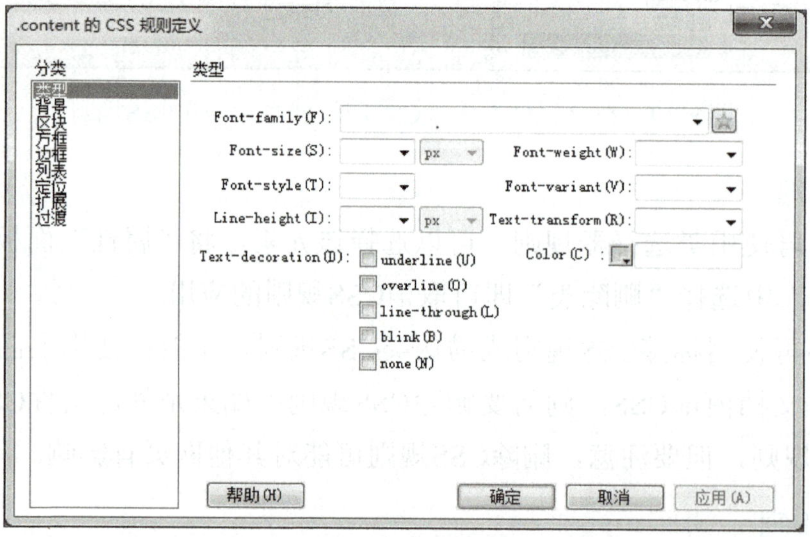

图6-31 CSS规则“类型”属性设置

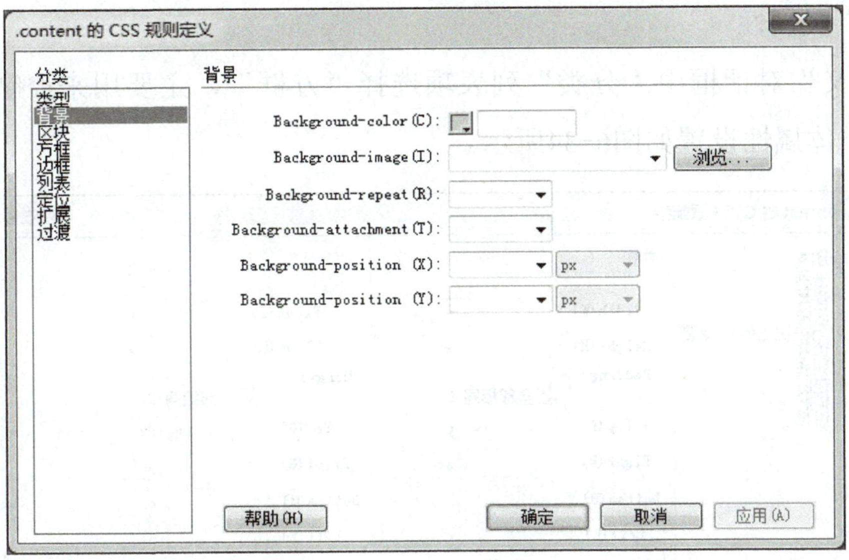

图6-32 CSS规则“背景”属性设置

（3）“区块”类属性

在“CSS规则定义”对话框中“分类”列表项选择“区块”，可以定义单词、字母的间距和对齐方式等，如图6-33所示，具体属性设置如下。

- “Word-spacing”：单词间距，设置单词与单词之间的间距。
- “Letter-spacing”：字母间距，设置字母或字符的间距，负值可减小字符间距，正值可以增加间距。字母间距设置会覆盖对齐的文本设置。
- “Vertical-align”：垂直对齐，指定网页元素的垂直对齐方式。
- “Text-align”：文本对齐，设置网页元素中的文本的水平对齐方式。
- “Text-indent”：文字缩进，设置每一段第一行文本缩进的程度。可以使用负值创建凸出，但显示效果取决于浏览器。

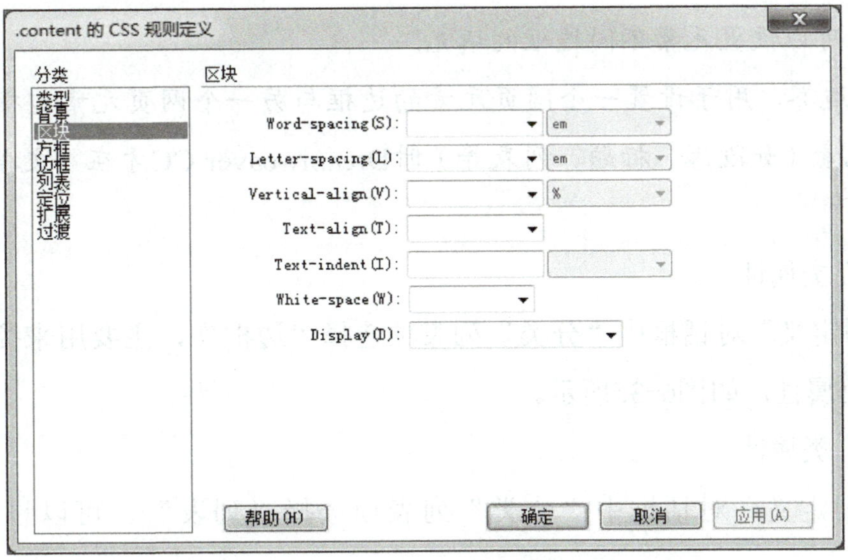

图6-33 CSS规则“区块”属性设置

（4）“方框”类属性

“CSS规则定义”对话框中“分类”列表项选择“方框”，主要用来控制页面中元素的放置方式和属性，具体属性设置如图6-34所示。

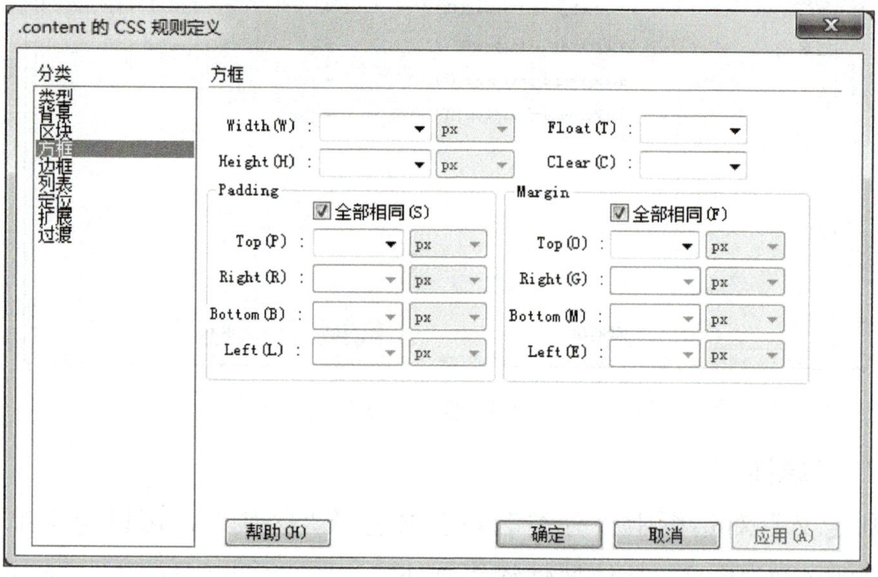

图6-34　CSS规则“方框”属性设置

- “Width”和“Height”：宽和高，设置网页元素的宽度和高度。
- “Float”：浮动，设置该元素处于网页中的位置，如位于网页的左边或右边。
- “Clear”：清除，可以定义不允许分层。如果选择“left”项，则表明不允许分层出现在应用该规则元素的左侧；如果选择“right”，则表明不允许分层出现在应用该规则元素的右侧。
- “Padding”：填充，用于设置网页元素内容与元素边框之间的间距，取消选择“全部相同”复选框，可以设置元素不同边框的填充。
- “Margin”：边界，用于设置一个网页元素的边框与另一个网页元素边框之间的间距。当应用于块级元素（如段落、标题、列表等）时Dreamweaver CC才在“文档”窗口中显示该属性。

（5）“边框”类属性

在“CSS规则定义”对话框中“分类”列表项选择“边框”，主要用来控制页面中元素的样式、宽度、颜色属性，如图6-35所示。

（6）“列表”类属性

在“CSS规则定义”对话框中“分类”列表项选择“列表”，可以设置列表属性，如图6-36所示。

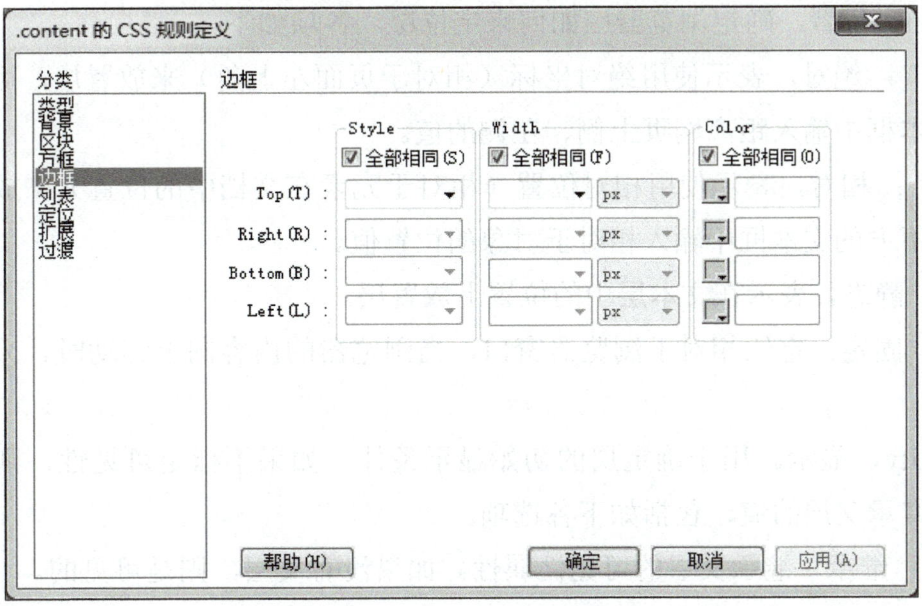

图6-35　CSS规则“边框”属性设置

图6-36　CSS规则“列表”属性设置

- “List-style-type”：列表样式类型，设置项目符号或编号。
- “List-style-image”：项目符号图像，可以为项目符号指定自定义图像。单击“浏览”按钮，选择图像或输入图像的路径。
- “List-style-Position”：位置，设置列表项文本是否换行和缩进（外部）以及文本是否换行到左边界上（内部）。

（7）“定位”类属性

在“CSS规则定义”对话框中“分类”列表项选择“定位”，可以设置层元素的定位方式，如图6-37所示。

1）Position，位置。确定浏览器应如何来定位层，各项如下。

“absolute”：绝对，表示使用绝对坐标（相对于页面左上角）来放置层，可以在“置入位置”下方的文本框中输入距离网页上侧、左侧的值。

“relative”：相对，表示使用相对位置（相对于元素在文档中的位置）来放置层，可以在“置入位置”下方的文本框中输入相对于对象的位置值。

“static”：静态，表示在文本层中的位置上放置层。

“fixed”：固定，定位相对于浏览器窗口，当浏览器的内容向上移动时，采用这种定位的元素不移动。

2）Visibility，显示。用于确定层的初始显示条件。如果不指定可见性，则默认情况下大多数浏览器都继承父层的值，包括如下各选项。

“inherit”：继承，继承父层的可见性属性。如果没有父层，则是可见的。

“visible”：可见，显示该层的内容，与父层设置无关。

“hidden”：隐藏，隐藏该层的内容，与父层设置无关。

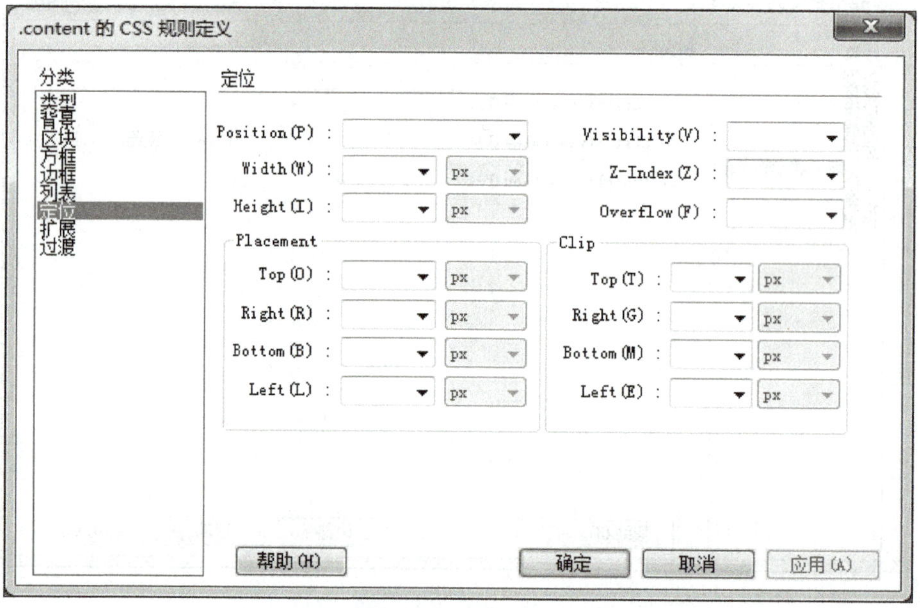

图6-37　CSS规则“定位”属性设置

3）Z-Index，Z轴。用于确定层的重叠顺序。编号大的层显示在编号小的层的上面。值可以为正，也可以为负。

【强化训练】 使用类选择器规则美化网页“采蒲台的苇”

在已完成布局的网页上创建与应用类选择器规则，通过操作可以学习如何创建和应用类选择器规则，如何运用CSS规则的常用属性，如何使用类选择器规则对表单、文本、图片进行美化，最终效果如图6-38所示。

图6-38 网页“采蒲台的苇”效果图

操作步骤：

（1）规划站点

新建文件夹“baiyangdian_lvyou（6.1）”，将素材文件夹中所有文件和文件夹复制到“baiyangdian_lvyou（6.1）”文件夹中。

规划站点

（2）定义站点

在Dreamweaver CC中执行“站点”→“新建站点”命令，通过站点设置对象新建站点“白洋淀旅游”，将文件夹“baiyangdian_lvyou（6.1）”定义为站点主文件夹。

定义站点

（3）类选择器CSS规则创建与应用说明

在本网页中主要创建以下CSS规则。

- 类选择器规则.content用于美化文章内容。
- 类选择器规则.title用于美化文章标题。
- 类选择器规则.copyright用于美化版权信息。
- 类选择器规则.image设置图像边框、边界。
- 类选择器规则.input用于美化表单元素。

类选择器CSS规则创建与应用说明

（4）创建并应用类选择器CSS规则“.content”

打开网页文件“caiputai.html”，创建一个类选择器规则用来美化文章内容，字体为宋体，大小为12px，颜色代码为#333333，行高150%。

创建并应用类选择器CSS规则“.content”

1）添加源。执行“窗口”→“CSS设计器”命令，打开“CSS设计器”面板。在“CSS设计器”面板“源”窗格中单击+图标，如图6-39所示，选择“创建新的CSS文件”，打开“创建新的CSS文件”对话框。

图6-39 在“源”窗格中创建源

2）新建CSS文件。单击“浏览”按钮，输入文件名“css_file”，选择“others”文件夹，单击“确定”按钮，在“添加为”中选择“链接”，单击“确定”按钮。

3）添加选择器。选择在“源”窗格中创建的源“css_file.css”，如图6-40所示，在“选择器”窗格中单击添加选择器图标+，输入选择器名称“.content”，如图6-41所示。

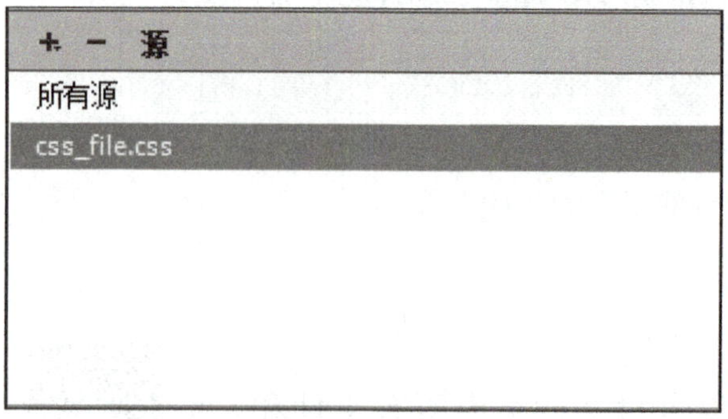

图6-40 在“源”窗格中选择源

图6-41 添加选择器“.content”

4）应用CSS规则。在页面中选择文章内容部分，将“属性”面板切换至CSS属性状态，在“目标规则”中选择“.content”规则，如图6-42所示。

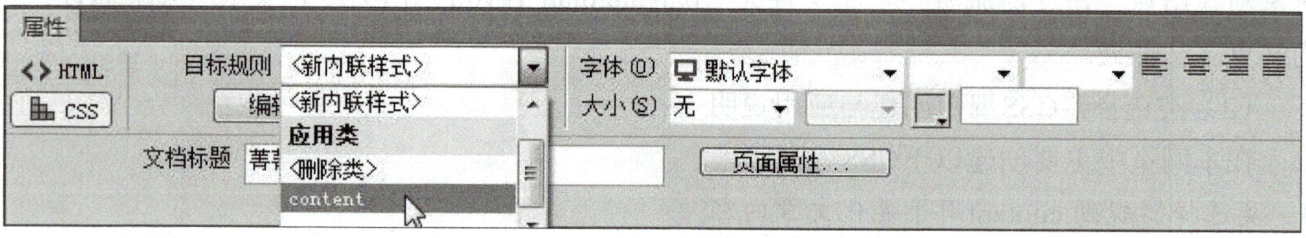

图6-42 在“属性”面板中应用CSS规则“.content”

5）单击“属性”面板中的“编辑规则”按钮，打开“.content的CSS规则定义”对话框，在左侧“分类”中单击“类型”，将“Font-family”设置为宋体，将“Font-size”设置为12px，将“Color”设置为#333333，将“Line-height”设置为150%，如图6-43所示。

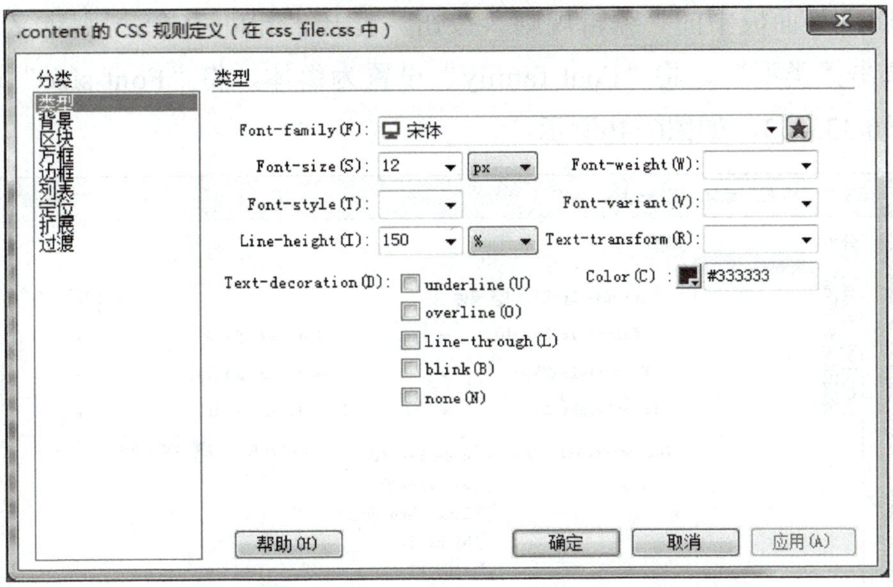

图6-43　“.content的CSS规则定义”对话框

6）单击“确定”按钮完成设置

（5）创建并应用类选择器CSS规则“.title”

该规则用来修饰文章的标题，字体为黑体，大小为18px，颜色为#333333，居中对齐。

创建并应用类选择器CSS规则“.title”

1）添加选择器。在“源”窗格中选择源“css_file.css”，在“选择器”窗格中单击添加选择器图标+，输入选择器名称“.title”。如图6-44所示。

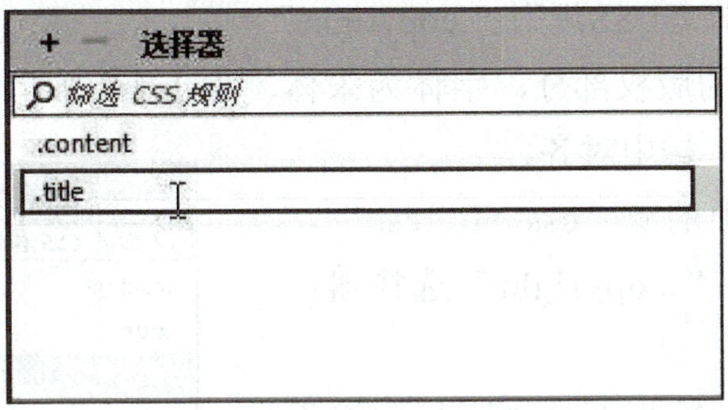

图6-44　添加选择器“.title”

2）应用CSS规则。在页面中选择文章标题部分，将“属性”面板切换至CSS属性状态，在“目标规则”中选择“.title”规则，如图6-45所示。

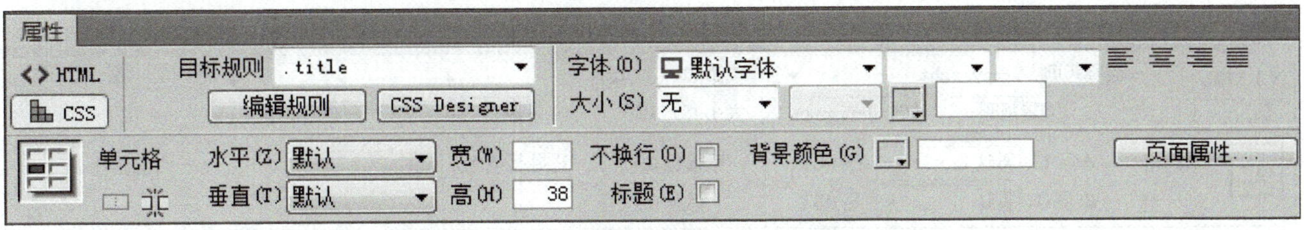

图6-45　在“属性”面板中应用CSS规则“.title”

3）单击“属性”面板中的“编辑规则”按钮，打开“.title的CSS规则定义”对话框，在左侧“分类”中单击“类型”，将“Font-family”设置为黑体，将“Font-size”设置为18px，将“Color”设置为#333333，如图6-46所示。

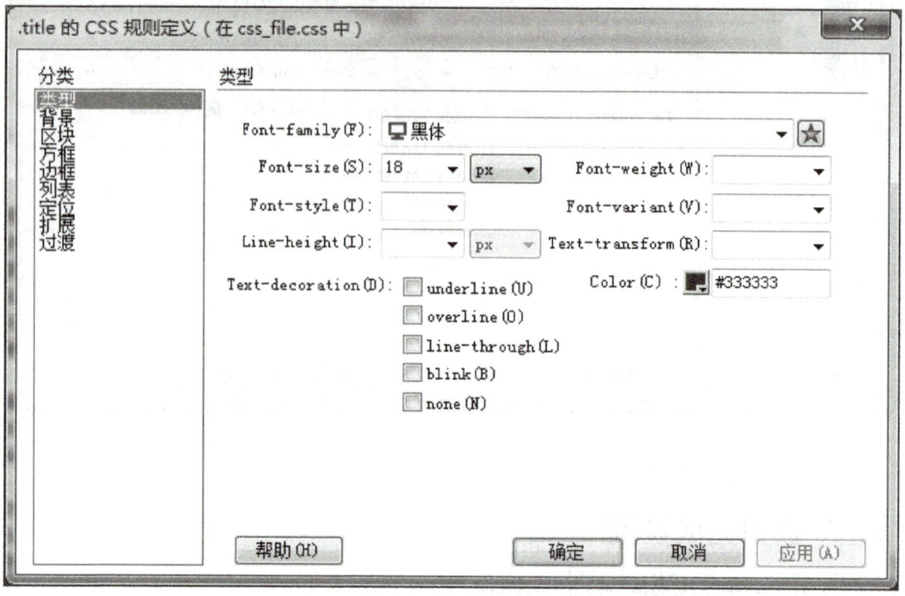

图6-46 “.title”规则“类型”属性设置

4）在“分类”列表中选择“区块”，“Text-align”设为“center”，单击“确定”按钮。

5）单击“确定”按钮完成设置。

（6）创建并应用类选择器CSS规则“.copyright”

创建并应用类选择器CSS规则“.copyright”

该规则用来修饰文章的版权部分，字体为宋体，大小为12px，颜色为#FFFFFF，行高140%，居中对齐。

1）选择“源”窗格中的源“css_file.css”，在“选择器”窗格中添加“.copyright”选择器，如图6-47所示。

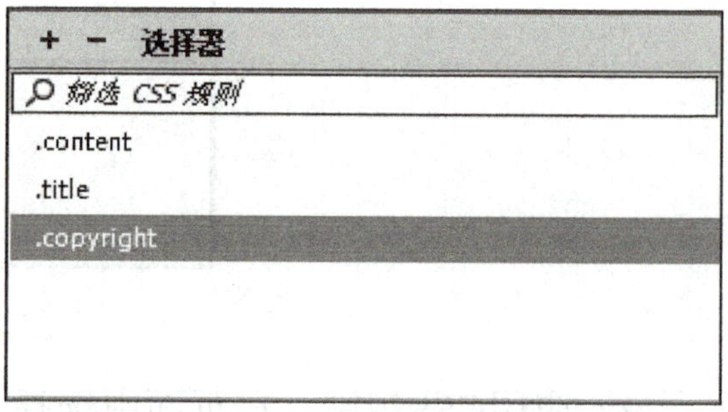

图6-47 添加选择器“.copyright”

2）在页面中选择文章版权部分“版权归浪漫电子工作室 更新日期：2023年8月11日”，将“属性”面板切换至CSS属性状态，在“目标规则”中选择“.copyright”规则，如图6-48所示。

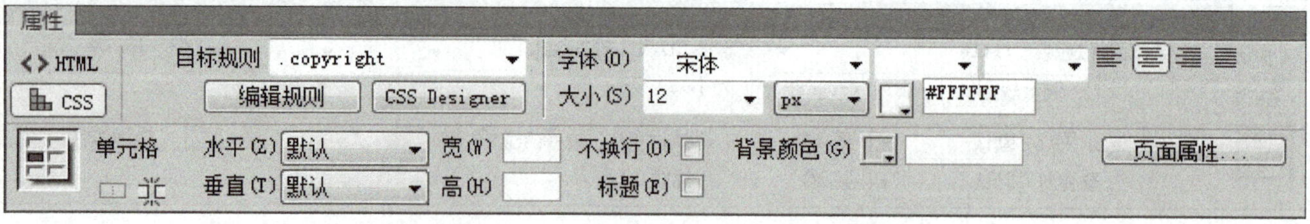

图6-48 在“属性”面板中应用CSS规则“.copyright”

3）单击“属性”面板中的“编辑规则”按钮，打开“.copyright的CSS规则定义”对话框，在左侧“分类”中单击“类型”，将“Font-family”设置为宋体，将“Font-size”设置为12px，将“Color”设置为#FFFFFF，将“Line-height”设置为140%。在“分类”列表中选择“区块”，“Text-align”设为“center”，单击“确定”按钮。

4）单击“确定”按钮完成设置。

（7）创建并应用类选择器CSS规则“.image”

该CSS规则用于设置图像边框、边界、填充。

创建并应用类选择器CSS规则“.image”

1）选择“源”窗格中的源“css_file.css”，用同样的方法添加一个“.image”的选择器，如图6-49所示。

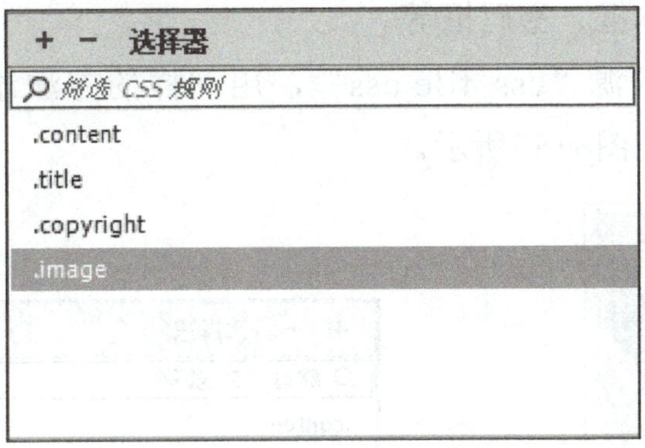

图6-49　添加选择器“.image”

2）在“选择器”窗格中选择“.image”选择器，在“属性”窗格中单击布局图标，切换到布局属性，设置填充“padding”为3px，如图6-50所示；边界“margin”为6px，如图6-51所示。

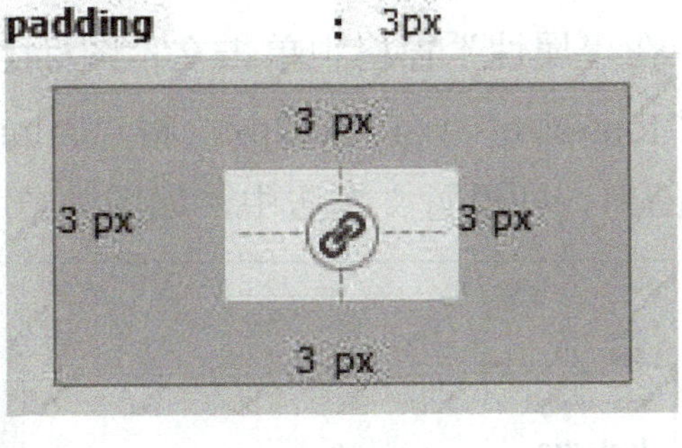

图6-50　设置填充属性

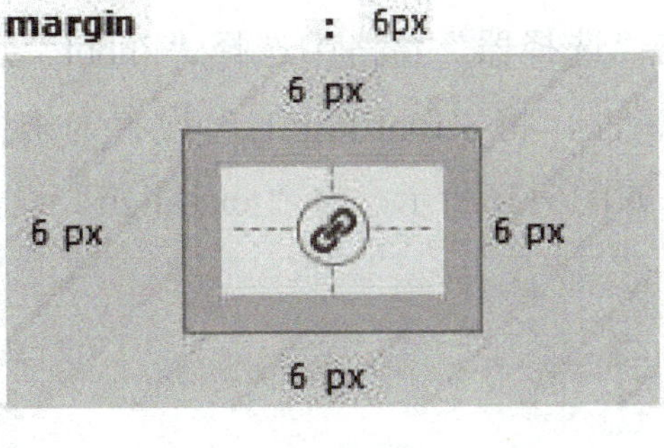

图6-51　设置边界属性

3）在“属性”窗格中单击边框图标，切换到“边框”属性，将“border”中的“width”设置为1px，“style”设置为solid，“color”设置为#339900，如图6-52所示。

图6-52　设置边框属性

4）在页面内容中选择荷花图片，在“属性”面板中的“Class”中选择“image”规则，如图6-53所示。

图6-53　在“属性”面板中为荷花图片应用CSS规则“.image”

5）保存后预览，可以看到图片周围3px处有一圈1px粗的绿色边框，图片与周围的文字有6px的填充间距，如图6-54所示。

（8）创建并应用类选择器CSS规则“.input”

该CSS规则用于美化文本框、密码框等。

1）选择“源”窗格中的源“css_file.css”，用同样的方法添加一个“.input”的选择器，如图6-55所示。

创建并应用类选择器CSS规则“.input”

图6-54　图片应用“.image”规则的效果

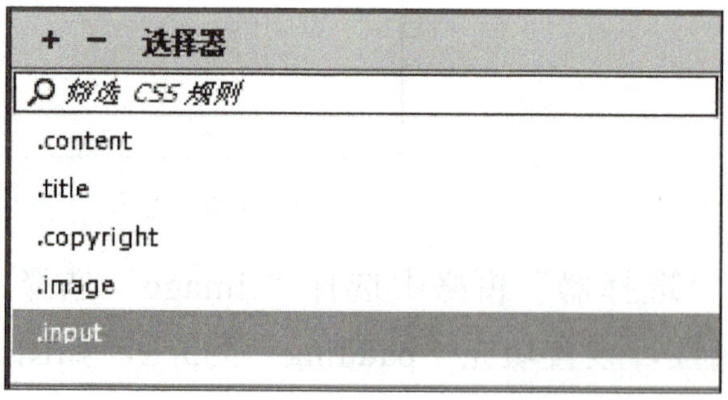

图6-55　添加选择器“.input”

2）在“选择器”窗格中选择“.input”选择器，在“属性”窗格中单击文本图标T，切换到“文本”属性，将“font-family”设置为宋体，将“font-size”设置为12px，将“color”设置为#333333，如图6-56所示。将“text-align”设为“center”，即设置文本居中，如图6-57所示。

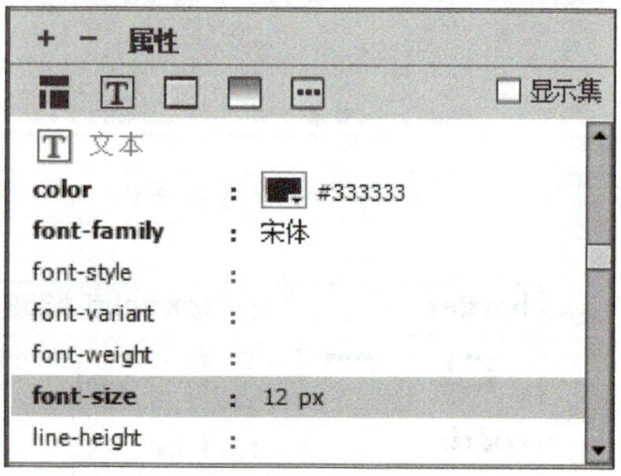

图6-56　设置字体、大小、颜色

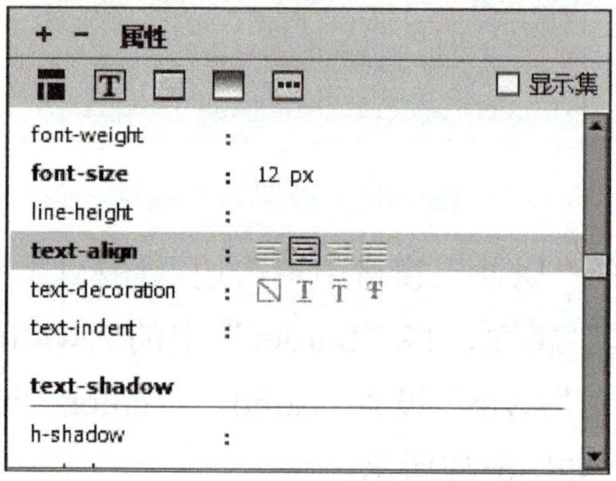

图6-57　设置文本居中显示

3）在“属性”窗格中单击背景图标，切换到“背景”属性，将“background-color”设置为“#A5DD7F”，如图6-58所示。

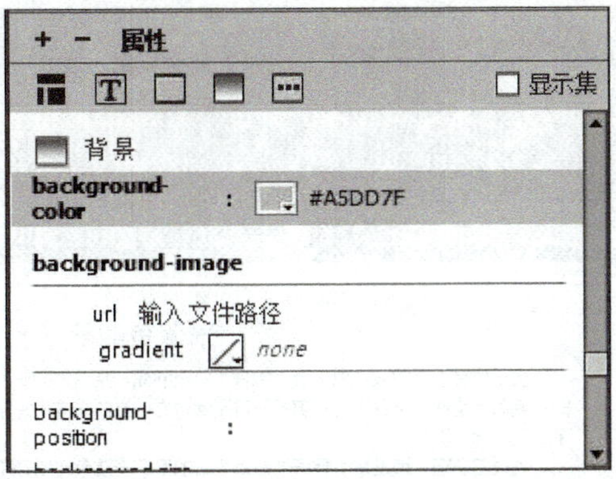

图6-58　设置背景颜色

4）在“属性”窗格中单击边框图标□，切换到“边框”属性，将“底部”边框中的“width”设置为1px，“style”设置为solid，“color”设置为#4BBB00，如图6-59所示。“顶部”“右侧”“左侧”边框的“width”设置为0px，如图6-60所示。

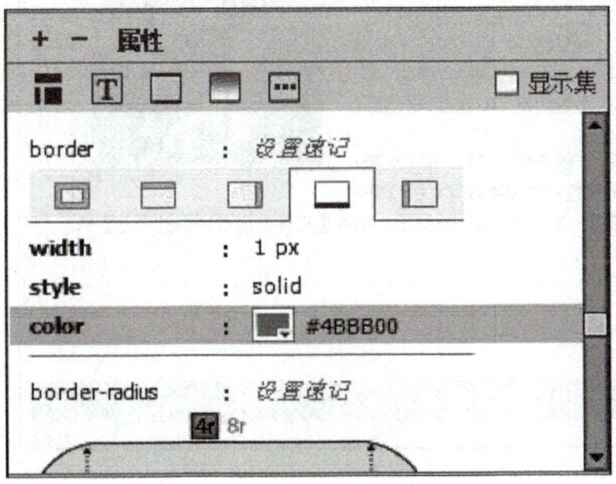

图6-59　设置底部边框

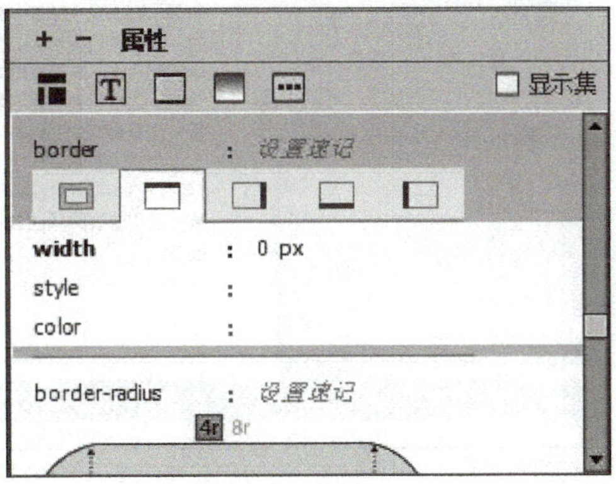

图6-60　设置其他边框

5）属性设置完成后，分别选中文本框和密码框，在“属性”面板的“Class”中选择“input”规则，如图6-61所示。

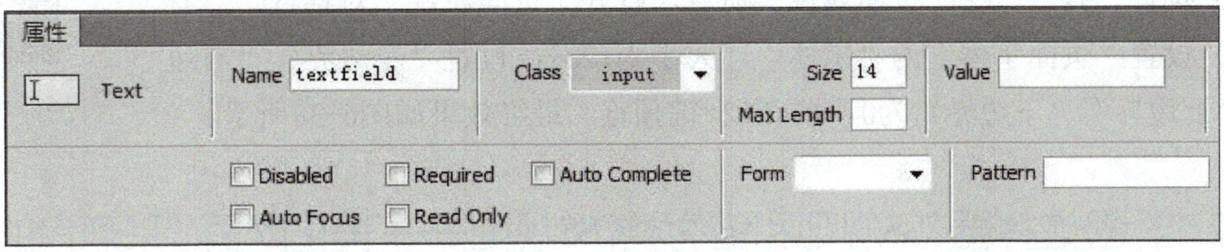

图6-61　对文本框和密码框分别应用“.input”规则

6）保存网页后预览，可以看到文本框应用CSS规则后的效果，如图6-62所示。打开“css_file.css”文件，可以看到一系列CSS规则代码。

按<F12>键预览，可以看到网页主体部分距浏览器的上边框留有部分空白，网页中部分文字没有使用CSS规则，而以浏览器的默认格式显示，如图6-63所示。

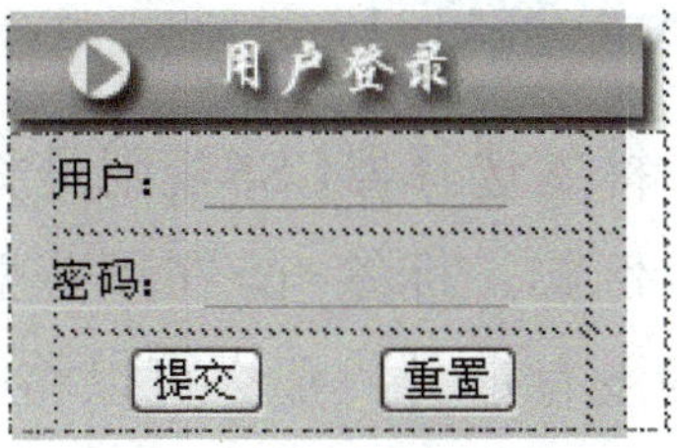

图6-62　对文本框和密码框应用“.input”规则的效果

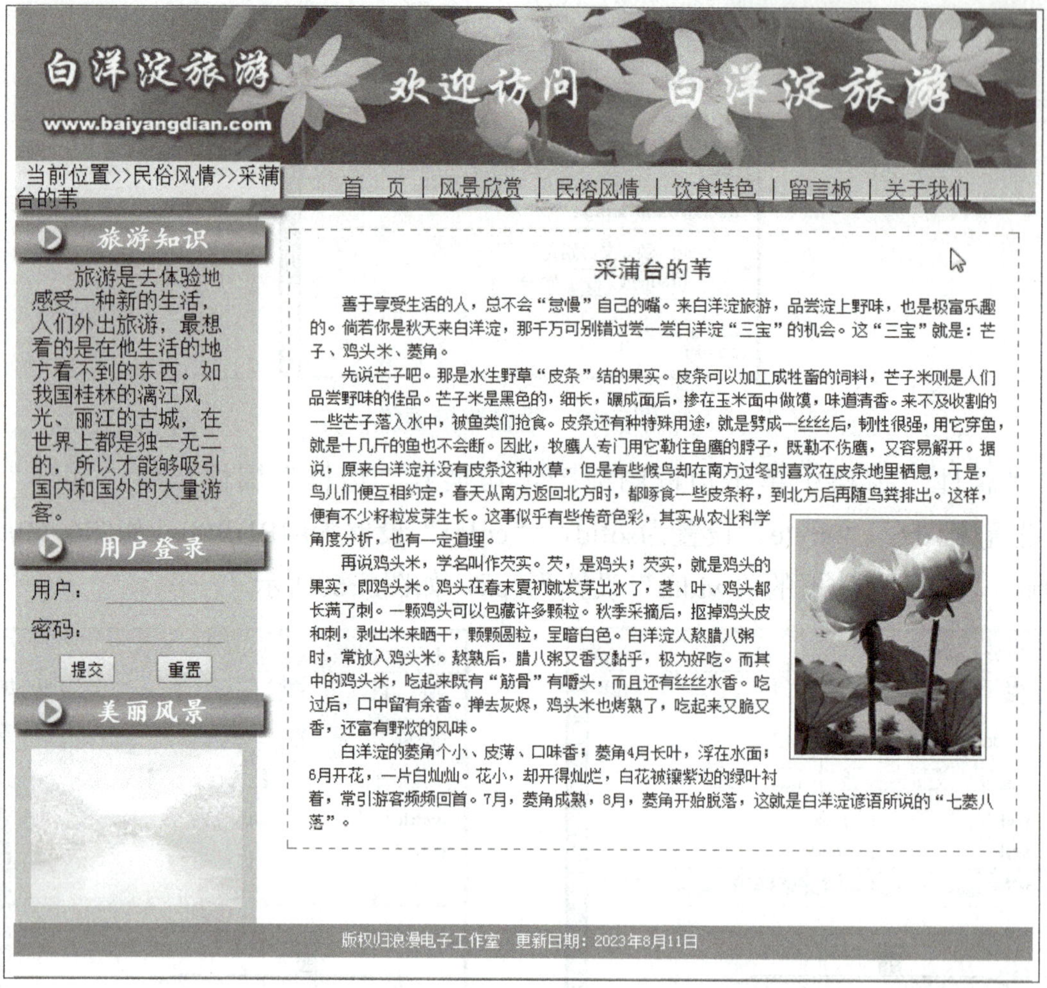

图6-63 “采蒲台的苇”网页效果图

（9）设置网页属性

为了使网页得到更好的效果，可以进一步设置。

1）执行“修改”→“页面属性”命令，打开“页面属性”对话框。

2）设置“页面字体”为“宋体”，大小为12px，设置“左边界”“右边界”“上边界”“下边界”为0。按<F12>键预览，最终效果如图6-38所示。

设置网页属性

任务2 标签选择器CSS规则和锚伪类CSS规则——美化网页“采蒲台的苇”

【任务描述】

标签选择器CSS规则是将原有的HTML标签重新定义，重新定义后的标签具有新的显示格式。例如，标签<p>在浏览器中默认的规则是块级元素，外边界为1个字高，大小、行高、颜色等没有定义。那么可以将<p>标签的显示格式定义为黑体、大小为16px，颜色为#1E1098，行高为140%。所有在<p>标签中的文本，都将以该格式显示。

锚伪类CSS规则主要用于实现不同状态的超链接的显示方式不同，以增强网页的美观效果。通过本任务的操作，学习如何创建标签选择器CSS规则，如何创建锚伪类CSS规则，设置CSS规则的常用属性，使用标签选择器CSS规则对网页背景、边界等进行设置，使用锚伪类CSS规则对超链接进行美化，最终效果如图6-64所示。

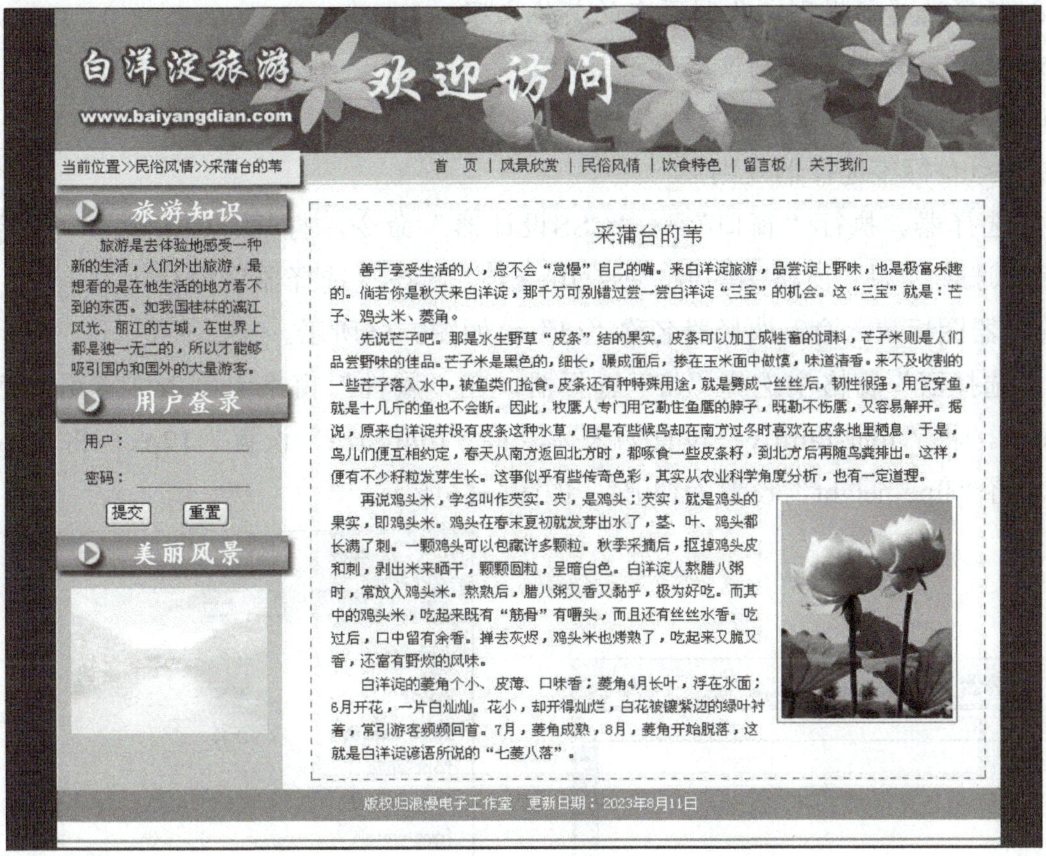

图6-64　网页“采蒲台的苇”效果图

【任务实施】

（1）规划站点

新建文件夹“baiyangdian_lvyou（6.2）”，将素材文件夹中所有文件和文件夹复制到“baiyangdian_lvyou（6.2）”文件夹中。

规划站点

（2）定义站点

在Dreamweaver CC中，执行“站点”→“新建站点”命令，通过“站点设置对象”对话框定义站点，站点名称为“白洋淀旅游”，本地站点文件夹设置为baiyangdian_lvyou（6.2）文件夹。打开“caiputai.html”网页文件。

定义站点

（3）创建并应用类选择器规则

- .title类选择器规则美化文章标题。
- .content类选择器规则美化文章内容。
- .copyright类选择器规则美化版权信息部分。

创建并应用类选择器规则

- .image类选择器规则设置图像边框、边界、填充。
- .input类选择器规则美化表单元素。

接下来，将创建以下标签选择器CSS规则美化网页。

- 创建<td>标签选择器规则美化网页中的其他文字。
- 创建<body>标签选择器规则设置背景与外边界。
- 创建锚伪类CSS规则美化导航中的超链接。

（4）创建<td>标签选择器规则

创建<td>标签选择器规则

1）添加选择器。执行“窗口”→“CSS设计器”命令，打开“CSS设计器”面板。选择“源”窗格中的源“css_file.css”，在“选择器”窗格中单击添加选择器图标+，输入选择器名称“td”，如图6-65所示。

2）在“选择器”窗格中选择“td”选择器，在“属性”窗格中单击文本图标T，切换到“文本”属性，将“font-family”设置为宋体，将“font-size”设置为12px，将“color”设置为#333333，将“line-height”设置为140%，如图6-66所示。

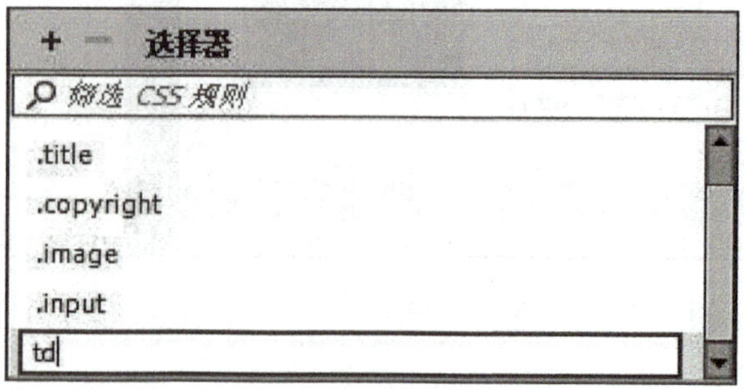

图6-65　添加选择器“td”

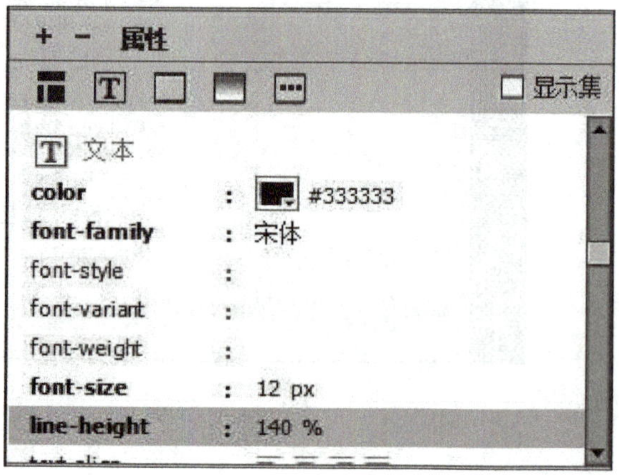

图6-66　设置字体大小、字体、颜色等属性

（5）创建<body>标签选择器规则

创建<body>标签选择器规则

1）添加选择器。选择“源”窗格中的源“css_file.css”，在“选择器”窗格中单击添加选择器图标+，输入选择器“body”，如图6-67所示。

2）在“选择器”窗格中选择“body”选择器，在“属性”窗格中单击布局图标，切换到“布局”属性，设置“margin”为0px，如图6-68所示。

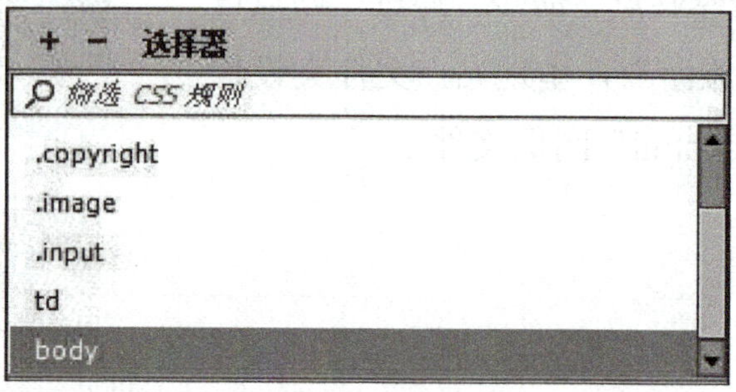

图6-67　添加选择器“body”

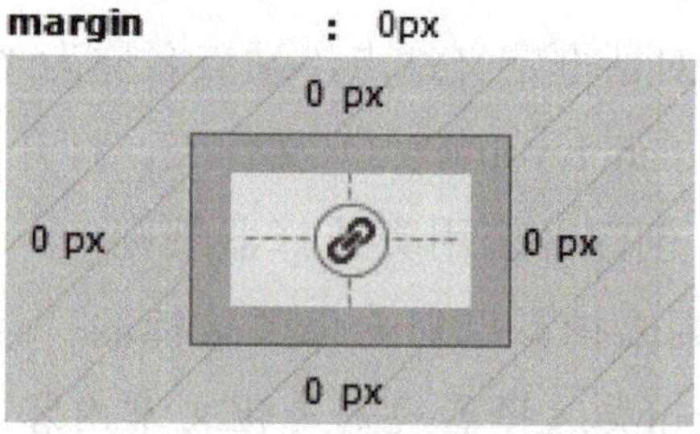

图6-68　设置边界

3）在“属性”窗格中单击背景图标，切换到“背景”属性，设置“background-image”中的“url”为“../images/t1.gif”，也可以单击文件夹图标，选择“t1.gif”图片；设置“background-repeat”为，即设置背景重复，如图6-69所示。

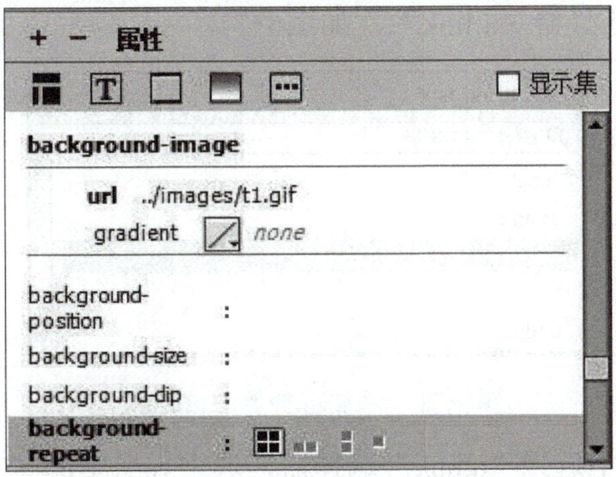

图6-69　设置背景图片

4）保存网页后预览，可以看到网页的边界和背景应用CSS规则后的效果，如图6-70所示。

图6-70　网页自动应用标签选择器CSS规则后的效果

（6）创建锚伪类CSS规则

创建锚伪类CSS规则是对超链接的四种状态a:link、a:visited、a:hover和 a:active进行设置。

1）添加a:link选择器。选择“源”窗格中的源“css_file.css”，在“选择器”窗格中单击添加选择器图标+，输入选择器“a:link”，如图6-71所示。

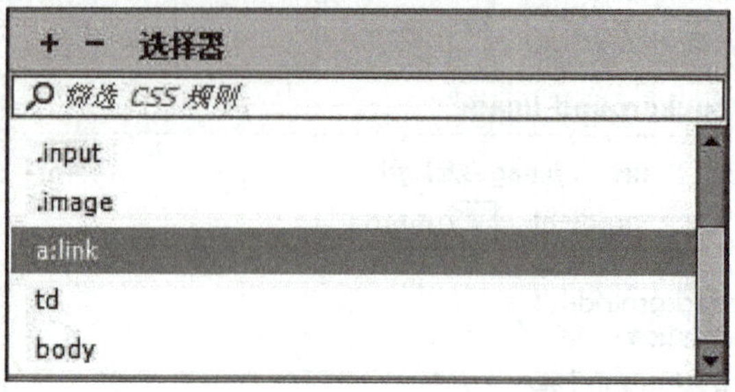

图6-71　添加选择器“a:link”

创建锚伪类CSS规则

2）在“选择器”窗格中选择“a:link”选择器，选中导航中的文字“首页”，将“属性”面板切换至CSS属性状态，可以看到“目标规则”中显示“a:link”规则，如图6-72所示。

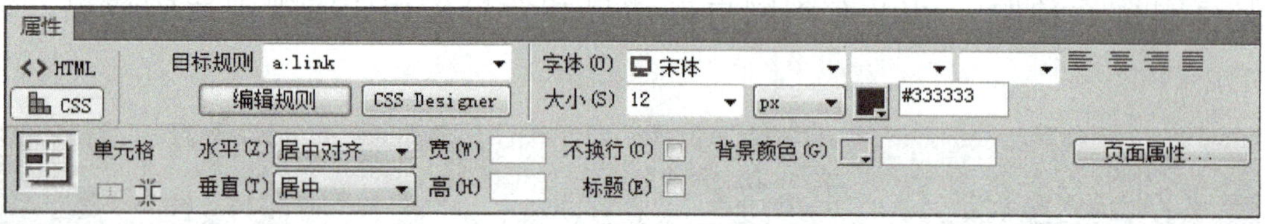

图6-72　在“属性”面板中选择CSS规则“a:link”

3）单击“属性”面板中的“编辑规则”按钮，打开“a:link的CSS规则定义”对话框，在左侧“分类”中单击“类型”，将“Font-family”设置为宋体，将“Font-size”设置为12px，将“Color”设置为#333333，将“Text-decoration”设置为“none”，如图6-73所示，单击“确定”按钮，完成“a:link”锚伪类规则设置。

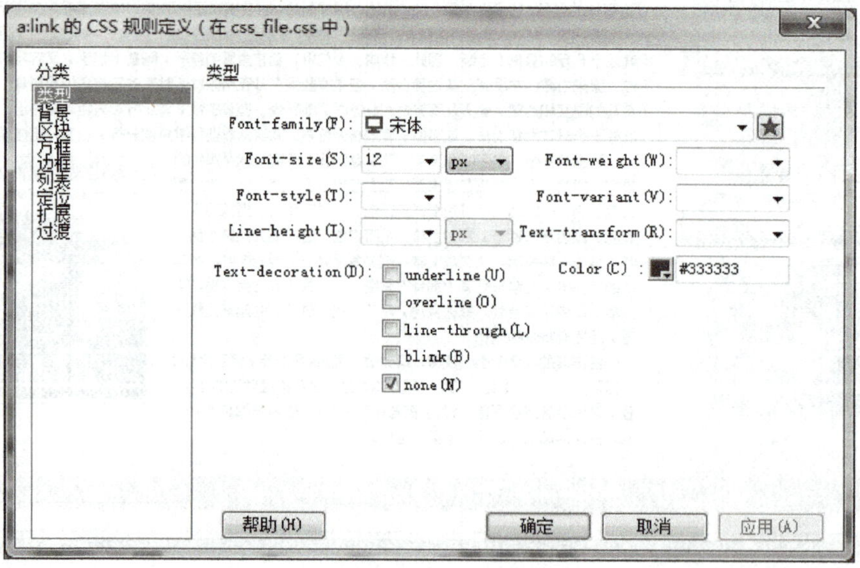

图6-73　设置“a:link”选择器的属性

4）添加a:visited选择器。选择“源”窗格中的源“css_file.css”，在“选择器”窗格中单击添加选择器图标＋，输入选择器“a: visited”。

5）在“选择器”窗格中选择“a: visited”选择器，选中导航中的文字“首页”，将“属性”面板切换至CSS属性状态，可以看到“目标规则”中显示“a:visited”规则，如果没有显示“a:visited”则选择“a:visited”，如图6-74所示。

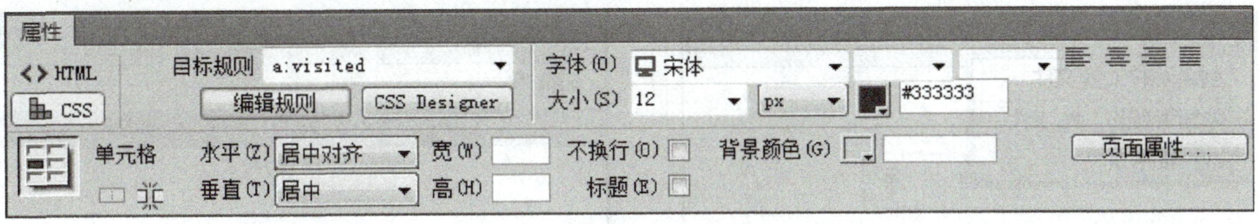

图6-74　在“属性”面板中选择CSS规则“a:visited”

6）单击“属性”面板中的“编辑规则”按钮，打开“a:visited的CSS规则定义”对话框，在左侧“分类”中单击“类型”，将“Font-family”设置为宋体，将“Font-size”设置为12px，将“Color”设置为#333333，将“Text-decoration”设置为“none”，单击“确定”按钮，完成“a:visited”锚伪类规则。

7）用同样的方法设置a:hover锚伪类CSS规则。将“Font-family”设置为宋体，将“Font-size”设置为12px，将“Color”设置为#FF0000，将“Text-decoration”设置为“underline”。

8）用同样的方法设置a:active锚伪类CSS规则。将“Font-family”设置为宋体，将“Font-size”设置为12px，将“Color”设置为#FF0000，将“Text-decoration”设置为“none”。

9）按<F12>键预览，可以看到导航部分的超链接，访问前的状态和访问后的状态呈深灰色，无下划线；当光标移至超链接时，超链接变为红色，有下划线；当按下鼠标时，超链接为红色，下划线消失。

10）打开“css_file.css”文件可以看到一系列CSS规则代码。到此，本任务制作完毕，最终效果如图6-64所示。

【新知解析】

1. 创建标签选择器CSS规则

标签选择器CSS规则用于重新定义HTML中的标签，如<h1>、<td>、<p>、<body>等，被重新定义过的HTML标签具有新的显示格式。例如，对<td>标签选择器CSS规则进行设置，字体大小为14px，行高150%，颜色为#F40909，操作步骤如下。

1）新建1个2行2列的表格，宽为200px，其余属性为0px。分别在单元格中输入古诗名，并设置在单元格中居中，建立空超链接。如图6-75（左侧）所示。

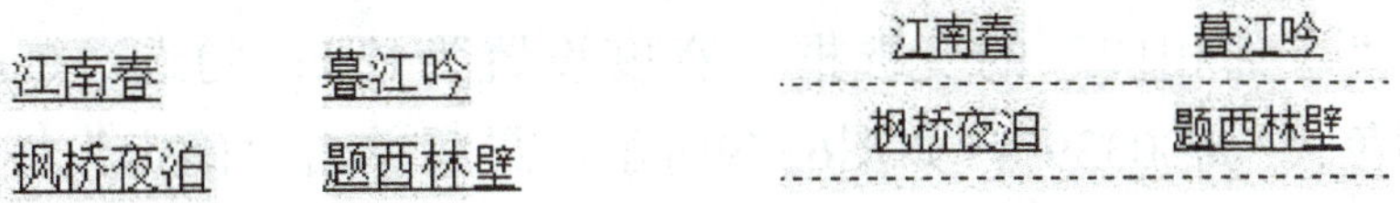

创建规则前的古诗名　　创建<td>规则后的古诗名

图6-75　创建标签选择器CSS规则前后效果比较

2）添加源。在“CSS选择器”面板的“源”窗格中单击+图标，如图6-76所示，选择“创建新的CSS文件”，打开“创建新的CSS文件”对话框，单击“浏览”按钮，输入文件名“cssfile”，单击“确定”按钮，将文件保存至站点文件夹中，“添加为”选择“链接”，单击“确定”按钮。

3）添加选择器。选择在“源”窗格中添加的源，如图6-77所示。在“选择器”窗格中单击添加选择器图标+，输入选择器名称“td”。

图6-76　在“源”窗格中创建源

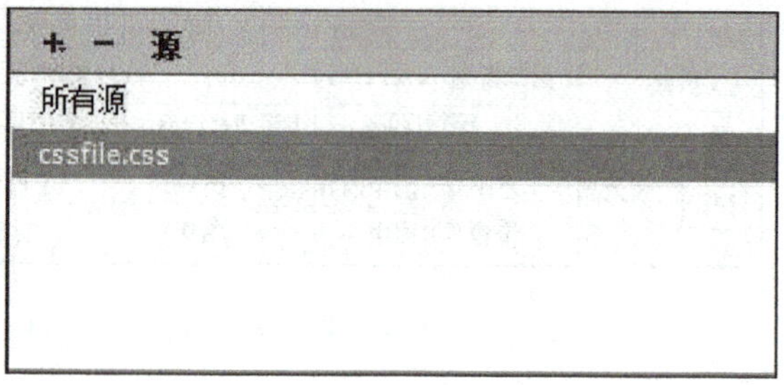

图6-77　在“源”窗格中选择源

4）创建td选择器后，标签选择器CSS规则会自动应用。将光标定位在单元格中，即定位于<td>标签中，将“属性”面板切换至CSS属性状态，“目标规则”中会出现“td”，单击“编辑规则”按钮，打开“td的CSS规则定义”对话框。

5）在“分类”列表中选择“类型”，右侧“Font-family”设置为宋体，“Font-size”为14px，“Line-height”为150%，“Color”为#F40909，如图6-78所示。

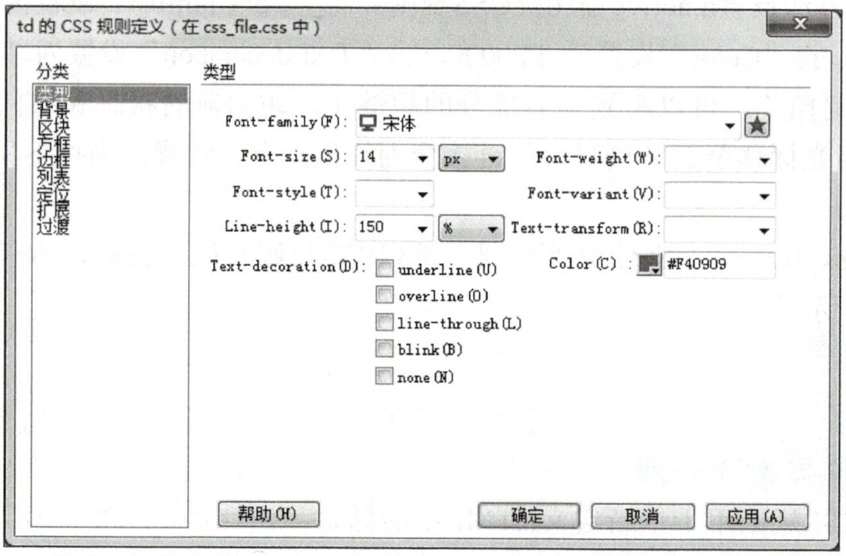

图6-78　设置“td”标签选择器规则的字体、颜色等属性

6）在“分类”列表中选择“边框”，边框属性设置共分为三个部分，Style（样式）、Width（宽度）和Color（颜色），取消选择“Style”下方的复选框，“Top”“Right”和“Left”下拉列表中分别选择“none”，“Bottom”下拉列表框中选择“dashed”（虚线）；勾选“Width”下方“全部相同”的复选框，宽度设置为1px；勾选“Color”下方“全部相同”复选框，输入颜色代码#003399，如图6-79所示，最后单击“确定”按钮。

7）设置完成后，所有单元格中的文本都会应用设置的CSS规则，如图6-75（右侧）所示，在“cssfile.css”文件中会生成相应的CSS规则代码。

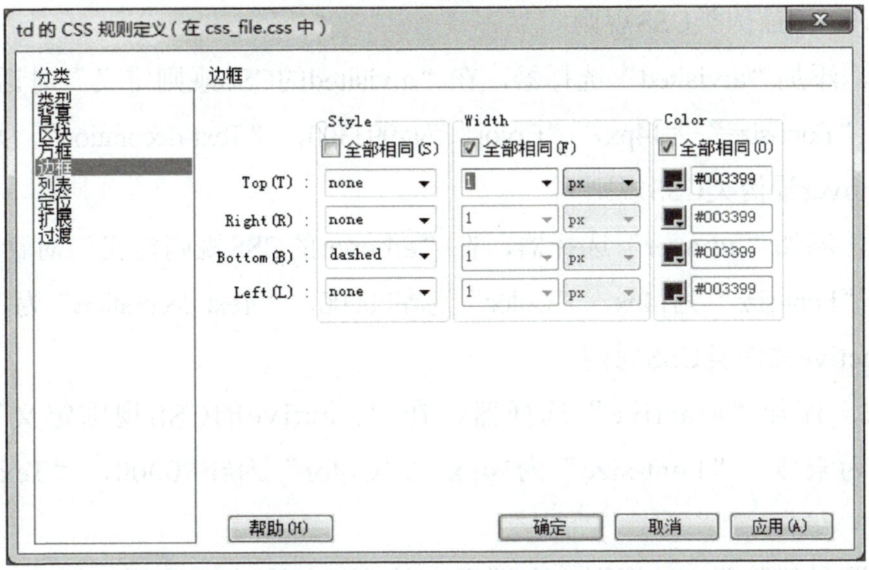

图6-79　设置“td”标签选择器规则的边框属性

2. 创建锚伪类CSS规则

锚伪类CSS规则主要用于对超链接的四种状态进行设置，超链接的四种状态如下所示。

a:link：未访问的超链接的状态。
a:visited：已访问超链接的状态。
a:hover：鼠标悬停超链接的状态。
a:active：超链接被激活的状态，即按下鼠标时超链接的状态。

（1）设置a:link锚伪类CSS规则

将光标定位在某古诗名文本中，即定位于<a>标签中，将“属性”面板切换至CSS属性状态，“目标规则”中会出现“a:link”，单击“编辑规则”按钮，打开“a:link的CSS规则定义”对话框。

在“分类”列表中选择“类型”。右侧设置“Font-family”为宋体，“Font-size”为14px，“Color”为#993300，“Text-decoration”为“none”，如图6-80所示，单击“确定”按钮。

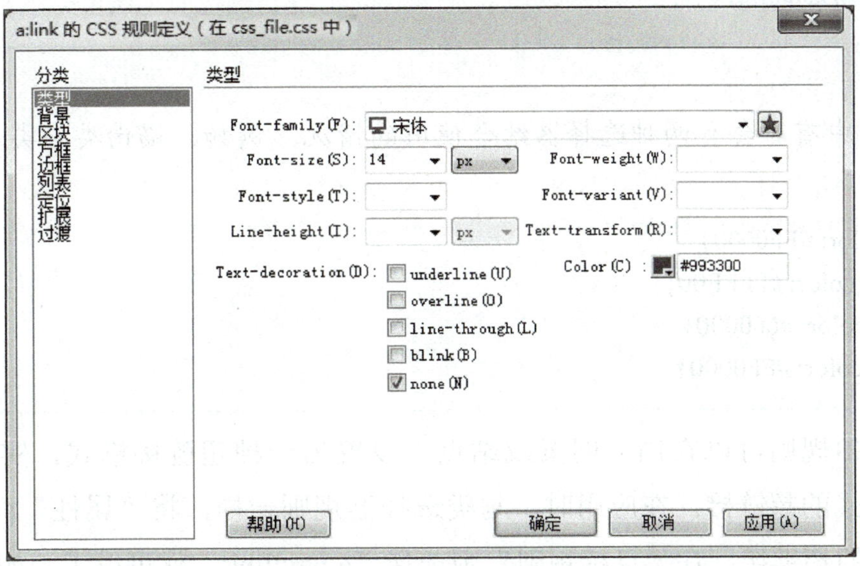

图6-80　设置“a:link”选择器的字体、颜色等属性

（2）设置a:visited锚伪类CSS规则

同样的方法，添加“a:visited”选择器，在“a:visited的CSS规则定义”对话框中设置“Font-family”为宋体，“Font-size”为14px，“Color”为#993300，“Text-decoration”为“none”。

（3）设置a:hover锚伪类CSS规则

同样的方法，添加“a:hover”选择器，在“a:hover的CSS规则定义”对话框中设置“Font-family”为宋体，“Font-size”为14px，“Color”为#FF0000，“Text-decoration”为“underline”。

（4）设置a:active锚伪类CSS规则

同样的方法，添加“a:active”选择器，在“a:active的CSS规则定义”对话框中设置“Font-family”为宋体，“Font-size”为14px，“Color”为#FF0000，“Text-decoration”为“underline”。

创建的上述四种锚伪类CSS规则，在网页中的超链接会自动应用，按<F12>键预览，效果如图6-81所示。在“cssfile.css”文件中会生成相应的CSS规则代码。

注意

在锚伪类CSS规则中，a:hover必须被置于a:link和a:visited之后，才是有效的；而a:active必须被置于a:hover 之后，才是有效的。因此，创建锚伪类规则时，添加选择器的应为a:link、a:visited、a:hover、a:active。

a:link、a:visited锚伪类规则效果　　a:hover、a:active锚伪类规则效果

图6-81　锚伪类规则效果

3. 锚伪类CSS规则的应用

注意

在CSS规则中有时会有两种选择器结合使用的情况，例如，锚伪类与类选择器相结合，代码如下。

```
a.nav:link {color: #FF0000}
a.nav:visited {color: #FFFF00}
a.nav:hover {color: #660000}
a.nav:active {color: #FF0000}
```

使用上述CSS规则可以在同一网页或站点中设置另一种超链接格式，实现在同一网页或站点显示多种格式的超链接。在应用时，与类选择器规则一样，将“属性”面板切换到CSS属性，选中要应用的超链接，在“目标规则”中选择“a.nav:link”就可以了，如图6-82所示。

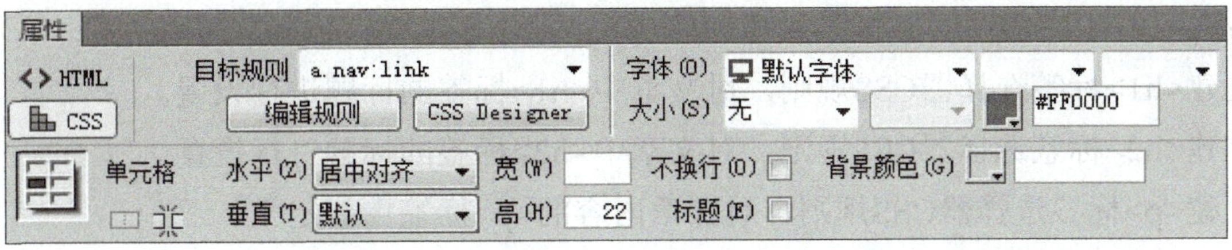

图6-82　在“属性”面板中应用锚伪类与类选择器结合的CSS规则

【强化训练】 使用标签选择器规则与锚伪类规则美化网页“红楼梦评论”

在已完成网页布局的基础上应用标签选择器CSS规则和锚伪类CSS规则美化网页，学习如何创建标签选择器CSS规则，如何创建锚伪类CSS规则，设置CSS规则的常用属性，应用标签选择器CSS规则对网页背景、边界等进行设置，应用锚伪类CSS规则对超链接进行美化，最终效果如图6-83所示。

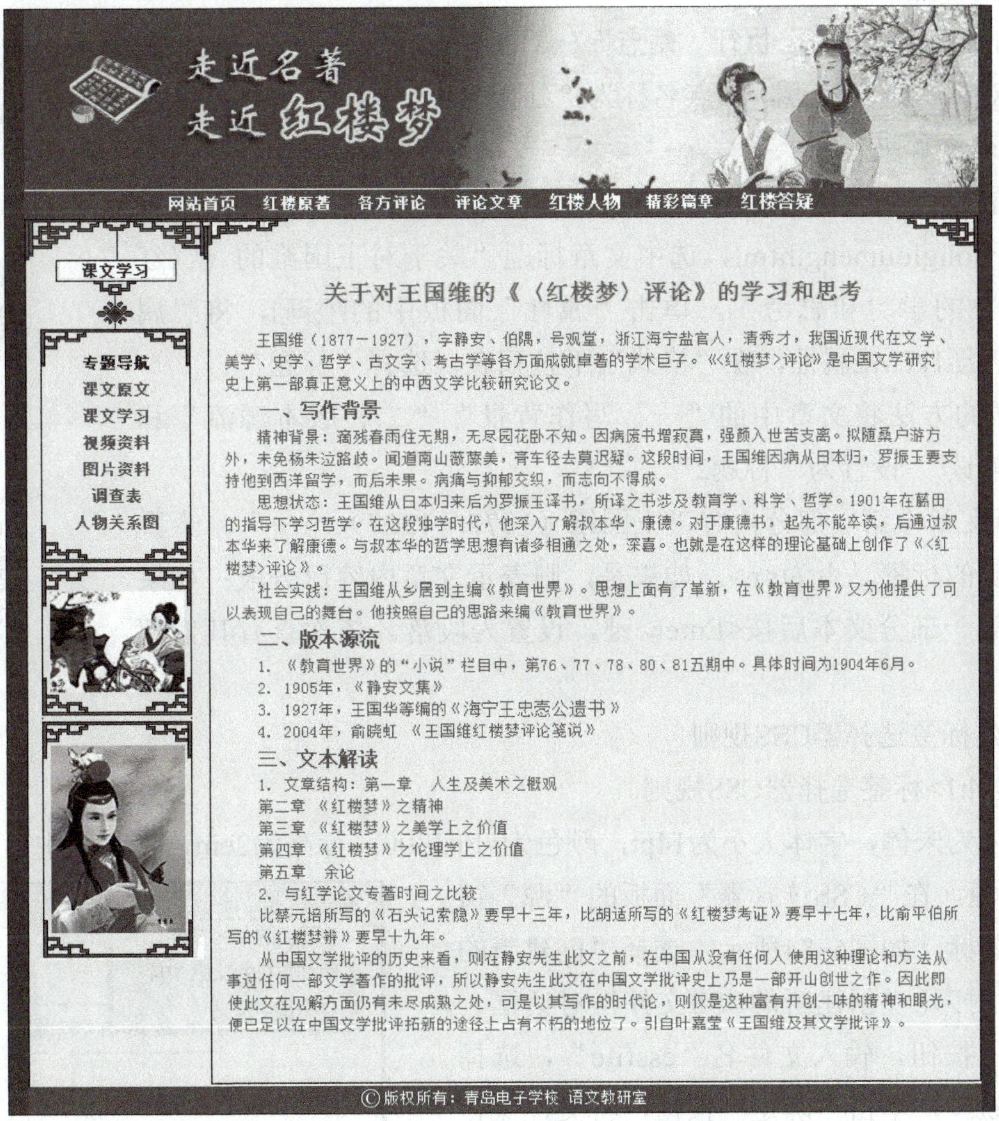

图6-83　网页“红楼梦评论”效果图

分析：

1）创建<h1>标签选择器CSS规则，对文章中<h1>标签的标题进行设置。

2）创建<h2>标签选择器CSS规则，对文章中<h2>标签的标题进行设置。

3）创建<p>标签选择器CSS规则，对文章内容的<p>标签重新定义。

4）创建<body>标签选择器CSS规则，对网页主体<body>标签重新定义。

5）分别创建锚伪类CSS规则美化导航项与网页侧面栏目的超链接。

6）创建“.banquan”“.weizhi”和“.qita”类规则，设置版权、当前位置和其他文本。

操作步骤：

（1）规划站点

规划站点

新建文件夹“hongloumeng”，将素材文件夹中所有文件和文件夹复制到“hongloumeng”文件夹中。

（2）定义站点

定义站点

在Dreamweaver CC中，执行“站点”→“新建站点”命令，通过“站点设置对象”对话框定义站点，站点名称为“红楼梦”，本地站点文件夹设置为hongloumeng文件夹。

（3）设置标题与文章内容

设置标题与文章内容

1）打开hongloumeng.html，选中文章标题“关于对王国维的《〈红楼梦〉评论》的学习和思考”，单击“属性”面板中的 HTML，将“属性”面板切换至HTML属性，在“格式”下拉列表，选择“标题1”。

2）同样的方法将文章中的“一、写作背景”“二、版本源流”和“三、文本解读”设置为“标题2”。

3）选择文章中第一部分内容“王国维（1877—1927）……”，查看状态栏最右侧的标签是否为<p>，如果是，则表示文章内容已分段；如果不是，则在第一部分文本后按<Enter>键，设置为段落。依次查看其他部分的文字。

创建标签选择器CSS规则

（4）创建标签选择器CSS规则

1）创建<h1>标签选择器CSS规则。

设置字体为宋体，字体大小为14pt，颜色为#FF3300，行高为2em，文本居中对齐。

① 添加源。在“CSS选择器”面板的“源”窗格中单击+图标，如图6-84所示，选择“创建新的CSS文件”，打开“创建新的CSS文件”对话框，单击“浏览”按钮，输入文件名“cssfile”，选择文件夹“other”，单击“确定”按钮，将文件保存至“other”文件夹，“添加为”选择“链接”，单

图6-84　在“源”窗格中创建源

击“确定”按钮。

② 添加选择器。选择“源”窗格中的源“cssfile.css”，如图6-85所示，在“选择器”窗格中单击添加选择器图标+，输入选择器名称“h1”，如图6-86所示。

图6-85　在“源”窗格中选择源

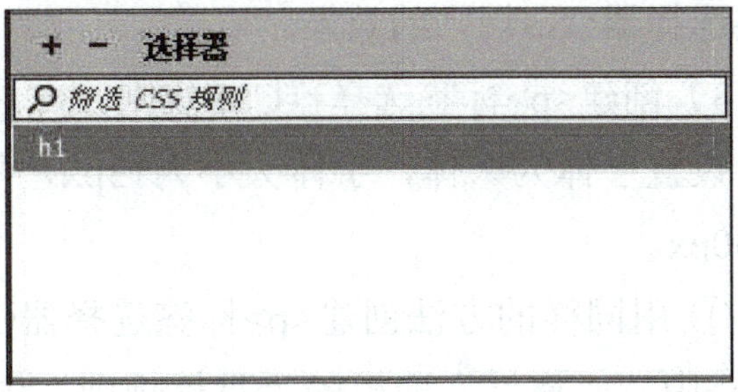

图6-86　添加选择器“h1”

③ 将光标定位在文章标题“关于对王国维的…”中，即定位于标签<h1></h1>中，将“属性”面板切换至CSS属性状态，“目标规则”中会出现“h1”，单击“编辑规则”按钮，打开“h1的CSS规则定义”对话框。

④ 在“分类”列表中选择“类型”，将“Font-family”设置为宋体，将“Font-size”设置为14pt，将“Color”设置为#FF3300，将“Line-height”设置为2em，如图6-87所示。

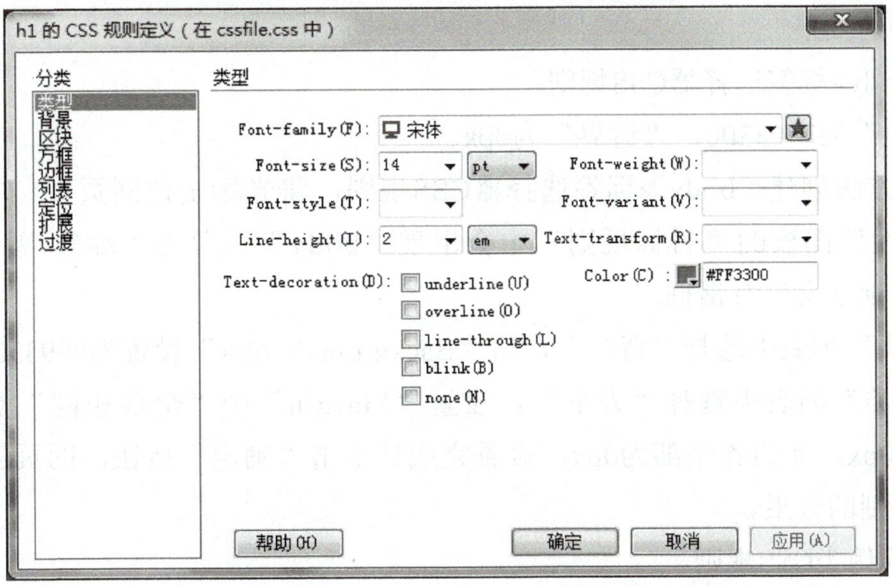

图6-87　设置“h1”选择器的字体、颜色等属性

⑤ 在“分类”列表中选择“区块”，将“Text-align”设置为center，即文本水平居中，单击“确定”按钮，可以看到标题应用了<h1>标签选择器CSS规则的效果。

2）创建<h2>标签选择器CSS规则。

设置字体为宋体，字体大小为10pt，颜色为#CC3300，行高为2em，文本缩进为2em。

① 同样的方法创建<h2>标签选择器CSS规则，打开“h2的CSS规则定义”对话框。在“分类”列表中选择“类型”，将“Font-family”设置为宋体，将“Font-size”设置为10pt，将“Color”设置为#CC3300，将“Line-height”设置为2em。

② 在“区块”分类中设置“Text-indent”为2em，即文本缩进为2em。

③ 在“方框”分类中设置“Margin”中“全部相同”复选框为勾选状态，“Top”为0px，即边界全部为0px，设置完成后单击“确定”按钮，可以看到内容中的标题应用了<h2>标签选择器CSS规则的效果。

3）创建<p>标签选择器CSS规则。

设置字体为宋体，字体大小为13px，颜色为#FF3300，行高为140%，文本缩进为2em，边界为0px。

① 用同样的方法创建<p>标签选择器CSS规则，将光标定位于文章中的内容，即定位于标签<p>中，“属性”面板的“目标规则”中会出现“p”，单击“编辑规则”按钮，打开“p的CSS规则定义”对话框。

② 在“分类”列表中选择“类型”，将“Font-family”设置为宋体，将“Font-size”设置为13px，将“Color”设置为“#FF3300”，将“Line-height”设置为140%。

③ 在“区块”分类中设置“Text-indent”为2em。

④ 在“方框”分类中设置“Margin”中“全部相同”复选框为勾选状态，“Top”为0px，即边界全部为0px，设置完成后单击“确定”按钮，可以看到内容中文本应用了<p>标签选择器CSS规则的效果。

4）创建<body>标签选择器CSS规则。

“背景颜色”为#993300，“边界”为0px。

① 同样的方法创建< body >标签选择器CSS规则，将光标定位网页中，单击最左侧的标签 body ，“属性”面板的“目标规则”中会出现“body”，单击“编辑规则”按钮，打开“body的CSS规则定义”对话框。

② 在“分类”列表中选择“背景”，将“Background-color”设置为#993300。

③ 在“分类”列表中选择“方框”，设置“Margin”中“全部相同”复选框为勾选状态，“Top”为0px，即边界全部为0px，设置完成后单击“确定”按钮，网页应用了<body>标签选择器CSS规则的效果。

（5）创建锚伪类CSS规则

1）创建锚伪类CSS规则用于修饰网页中的导航。

① 添加a:link选择器。选择“源”窗格中的源“cssfile.css，在“选择器”窗格中单击添加选择器图标+，输入选择器“a:link”。

创建锚伪类CSS规则

② 选中导航项文字“网站首页”，将“属性”面板切换至CSS属性状态，可以看到“目标规则”中显示“a:link”规则。

③ 单击“属性”面板中的“编辑规则”按钮，打开“a:link的CSS规则定义”对话框，在左侧的“类型”中，将“Font-family”设置为“宋体”；将“Font-size”设置为13px，将“Color”设置为#FFFFFF，将“Text-decoration”设置为“none”，将“Font-weight”设置为

“bold”，如图6-88所示，单击“确定”按钮，完成“a:link”锚伪类规则的设置，可以看到导航部分的文字发生了变化。

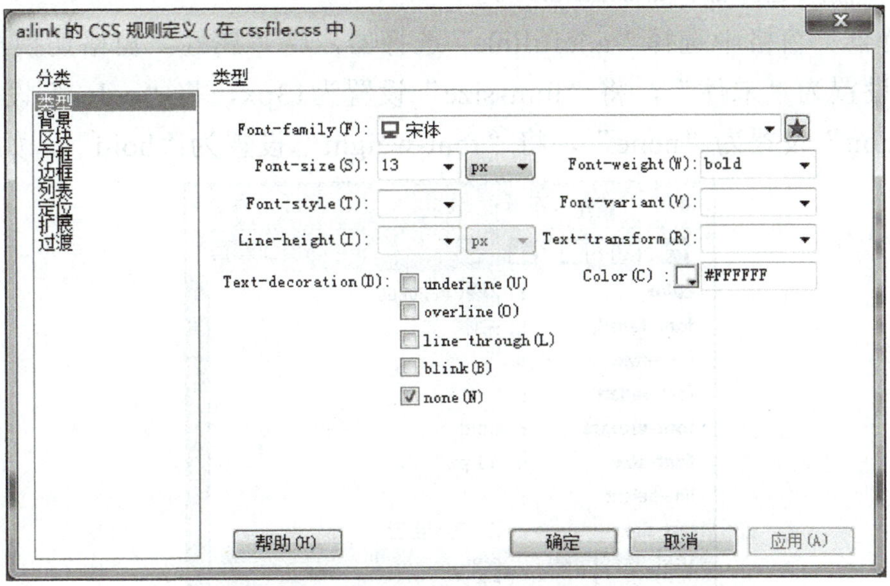

图6-88　设置“a:link”选择器的属性

④ 用同样的方法设置a:visited锚伪类CSS规则。将“Font-family”设置为宋体，将“Font-size”设置为13px，将“Color”设置为#FFFFFF，将“Font-weight”设置为“bold”，将“Text-decoration”设置为“none”。

⑤ 用同样的方法设置a:hover锚伪类CSS规则。将“Font-family”设置为宋体，将“Font-size”设置为13px，将“Color”设置为#FFFFFF，将“Font-weight”设置为“bold”，将“Text-decoration”设置为“underline”。

注意

如果“属性”面板的“目标规则”中没有出现“a:hover”时，可以直接手动选择。

⑥ 用同样的方法设置a:active锚伪类CSS规则。将“Font-family”设置为宋体，将“Font-size”设置为13px，将“Color”设置为#823805，将“Font-weight”设置为“bold”，将“Text-decoration”设置为“none”。

⑦ 保存网页后预览，可以看到如图6-89所示的效果，超链接文本未访问时为白色、加粗，光标移上去时出现下划线，按下鼠标时超链接呈紫黑色，下划线消失，访问过后的超链接文本依然为白色。

图6-89　锚伪类CSS规则应用于导航项的效果

2）创建锚伪类与类选择器结合的CSS规则用于左侧栏目超链接

① 添加a.left:link选择器。选择“源”窗格中的源“cssfile.css，在“选择器”窗格中单击添加选择器图标+，输入选择器“a.left:link”。

② 在“选择器”窗格中选择“a.left:link”选择器，将“属性”窗格切换至文本属性，将“font-family”设置为“宋体”，将“font-size”设置为13px，将“color”设置为#FF0000，将“text-decoration”设置为“none”，将“font-weight”设置为“bold”，如图6-90所示。

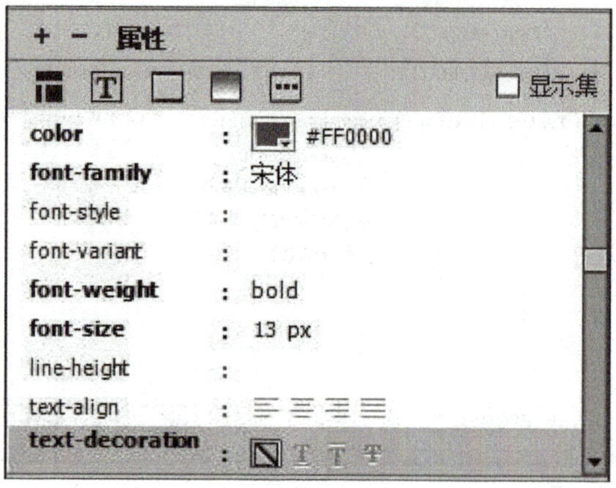

图6-90 设置“a.left:link”选择器的属性

③ 用同样的方法添加a.left:visited选择器并选中，将“属性”窗格切换至文本属性，将“font-family”设置为宋体，将“font-size”设置为13px，将“color”设置为#FF0000，将“text-decoration”设置为“none”，将“font-weight”设置为“bold”。

④ 用同样的方法添加a.left:hover选择器并选中，将“属性”窗格切换至文本属性，将“font-family”设置为宋体，将“font-size”设置为13px，将“color”设置为#660000，将“text-decoration”设置为“none”，将“font-weight”设置为“bold”。

⑤ 用同样的方法添加a.left:active选择器并选中，将“属性”窗格切换至文本属性，将“font-family”设置为宋体，将“font-size”设置为13px，将“color”设置为#660000，将“text-decoration”设置为“underline”，将“font-weight”设置为“bold”。

⑥ 选择网页左侧超链接“课文原文”，将“属性”面板切换至CSS属性，在“目标规则”中选择“left”CSS规则，选择后如图6-91所示。同样为超链接“课文学习”“视频资料”“图片资料”“调查表”和“人物关系图”分别应用“left”CSS规则。

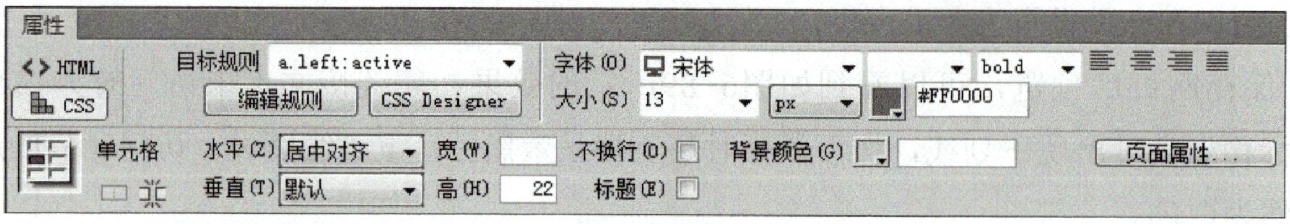

图6-91 在“属性”面板为左侧超链接应用“left”CSS规则

⑦ 保存后预览，左侧超链接如图6-92所示，打开网页时，未访问的超链接和访问之后的超链接为红色，光标移上去时超链接呈紫黑色，按下鼠标后超链接呈紫黑色并出现下划线，移开光标时恢复原来的状态。

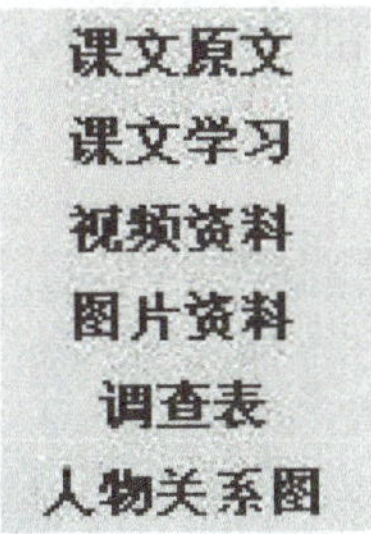

图6-92 “left”CSS规则应用于左侧栏目超链接的效果

创建并应用类选择器CSS规则

（6）创建并应用类选择器CSS规则

1）创建类选择器CSS规则.banquan，并在版权部分应用。

① 添加.banquan选择器。选择“源”窗格中的源“cssfile.css，在“选择器”窗格中单击添加选择器图标+，输入选择器“.banquan”。

② 在页面中选择文章版权部分“© 版权所有：青岛电子学校 语文教研室”，在“属性”面板切换至CSS属性状态，在“目标规则”中选择“.banquan”规则。

③ 单击“属性”面板中的“编辑规则”按钮，打开“.banquan的CSS规则定义”对话框，在左侧“分类”中单击“类型”，将“Font-family”设置为宋体，将“Font-size”设置为13px，将“Color”设置为#FFFFFF。

④ 在“区块”分类中设置“Text-align”为center，设置完成后单击“确定”按钮，应用“.banquan”CSS规则。

2）创建并应用类选择器CSS规则.qita，并在其他部分的文本上应用。

① 用同样的方法添加.qita类选择器，选择左侧文本“课文学习”，应用.qita类选择器。将“Font-family”设置为宋体，将“Font-size”设置为13px，将“Color”设置为#660000，将设置“font-weight”为bold，设置完成后单击“确定”按钮。

② 选中文本“专题导航”，在“属性”面板中应用.qita规则，保存后预览，可以看到应用.qita规则的效果。

保存，预览，可以得到如图6-83所示的效果。

任务3 外部CSS——制作网页“关于词牌的几句话”

【任务描述】

制作网页“关于词牌的几句话”

CSS可以存在于一个网页中，也可以存在于外部CSS文件中，如果是存在于网页中，则可以直接使用CSS规则，如果是存在于外部CSS文件中，那么应先将其导入或链接到网页中才可以使用。

本任务把网页“shufa_rensheng.html”中使用的样式表文件附加并应用于网页“guanyu_cipai.html”（即关于词牌的几句话网页）中，统一网页风格，使网页更加美观。通过操作可以学习如何附加外部CSS文件，如何应用CSS规则，最终效果如图6-93所示。

图6-93 网页“关于词牌的几句话”的效果图

【任务实施】

1）新建文件夹“guanyu_cipai”，将素材文件夹中所有文件和文件夹复制到“guanyu_cipai”文件夹中。

2）在Dreamweaver CC中，执行“站点”→“新建站点”命令，通过“站点设置对象”对话框定义站点，站点名称为“箐箐家园”，本地站点文件夹设置为“guanyu_cipai”文件夹。

3）打开要附加CSS文件的网页“guanyu_cipai.html”，打开“CSS设计器”面板，在“源”窗格中单击+图标，如图6-94所示，选择“附加现有的CSS文件”，打开“使用现有的CSS文件”对话框。

4）单击“浏览”按钮，选择要附加的CSS文件“cssfile.css”，如图6-95所示，单击“确定”按钮，“添加为”选择“链接”，单击“确定”按钮。

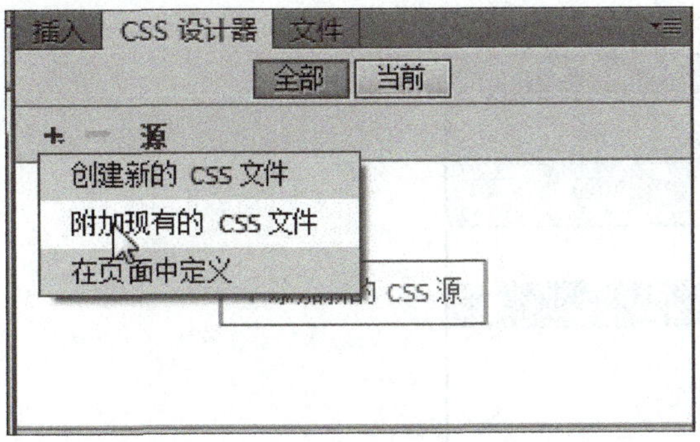

图6-94　“源”窗格中添加源的命令

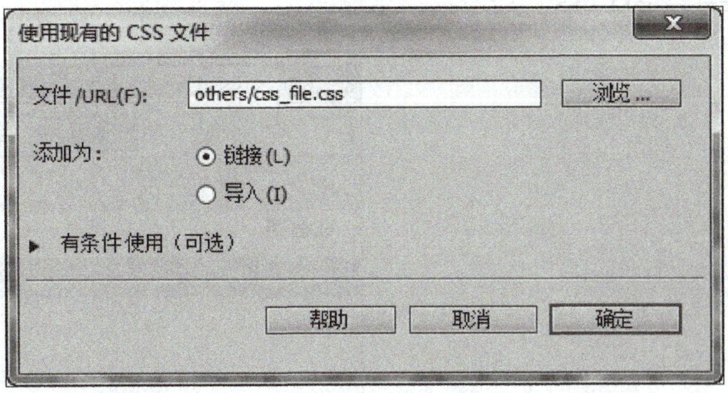

图6-95　“使用现有的CSS文件”对话框

5）附加的cssfile.css文件中，包含类选择器CSS规则“.title”“.content”“.banquan”“.biankuang”，body标签选择器CSS规则和伪锚类CSS规则。

6）选中文章标题“关于词牌的几句话”，将“属性”面板切换至CSS属性，在“目标规则”中选择“.title”规则。

7）用同样的方法给文章内容应用“.content”规则，为版权部分应用“.biankuang”规则。

8）在页面中选择左侧花的图片，状态栏中<img>标签会呈蓝色显示，再选择<img>标签左侧的<td>标签，<td>标签呈蓝色显示。将“属性”面板切换至CSS属性状态，在“目标规则”中选择“.biankuang”规则。

9）body标签选择器CSS规则会自动应用，将边界设置为0px，同时会将页面中除标签和内容外的其他文字设置为12px、宋体。

10）伪锚类CSS规则会自动应用于导航中的超链接。

11）保存文件并预览，可以看到应用CSS规则后的网页效果，最终效果如图6-93所示。

【新知解析】

CSS包括内嵌样式、文档内部样式表、外部文件样式表三种存在形式，其中外部文件样式表使用最为广泛，外部文件CSS样式表保存在一个扩展名为“.css”的文中，要使用这个.css文件，需要先将其附加。

1. 附加外部样式表文件的方法

1）打开一个需要使用外部样式表的网页，打开“CSS设计器”面板，在“源”窗格中单击＋图标，选择“附加现有的CSS文件”，打开“使用现有的CSS文件”对话框。

2）单击“浏览”按钮，选择要附加的CSS文件，单击“确定”按钮，将“添加为”设为“链接”或“导入”，最后，单击“确定”按钮，完成附加。

3）附加完成后，在“CSS设计器”面板的“源”窗格中会显示附加的文件作为源。如图6-96所示，同时，网页中会生成一段代码<link href=” others/css_file.css” rel=” stylesheet” type=” text/css” />。

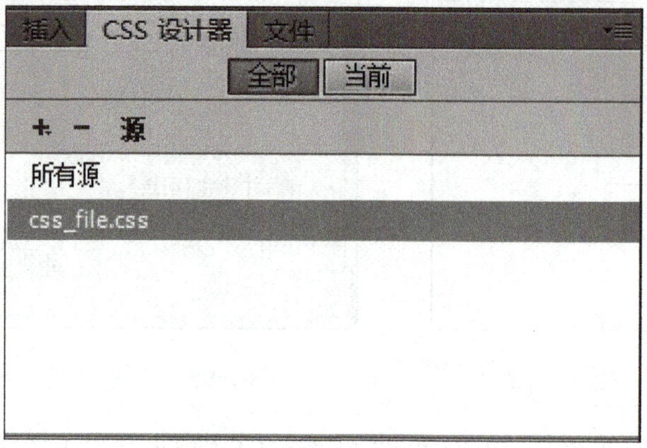

图6-96 “源”窗格中显示附加的外部CSS文件

2. 附加外部CSS文件的方式

附加外部CSS文件有两种方式：链接和导入。

链接：将CSS文件链接到网页，使用时从CSS文件中调用。

导入：将样式表文件嵌入到网页。

3. 删除附加外部文件表文件的方法

如果网页中不再使用某个外部CSS文件，可以在“CSS设计器”面板“源”窗格中选择某一外部样式表文件，单击删除CSS源图标 − 即可删除附加，此时并没有删除外部样式表文件，而是将其在网页中的附加链接删除，即删除的是<link href=” others/css_file.css” rel=” stylesheet” type=” text/css” />代码。

习题

1. 填空题

1）CSS由一条或多条CSS规则组成，CSS规则由__________和__________两部分组成。

2）若要给一段文本应用类选择器CSS规则，应该在选择文本后，在“属性”面板中CSS属性中的__________下拉列表中选择规则。

3）CSS类选择器由用户命名，以“__________”开头，可以应用于任何网页元素。

4）CSS规则的格式为__________________。

5）______________是将原有的HTML标签重新定义，给原有的标签赋予新的显示格式。

2. 单选题

1）如果要链接外部CSS文件，在“CSS设计器”面板的“源”窗格单击+图标后，选择（　　）命令。

A. 创建新的CSS文件　　B. 附加现有的CSS文件

C. 附加源文件　　D. 在页面中定义

2）下列关于CSS规则的说法错误是（　　）。

A. CSS规则可以自动应用

B. CSS规则能够用于设置图像、文本等网页元素

C. 以外部文件方式存在的CSS可以应用于站点内的任意网页

D. 一种CSS规则不能应用于两种或两种以上的超链接

3）在Dreamweaver CC中CSS有三种存在形式，以下不是其存在形式的是（　　）。

A. 内嵌样式表　　B. 附加的CSS文件

C. 文档内部样式表　　D. 外部文件样式表

3. 简答题

1）CSS主要有哪些技术优势？

2）在CSS规则中常用的选择器类型有哪些？

3）在网页中附加外部CSS文件有哪两种方式？并具体说明。

4. 操作题

请使用给定的素材在CSS中美化“诗词新苑”网页，网页效果如图6-97所示。

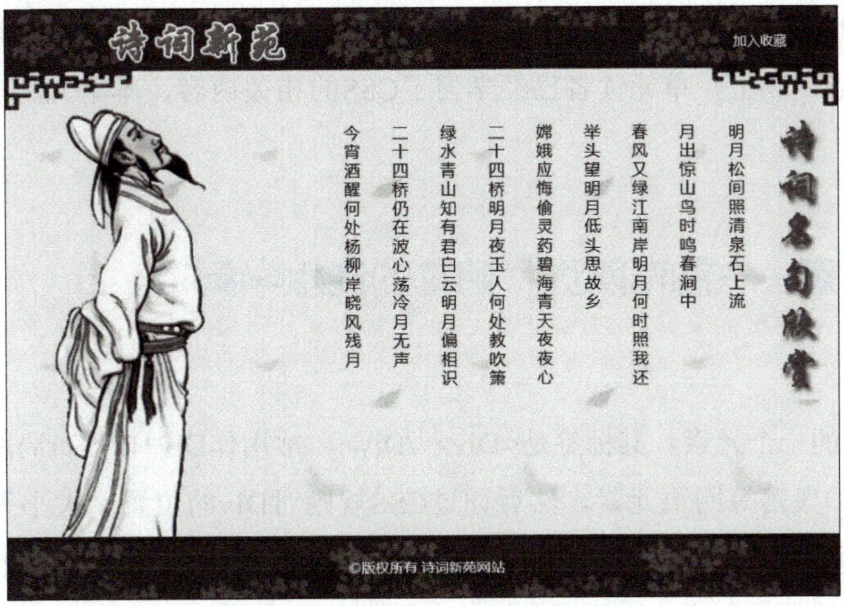

图6-97 “诗词新苑”网页效果

学习单元7　Div+CSS布局网页

学 习 目 标

1）掌握Div的概念与插入Div的方法。

2）能够实现Div之间的嵌套。

3）掌握盒模型的概念及组成。

4）掌握Div的几种定位方式。

5）掌握Div+CSS布局网页的思路。

6）熟练计算各Div的参数。

7）能够根据需要合理运用CSS规则。

8）能够熟练使用Div+CSS布局网页。

9）培养学生的创新能力和团队合作意识。

Div元素结合CSS技术又称为Div+CSS，是Web标准中典型的应用模式，也是一种更加高效、灵活的网页布局方式。它能够实现对网页中文字、图像等元素的精确控制，同时可以实现网页形式与内容的完成分离，减少网页中的代码，提高网页的下载速度，具有其他网页布局技术不可比拟的优点，在上一单元读者已经学习了CSS的相关内容，本单元将学习Div+CSS布局的相关知识。

任务1　Div元素——制作网页“菊花的浇水学问”

【任务描述】

Div是网页中的一个元素，其标签是<Div></Div>，常用作Div+CSS布局网页的容器，用于放置文本、图像、段落等网页元素，然后通过CSS规则对Div的位置、大小等属性进行精确控制，实现网页元素的排版。通过本任务的操作，学习插入Div的方法与嵌套的方法，盒模型的概念及组成，Div的定位方式，块级元素与行内元素的概念与区别，将Div与CSS样式表结合起来布局网页，最终效果如图7-1所示。

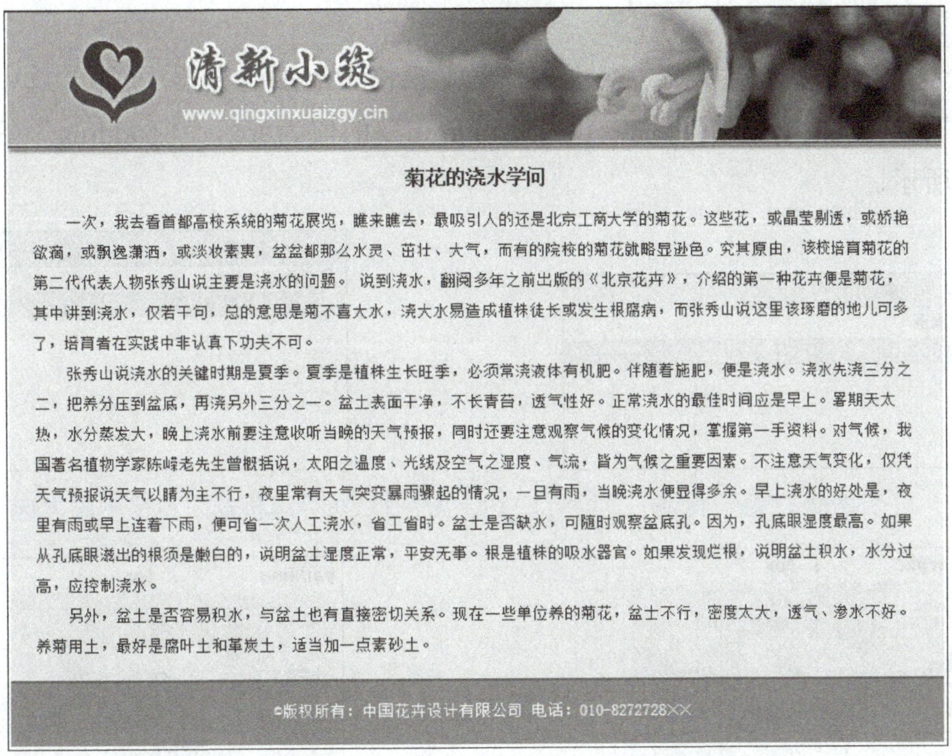

图7-1 网页“菊花的浇水学问”效果图

【任务实施】

（1）规划站点

新建文件夹“QingxinXiaozhu”，将素材文件夹“QingxinXiaozhu”中“images”和“others”文件夹复制到“QingxinXiaozhu”文件夹中。

规划站点

（2）定义站点

在Dreamweaver CC中，执行“站点”→“新建站点”命令，通过“站点设置对象”对话框定义站点，站点名称为“清新小筑”，本地站点文件夹设置为QingxinXiaozhu文件夹。

定义站点

（3）制作Banner部分

1）新建网页“index.html”，保存到站点文件夹下，打开网页“index.html”，将网页的标题改为“菊花的浇水学问”，切换到代码视图，将第一行代码<!doctype html >改为<!doctype html public>

制作Banner部分

> **注意**
>
> 使用Internet Explorer 11浏览器打开时，可能会出现附加的CSS丢失的情况，因此需要修改第一行代码。

2）打开“CSS设计器”面板，在“源”窗格中单击➕图标，选择“创建新的CSS文件”，打开“创建新的CSS文件”对话框，单击“浏览”按钮，输入文件名“cssfile”，选择“others”文件夹，单击“确定”按钮将文件保存，“添加为”选择“链接”，单击“确定”

按钮，“源”窗格如图7-2所示。

3）创建一个*标签选择器规则。在“选择器”窗格中添加选择器“*”并选中，如图7-3所示。将“属性”窗格切换到布局属性，设置“margin”的值为0px，“padding”的值为0px，如图7-4和图7-5所示。

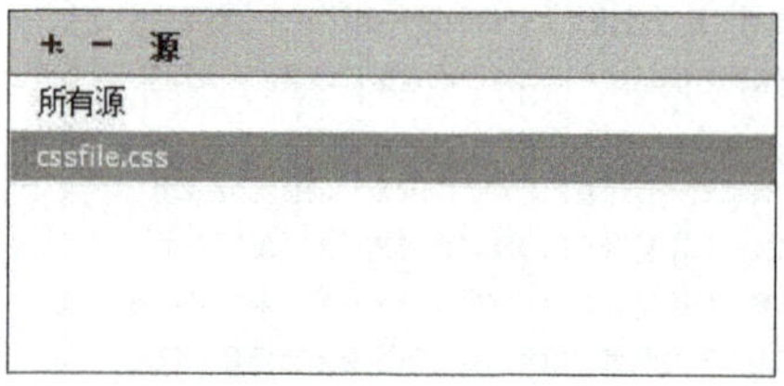

图7-2 “源”窗格

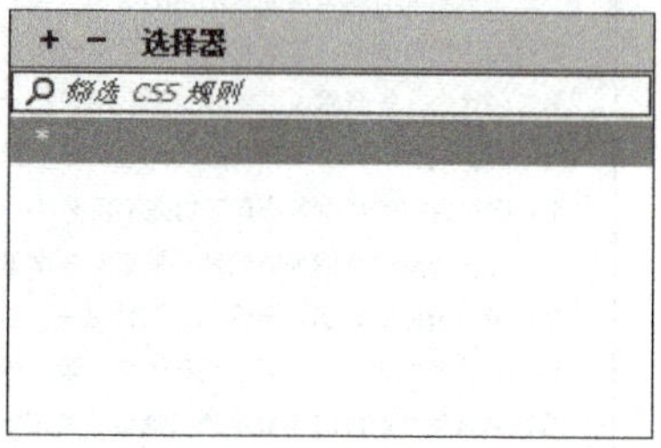

图7-3 在“选择器”窗格中添加选择器“*”

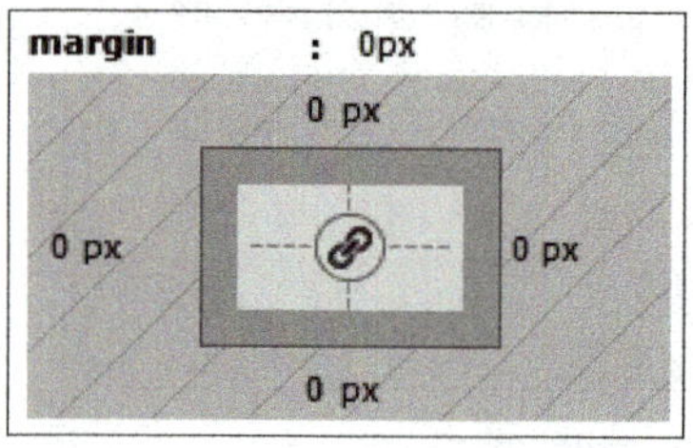

图7-4 设置“margin”属性

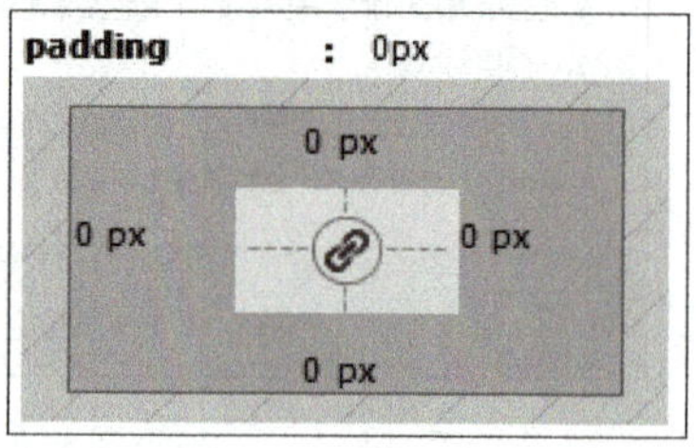

图7-5 设置“padding”属性

4）将“属性”窗格切换到边框属性，设置“border”的值为0px，如图7-6所示。

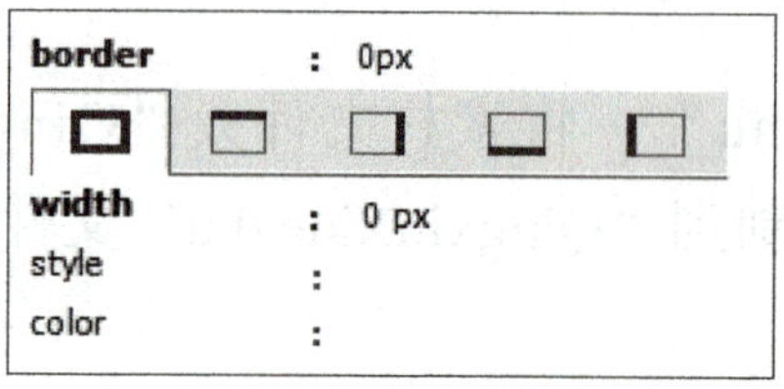

图7-6 设置“border”属性

5）创建*标签选择器规则的目的是将所有网页元素的边界（margin）、填充（padding）、边框（border）设置为0px，方便以后的操作，*为配符，表示任意一个或多个字符，此时可以看到光标紧贴网页的上边框和左边框。

注意

在网页中任何一个元素都有其默认的格式，例如，输入的文字，默认为宋体，颜色为#000000，大小为12pt。为了方便布局网页，此处使用下面的代码统一将边框、边界、填充设置为0px。

```
* {
    border:0;
    margin:0;
    padding:0
  }
```

6）打开“插入”面板，单击 Div 按钮，打开“插入Div”对话框，在“插入”项中选择“在插入点”，在ID中输入“Box”，如图7-7所示。

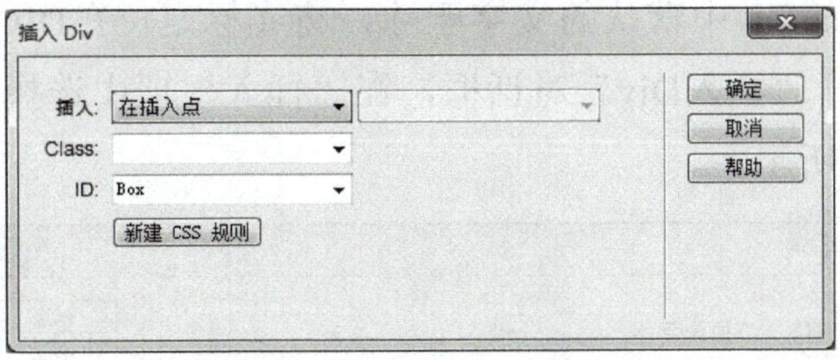

图7-7　“插入Div”对话框

7）单击“新建CSS规则”按钮，打开“新建CSS规则”对话框，如图7-8所示。可以看到“选择器类型”自动选择“ID”，“选择器名称”自动设置为“#Box”，“规则定义”选择“cssfile.css”。

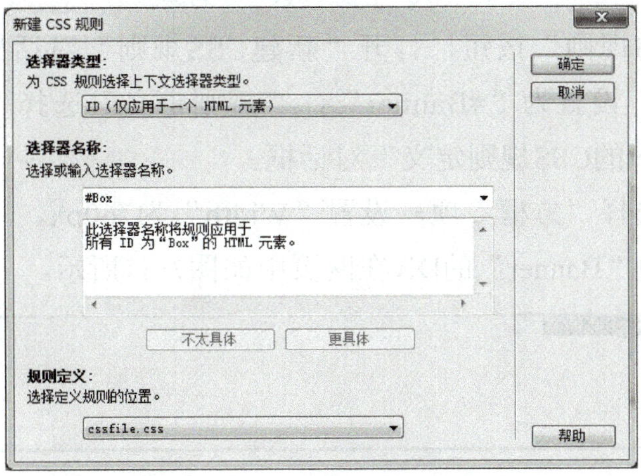

图7-8　“新建CSS规则”对话框

8）单击“确定”按钮，打开“#Box的CSS规则定义”对话框。在“分类”中选择“方框”项，设置“Width”为760px，设置“Height”为606px，取消“Margin”中的“全部相同”复选框的对钩，设置“Top”为0、“Right”为auto、“Bottom”为0、“Left”为auto，如图7-9所示。

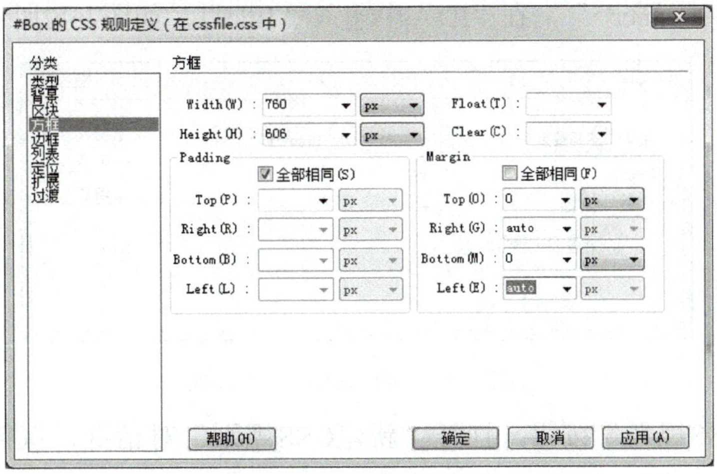

图7-9　“#Box的CSS规则定义”对话框

9）单击“确定”按钮，返回“插入Div”对话框，再次单击“确定”按钮，在页面中插入ID为“Box”的Div，且Div居中显示。

10）将ID为“Box”的Div中默认的文字删除，将光标定位在Div中，单击“插入”面板中的“Div标签”按钮，打开“插入Div”对话框，在“插入”项中选择“在插入点”，在ID中输入“Banner”，如图7-10所示。

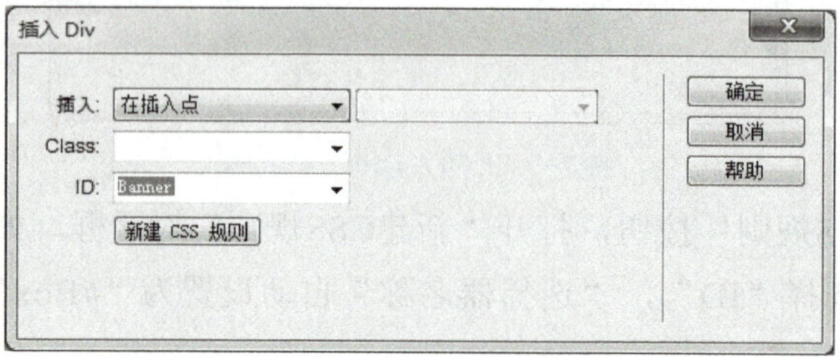

图7-10 “插入Div”对话框

11）单击“新建CSS规则”按钮，打开“新建CSS规则”对话框，“选择器类型”选择“ID”，“选择器名称”设置为“#Banner”，“规则定义”选择“cssfile.css”，单击“确定”按钮，打开“#Banner的CSS规则定义”对话框。

12）在“分类”中选择“方框”项，设置“Width”为760px、“Height”为117px，两次单击“确定”按钮，ID为“Banner”的Div在网页中如图7-11所示。

图7-11 ID为“Banner”的Div在网页中的效果

13）将ID为“Banner”的Div中默认的文字删除，在其中插入图像“banner.jpg”。

（4）制作文章标题部分

1）单击 Div按钮，打开“插入Div”对话框，在“插入”项中选择在“在标签后”“<div id='Banner'>”，在“ID”中输入“Title”，如图7-12所示。

制作文章标题部分

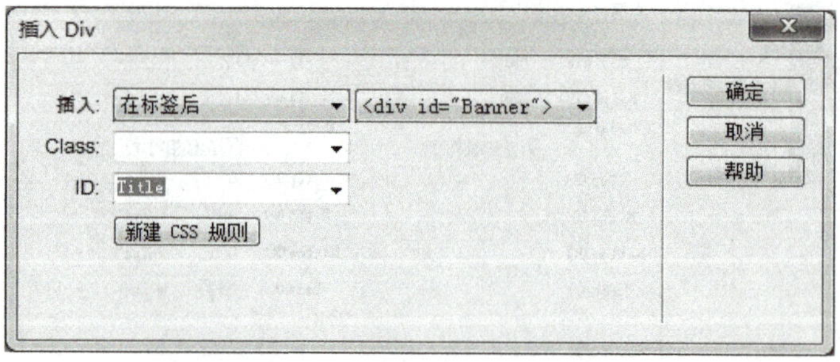

图7-12 “插入Div”对话框

2）单击“新建CSS规则”按钮，打开“新建CSS规则”对话框，保持默认设置，单击“确定”按钮，打开“#Title的CSS规则定义”对话框。

3）在“分类”中选择“方框”项，设置“Width”为760px、“Height”为45px，在“分类”中选择“背景”项，设置“Background-color”为#E6F9C9。

4）在“分类”中选择“类型”项，设置“Font-family”为宋体、“Font-size”为16px、“Line-height”为45px、“Font-weight”为“bold”、“Color”为#2B7806。

5）在“分类”中选择“区块”项，设置“Text-align”为“center”，两次单击“确定”按钮。将默认的文本删除，输入文字“菊花的浇水学问”，文章标题部分在网页中的效果如图7-13所示。

图7-13　文章标题部分在网页中的效果

（5）制作文章内容部分

制作文章内容部分

1）单击 Div按钮，打开“插入Div”对话框，在“插入”项中选择“在标签后”“<div id='Title'>”，在“ID”中输入“Content”，如图7-14所示。

图7-14　“插入Div”对话框

2）单击“新建CSS规则”按钮，打开“新建CSS规则”对话框，保持默认设置，单击“确定”按钮，打开“#Content的CSS规则定义”对话框。

3）在“分类”中选择“方框”项，设置“Width”为720px、“Height”为390px，取消选择“Padding”中的“全部相同”复选框，设置“Left”为20px、“Right”为20px。

4）在“分类”中选择“背景”项，设置“Background-color”为“#E6F9C9”。

5）在“分类”中选择“类型”项，设置“Font-family”为宋体、“Font-size”为13px、“Line-height”为25px、“Color”为# 2B7806，两次单击“确定”按钮。

6）将默认的文本删除，输入文字素材中文章内容，文章内容部分在网页中的效果如图7-15所示。

（6）制作版权部分

制作版权部分

1）单击 Div按钮，打开“插入Div”对话框，在“插入”项中选择“在标签后”“<div id='Content'>”，在“ID”中输入“Bottom”，如图7-16所示。

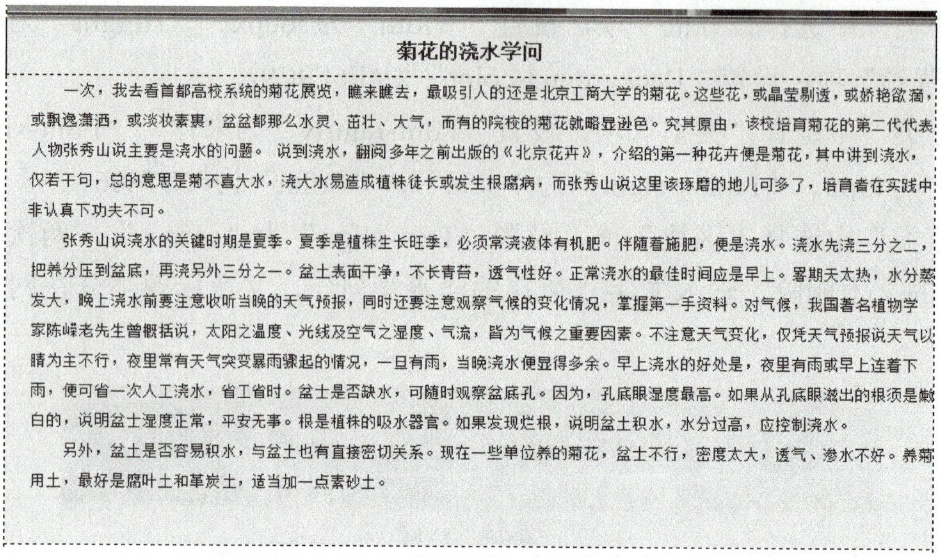

菊花的浇水学问

一次，我去看首都高校系统的菊花展览，瞧来瞧去，最吸引人的还是北京工商大学的菊花。这些花，或晶莹剔透，或娇艳欲滴，或飘逸潇洒，或淡妆素裹，盆盆都那么水灵、茁壮、大气，而有的院校的菊花就略显逊色。究其原由，该校培育菊花的第二代代表人物张秀山说主要是浇水的问题。 说到浇水，翻阅多年之前出版的《北京花卉》，介绍的第一种花卉便是菊花，其中讲到浇水，仅若干句，总的意思是菊不喜大水，浇大水易造成植株徒长或发生根腐病，而张秀山说这里该琢磨的地儿可多了，培育者在实践中非认真下功夫不可。

张秀山说浇水的关键时期是夏季。夏季是植株生长旺季，必须常浇液体有机肥。伴随着施肥，便是浇水。浇水先浇三分之二，把养分压到盆底，再浇另外三分之一。盆土表面干净，不长青苔，透气性好。正常浇水的最佳时间应是早上。署期天太热，水分蒸发大，晚上浇水前要注意收听当晚的天气预报，同时还要注意观察气候的变化情况，掌握第一手资料。对气候，我国著名植物学家陈嵘老先生曾概括说，太阳之温度、光线及空气之湿度、气流，皆为气候之重要因素。不注意天气变化，仅凭天气预报说天气以晴为主不行，夜里常有天气突变暴雨骤起的情况，一旦有雨，当晚浇水便显得多余。早上浇水的好处是，夜里有雨或早上连着下雨，便可省一次人工浇水，省工省时。盆土是否缺水，可随时观察盆底孔。因为，孔底眼湿度最高。如果从孔底眼溜出的根须是嫩白的，说明盆土湿度正常，平安无事。根是植株的吸水器官。如果发现烂根，说明盆土积水，水分过高，应控制浇水。

另外，盆土是否容易积水，与盆土也有直接密切关系。现在一些单位养的菊花，盆土不行，密度太大，透气、渗水不好。养菊用土，最好是腐叶土和草炭土，适当加一点素砂土。

图7-15　文章内容部分在网页中的效果

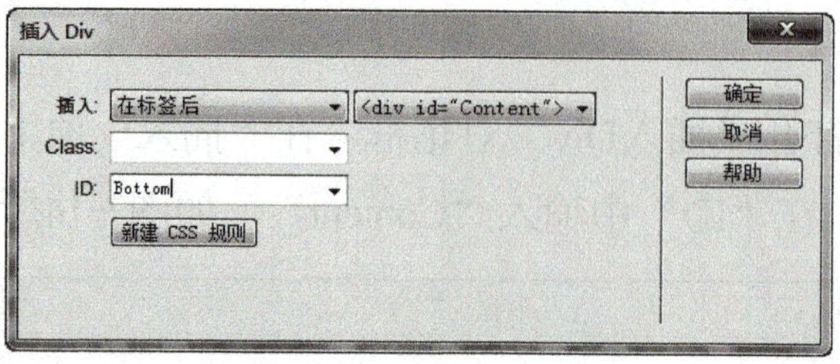

图7-16　“插入Div”对话框

2）单击“新建CSS规则”按钮，打开“新建CSS规则”对话框，保持默认设置，单击“确定”按钮，打开“#Bottom的CSS规则定义”对话框。

3）在“分类”中选择“方框”项，设置“Width”为760px、“Height”为54px。

4）在“分类”中选择“背景”项，设置“Background-image”为“bottom.jpg”。

5）在“分类”中选择“类型”项，设置“Font-family”为宋体、“Font-size”为13px、“Line-height”为54px、“Color”为# FFFFFF。

6）在“分类”中选择“区块”项，设置“Text-align”为“center”，两次单击“确定”按钮。将默认的文本删除，输入版权文字“版权所有：中国花卉设计有限公司 电话：010-8272728××”，在开头插入版权符号。版权部分在网页中的效果如图7-17所示。

图7-17　版权部分在网页中的效果

到此，本任务制作完成。保存，预览，可以得到如图7-1所示的效果。

【新知解析】

1. 什么是Div

Div是网页中的一个元素，来源于英文Division，意思是区分、分开、部分，其标签是

<Div></Div>。Div常用作容器，用于放置文本、图像、段落等网页元素，通过CSS规则对Div即<Div></Div>标签的位置等属性进行精确控制，实现网页元素的排版。

2. Div+CSS布局网页的优势

（1）形式与内容相分离

Div+CSS布局将样式分离出来放在一个独立的CSS文件中，网页中只存放内容，实现了形式与内容的分离。

（2）代码简洁，提高页面浏览速度

对于一个具有相同视觉效果的页面来说，采用Div+CSS布局的页面的容量要比使用Table布局的页面文件容量小得多，代码更加简洁，前者一般只有后者的1/2大小，使用Div+CSS布局的页面更有利于网页的下载，提高浏览速度。

（3）易于维护和改版

内容与形式的分离，使页面和样式的调整变得更加方便。只要简单地修改几个CSS文件就可以重新设计整个网站的页面。

3. Div的属性与插入Div

（1）Div的属性

如果要使用Div，只需要在代码中插入<div></div>标签，在使用时与其他标签一样，可以加入其他属性，如id、class等，例如：

```
<div id="id名称">网页元素</div>
<div class="class名称">网页元素</div>
```

（2）插入Div

在Dreamweaver CC中可以非常方便地插入Div，例如，插入一个ID为“d3”的Div，假如网页中已经存在ID为“d1”的Div和ID为“d2”的Div，且ID为“d2”的Div嵌套在ID为“d1”的Div中，代码和CSS规则如下，在网页中的效果如图7-18所示。

```
<div id="d1">d1
   <div id="d2">d2</div>
</div>
#d1 {
      width:500px;
      height:150px;
}
#d2 {
      width:400px;
      height:50px;
}
```

图7-18 ID为“d1”的Div和ID为“d2”的Div的位置

操作如下：

1）打开“插入”面板，单击插入 Div按钮，打开“插入Div”对话框，如图7-19所示，可以通过ID选择器规则或类（Class）选择器规则来设置显示的位置、样式等，一般使用ID选择器规则，在“插入”中暂时选择“在标签后”“<div id="d2">”，在ID中输入“d3”。

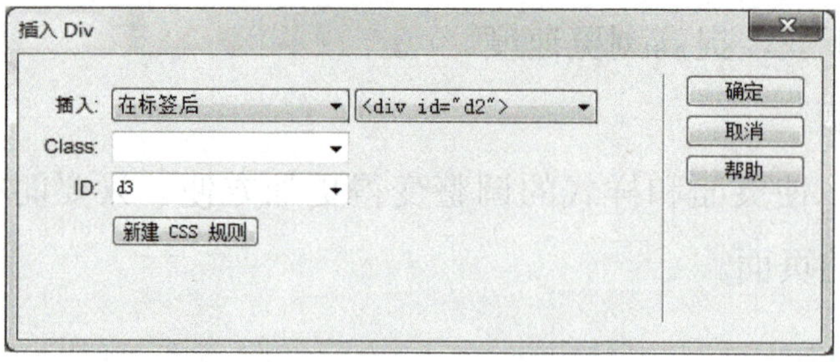

图7-19 插入Div标签对话框

2）单击“新建CSS规则”按钮，打开“新建CSS规则”对话框，如图7-20所示。可以看到“选择器类型”自动选择“ID”，“选择器名称”自动设置为“#d3”，“规则定义”选择“仅限该文档”。

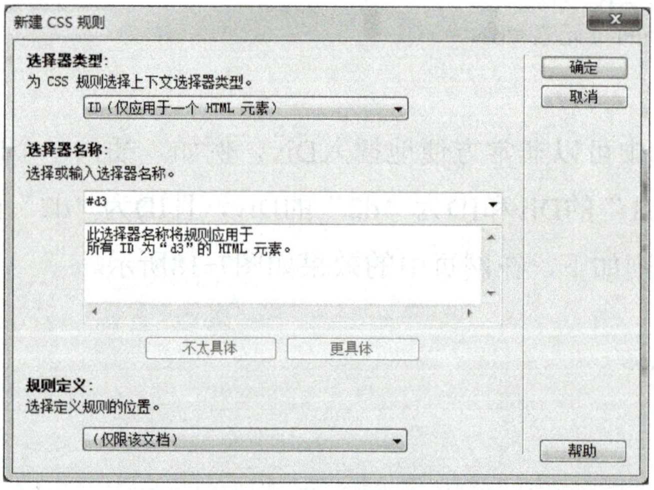

图7-20 “新建CSS规则”对话框

3）单击“确定”按钮，打开“#d3的CSS规则定义”对话框。在“分类”中选择“方框”项，设置“Width”为300px、“Height”为30px，单击“确定”按钮，返回“插入Div”对话框，再在“插入Div”对话框中单击“确定”按钮。此时，窗口中插入一个id为“d3”的Div。如图7-21所示，Div中的内容为默认的文字提示。

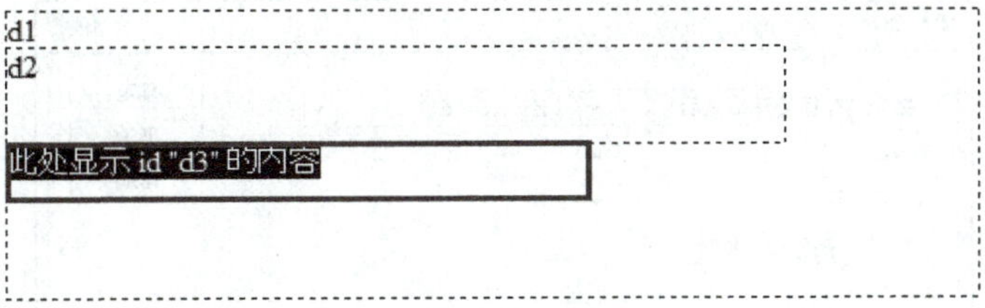

图7-21 插入id为“d3”的Div

```
<Div id="d1">d1
    <Div id="d2">d2</Div>
    <Div id="d3">此处显示  id "d3" 的内容</Div>
</Div>
```

> **注意**
>
> “插入”中的设置决定插入Div的位置。具体如下。

① 选择“在标签前”，再选择某一标签，会在该标签的前面紧挨着插入Div标签。

例如，在“插入”下拉菜单中选择在“在标签前”“<div id="d2">”，如图7-22所示，会在<d2></d2>标签的前面紧挨着插入<d3></d3>标签，如图7-23所示。代码如下。

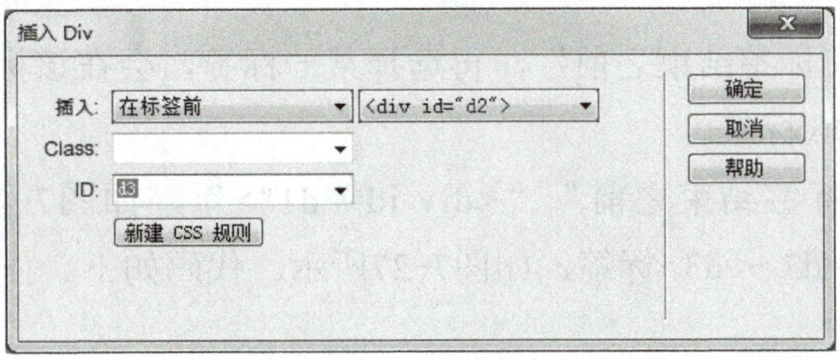

图7-22 “插入Div”的对话框

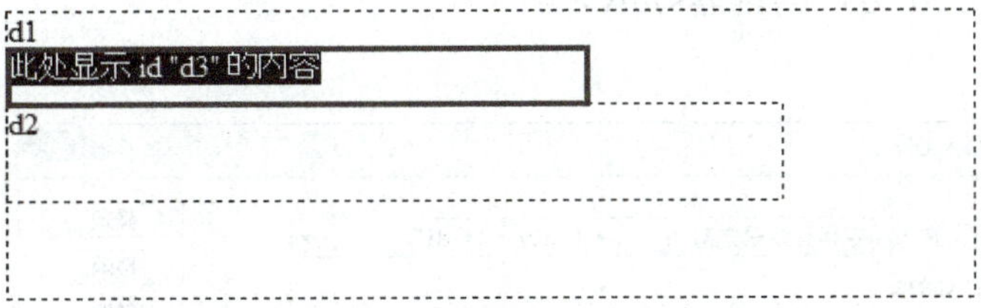

图7-23 ID为“d3”的Div的位置

```
<div id="d1">d1
    <div id="d3">此处显示id "d3" 的内容</div>
    <div id="d2">d2</div>
</Div>
```

② “插入”选择“在标签开始之后”，再选择某一标签，会在该标签开始后位置，即开始标签的后面紧挨着插入Div标签。

例如，“插入”选择在“在标签开始之后”“<div id="d1">”，如图7-24所示，会在开始标签<d1>的前面紧挨着插入<d3></d3>标签，如图7-25所示。代码如下。

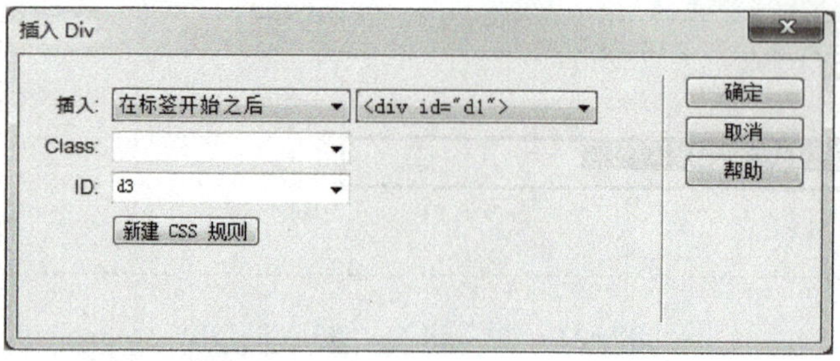

图7-24 “插入Div”对话框

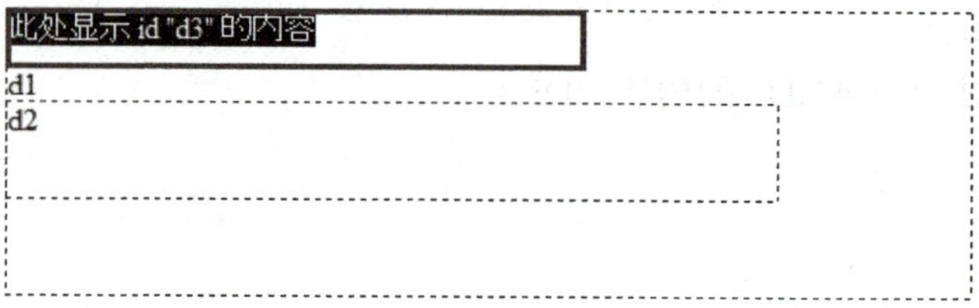

图7-25 ID为“d3”的Div的位置

```
<div id="d1">
  <div id="d3">此处显示id "d3" 的内容</div>
  d1
  <div id="d2">d2</div>
</div>
```

③“插入”选择“在标签结束之前”，再选择某一标签，会在该标签结束前的位置即结束标签的前面紧挨着插入Div标签。

例如，选择在“在标签结束之前”“<div id="d1">”，如图7-26所示，会在结束标签</d1>的前面紧挨着插入<d3></d3>标签，如图7-27所示。代码如下。

```
<div id="d1">d1
  <div id="d2">d2</div>
  <div id="d3">此处显示id "d3" 的内容</div>
</div>
```

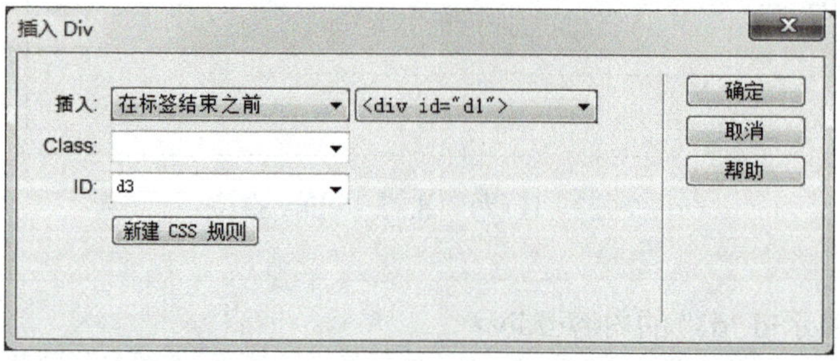

图7-26 “插入Div”对话框

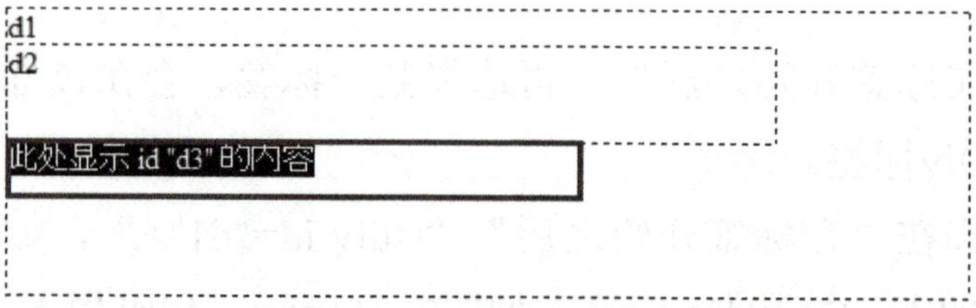

图7-27 ID为“d3”的Div的位置

④“插入”选择“在插入点”，此时后面的文本框无法选择，表示在光标定位的位置插入Div标签。

例如，将光标定位在选择在<d2></d2>标签的后面，“插入”选择“在插入点”，如图7-28所示，会在光标位置插入<d3></d3>标签，如图7-29所示。代码如下。

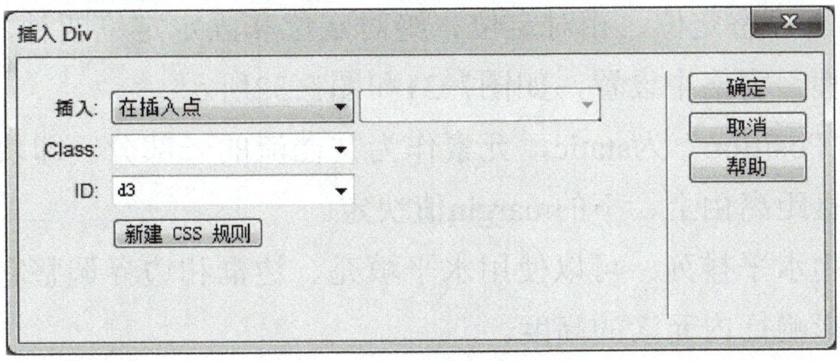

图7-28　“插入Div”对话框

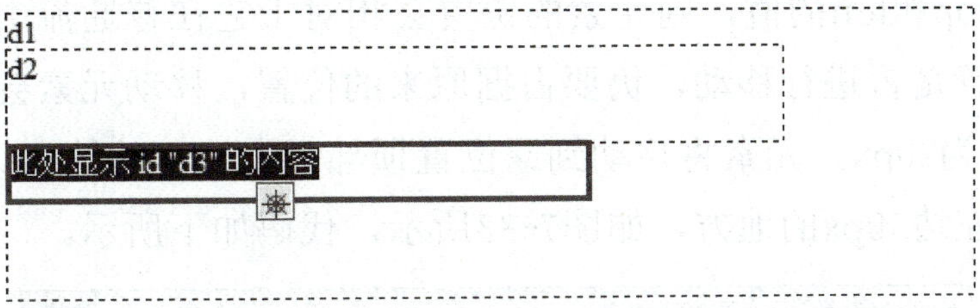

图7-29　ID为“d3”的Div的位置

```
<div id="d1">d1
   <div id="d2">d2</div>
   <div id="d3">此处显示　id "d3" 的内容</div>
</div>
```

4．Div的嵌套

为了使用Div+CSS实现更为复杂的网页布局排版，Div可以进行多层嵌套，例如，设置一个垂直布局的网页，代码如下。

```
<div id="top">头部（top）</div>
<div id="main">
   <div id="sider">侧面（sider）</div>
   <div id="container">主体内容（container）</div>
</div>
<div id="bottom">底部（bottom）</div>
```

ID为“sider”和“container”的Div嵌套在ID为“main”的Div中。布局效果如图7-30所示。

在网页中无论多么复杂的布局都可以通过Div之间的并列、嵌套来实现。

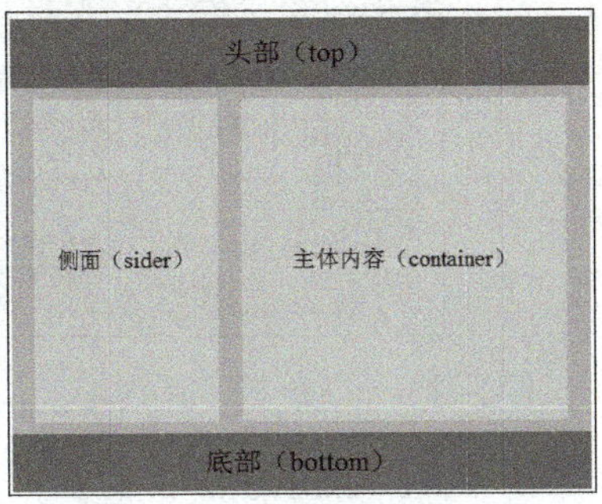

图7-30　垂直布局的网页结构

5．CSS中的元素定位方式

在CSS中元素有三种定位方式：普通流、定位（position）和浮动（float）。

（1）普通流

除非专门指定，否则所有元素都在普通流中定位，普通流中元素的位置由元素在HTML 中的位置决定。

（2）定位（position）

定位（position）有静态定位、相对定位、绝对定位和固定定位四种，可以在“CSS规则定义”对话框中和“属性”窗格中设置，如图7-31和图7-32所示。

1）静态定位：“Position”为static，元素作为文档流的一部分，即块级元素从上到下依次排列，元素之间的垂直距离由上、下的margin值决定。

行内元素在一行中水平排列。可以使用水平填充、边框和边界调整它们的间距。但是垂直填充、边框和边界不影响行内元素的高度。

2）相对定位：Position为“relative”，元素被看作普通流的一部分，它将出现在它所在的位置上，如果设置了top和left的值，则元素的位置会相对于它在普通流中的位置进行移动。使用相对定位的元素不管是否进行移动，仍要占据原来的位置，移动元素会覆盖其他的元素。

例如，将top设置为20px，元素将移动到原位置顶部下方20px的地方。将left设置为 30px，元素将移动到原位置左边30px的地方，如图7-33所示，代码如下所示。

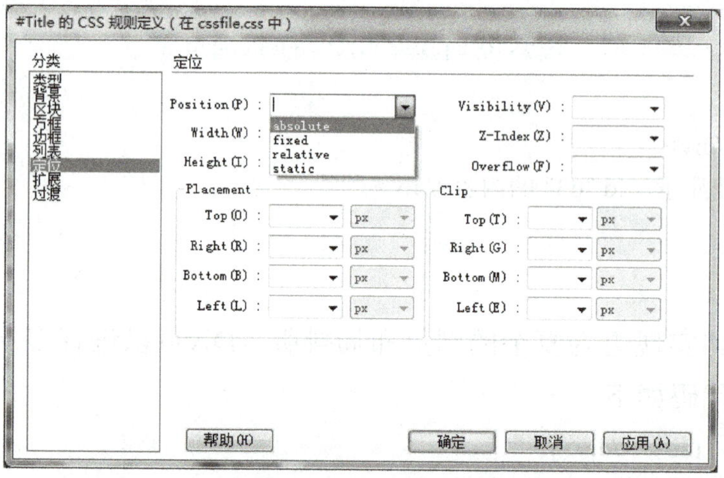

图7-31 “CSS规则定义”对话框中的position设置

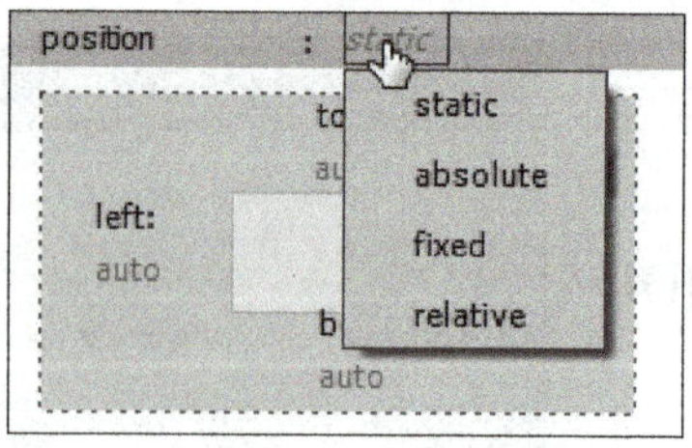

图7-32 “属性”窗格中的position设置

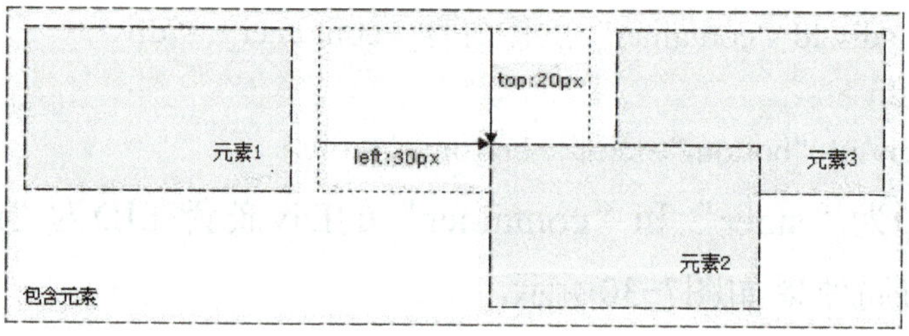

图7-33 相对定位

```
#box_relative {
    position: relative;
    left: 30px;
```

```
    top: 20px;
}
```

3）绝对定位：Position为“absolute”，绝对定位中元素的位置与文档流无关，就像漂浮在网页上一样，所以它可能覆盖页面上的其他元素，可以通过Z-index属性设置元素的堆放次序。

绝对定位的top和left值是相对于已经定位的父元素，如果没有已经定位的父元素，那么它的位置就相对于整个网页，即<body>，如图7-34所示。代码如下。

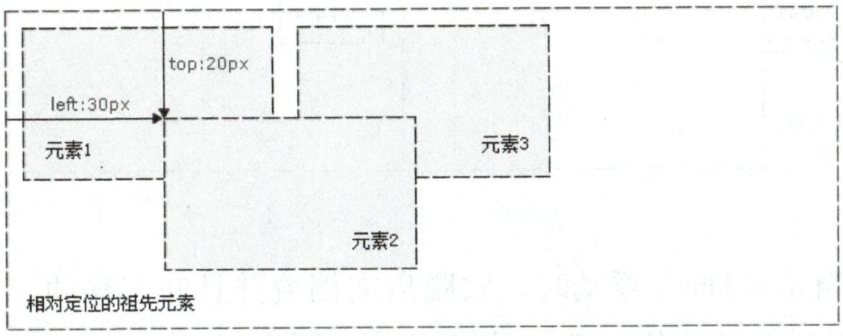

图7-34　绝对定位

```
#box_ absolute {
    position: absolute;
    left: 30px;
    top: 20px;
}
```

4）固定定位：Position为“fixed”，top和left的值永远相对于浏览器窗口。当浏览器的内容（有滚动条的情况）向上移动时，采用这种定位的Div不移动，其余的特点类似于绝对定位。

（3）浮动

浮动使用float属性设置，其值可以为left、right和none。可以在“CSS规则定义”对话元素中和“属性”窗格中设置，如图7-35和图7-36所示，浮动的元素可以左右移动，直到它的边缘碰到包含元素或另一个浮动元素的边缘。

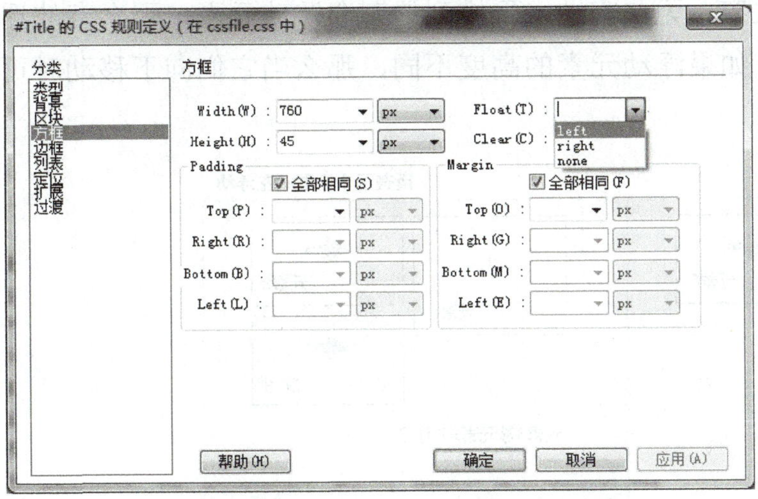

图7-35　“#Title的CSS规则定义”对话框中的“float”属性的设置

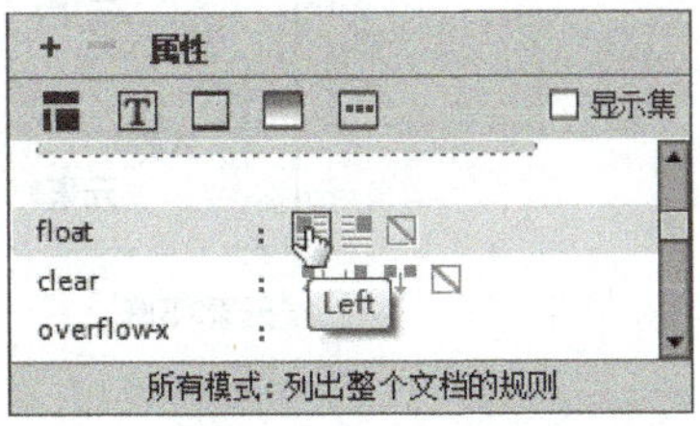

图7-36　“属性”窗格中的“float”属性的设置

如图7-37所示，当把元素1向右浮动时，它脱离文档流并且向右移动，直到它的右边缘碰到包含元素的右边缘。

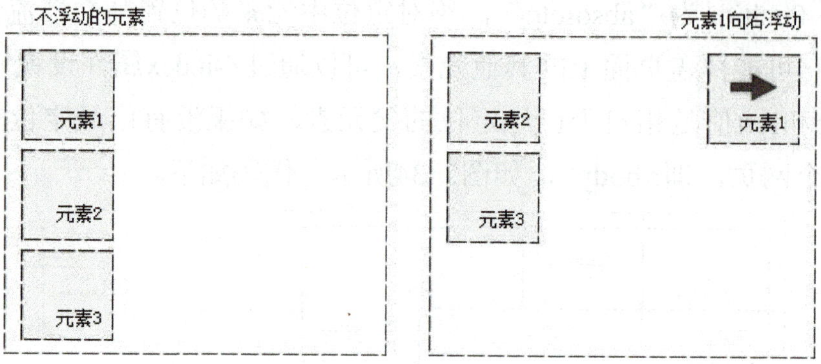

图7-37　元素1向右浮动

如图7-38所示，当元素1向左浮动时，它脱离文档流并且向左移动，直到它的左边缘碰到包含元素的左边缘。此时会覆盖住元素2，使元素2从视图中消失。

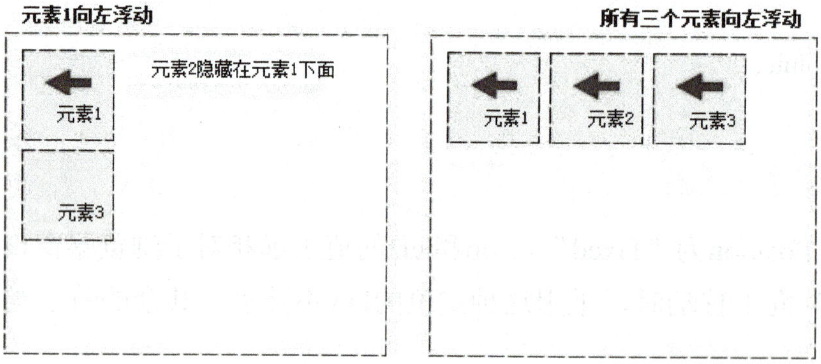

图7-38　元素1向左浮动与三个元素向左浮动

如果把三个元素都向左移动，元素1向左浮动直到碰到包含元素，另外两个元素向左浮动直到碰到前一个浮动元素。

如图7-39所示，如果包含元素太窄，无法容纳水平排列的三个浮动元素，那么有的浮动元素会向下移动，直到有足够的空间。如果浮动元素的高度不同，那么当它们向下移动时可能被其他浮动元素“卡住”。

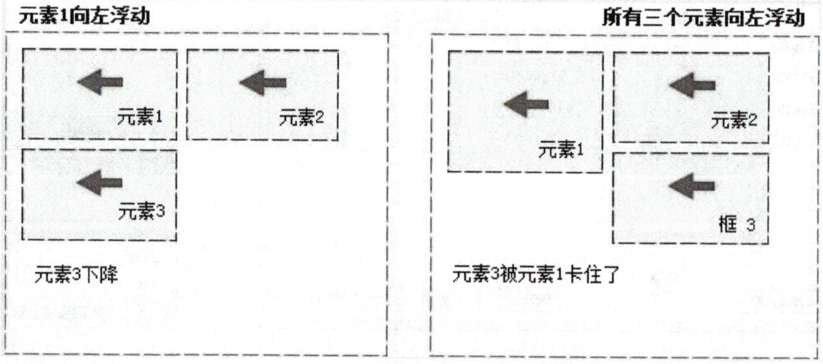

图7-39　元素3下降情况与元素3被卡的情况

6. 盒模型

盒模型是Div+CSS网页布局中最重要的概念，只有掌握好盒模型和每个网页元素的用法才能够控制好网页中的元素。

（1）盒模型的组成

一个盒模型是由边界（margin，也称外边距）、内容（content）、填充（padding，也称内边距）和边框（border）四个部分组成，如图7-40所示。

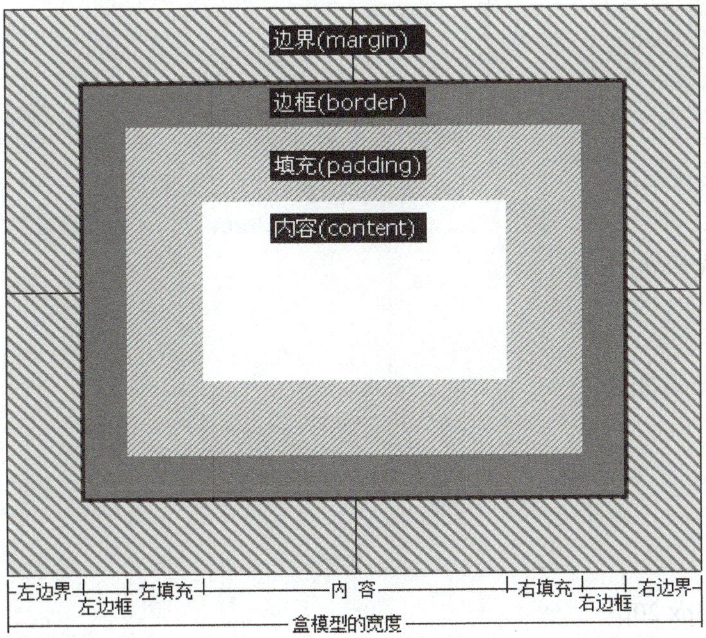

图7-40　CSS盒模型

为了方便理解，可以把盒模型想象成现实中上方开口的盒子，然后从正上往下俯视，边框相当于盒子的厚度，内容相当于盒子中所装物体的空间，填充相当于为防震而在盒子内填充的泡沫，边界相当于在这个盒子周围要留出一定的空间，方便取出。

（2）盒模型的宽度和高度

在CSS规则中，width属性值指的是盒模型内容的宽度；height属性值指的是盒模型内容的高度。

在网页中，盒模型实际占据的宽度为左边界+左边框+左填充+内容+右填充+右边框+右边界，实际高度为上边界+上边框+上填充+内容+下填充+下边框+下边界。

（3）边界、边框、填充、内容

1）边界：边界（margin）环绕在元素的四周，如果margin的值为0，则margin边界与border边框重合。边界分为上（margin-top）、右（margin-right）、下（margin-bottom）和左（margin-left）四个部分，可以统一设置，也可以分别设置，也可以只设置其中的一部分。可以直接在"属性"窗格中设置，如图7-41所示，也可以在"CSS规则定义"对话框中设置，如图7-42所示。

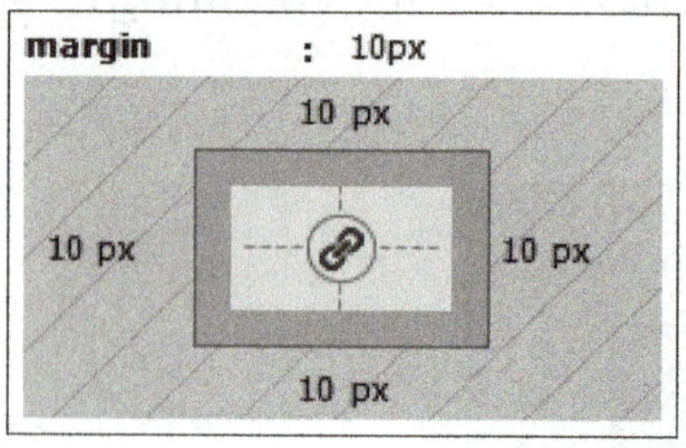

图7-41 “属性”窗格中的“margin”属性

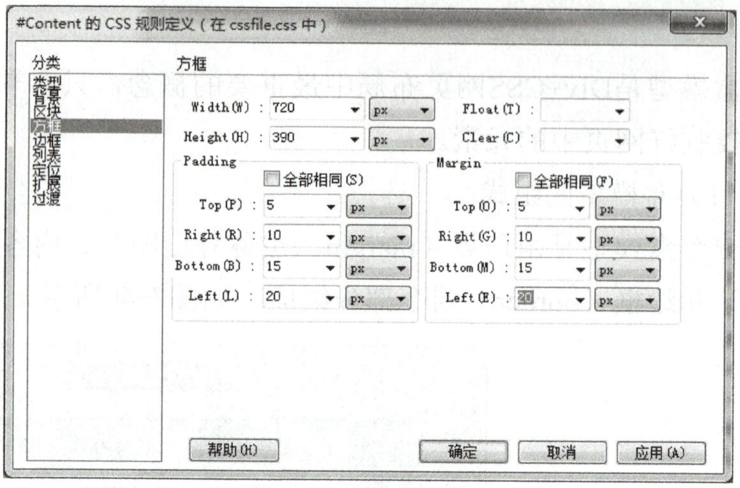

图7-42 “CSS规则定义”对话框中的“margin”和“padding”属性

统一设置产生的代码如下。

```
margin: 30px;
```

分别设置产生的代码如下。

```
margin-top: 5px;
margin-right: 10px;
margin-bottom: 15px;
margin-left: 20px;
或margin:5px 10px 15px 20px;
```

2）填充：填充（padding）位于元素四周的内侧，如果padding的值为0，则padding填充与border边框重合。填充分为上（padding-top）、右（padding-right）、下（padding-bottom）、左（padding-left）四个部分，可以统一设置，也可以分别设置，也可以只设置其中的一部分。可以直接在“属性”窗格中设置，如图7-43所示，也可以在“CSS规则定义”对话框中设置，如图7-42所示。

3）边框：边框（border）环绕在元素的四周，如果border的值为0，则border与padding重合。边框分为上（border-top）、右（border right）、下（border-bottom）、左（border-left）四个部分，可以统一设置，也可以分别设置，也可以只设置其中的一部分。可以直接在“属性”窗格中设置，如图7-44所示，也可以在“CSS规则定义”对话框中设置，如图7-45所示。

4）内容：是盒模型放置文本、图像等元素的部分。

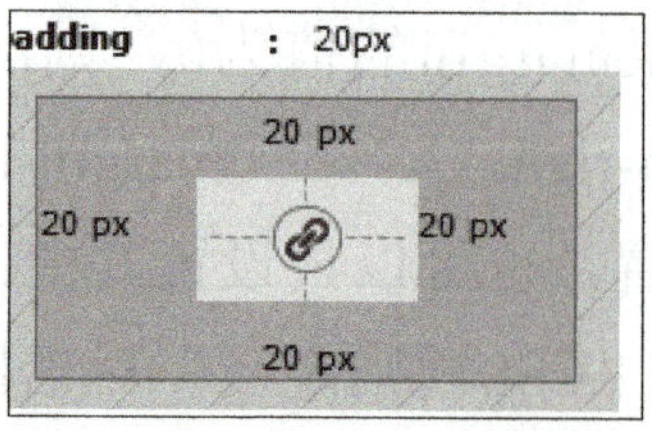

图7-43 “属性”窗格中的padding属性

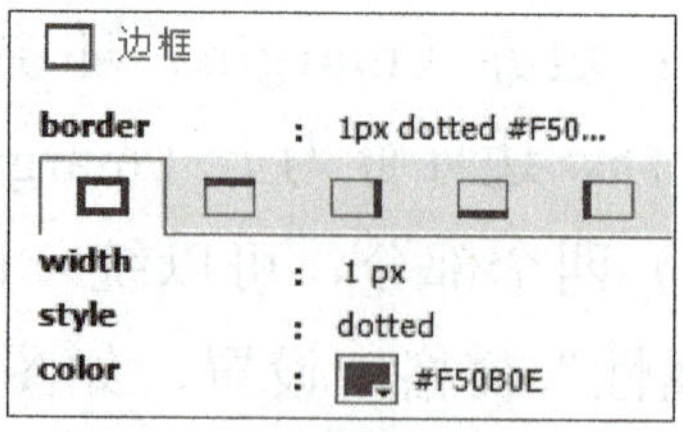

图7-44 “属性”窗格中的“border”属性

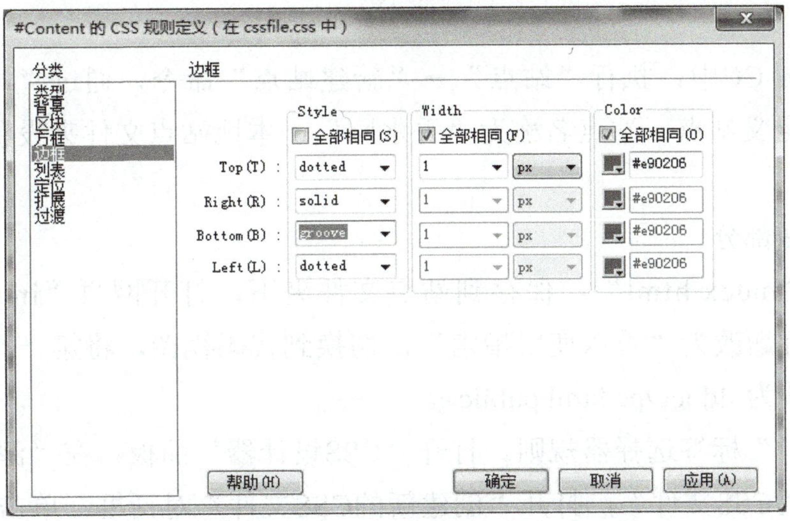

图7-45　“CSS规则定义”对话框中的“border”属性

【强化训练】　制作网页“香水使用指南”

通过强化训练，学习插入Div的方法与嵌套的方法，将Div与CSS样式表结合起来布局网页，盒模型的概念及组成，Div的定位方式，DIV+CSS布局网页的制作流程。在浏览器中预览的最终效果如图7-46所示。

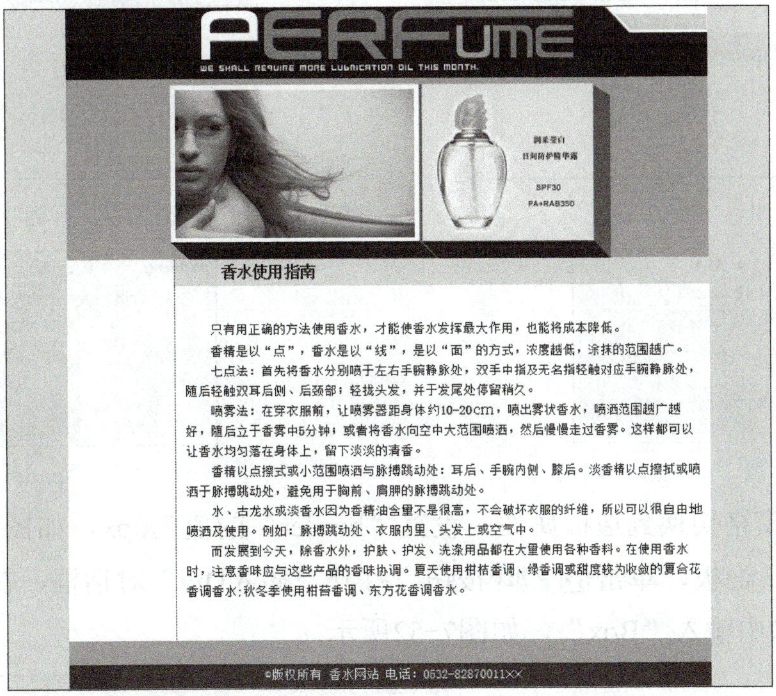

图7-46　网页“香水使用指南”效果图

操作步骤：

（1）规划站点

新建文件夹“Perfume”，将素材文件夹“Perfume”中“images”和“others”文件夹复制到“Perfume”文件夹中。

规划站点

（2）定义站点

在Dreamweaver CC中，执行“站点”→“新建站点”命令，通过“站点设置对象”对话框定义站点，站点名称为“香水网”，本地站点文件夹设置为Perfume文件夹。

定义站点

（3）制作Banner部分

1）新建网页“index.html”，保存到站点文件夹下，打开网页“index.html”，将网页的标题改为“香水使用指南”，切换到代码视图，将第一行代码<!doctype html >改为<!doctype html public>。

制作Banner部分

2）创建一个“*”标签选择器规则。打开“CSS设计器”面板，在“源”窗格中单击图标，选择“创建新的CSS文件”，打开“创建新的CSS文件”对话框，单击“浏览”按钮，输入文件名“cssfile”，选择“others”文件夹，单击“确定”按钮，将文件保存，“添加为”选择“链接”，单击“确定”按钮，“源”窗格如图7-47所示。

3）添加选择器。在“选择器”窗格中添加选择器“*”并选中，如图7-48所示。将“属性”窗格切换到布局属性，设置“margin”的值为0px，“padding”的值为0px，如图7-49和图7-50所示。

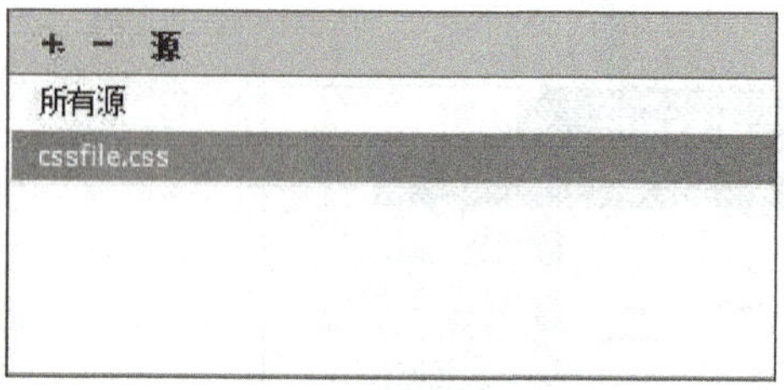

图7-47 “源”窗格

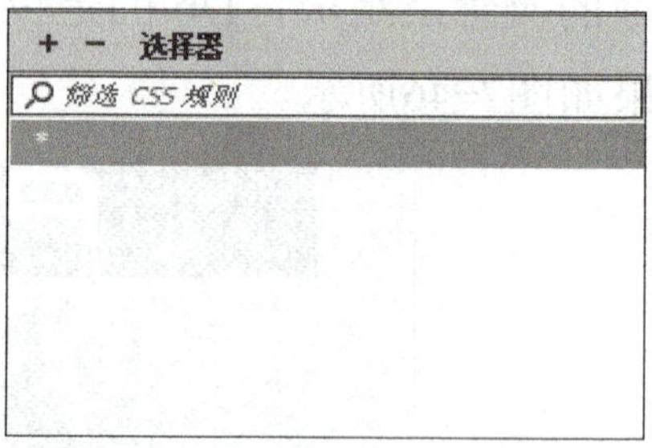

图7-48 在“选择器”窗格中添加选择器“*”

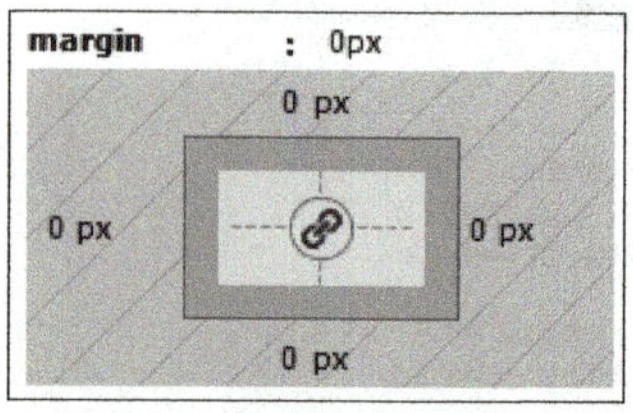

图7-49 设置“margin”属性

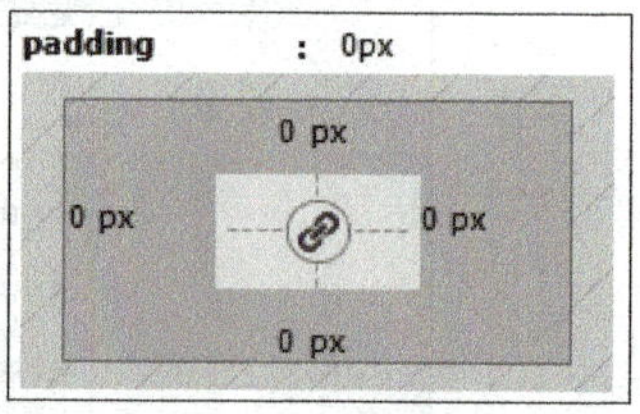

图7-50 设置“padding”属性

4）将“属性”窗格切换到边框属性，设置“border”的值为0px，如图7-51所示。

5）打开“插入”面板，单击 Div按钮，打开“插入Div”对话框，在“插入”项中选择“在插入点”，在ID中输入“Box”，如图7-52所示。

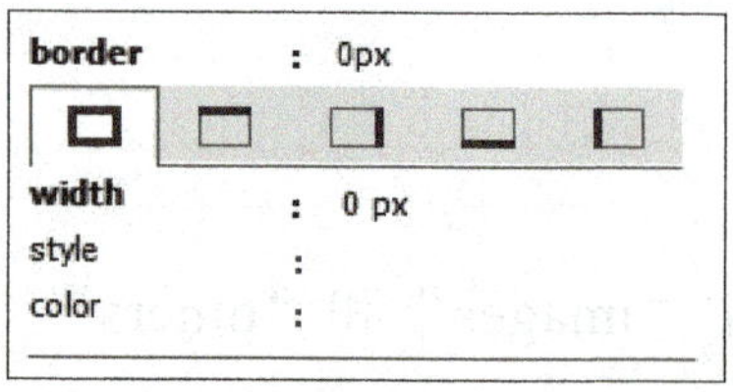

图7-51 设置“border”属性

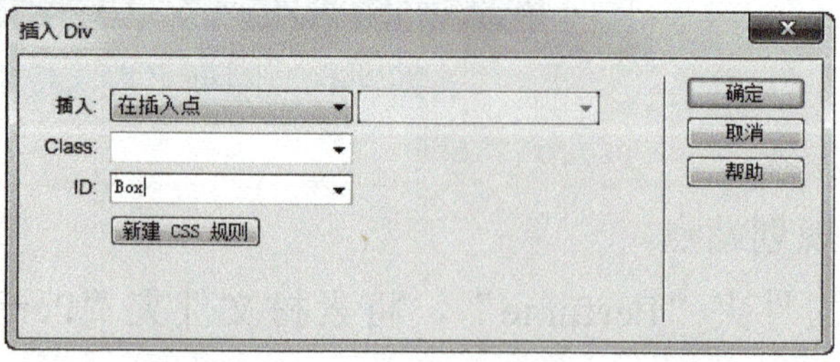

图7-52 “插入Div”对话框

6）单击“新建CSS规则”按钮，打开“新建CSS规则”对话框，可以看到“选择器类型”选择“ID”，“选择器名称”设置为“#Box”，“规则定义”需要选择“cssfile.css”。

7）单击“确定”按钮，打开“#Box的CSS规则定义”对话框。在“分类”中选择“方框”项，设置“Width”为800px，设置“Height”为717px，取消选择“Margin”中的“全部相同”复选框，设置“Top”为0px，“Right”为auto，“Bottom”为0px，“Left”为auto，如图7-53所示。

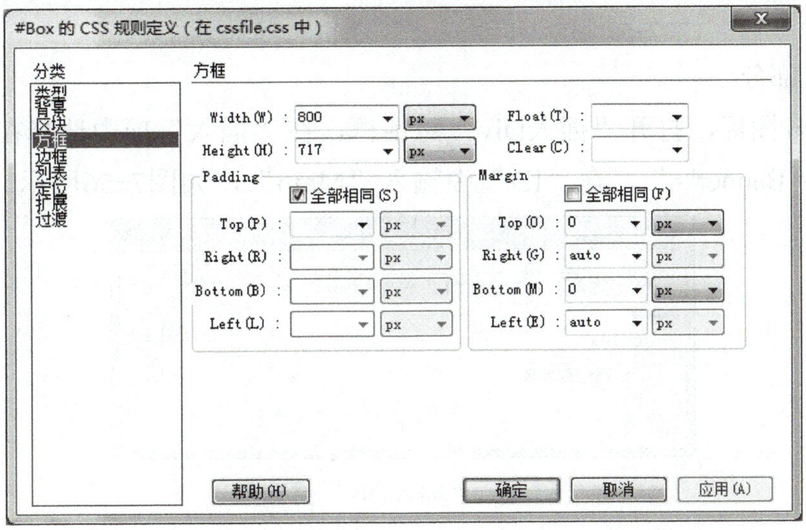

图7-53　“#Box的CSS规则定义”对话框

8）在“分类”中选择“背景”项，设置“Background-color”为“#DDDDDD”，单击“确定”按钮，返回“插入Div”对话框，再次单击“确定”按钮，在页面中插入ID为“Box”的Div，且Div居中显示。

9）将Div中默认的文字删除，将光标定位在Div中，单击“插入”面板中的“Div标签”，打开“插入Div”对话框，在“插入”项中选择“在插入点”，在ID中输入“Banner”，如图7-54所示。

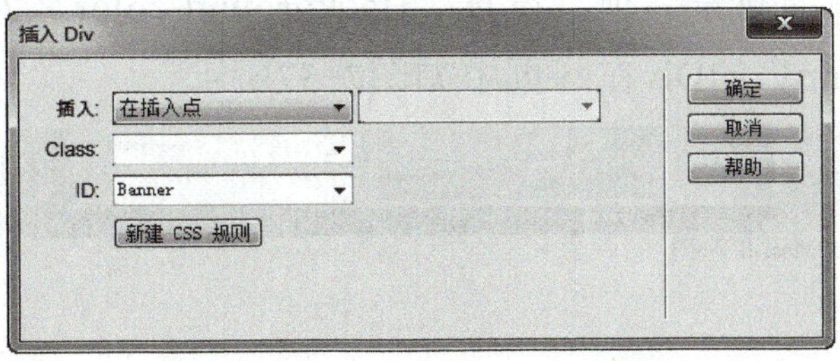

图7-54　“插入Div”对话框

10）单击“新建CSS规则”按钮，打开“新建CSS规则”对话框，“选择器类型”选择“ID”，“选择器名称”设置为“#Banner”，“规则定义”选择“cssfile.css”，单击“确定”按钮，打开“#Banner的CSS规则定义”对话框。

11）在“分类”中选择“方框”项，设置“Width”为666px，“Height”为265px，取消“Margin”中的“全部相同”复选框的对钩，设置“Top”为0px，“Right”为67px，“Bottom”为0px，“Left”为67px，两次单击“确定”按钮，ID为“Banner”的Div在网页中如图7-55所示。

12）将Div中默认的文字删除，在其中插入图像“04_03.jpg”。

图7-55　ID为“Banner”的Div在网页中的效果

（4）制作标题部分

1）单击 Div图标，打开“插入Div”对话框，在“插入”项中选择在“在标签后”“<div id='Banner'>”，在“ID”中输入“Main”，如图7-56所示。

制作标题部分

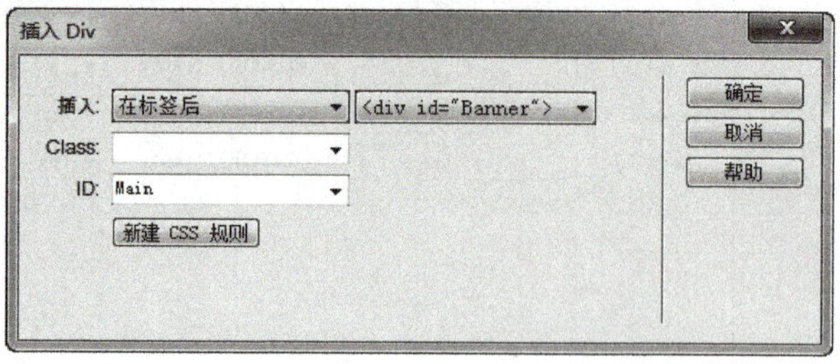

图7-56　“插入Div”对话框

2）单击“新建CSS规则”按钮，打开“新建CSS规则”对话框，“选择器类型”选择“ID”，“选择器名称”设置为“#Main”，“规则定义”选择“cssfile.css”，单击“确定”按钮，打开“#Main的CSS规则定义”对话框。

3）在“分类”中选择“方框”项，设置“Width”为666px，“Height”为400px，取消选择“Margin”中的“全部相同”复选框，设置“Top”为0px，“Right”为67px，“Bottom”为0px，“Left”为67px。

4）在“分类”中选择“背景”项，设置“Background-color”为“#FFFFFF”，两次单击“确定”按钮，ID为“Main”的Div在网页中如图7-57所示。

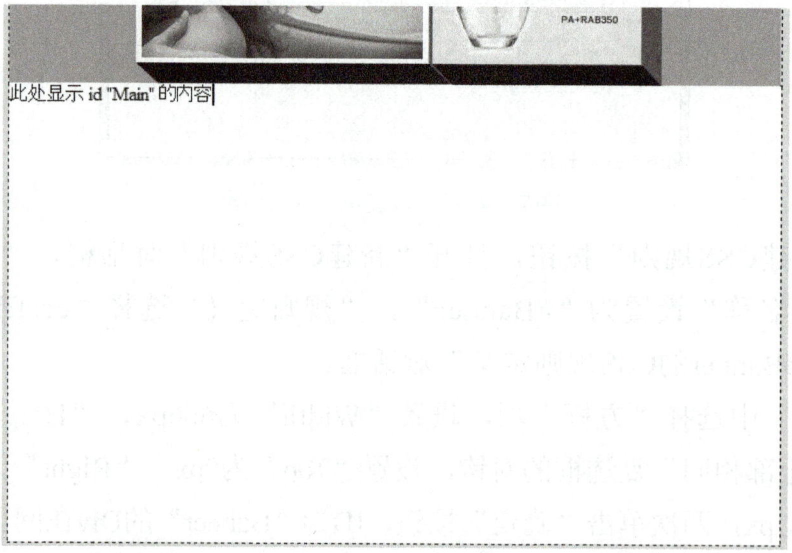

图7-57　ID为“Main”的Div在网页中的效果

5）将Div中默认的文字删除，插入Div，打开“插入Div”对话框，在“插入”项中选择在“在标签开始后”“<div id='Main'>”，在“ID”中输入“Title”，如图7-58所示。

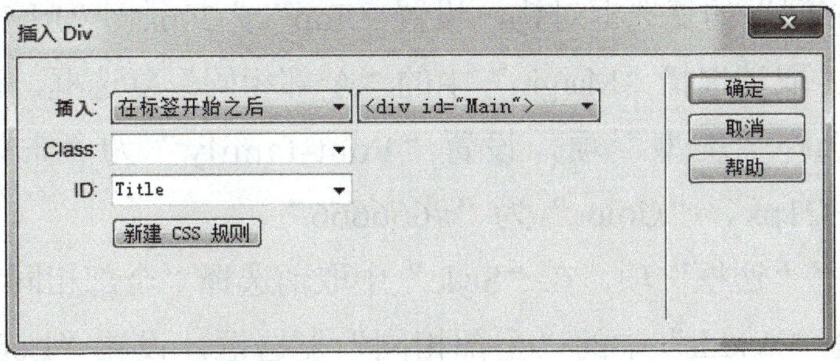

图7-58 “插入Div”对话框

6）单击“新建CSS规则”按钮，打开“新建CSS规则”对话框，保持默认设置，单击“确定”按钮，打开“#Main的CSS规则定义”对话框。

7）在“分类”中选择“方框”项，设置“Width”为554px，“Height”为28px，取消选择“Margin”中的“全部相同”复选框，设置“Left”为111px。

8）在“分类”中选择“边框”项，在“Style”中取消选择“全部相同”复选框，设置“Left”为“dashed”；取消选择“Width”中的“全部相同”复选框，设置“Left”为1px；在“Color”中取消选择“全部相同”复选框，设置“Left”为“#666666”。

9）在“分类”中选择“背景”项，设置“Background-color”为“#DDDDDD”，单击“确定”按钮两次。

10）在“分类”中选择“类型”项，设置“Font-family”为“宋体”、“Font-size”为16px、“Line-height”为28px、“Font-weight”为“bold”，两次单击“确定”按钮，在Div中输入文字“香水使用指南”，开头空三个全角空格，在网页中的效果如图7-59所示。

图7-59 标题在网页中的效果

（5）制作正文部分

制作正文部分

1）单击 Div按钮，打开“插入Div”对话框，在“插入”项中选择在“在标签后”“<div id='Title'>”，在“ID”中输入“Content”，如图7-60所示。

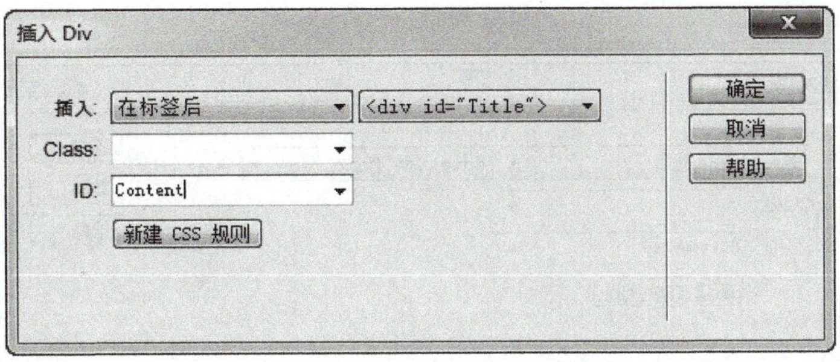

图7-60 “插入Div”对话框

2）单击“新建CSS规则”按钮，打开“新建CSS规则”对话框，保持默认设置，单击“确定”按钮，打开“#Content的CSS规则定义”对话框。

3）在“分类”中选择“方框”项，设置“Width”为534px，“Height”为331px，取消“Padding”中的“全部相同”的复选框对钩，设置“Top”为30px，“Right”为10px，“Bottom”为10px，“Left”为10px。取消选择“Margin”中的“全部相同”复选框，设置“Left”为111px。

4）在“分类”中选择“类型”项，设置“Font-family”为“宋体”、“Font-size”为13px、“Line-height”为21px、“Color”为“#666666”。

5）在“分类”中选择“边框”项，在“Style”中取消选择“全部相同”复选框，设置“Left”为“dashed”。取消选择“Width”中的“全部相同”复选框，设置“Left”为1px，在“Color”中取消选择“全部相同”复选框，设置“Left”为“#666666”，两次单击“确定”按钮。将默认的文本删除，输入文字素材中文章内容部分，内容部分在网页中的效果如图7-61所示。

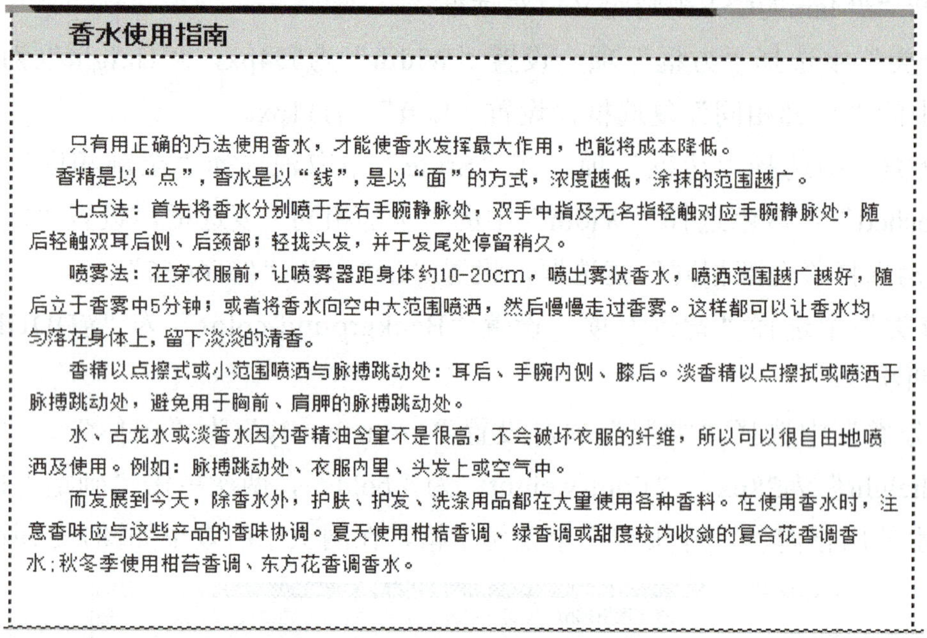

图7-61　内容部分在网页中的效果

（6）制作版权部分

1）单击“插入”面板中的“Div标签”，打开“插入Div”对话框，在“插入”项中选择在“在标签后”“<div id='Main'>”，在ID中输入“Bottom-top”，如图7-62所示。

制作版权部分

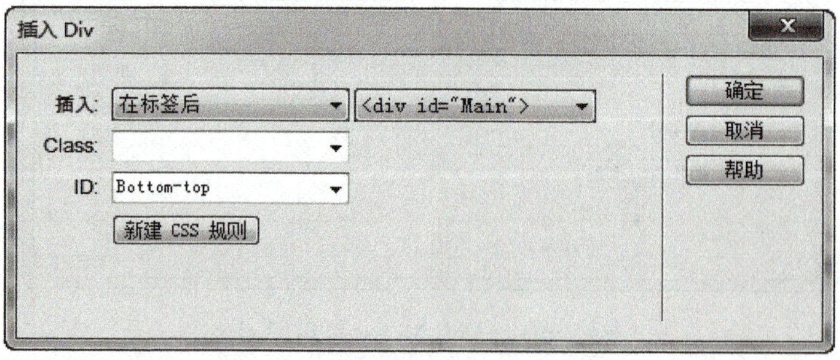

图7-62　“插入Div”对话框

2）单击“新建CSS规则”按钮，打开“新建CSS规则”对话框，设置保持默认，单击“确定”按钮，打开“#Bottom-top的CSS规则定义”对话框。

3）在“分类”中选择“方框”项，设置“Width”为666px，“Height”为25px，取消选择“Margin”中“全部相同”复选框，设置“Top”为0px，“Right”为67px，“Bottom”为0px，“Left”为67px。

4）在“分类”中选择“背景”项，设置“Background-color”为“#FF940A”，单击“确定”按钮两次，将Div中默认的文字删除，ID为“Bottom-top”的Div在网页中如图7-63所示。

图7-63　ID为“Bottom-top”的Div在网页中效果

5）单击“插入”面板中的“Div标签”，打开“插入Div”对话框，在“插入”项中选择在“在标签后”“<div id='Bottom-top'>”，在ID中输入“Bottom-bm”，如图7-64所示。

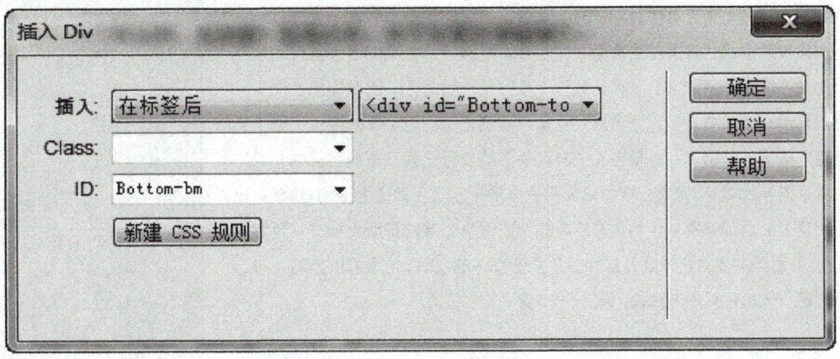

图7-64　“插入Div”对话框

6）单击“新建CSS规则”按钮，打开“新建CSS规则”对话框，设置保持默认，单击“确定”按钮，打开“#Bottom-bm的CSS规则定义”对话框。

7）在“分类”中选择“方框”项，设置“Width”为666px，“Height”为25px，取消选择“Margin”中的“全部相同”复选框，设置“Top”为0px，“Right”为67px，“Bottom”为0px，“Left”为67px。

8）在“分类”中选择“背景”项，设置“Background-color”为“#333333”。

9）在“分类”中选择“类型”项，设置“Font-family”为“宋体”、“Font-size”为13px、“Line-height”为25px、“Color”为“#EEEEEE”。

10）在“分类”中选择“区块”项，设置“Text-align”为“center”，两次单击“确定”按钮，将Div中默认的文字删除，输入文字“版权所有 香水网站 电话：0532- 870011××”，在开头插入版权符号。版权部分在网页中如图7-65所示。

图7-65　版权部分在网页中的效果

保存，预览，可以得到如图7-46所示的效果。

任务2 Div+CSS布局——制作网页“回顾经典”

Div+CSS布局网页是用CSS规则对Div进行控制，然后利用Div来排版网页元素，实现了内容与形式的分离，并且样式设计的代码都写在独立的CSS文件里，使网页修改变得简单、方便。通过本任务的操作，学习如何建立表单域和插入表单元素，如何设置表单元素属性，如何利用表格定位表单元素，最终效果如图7-66所示。

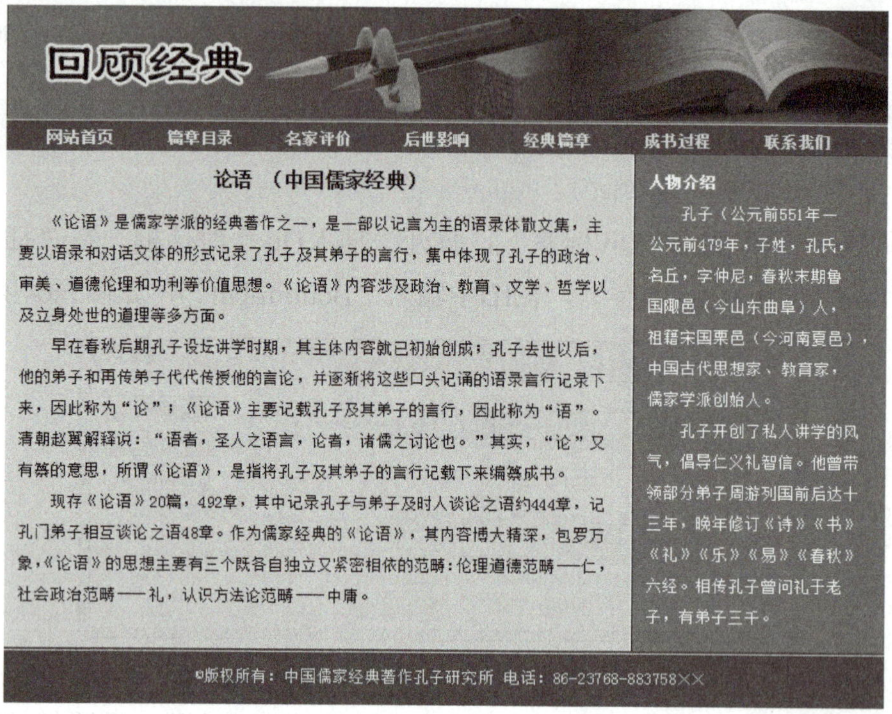

图7-66 网页“回顾经典”效果图

【任务实施】

（1）规划站点

新建文件夹“JingDian”，将素材文件夹“JingDian”中的“images”和“others”文件夹复制到“JingDian”文件夹中。

规划站点

（2）定义站点

在Dreamweaver CC中，执行“站点”→“新建站点”命令，通过“站点设置对象”对话框定义站点，站点名称为“回顾经典”，本地站点文件夹设置为JingDian文件夹。

定义站点

（3）制作Banner部分

1）新建网页“index.html”，保存到站点文件夹下，打开网页“index.html”，将网页的标题改为“回顾经典”，切换到代码视图，将第一行代码<!doctype html >改为<!doctype html public>。

制作Banner部分

2）打开“CSS设计器”面板，在“源”窗格中进行操作，创建新的CSS文件，文件名为

“cssfile”，将文件保存到“others”文件夹，并以“链接”附加，“源”窗格如图7-67所示。

3）创建*标签选择器规则。在“选择器”窗格中添加选择器“*”，并选中，将“属性”窗格切换到布局属性，设置“margin”的值为0px，“padding”的值为0px，如图7-68和图7-69所示。

4）将“属性”窗格切换到边框属性，设置“border”的值为0px，如图7-70所示。

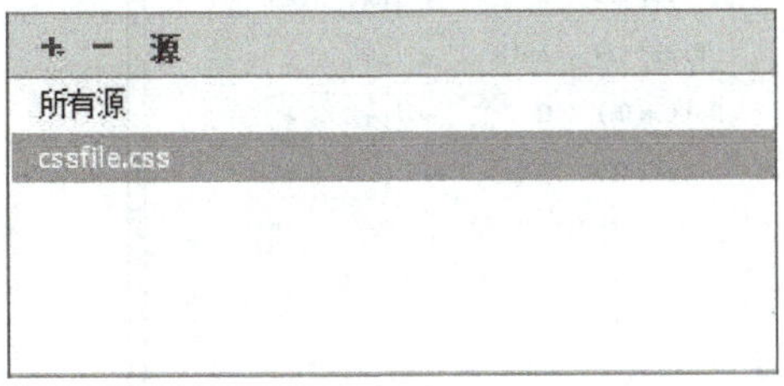

图7-67　“源”窗格

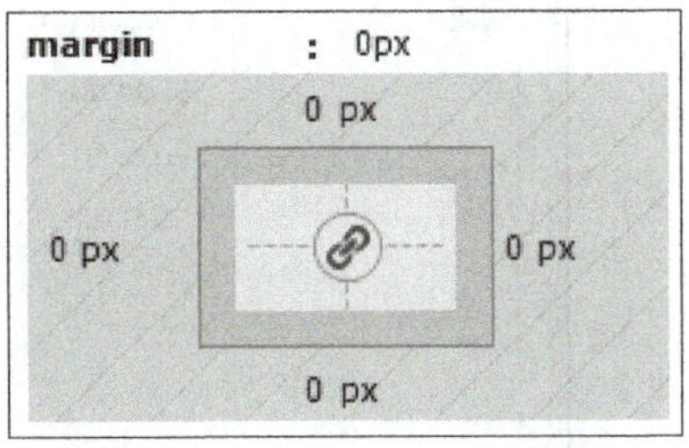

图7-68　设置“margin”属性

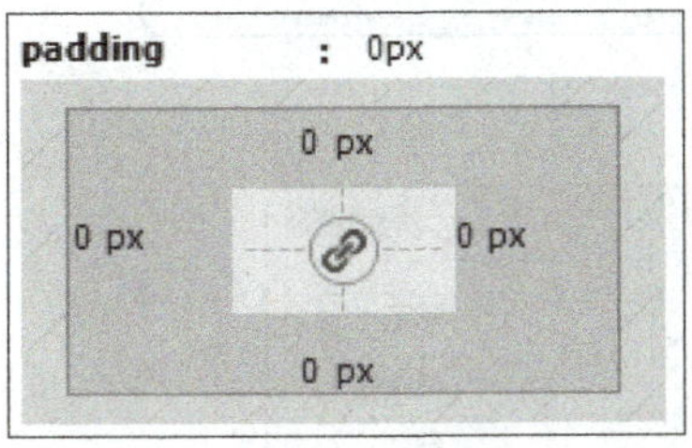

图7-69　设置“padding”属性

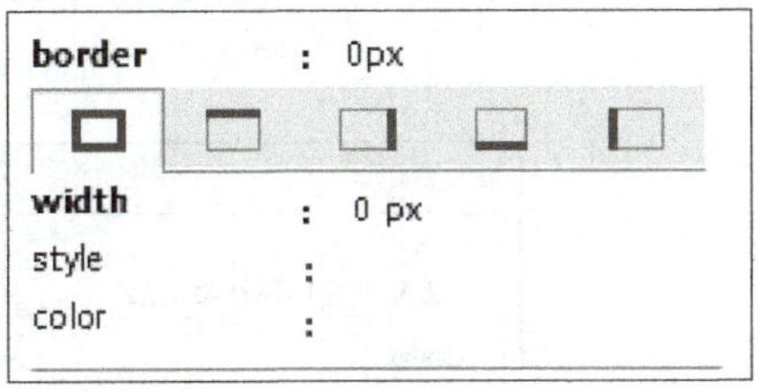

图7-70　设置“border”属性

5）打开“插入”面板，单击 Div 按钮，打开“插入Div”对话框，在“插入”项中选择“在插入点”，在ID中输入“Box”，如图7-71所示。

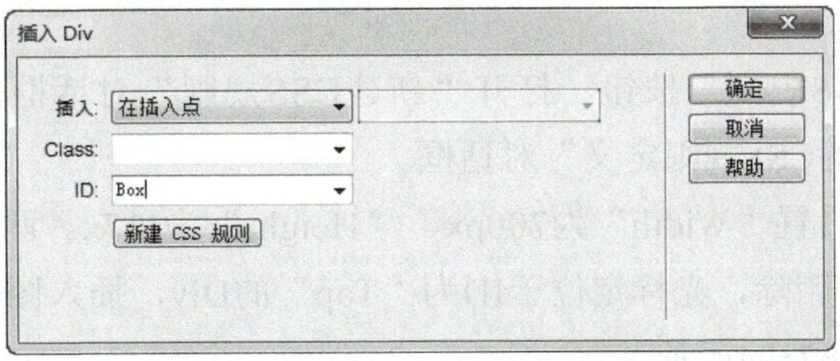

图7-71　“插入Div”对话框

6）单击“新建CSS规则”按钮，打开“新建CSS规则”对话框，“选择器类型”选择“ID”，“选择器名称”设置为“#Box”，“规则定义”选择“cssfile.css”。

7）单击“确定”按钮，打开“#Box的CSS规则定义”对话框。在“分类”中选择“方框”项，设置“Width”为700px，设置“Height”为562px，取消选择“Margin”中的“全部相同”复选框，设置“Top”为0px，“Right”为auto，“Bottom”为0px，“Left”为auto，如图7-72所示。

8）单击“确定”按钮，返回“插入Div”对话框，再次单击“确定”按钮，在页面中插入ID为“Box”的Div，且Div居中显示。

9）将Div中默认的文字删除，单击 Div 按钮，打开“插入Div”对话框，在“插入”项中选择“在标签开始后”“<div id='Box'>”，在ID中输入“Top”，如图7-73所示。

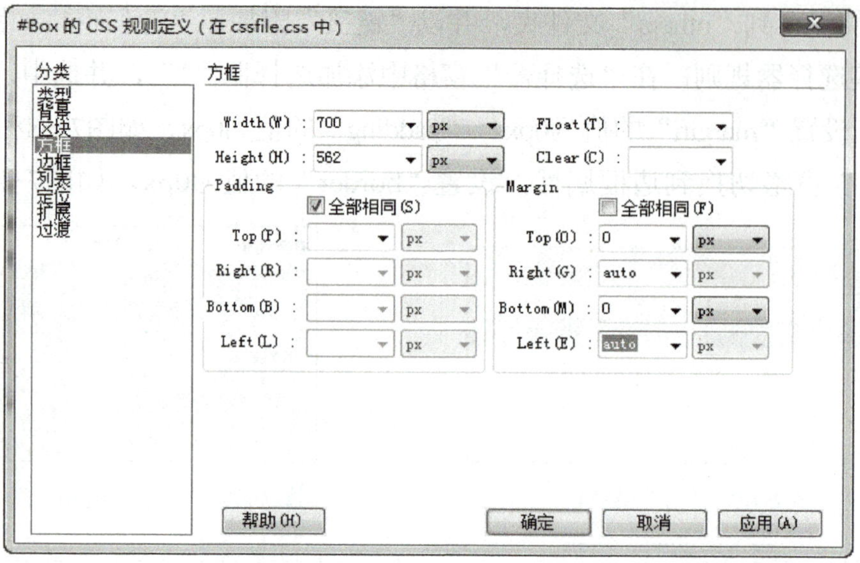

图7-72 “#Box的CSS规则定义”对话框

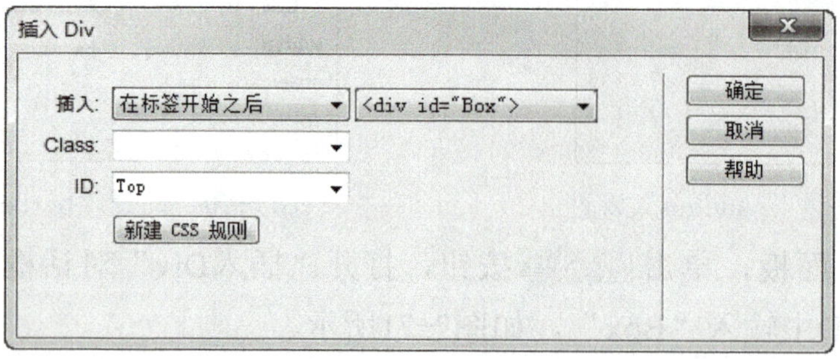

图7-73 “插入Div”对话框

10）单击“新建CSS规则”按钮，打开“新建CSS规则”对话框，默认设置，单击“确定”按钮，打开“#Top的CSS规则定义”对话框。

11）在“方框”中设置“Width”为700px、“Height”为117x。两次单击“确定”按钮，插入Div。将默认的文字删除，光标定位于ID为“Top”的Div，插入图像“banner.jpg”Banner部分在网页中的效果如图7-74所示。

图7-74 Banner部分在网页中的效果

（4）制作导航部分

制作导航部分

1）单击 Div 按钮，打开“插入Div”对话框，在“插入”项中选择“在标签结束之前”“<div id='Top'>”，在“ID”中输入“Nav”，如图7-75所示。

2）单击“新建CSS规则”按钮，打开“新建CSS规则”对话框，默认设置，单击“确定”按钮，打开“#Nav的CSS规则定义”对话框。

3）在“方框”中设置“Width”为700px、“Height”为24px。在“分类”中选择“背景”项，设置“Background-color”为“#555555”。在“分类”中选择“区块”项，设置“Text-align”为“center”，两次单击“确定”按钮，插入Div。

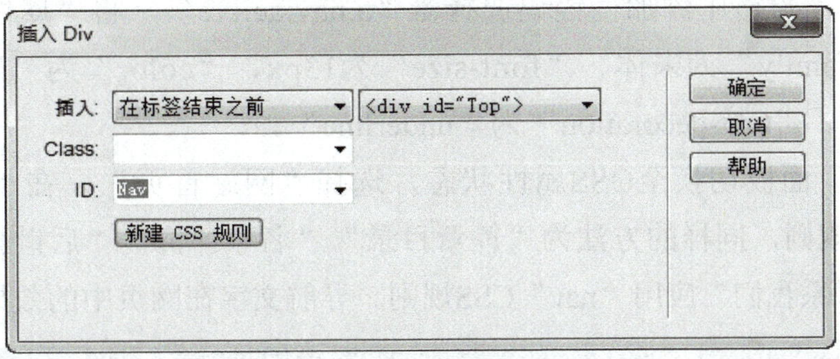

图7-75 “插入Div”对话框

4）将默认的文字删除，切换到代码视图，将光标定位在<div id="Nav"></Div>标签中间，单击菜单“插入”→“项目列表”命令，插入列表，执行“插入”→“列表项”命令，插入列表。将列表项标签<li></li>复制6次，并在每个<li></li>标签中输入文字素材中的对应导航文字，代码与文字如下。

```
<div id="Nav">
    <ul>
        <li>网站首页</li>
        <li>篇章目录</li>
        <li>名家评价</li>
        <li>后世影响</li>
        <li>经典篇章</li>
        <li>成书过程</li>
        <li>联系我们</li>
    </ul>
</div>
```

5）切换至设计视图，在“选择器”窗格中添加标签选择器“ul li”，将“属性”窗格切换至布局属性，设置“Width”为75px、“Height”为24px，设置左边界为20px，设置“float”为left，将“属性”窗格切换至文本属性，设置“line-height”为24px，设置“list-style-type”为none。

6）为每一个导航项设置空超链接，在“选择器”窗格中添加伪锚记选择器“a.nav:link”，将“属性”窗格切换至文本属性，设置“font-family”为宋体、“font-size”为13px、“color”为“#E1E1E1”、“font-weight”为“bold”、“text-decoration”为“none”。

7）在“选择器”窗格中添加伪锚记选择器“a.nav:visited”，将“属性”窗格切换至文本属性，设置“font-family”为宋体、“font-size”为13px、“color”为“#E1E1E1”、“font-weight”为“bold”、“text-decoration”为“none”。

8）在“选择器”窗格中添加伪锚记选择器“a.nav:hover”，将“属性”窗格切换至文本属性，设置“font-family”为宋体、“font-size”为13px、“color”为“#FF0004”、“font-weight”为“bold”、“text-decoration”为“none”。

9）在“选择器”窗格中添加伪锚记选择器“a.nav:acitve”，将“属性”窗格切换至文本属性，设置“font-family”为宋体、“font-size”为13px、“color”为“#FF0004”、“font-weight”为“bold”、“text-decoration”为“underline”。

10）将“属性”面板切换至CSS属性状态，选择“网站首页”，在“目标规则”中选择“nav”，应用CSS规则，同样的方法为“篇章目录”“名家评价”“后世影响”“经典篇章”“成书过程”和“联系我们”应用“nav”CSS规则。导航文字在网页中的效果如图7-76所示。

图7-76　导航文字在网页中的效果

（5）制作网页左侧标题部分

制作网页左侧标题部分

1）插入一个Div，设置如图7-77所示，在“插入”项中选择“在标签后”“<div id='Top'>”，在“ID”中输入“Main”。

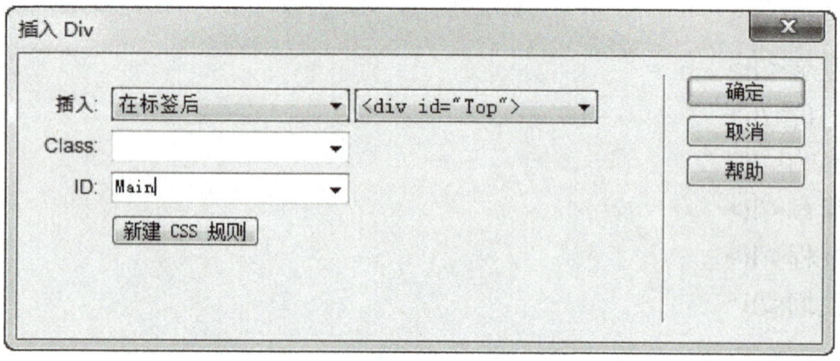

图7-77　“插入Div”对话框

2）为ID为“Main”的Div创建ID选择器规则，并在“方框”中设置“Width”为700px、“Height”为400px。

3）将默认的文字删除，插入一个Div，设置如图7-78所示，在“插入”项中选择“在标签开始之后”“<div id='Main'>”，在“ID”中输入“Main-left”。

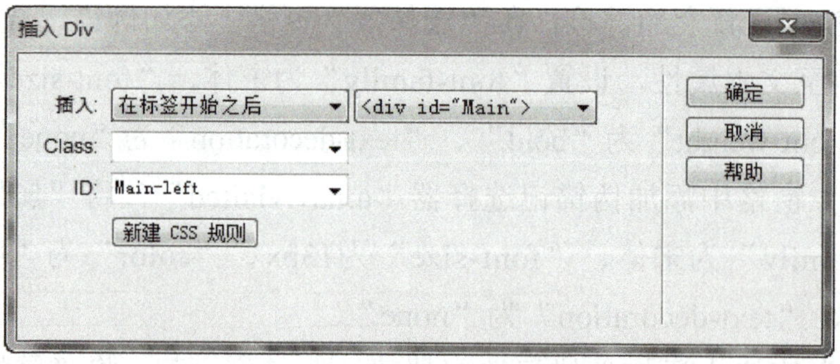

图7-78　“插入Div”对话框

4）为ID为“Main-left”的Div创建ID选择器规则，在“方框”中设置“Width”为500px、

“Height”为400px、“Float”为left，在“分类”中选择“背景”项，设置“Background-color”为“#d6d6d6”。

5）将默认的文字删除，插入一个Div，设置如图7-79所示，在“插入”项中选择“在标签开始之后”“<div id='Main-left'>”，在“ID”中输入“Title”。

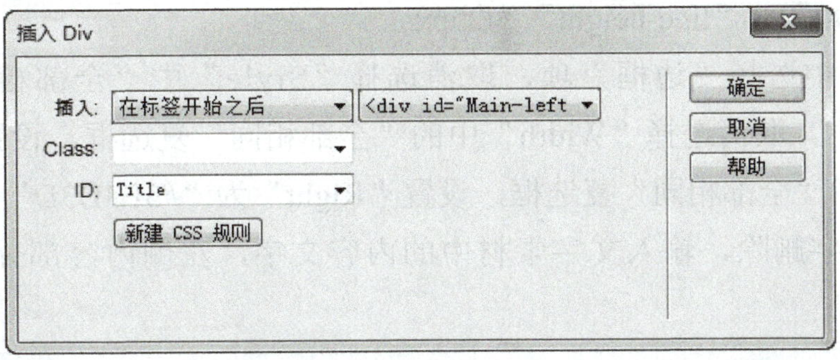

图7-79 “插入Div”对话框

6）为ID为“Title”的Div创建ID选择器规则，并在“方框”中设置“Width”为499px、“Height”为45px，在“类型”中选择“类型”项设置“font-family”为宋体、“font-size”为16px、“color”为“#000000”、“line-height”为45px、“font-weight”为bold。

7）在“分类”中选择“边框”项，取消选择“Style”中“全部相同”复选框，设置“Right”为“solid”。取消选择“Width”中的“全部相同”复选框，设置“Right”为1px，取消选择“Color”中“全部相同”复选框，设置“Right”为“#3E3D3D”。

8）在“分类”中选择“区块”项，设置“Text-align”为“center”。

9）将默认的文字删除，输入文字素材中的标题文字“论语（中国儒家经典）”，左侧标题部分在网页中的效果如图7-80所示。

图7-80 左侧标题部分在网页中的效果

（6）制作左侧内容部分

1）插入一个Div，设置如图7-81所示，在“插入”项中选择“在标签后”“<div id='Title'>”，在“ID”中输入“Content”。

制作左侧内容部分

图7-81 “插入Div”对话框

2）为ID为“Content”的Div创建ID选择器规则，并在“方框”中设置“Width”为479px、“Height”为345px，取消“Padding”中的“全部相同”复选框的对钩，设置“Right”为10 px，“Bottom”为10px，“Left”为10px。

3）在“类型”中选择“类型”项设置“font-family”为宋体、“font-size”为13px、“color”为“#000000”、“line-height”为25px。

4）在“分类”中选择“边框”项，取消选择“Style”中“全部相同”复选框，设置“Right”为“solid”。取消选择“Width”中的“全部相同”复选框，设置“Right”为1px，取消选择“Color”中“全部相同”复选框，设置“Right”为“#3E3D3D”。

5）将默认的文字删除，输入文字素材中的内容文字，左侧内容部分在网页中的效果如图7-82所示。

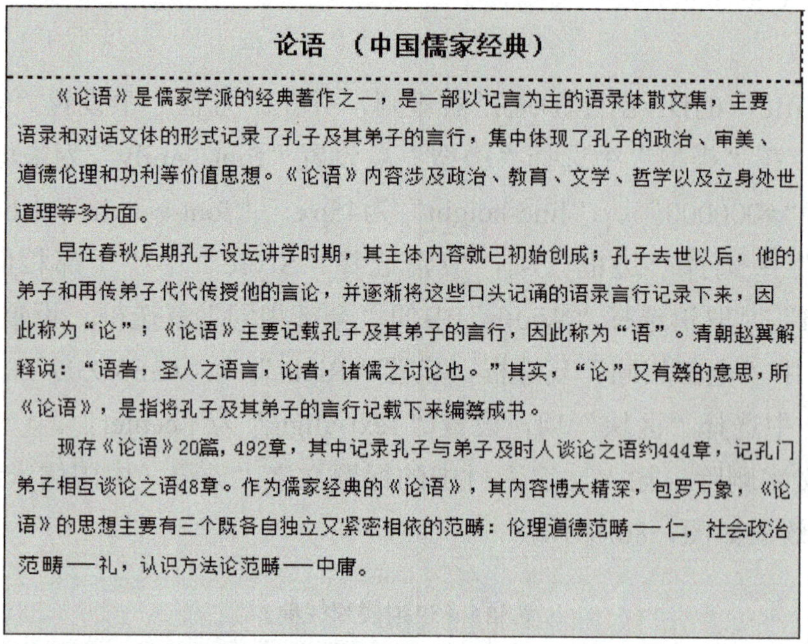

图7-82 左侧内容部分在网页中的效果

（7）制作右侧“人物介绍”部分

制作右侧“人物介绍”部分

1）插入一个Div，设置如图7-83所示，在“插入”项中选择“在标签后”“<div id='Main-left'>”，在“ID”中输入“Main-right”。

2）为ID为“Main-right”的Div创建ID选择器规则，并在“方框”中设置“Width”为180px、“Height”为380px，勾选“Padding”中的“全部相同”复选框，设置“Top”为10px，设置“Float”为left。

3）在“分类”中选择“背景”项，设置“Background-color”为“#8C8080”。在“类型”中选择“类型”项设置“font-family”为宋体、“font-size”为13px、“color”为#EEEEEE、“line-height”为25px。

4）将默认的文字删除，输入文字素材中的人物介绍文字，选择“人物介绍”，设置为粗体，右侧人物介绍部分在网页中的效果如图7-84所示。

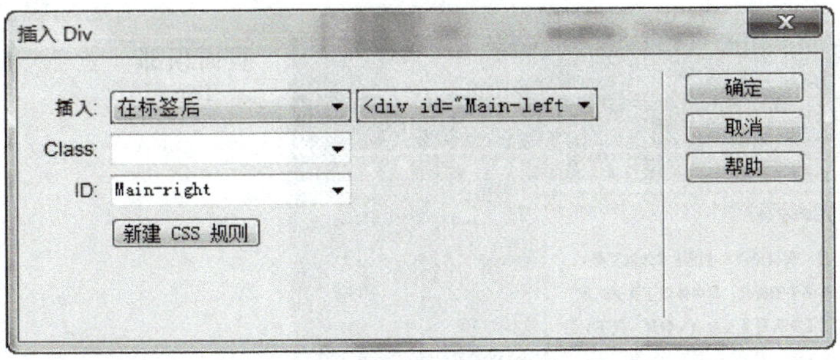

图7-83　“插入Div”对话框

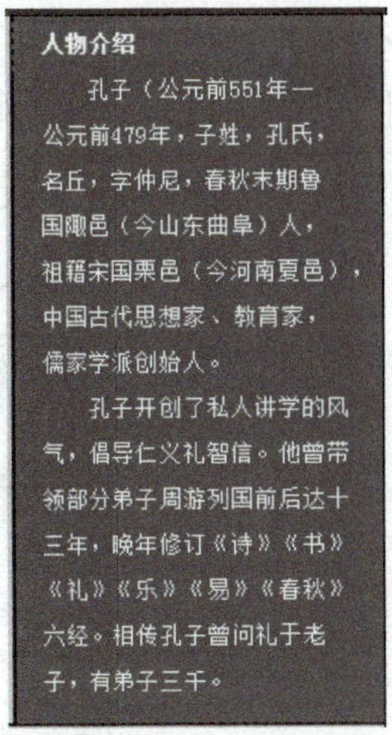

图7-84　右侧人物介绍部分在网页中的效果

（8）制作版权部分

1）插入一个Div，设置如图7-85所示，在“插入”项中选择“在标签后”“<div id='Main'>”，在“ID”中输入“Bottom”。

制作版权部分

图7-85 “插入Div”对话框

2）为ID为“Bottom”的Div创建ID选择器规则，并在“方框”中设置“Width”为700px、“Height”为45px，在“分类”中选择“背景”项，设置“Background-image”为“Bottom.jpg”。

3）在“类型”中选择“类型”项设置“font-family”为宋体、“font-size”为13px、“color”为“#DDDDDD”、“line-height”为45px。在“分类”中选择“区块”项，设置“Text-align”为“center”。

4）将默认的文字删除，输入文字素材中的版权文字，在开头部分插入版权符号，版权部分在网页中的效果如图7-86所示。

图7-86　版权部分在网页中的效果

到此，本任务制作完成。保存，预览，可以得到如图7-66所示的效果。

【新知解析】

（1）网页效果图分析与布局规划

网页效果图通常是由网页美工人员完成，“回顾经典”网页较为简单，在创建规则时需要考虑今后改版可能遇到的情况以及其他页面的需要，尽量做到“代码”重用，尽可能地增强灵活性与适应性。“回顾经典”网页是一个典型的“一列三行”的布局形式。因此将其分成三个部分：页面顶部（Top）、主体部分（Main）（主要内容（Main-left）、侧边栏（Main-right））和页面底部（Bottom），如图7-87所示。

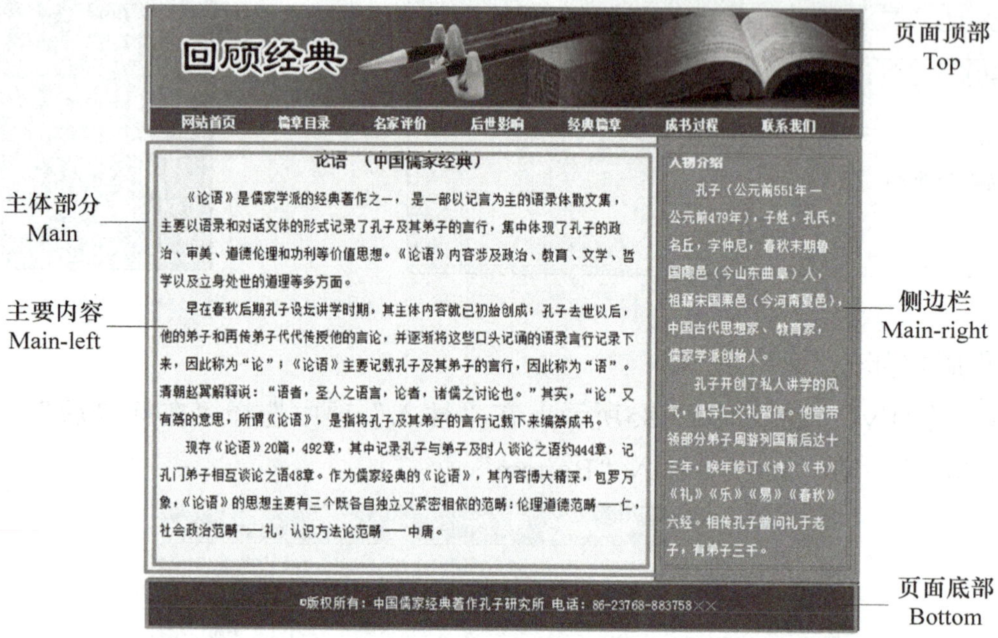

图7-87　网页“回顾经典”布局

（2）切割及导出图片

根据网页的布局情况需要对插入的图片进行切割，在“回顾经典”网页中需要切出两张图Banner.jpg和Bottom.jpg做背景，其他带颜色区域可以通过设置背景颜色来实现，如图7-88所示。这一操作可以在Photoshop中完成。

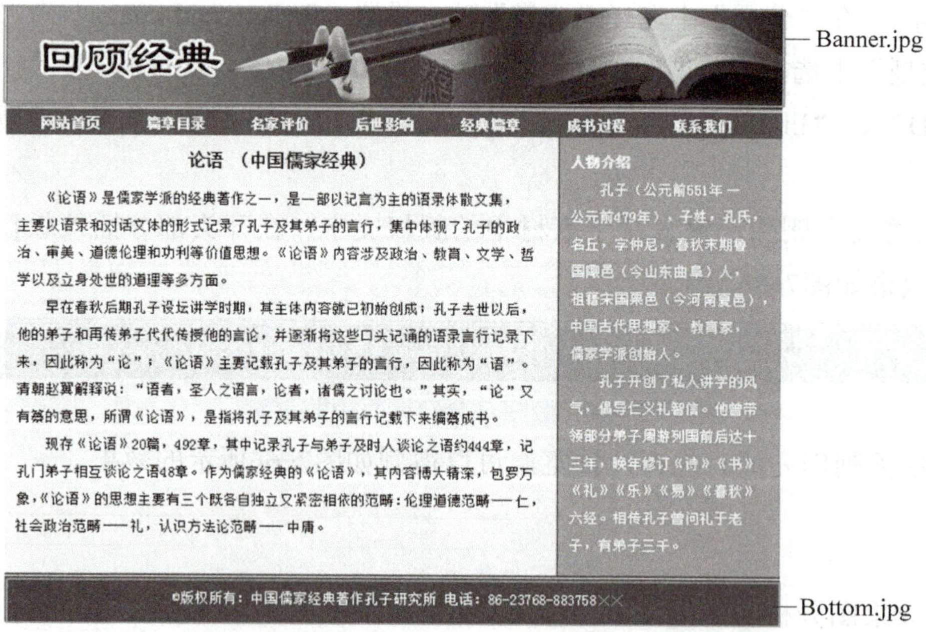

图7-88　切割及导出图片

（3）网页组织结构

为了使网页在浏览器中居中显示，需要创建一个较大的Div，ID为Box，由ID为Top、Main和Bottomr的三个Div组成，ID为Top的Div中嵌套了ID为Nav的Div，ID为Main的Div中嵌套了ID为Main-left和Main-right的两个Div，ID为Main-left的Div中嵌套了ID为Title和Content的两个Div。各个Div的嵌套结构与关系如图7-89和图7-90所示。

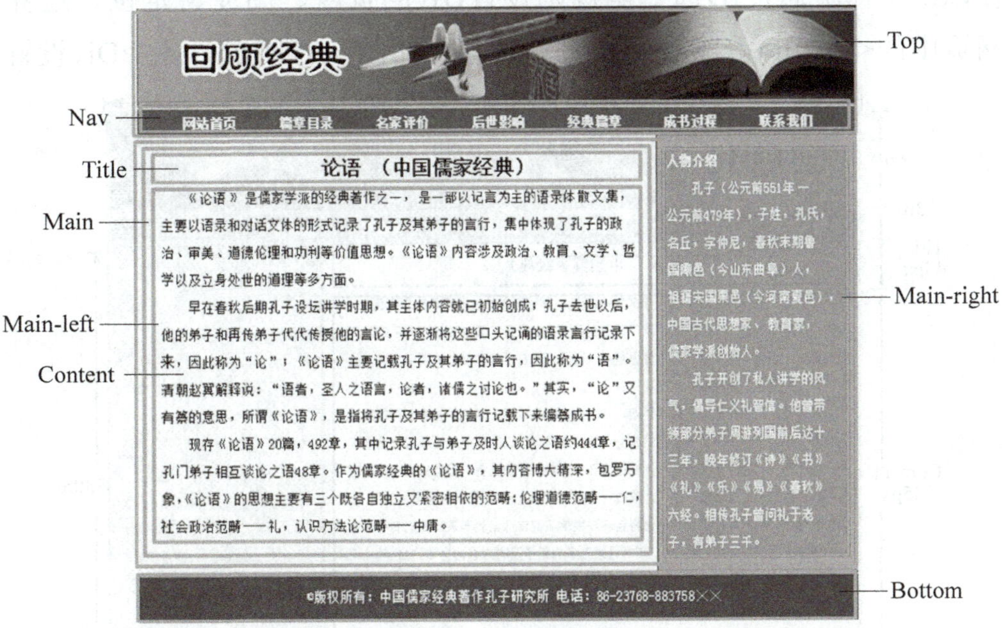

图7-89　网页组织结构

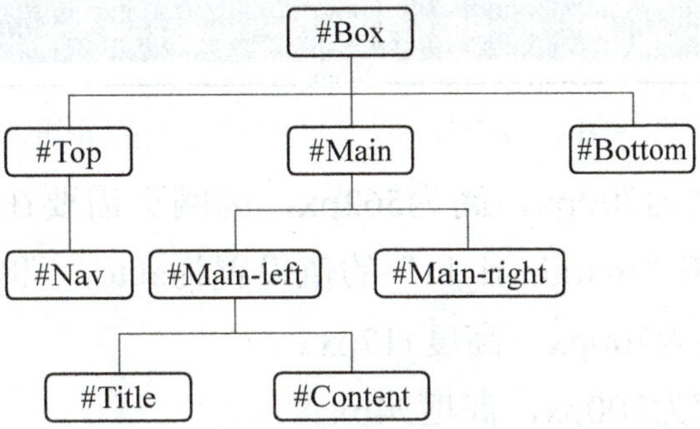

图7-90　各个Div的关系

网页中各个Div的代码如下。

```
<div id="Box">
    <div id="Top">
        <div id="Nav"></div>
    </div>
    <div id="Main">
        <div id="Main-left">
            <div id="Title">...</div>
            <div id="Content">...</div>
        </div>
```

```
            <div id="Main-right">...</div>
        </div>
        <div id="Bottom">...</div>
    </div>
```

（4）使用CSS规则设置Div与网页元素组织网页

最后，在CSS文件中通过ID选择器规则设置Div的宽度、高度、定位、边界、填充、边框等，再对网页中的<ul><li>等网页元素进行设置，如图7-91所示。各个Div设置分析如下。

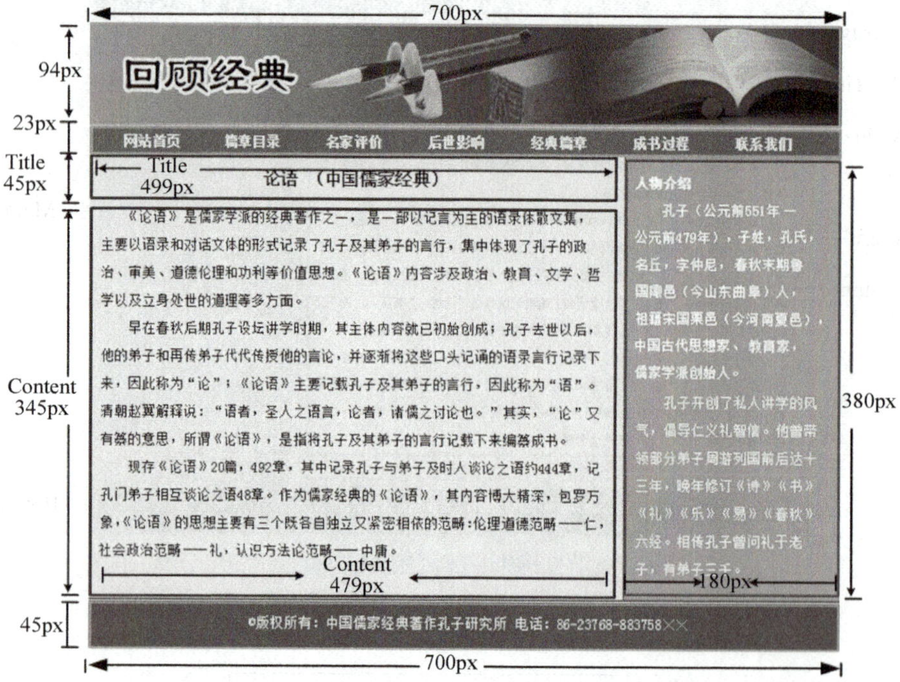

图7-91　各个Div及其他网页元素的分析

1）ID为“Box”的Div宽为700px，高为562px，因网页需要在浏览器中居中显示，所以需要将该Div的“margin-left”和“margin-right”的值设置为auto，即Div自动居中显示。

2）ID为“Top”的Div宽为700px，高度117px。

3）ID为“Nav”的Div宽为700px，高度24px。

4）ID为“Main”的Div宽为700px，高度400px。

5）ID为“Main-left”的Div宽为500px，高度400px，因ID“为Main-left”的Div和ID为“Main-right”的Div需在ID为“Main”的Div中水平排列，因此需设置两个Div为浮动，例如，可以设置float的值为left或right。

6）ID为“Title”的Div宽为499px，高度45px，右边框的宽度为1px，ID为“Title”的Div实际占据空间的宽为499+1=500px；高为45px。

7）ID为“Content”的Div宽为479px，高度345px，其右、下、左的padding值为10px，右边框的宽度为1px，ID为“Content”的Div实际占据空间的宽为479+10+10+1=500px；高为345+10=355px。

8）ID为“Main-right”的Div宽为180px，高度380px，需设置浮动。

9）ID为“Bottom”的Div宽为700px，高度45px。

网页中的其他元素分析如下。

导航条使用项目列表制作，列表标签为<ul></ul>，列表项标签<li></li>，需设置列表项的宽为75px，高为24px，向左浮动，左边界为20px，总宽度为（75+20）×7=665px，没有超出Div的宽度700px。

在本任务中，大多数的Div都设置了Height属性值，在实际应用中可以根据需要决定是否设置Height值。此外，读者如果要全面熟练掌握Div+CSS布局，还应多参考一些书籍，多分析一些Div+CSS的网页实例，多做一些练习。

【强化训练】 制作网页“玫瑰文化”

通过强化训练，学习如何插入Div元素和嵌套Div元素，如何将Div与CSS结合起来布局网页，Div的几种定位方式，DIV+CSS布局网页的思路。在浏览器中预览的最终效果如图7-92所示。

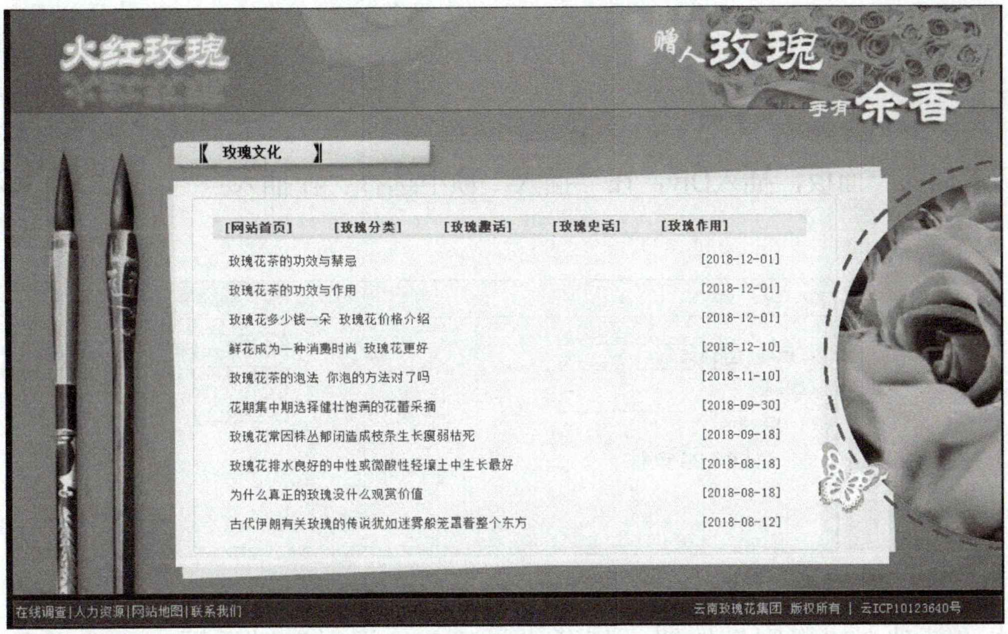

图7-92 网页“玫瑰文化”最终效果

操作步骤：

（1）规划站点

新建文件夹“MeiGui”，将素材文件夹“MeiGui”中的“images”和“others”文件夹复制到“MeiGui”文件夹中。

规划站点

（2）定义站点

在Dreamweaver CC中，执行“站点”→“新建站点”命令，通过“站点设置对象”对话框定义站点，站点名称为“玫瑰文化”，本地站点文件夹设置为“MeiGui”文件夹。

定义站点

（3）制作Banner部分

1）新建网页“index.html”，保存到站点文件夹下，打开网页“index.

制作Banner部分

html”，将网页的标题改为“玫瑰文化”，切换到代码视图，将第一行代码<!doctype html >改为<!doctype html public>。

2）打开“CSS设计器”面板，在“源”窗格中进行操作，创建新的CSS文件，文件名为“cssfile.css”，将文件保存“others”文件夹，并以“链接”附加，“源”窗格如图7-93所示。

3）创建*标签选择器规则。在“选择器”窗格中添加选择器“*”，如图7-94所示，并选中，将“属性”窗格切换到布局属性，设置“margin”的值为0px，“padding”的值为0px，将“属性”窗格切换到边框属性，设置“border”的值为0px。

图7-93 “源”窗格

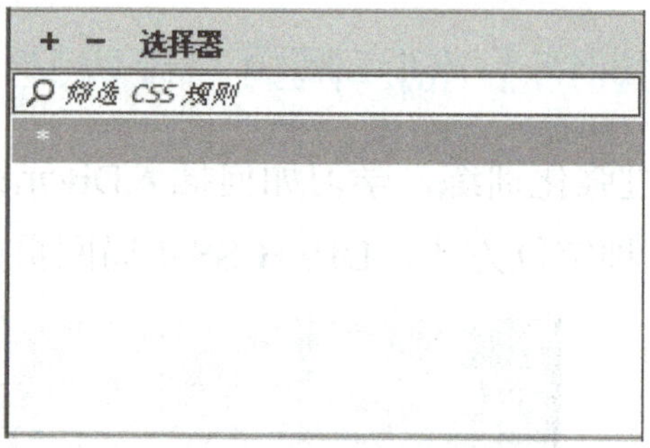

图7-94 在“选择器”窗格中添加选择器“*”

4）打开“插入”面板，插入Div，在“插入”项中选择“在插入点”，在ID中输入“Box”，如图7-95所示。

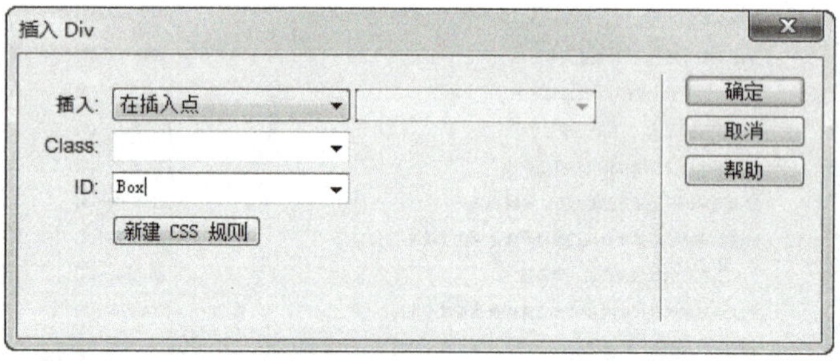

图7-95 “插入Div”对话框

5）单击“新建CSS规则”按钮，打开“新建CSS规则”对话框，“选择器类型”选择“ID”，“选择器名称”设置为“#Box”，“规则定义”选择“cssfile.css”。

6）单击“确定”按钮，打开“#Box的CSS规则定义”对话框。在“分类”中选择“方框”项，设置“Width”为1001px，设置“Height”为650px，取消选择“Margin”中的“全部相同”复选框，设置“Top”为0px，“Right”为auto，“Bottom”为0px，“Left”为auto。

7）单击“确定”按钮，返回“插入Div”对话框，再次单击“确定”按钮，在页面中插入ID为“Box”的Div，且Div居中显示。

8）将Div中默认的文字删除，将光标定位在Div中，插入Div标签，设置如图7-96所示，在“插入”项中选择“在插入点”，在ID中输入“Banner”。

9）为ID为“Banner”的Div创建ID选择器规则，并在“方框”中设置“Width”为1001px、“Height”为132px。将默认的文字删除，光标定位于ID为“Banner”的Div，插入图像“banner.jpg”，Banner部分在网页中效果如图7-97所示。

图7-96 “插入Div”对话框

图7-97 Banner部分在网页中的效果

（4）制作网页左侧部分

1）插入一个Div，设置如图7-98所示，在“插入”项中选择“在标签后”“<div id='Banner'>”，在“ID”中输入“Main”。

制作网页左侧部分

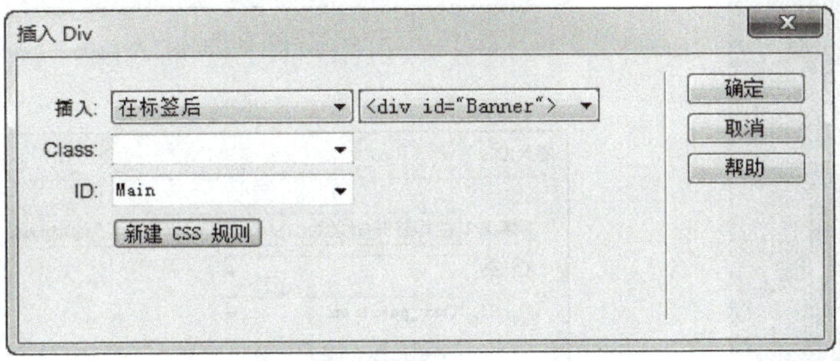

图7-98 “插入Div”对话框

2）为ID为“Main”的Div创建ID选择器规则，并在“方框”中设置“Width”为1001px、“Height”为468px。

3）将默认的文字删除，插入一个Div，设置如图7-99所示，在“插入”项中选择“在标签开始之后”“<div id='Main'>”，在“ID”中输入“Left-main”。

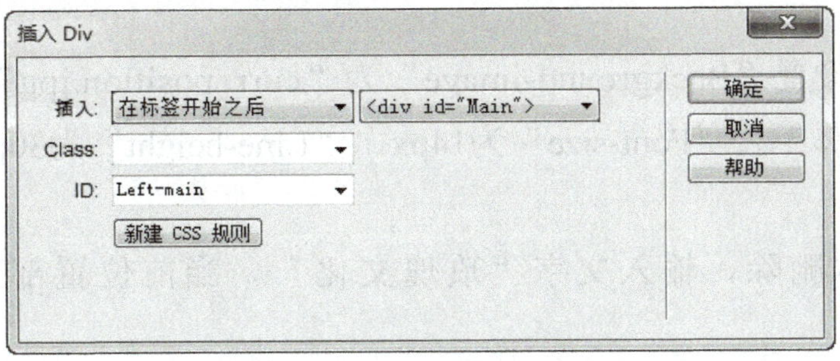

图7-99 “插入Div”对话框

4）为ID为“Left-main”的Div创建ID选择器规则，并在“方框”中设置“Width”为164px、“Height”为468px、“Float”为left。

5）将默认的文字删除，光标定位于ID为“Left-main”的Div，插入图像“left.jpg”，左侧部分在网页中的效果如图7-100所示。

（5）制作当前位置部分

1）插入一个Div，设置如图7-101所示，在“插入”项中选择“在标签后”“<div id='Left-main'>”，在“ID”中输入“Right-main”。

制作当前位置部分

2）为ID为“Right-main”的Div创建ID选择器规则，并在“方框”中设置“Width”为837px、“Height”为468px、“Float”为left。

3）将默认的文字删除，插入一个Div，设置如图7-102所示，在“插入”项中选择“在标签开始后”“<div id='Right-main'>”，在“ID”中输入“Curr_position”。

图7-100　左侧部分在网页中的效果

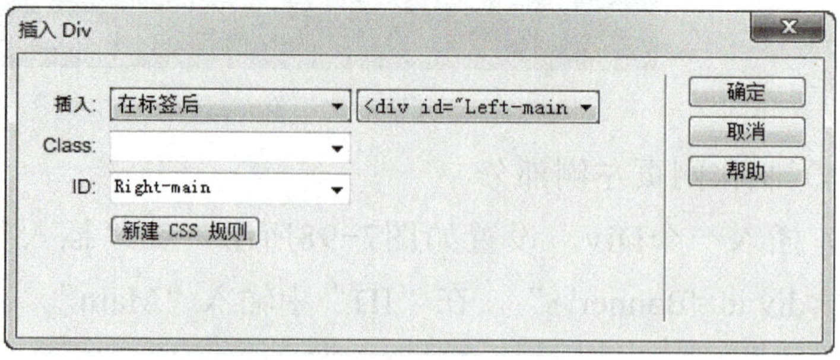

图7-101　“插入Div”对话框

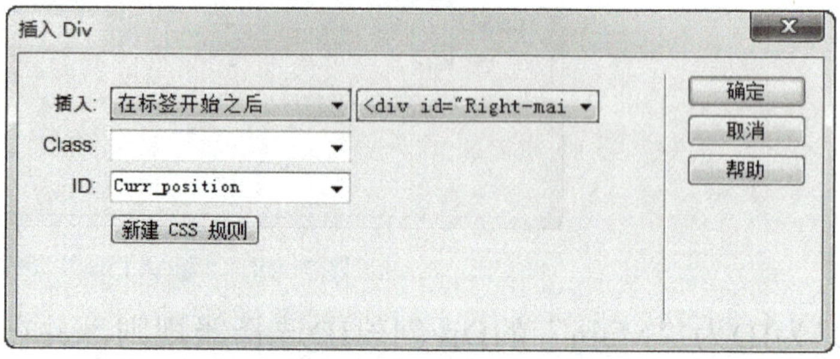

图7-102　“插入Div”对话框

4）为ID为“Curr_position”的Div创建ID选择器规则，并在“方框”中设置“Width”为787px、“Height”为30px，取消选择“Padding”中的“全部相同”复选框，设置“Left”为50px。

5）在“背景”中设置“Background-image”为“curr_position.jpg”。在“类型”中设置“Font-family”为“宋体”、“Font-size”为14px、“Line-height”为30px、“Font-weight”为“bold”。

6）将默认的文本删除，输入文字“玫瑰文化”，当前位置部分在网页中的效果如图7-103所示。

图7-103　当前位置部分在网页中的效果

（6）制作导航部分

制作导航部分

1）插入一个Div，设置如图7-104所示，在“插入”项中选择“在标签后”“<div id='#Curr_position'>”，在“ID”中输入“Article”。

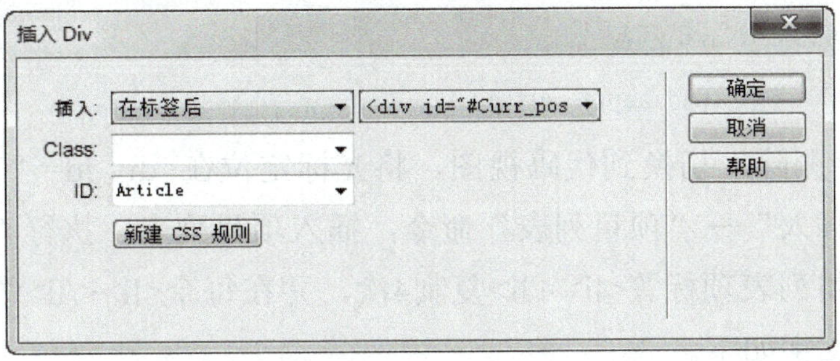

图7-104　“插入Div”对话框

2）为ID为“Article”的Div创建ID选择器规则，并在“方框”中设置“Width”为594px、“Height”为334px，取消选择“Padding”中的“全部相同”复选框，设置“Top”为52px、“Right”为203px，“Bottom”为52px，“Left”为40px。

3）在“背景”中设置“Background-image”为“article.jpg”，ID为“Article”的Div部分在网页中的效果如图7-105所示。

图7-105　ID为“Article”的Div在网页中的效果

4）将默认的文字删除，插入一个Div，设置如图7-106所示，在“插入”项中选择“在标签开始之后”“<div id='Article'>”，在“ID”中输入“Title_Nav”。

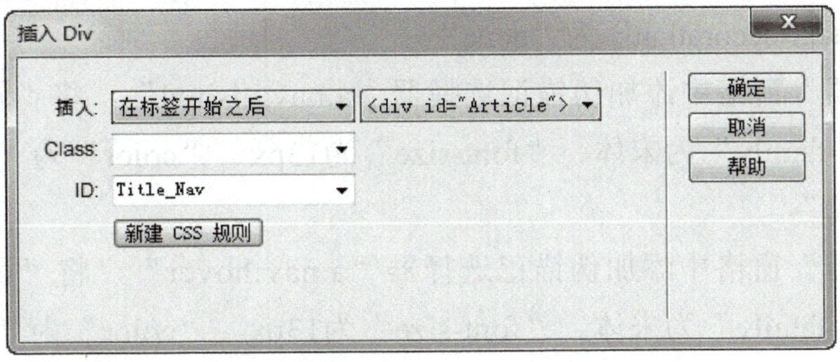

图7-106　“插入Div”对话框

5）为ID为“Title_Nav”的Div创建ID选择器规则，并在“方框”中设置“Width”为599px、“Height”为23px。在“背景”中设置“Background-image”为“nav_title.jpg”。ID为“Title_Nav”的Div部分在网页中的效果如图7-107所示。

图7-107　ID为“Title_Nav”的Div在网页中的效果

6）将默认的文字删除，切换到代码视图，将光标定位在<div id=“Title_Nav”></div>标签中间，单击菜单“插入”→“项目列表”命令，插入项目列表，执行“插入”→“列表项”命令，插入列表项。将列表项标签<li></li>复制4次，并在每个<li></li>中输入文字素材中的对应导航文字，代码与文字如下。

```
<div id="Title_Nav">
    <ul>
        <li>[网站首页]</li>
        <li>[玫瑰分类]</li>
        <li>[玫瑰趣话]</li>
        <li>[玫瑰史话]</li>
        <li>[玫瑰作用]</li>
    </ul>
</div>
```

7）切换至设计视图，在“选择器”窗格中添加标签选择器“ul li”，将“属性”窗格切换到布局属性，设置“Width”为90px、“Height”为23px，设置右边界为10px、左边界为10px，设置“float”为“left”。

8）将“属性”窗格切换到文本属性，设置“font-family”为宋体、“font-size”为13px、“color”为“#A50000”、“line-height”为23px、“font-weight”为“bold”，“list-style-type”为“none”。导航文字在网页中的效果如图7-108所示。

图7-108　导航文字在网页中的效果

9）为每一个导航项设置空超链接，在“选择器”窗格中添加伪锚记选择器“a.nav:link”，将“属性”窗格切换到文本属性，设置“font-family”为宋体、“font-size”为13px、“color”为“#A50000”、“text-decoration”为“none”。

10）在“选择器”窗格中添加伪锚记选择器“a.nav:visited”，将“属性”窗格切换到文本属性，设置“font-family”为宋体、“font-size”为13px、“color”为“#A50000”、“text-decoration”为“none”。

11）在“选择器”窗格中添加伪锚记选择器“a.nav:hover”，将“属性”窗格切换到文本属性，设置“font-family”为宋体、“font-size”为13px、“color”为“#FF0000”、“text-decoration”为“none”。

12）在“选择器”窗格中添加伪锚记选择器“a.nav:active”，将“属性”窗格切换到文本属性，设置“font-family”为宋体、“font-size”为13px、“color”为“#FF0000”、“text-decoration”为“underline”。

13）将“属性”面板切换至CSS属性状态，选择“网站首页”，在“目标规则”中选择“nav”，应用CSS规则，同样的方法为“玫瑰分类”“玫瑰趣话”“玫瑰史话”和“玫瑰作用”应用“nav”CSS规则。

（7）制作标题部分

制作标题部分

1）插入一个Div，设置如图7-109所示，在“插入”项中选择“在标签后”“<div id='Title_Nav'>”，在“ID”中输入“Title”。

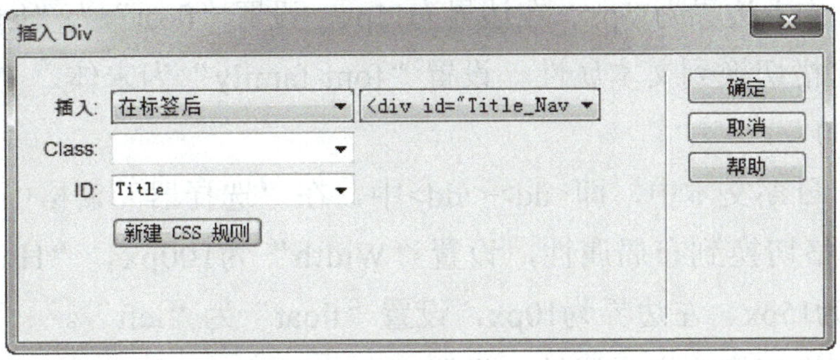

图7-109 “插入Div”对话框

2）给ID为“Title”的Div创建ID选择器规则，并在“方框”中设置“Width”为599px、“Height”为300px。

3）将默认的文字删除，切换到代码视图，在<div id=”Title”></div>标签中输入定义列表，在各个<dt></dt>标签中输入文字素材中相应的标题文本，在各个<dd></dd>标签中输入文字素材中相应的日期文本，文字与代码如下。

```
<div id="Title">
  <dl>
    <dt>玫瑰花茶的功效与禁忌</dt>
    <dd>[ 2018-12-01]</dd>
    <dt>玫瑰花茶的功效与作用</dt>
    <dd>[ 2018-12-01]</dd>
    <dt>玫瑰花多少钱一朵 玫瑰花价格介绍</dt>
    <dd>[ 2018-12-01]</dd>
    <dt>鲜花成为一种消费时尚 玫瑰花更好</dt>
    <dd>[ 2018-12-10]</dd>
    <dt>玫瑰花茶的泡法 你泡的方法对了吗</dt>
    <dd>[ 2018-11-10]</dd>
    <dt>花期集中期选择健壮饱满的花蕾采摘</dt>
    <dd>[ 2018-09-30]</dd>
    <dt>玫瑰花常因株丛郁闭造成枝条生长瘦弱枯死</dt>
    <dd>[2018-09-18]</dd>
```

```
        <dt>玫瑰花排水良好的中性或微酸性轻壤土中生长最好</dt>
        <dd>[2018-08-18]</dd>
        <dt>为什么真正的玫瑰没什么观赏价值</dt>
        <dd>[2018-08-18]</dd>
        <dt>古代伊朗有关玫瑰的传说犹如迷雾般笼罩着整个东方</dt>
        <dd>[2018-08-12]</dd>
    </dl>
</div>
```

4）切换至设计视图，将光标定位于标题文本中，即<dt></dt>中，在“选择器”窗格中添加标签选择器“dl dt”，将“属性”窗格切换到布局属性，设置“Width”为465px、“Height”为15px，设置“Margin”中上边界为15px、左边界为15px，设置“float”为“left”。

5）将“属性”窗格切换到文本属性，设置“font-family”为宋体、“font-size”为13px、“color”为“#BC0000”。

6）将光标定位于日期文本中，即<dd></dd>中，在“选择器”窗格中添加标签选择器“dl dd”，将“属性”窗格切换到布局属性，设置“Width”为100px、“Height”为15px，设置“Margin”中上边界为15px、左边界为10px，设置“float”为“left”。

7）将“属性”窗格切换到文本属性，设置“font-family”为宋体、“font-size”为13px、“color”为“#BC0000”。标题部分在网页中的效果如图7-110所示。

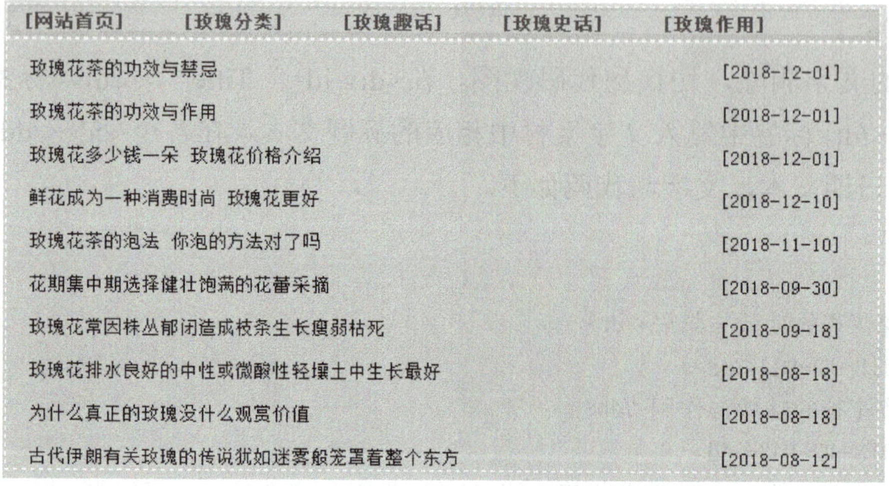

图7-110　标题部分在网页中的效果

（8）制作版权部分

1）插入一个Div，设置如图7-111所示，在“插入”项中选择“在标签后”“<div id='Main'>”，在“ID”中输入“Bottom”。

制作版权部分

2）为ID为“Bottom”的Div创建ID选择器规则，并在“类型”中设置“Font-family”为“宋体”、“Font-size”为13px、“Line-height”为23px、“color”为“#B86868”。

3）“方框”中设置“Width”为959px、“Height”为24px，取消选择“Padding”中的

“全部相同”复选框，设置“Right”为40px，取消“Margin”中的“全部相同”复选框的对钩，设置“Top”为6px。

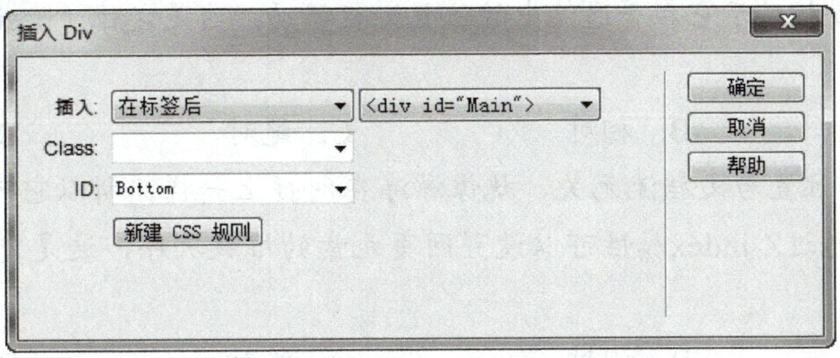

图7-111　“插入Div”对话框

4）在“分类”中选择“背景”项，设置“Background-color”为“#420505”。在“分类”中选择“区块”项，设置“Text-align”为“left”。

5）在“边框”中勾选“Style”的“全部相同”复选框，设置“Top”的值为“solid”；勾选“Width”的“全部相同”复选框，设置“Top”的值为1px；勾选“Color”的“全部相同”复选框，设置“Top”的值为“#632121”。

6）将默认的文本删除，输入文字“在线调查|人力资源|网站地图|联系我们　　　　　　云南玫瑰花集团 版权所有|云ICP10123640号”，在文本“联系我们”后输入多个全角空格，调整两段文本间的距离，版权部分在网页中的效果如图7-112所示。

图7-112　版权部分在网页中的效果

7）在“选择器”窗格添加body标签选择器，将“属性”窗格切换到“背景”，设置“background-color”为“#080000”。

8）到此全部制作完毕，网页最终效果如图7-92所示。

习题

1. 填空题

1）在HTML文档中，根据文档类型定义（DTD）可将元素分为________和________。

2）在CSS 中定位（position）有静态定位、________、________和固定定位四种。

3）浮动使用________属性设置，其值可以为left、right和none。

4）一个盒模型是由边界、内容、________和________四个部分组成。

5）在CSS规则中Width属性值指的是____________；Height属性值指的是____________。

6）在CSS 中有三种定位方式，分别是普通流、定位（position）和____________。

2. 单选题

1）网页元素被看作普通流的一部分，它将出现在它所在的位置上，如果设置了top和left的值，网页元素的位置相对于它在普通流中的位置进行移动，这是定位（position）中的（　　）定位。

A. 静态　　B. 相对　　C. 绝对　　D. 固定

2）网页元素的位置与文档流无关，就像漂浮在网页上一样，所以它可能覆盖页面上的其他网页元素，可以通过Z-index属性可以设置网页元素的堆放次序，这是定位（position）中的（　　）定位。

A. 静态　　B. 相对　　C. 绝对　　D. 固定

3）如果一个Div的Width、Height的值分别为200px，30px，margin的值为30px，border的宽度为1px，padding-left的值为5px，则该Div实际占有空间的宽度为（　　）。

A. 267px　　B. 266px　　C. 236px　　D. 200px

3. 简答题

1）Div+CSS布局网页有哪些优势？

2）“插入Div”对话框中“插入”中各项的含义是什么？

3）如果要将所有网页元素的边框、边界、填充设置为0px，需要如何创建CSS规则？

4. 操作题

1）请使用给定的素材并利用Div+CSS布局网页“中国诗歌网”，网页效果如图7-113所示。

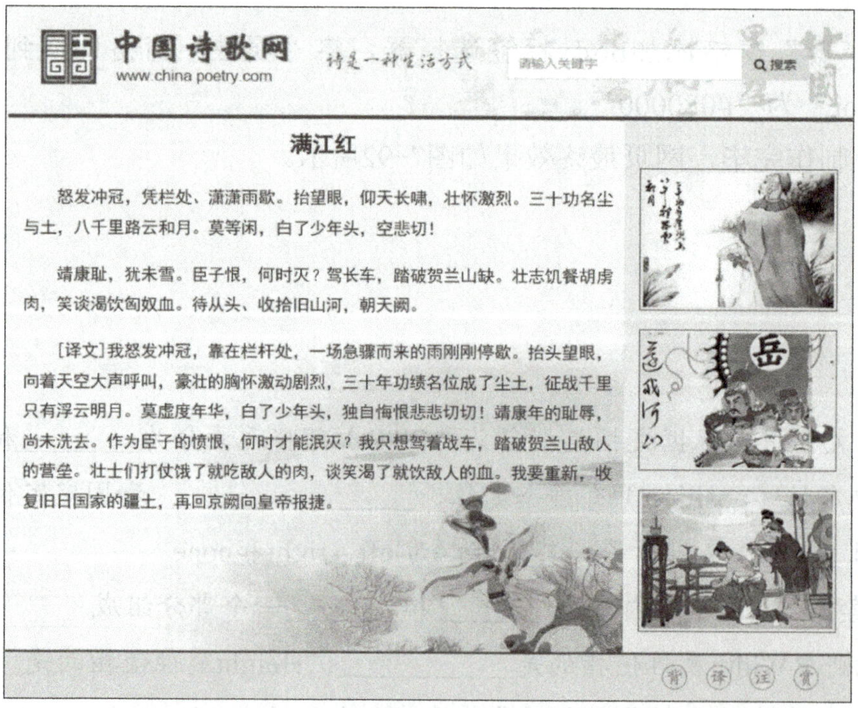

图7-113　网页“中国诗歌网”效果

2）请使用给定的素材并利用Div+CSS布局网页“天鹅之家”，网页效果如图7-114所示。

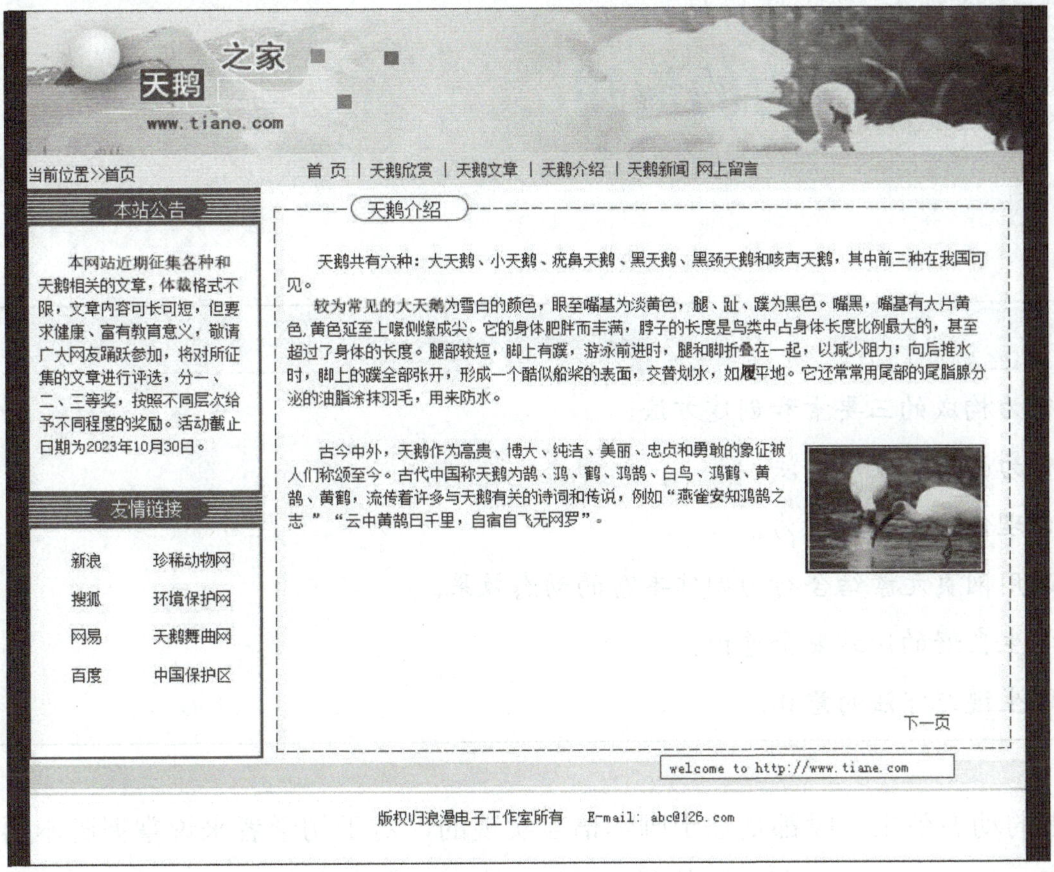

图7-114 网页“天鹅之家”效果

学习单元8　行为的应用

学习目标

1）掌握行为构成的三要素和创建方法。

2）掌握行为面板的使用方法。

3）能够合理使用常见的行为。

4）能够运用网页元素结合行为制作丰富的动态效果。

5）培养学生良好的网站安全意识。

6）培养学生遵纪守法的意识。

网页上的动态效果一般都是基于脚本语言实现的，对于初学者来说掌握脚本语言有一定的困难，而Dreamweaver CC行为的使用可以解决这一问题。在Dreamweaver CC中通过系统内置的行为及扩展插件可以实现很多JavaScript效果。通过本单元的学习，你将能够熟练运用行为，制作出丰富多彩的动态效果。

任务　创建与使用行为——为网页“香水使用指南”添加行为

【任务描述】

行为是事件与动作的彼此结合，一般的行为都是要有附加到某一对象的事件来激活动作。动作是由预先写好的能够执行某种任务的JavaScript代码组成，而事件是与浏览器前用户相关的某一操作，如鼠标单击、鼠标经过等，本节将介绍如何为对象创建系统内置的各种行为。通过操作可以学习如何正确使用“行为”面板，如何在“行为”面板中添加系统自带的行为，如何设置打开浏览器窗口，最终效果如图8-1所示。

为网页“香水使用指南”添加行为

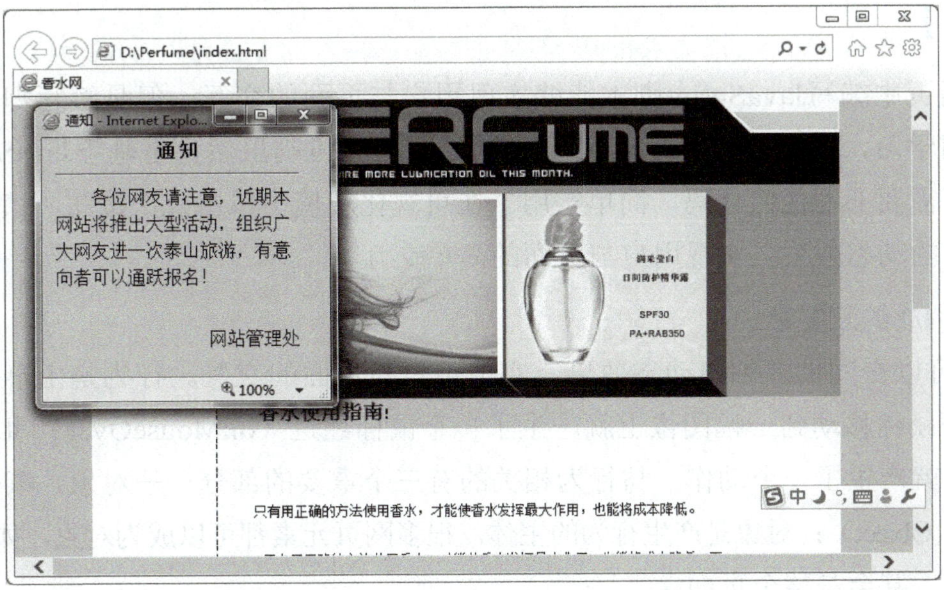

图8-1　网页“香水使用指南”效果

【任务实施】

1）规划站点。新建文件夹“Perfume”，将素材文件夹“Perfume”中所有文件和文件夹复制到“Perfume”文件夹中。

2）定义站点。在Dreamweaver CC中，执行“站点”→“新建站点”命令，通过“站点设置对象”对话框定义站点，站点名称为“香水网”，本地站点文件夹设置为“Perfume”文件夹。打开网页index.html，执行“窗口”→“行为”命令，打开“行为”面板。

3）在文档窗口底部左侧的状态栏中单击<body>标签，在“行为”面板中单击“添加行为”按钮 +，选择“打开浏览器窗口”命令。

4）在“打开浏览器窗口”对话框中，单击“浏览”按钮选择“openWindows.html”，在“属性”部分选择“菜单条”“需要时使用滚动条”“状态栏”和“调整大小手柄”4个复选框，如图8-2所示，单击“确定”按钮。

5）此时“行为”面板中将显示设置的行为。左侧为事件类型，右侧为设置的动作，如图8-3所示。

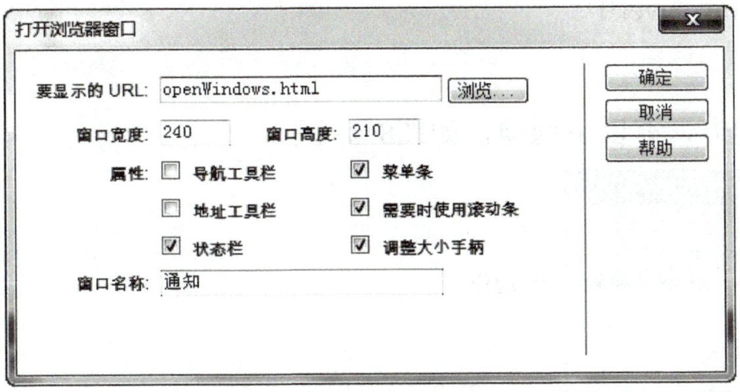

图8-2　“打开浏览器窗口”对话框

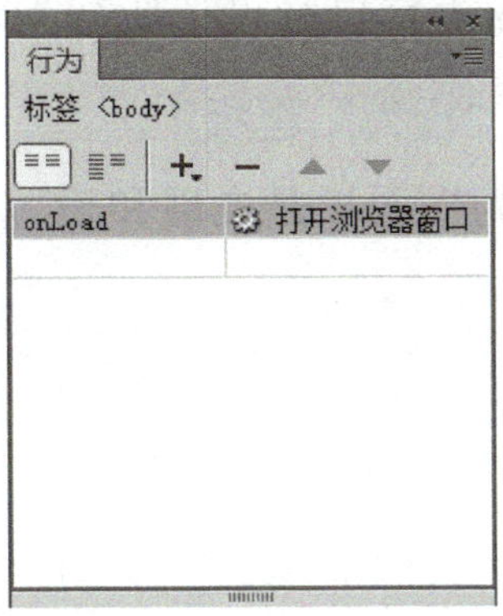

图8-3　在“行为”面板中显示设置的行为

【新知解析】

通过在网页中编写JavaScript脚本能够实现用户与页面的交互，但是编写脚本既复杂又专业，需要专门学习，而Dreamweaver CC提供的“行为”机制虽然也是基于JavaScript来实现交互性，但却不需要书写任何代码，简单实用。在可视化环境中单击几个按钮，填几个选项，就可以制作丰富的动态效果，实现用户与页面的简单交互。

1. 行为构成的三要素

“行为”可以在网页中创建动态效果，实现用户与页面的交互。行为是由事件和动作组成的，例如，将鼠标移动到一幅图像上就产生了一个鼠标经过（onMouseOver）事件，如果图像发生了变化，就产生了一个动作。与行为相关的有三个重要的部分——对象、事件和动作。

1）对象（Object）：对象是产生行为的主体，很多网页元素都可以成为对象，如图像、文本、多媒体文件等，甚至是整个页面。

2）事件（Event）：事件是触发动态效果的原因，它可以被附加到各种页面元素上，也可以被附加到HTML标签中。一个事件总是针对页面元素或标签而言的，例如，将鼠标移动到图像上（onMouseOver）、把鼠标放在图像之外（onMouseOut）、单击鼠标（onClick），是与鼠标有关的3个最常见的事件。不同的浏览器支持的事件种类和多少是不一样的，通常高版本的浏览器支持更多的事件。

3）动作（Action）：行为通过动作来完成动态效果，如图像翻转、打开浏览器窗口、播放声音等都是动作。动作通常是关于对象的一段JavaScript代码，在Dreamweaver CC中使用Dreamweaver内置的行为向页面中添加JavaScript代码，不需要自己编写。

4）事件与动作：将事件和动作组合起来就构成了行为，例如，将onClick事件与一段JavaScript代码相关联，单击时就可以执行相应的JavaScript代码（动作）。一个事件可以与多个动作相关联，即发生事件时可以执行多个动作。为了实现需要的效果，还可以指定和修改动作发生的顺序。

Dreamweaver CC内置了许多行为动作，就像是一个现成的JavaScript脚本库。除此之外，第三方厂商提供了更多的行为库，下载并安装，可以获得更多可操作的行为。也可以使用JavaScript语言自行设计新行为，添加到Dreamweaver中。

2. “行为”面板

“行为”面板是实现和设置各种行为的地方，有以下选项，如图8-4所示。

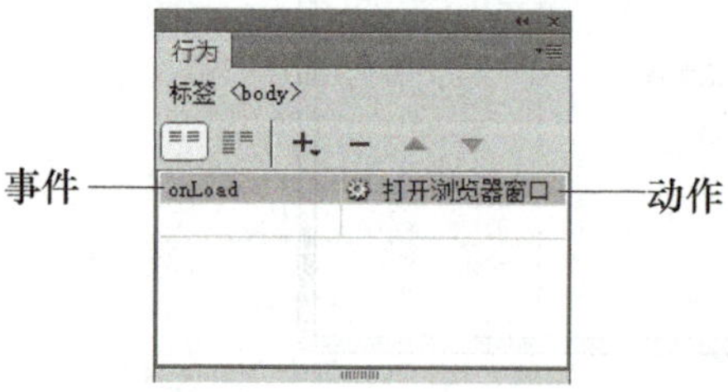

图8-4 “行为”面板

- “显示设置事件”：仅显示附加到当前文档的事件。事件被分别划归到客户端或服务器端类别中。每个类别的事件都包含在一个可折叠的列表中。“显示设置事件”是默认的视图。
- “显示所有事件”：按字母降序显示给特定类别的所有事件。
- “添加行为”：是一个弹出菜单，其中包含可以附加到当前所选元素的动作。当从该列表中选择一个动作时，将出现一个对话框，可以在该对话框中指定该动作的参数。如果所有行为都显示灰色，则表示没有所选元素可以产生的动作。
- “删除事件”：从行为列表中删除所选的事件和动作。
- “上下箭头按钮”：当为同一个特定事件设定了多个动作时，可利用上下箭头按钮调整所选动作在行为列表中上下位置。给定事件的动作是以特定的顺序执行的。可以为特定的事件更改动作的顺序，例如，更改onLoad事件的多个动作的发生顺序，但是所有onLoad动作在行为列表中都靠在一起。对于不能在列表中上下移动的动作，箭头按钮将被禁用。
- “事件”：是一个弹出菜单，其中包含了可以触发该动作的所有事件。只有在设置了行为时才显示该弹出菜单。根据所选对象的不同，显示的事件也有所不同。
- “动作”：显示已经设置行为的动作类型。可通过单击按钮设置动作类型。

注意

如果未显示预期的事件，请确保选择了正确的页面元素或标签。同时确保在“显示事件”子菜单中选择了正确的浏览器。

3. 创建行为

行为可以附加到整个文档（即附加到<body>标签），还可以附加到超链接、图像、表单元素或其他HTML元素中的任何一种，操作方法如下：

1）在页面上选择一个对象（网页元素），如一个图像、一个超链接或整个页面，这个对象一定要合适并有意义。例如，将行为附加到整个页，需要在“文档”窗口底部左侧的状态栏单击<body>标签，这样产生事件的对象是整个页面。

2）执行“窗口”→“行为”命令，打开“行为”面板。

3）单击“添加行为”按钮，并从“动作”弹出菜单中选择一个动作。菜单中以灰色显示的动作表示不可选，原因是当前选中的对象不具备产生该动作的条件。例如，当前选中的对象是一幅图像，则“拖动AP元素”和“跳转菜单”动作为灰色。当选择某个动作时，将出现一个对话框，显示该动作的参数和说明。

4）输入参数和说明，单击“确定”按钮。

5）触发该动作的默认事件显示在“事件”栏中。如果不是需要的事件，可以在“行为”面板中选择一个事件，然后单击事件后面的弹出菜单，从弹出菜单中选择需要的事件。

> **注意**
>
> 不能将行为附加到纯文本。诸如<p>和<span>等标签不能在浏览器中生成事件，因此无法由这些标签触发动作。但是，可以将行为附加到链接。因此，若要将行为附加到文本，最简单的方法就是向文本添加一个空链接，然后将行为附加到该链接上。

4. 更改行为

在附加了行为之后，可以更改触发动作的事件、添加或删除动作以及更改动作的参数。若要更改行为，操作方法如下：

1）选择附加有行为的对象。

2）若要编辑动作的参数，可以双击该动作名称，然后更改对话框中的参数、说明等，完成后单击“确定”按钮。

3）若要更改给定事件的多个动作的顺序，则可以选择某个动作然后单击“行为”面板中的上下箭头▲ ▼按钮。

4）若要删除某个行为，则可以将其选中，然后单击减号 − 按钮或直接按<Delete>键。

5. Div元素

Div用于在文档中定义区域，把文档分割为独立的、不同的部分，其标签是<div></div>，Div主要用于与CSS技术结合布局网页，通常用ID选择器规则来设置Div。Div的定位主要有绝对（absolute）、相对（relative）、固定（fixed）和静态（static）四种方式。

本单元仅用到绝对定位方式，在前面的一些Dreamweaver版本中绝对定位的Div被称为Ap Div层或Ap元素，从Dreamweaver CC版本以后不再有Ap Div层或Ap元素这一概念，但在部分命令或面板中依然有Ap元素的说法，例如，行为中的“拖动AP元素”命令，此处AP元素指的是绝对定位的Div。其他定位方式已在其他的单元中讲解。

6. Dreamweaver CC的常用内置行为

Dreamweaver中内置的行为会因浏览器的不同而有所区别，有的浏览器可能不支持某些行为，因此，为了能够看到效果，建议学习者使用IE浏览器。

（1）交换图像与恢复交换图像

使用“交换图像”和“恢复交换图像”行为可以制作类似于鼠标经过图像的效果，当鼠标经过（也可以是其他鼠标事件）一幅图像时显示另一幅图像，鼠标移开（也可以是其他鼠标事件）时又恢复原来的图像。

鼠标经过图像分为两个过程：鼠标经过图像时交换图像和鼠标移开图像时恢复为原图像。第一个过程产生行为的对象是图像，动作是交换图像，事件是鼠标经过；第二个过程产生行为的对象也是图像，动作是恢复交换图像，事件是鼠标移开。操作方法如下：

1）首先在网页中插入一幅图像bread.jpg，选中，在“属性”面板中设置“ID”为“bread”，然后在“行为”面板中单击 + 按钮，在弹出的快捷菜单中选择“交换图像”命令，打开“交换图像”对话框，如图8-5所示。

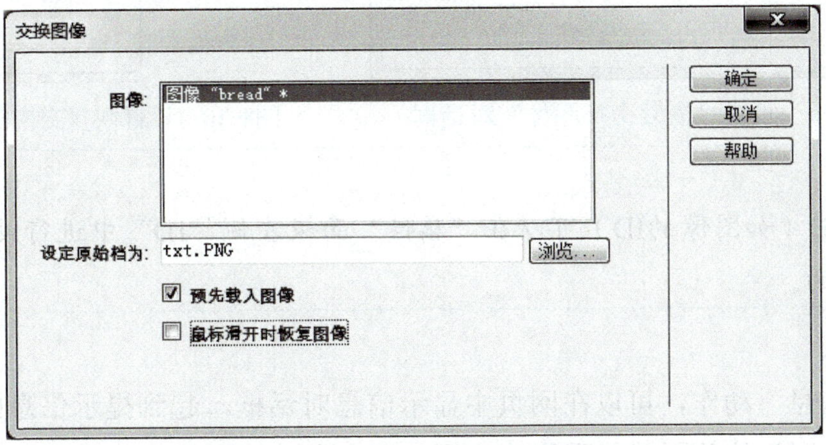

图8-5　设置“交换图像”对话框

2）在“图像”列表框中选择源图像（ID为bread），在“设定原始档为”项选择变换后的图像txt.png，选择“预先载入图像”复选框，在加载网页时，新图像将载入到浏览器的缓存中，以防图像出现时由于下载而导致延迟。

3）设置完成后，在“行为”面板中会出现如图8-6所示的行为，鼠标事件为“onMouseOver”，此时，完成鼠标移上去显示另一幅图像，如图8-7和图8-8所示。

图8-6　设置交换图像后显示的行为

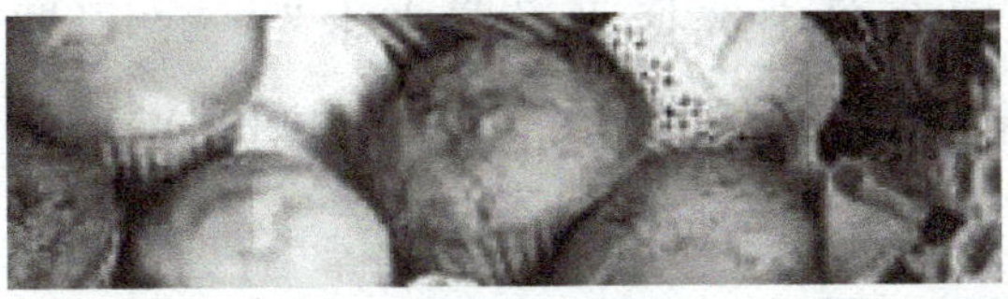

图8-7　交换前的图像

图8-8　交换后的图像

4）接下来制作鼠标移开时恢复原来的图像。选中网页中的图像bread.jpg，在“行为”面板中单击 + 按钮，在弹出的菜单中选择“恢复交换图像”命令，打开“恢复交换图像”对话框，单击“确定”按钮，如图8-9所示。

5）设置完成后，在“行为”面板中会出现如图8-10所示的行为，鼠标事件为“onMouseOut”。

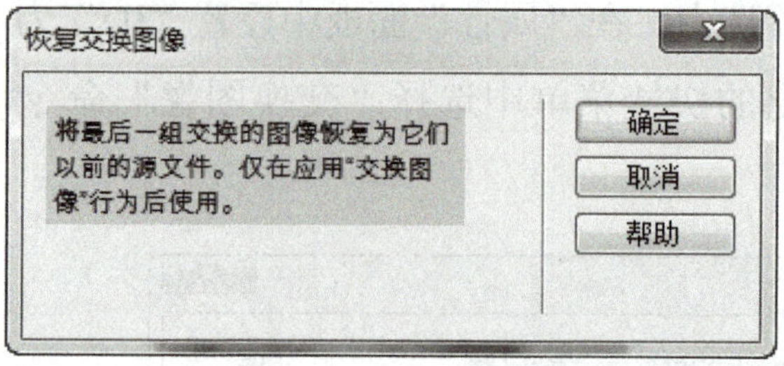

图8-9 设置“恢复交换图像”对话框

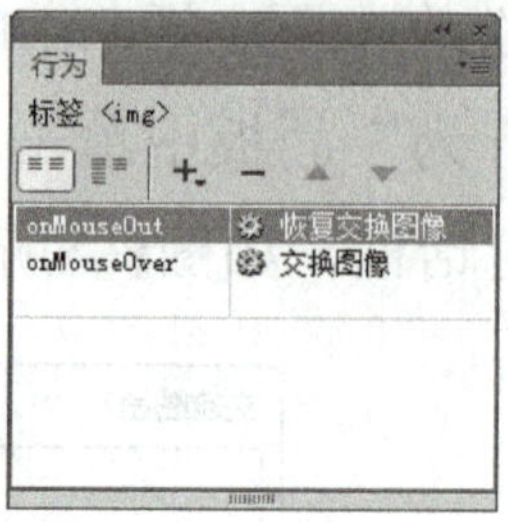

图8-10 设置恢复交换图像后显示的行为

> **注意**
>
> 网页元素的ID（如图像的ID）可以在“属性”面板左侧“ID”中进行设置，并且ID在一个网页中是唯一的。

（2）弹出信息

使用“弹出信息”动作，可以在网页中显示信息对话框，起到提示信息的作用。例如，当希望访问者一进入网站的首页就能看到欢迎词，那么产生行为的对象是首页的<body>标签，动作是“弹出信息”，事件是onLoad。操作方法如下：

在状态栏中选择<body>标签，再在“行为”面板中单击+.按钮，选择“弹出信息”命令，在“弹出信息”对话框中的“消息”文本域中输入要显示的信息，如图8-11所示。完成后单击“确定”按钮。保存，预览，效果如图8-12所示。

图8-11 设置“弹出信息”对话框

图8-12 弹出信息效果

（3）设置状态栏文本

在状态栏中显示文本不会影响访问者浏览网页，通常使用onMouseOver事件与该动作配合，产生行为的对象是<body>标签。操作方法如下。

在“行为”面板中单击+.按钮，在弹出的快捷菜单中选择“设置文本”→“设置状态栏文本”命令，打开“设置状态栏文本”对话框，输入状态栏消息的文字，如图8-13所示，单击“确定”按钮。当鼠标移动至网页中时，显示效果如图8-14所示。

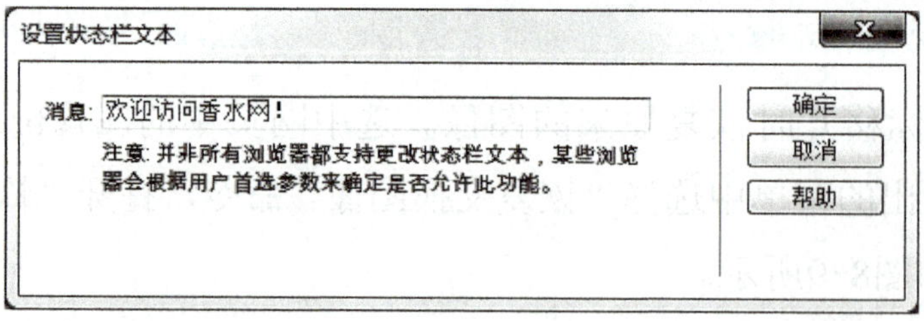

图8-13 “设置状态栏文本”对话框

图8-14 设置状态栏文本效果

（4）打开浏览器窗口

使用“打开浏览器窗口”动作，可以在一个新的浏览器窗口中打开网页。进行设置时可以指定新窗口的宽度、高度、窗口名称、是否可以调整大小、是否具有菜单栏等。

例如，打开某网页时，自动弹出一个通知网页。产生行为的对象是整个网页，即<body>标签，动作是打开浏览器窗口，如图8-15所示，鼠标事件为onLoad。

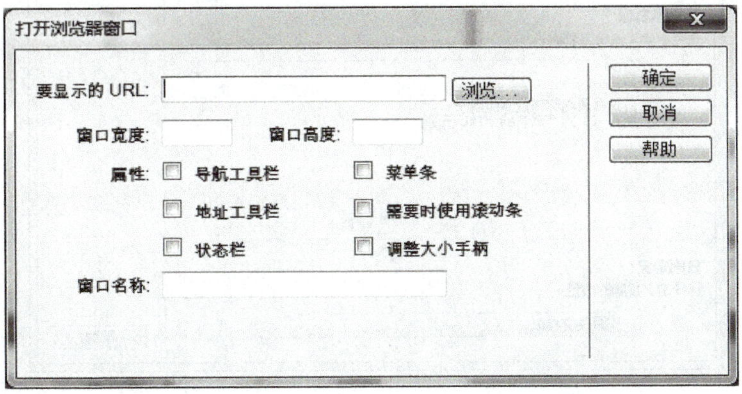

图8-15 “打开浏览器窗口”对话框

如果不指定该窗口的任何属性，则在打开时它的各项属性与打开它的窗口相同。指定窗口的任何属性都将自动关闭所有其他未打开的属性。例如，如果不为窗口设置任何属性，则它将以正常的窗口大小打开，并具有导航条、地址工具栏、状态栏和菜单栏。如果将宽度设置为640px，高度设置为480px，不设置其他属性，则该窗口将以640px×480px的大小打开，并且不具有导航条、地址工具栏、状态栏、菜单栏、调整大小手柄和滚动条。

（5）显示-隐藏元素

“显示-隐藏元素”动作可以显示、隐藏一个或多个Div元素，也可恢复Div元素的默认属性。此动作用于在用户与网页进行交互时显示信息。例如，当用户将鼠标移至一幅植物图像上时，可以显示有关该植物的生长季节、地区、需要多少阳光、可以长到多大等详细信息。产生行为的对象是植物图像，要显示的元素是一个Div元素（其中包含相关文字），鼠标事件为onMouseOver。操作方法如下：

1）新建一个网页，执行“插入”→“Div”命令，打开“插入Div”对话框，如图8-16所示，在“插入”中选择“在标签开始之后”，然后选择<body>标签，在“ID”中输入“d1”。

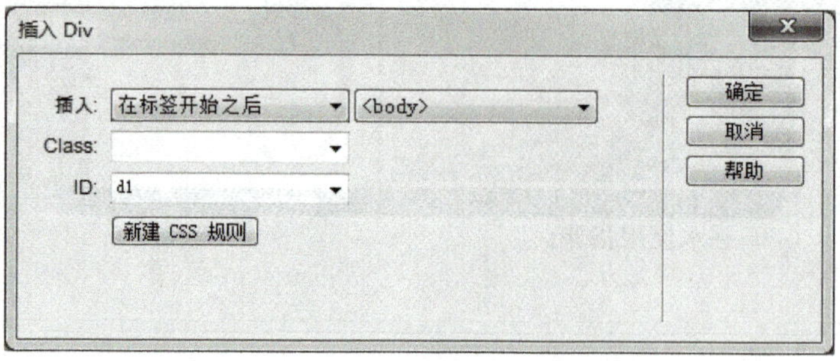

图8-16 “插入Div”对话框

2）单击“新建CSS规则”按钮，打开“新建CSS规则”对话框，如图8-17所示，设置默认，单击“确定”按钮。

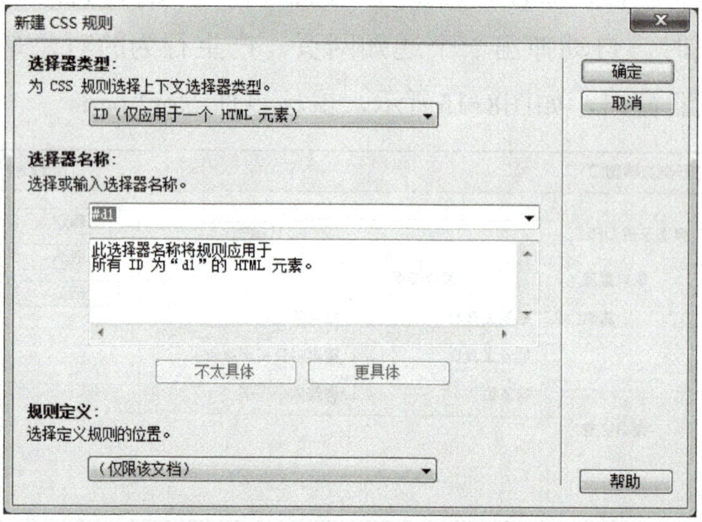

图8-17 “新建CSS规则”对话框

3）打开“#d1的CSS规则定义”对话框，在“分类”中选择“定位”，设置“Position”的值为“absolute”，即绝对定位，如图8-18所示，单击“确定”按钮，返回“插入Div”对话框，再次单击“确定”按钮，完成ID为“d1”的Div插入。此时，可以任意拖动Div的位置，任意改变大小。

4）将ID为“d1”的Div调整到合适的大小、合适的位置，在其中插入图像“plant.jpg”，选中，在“属性”面板中设置ID为“plant”。

5）同样的方法，插入ID为“d2”的Div，并调整到合适的大小、合适的位置，在其中输入相关文字，如图8-19所示。

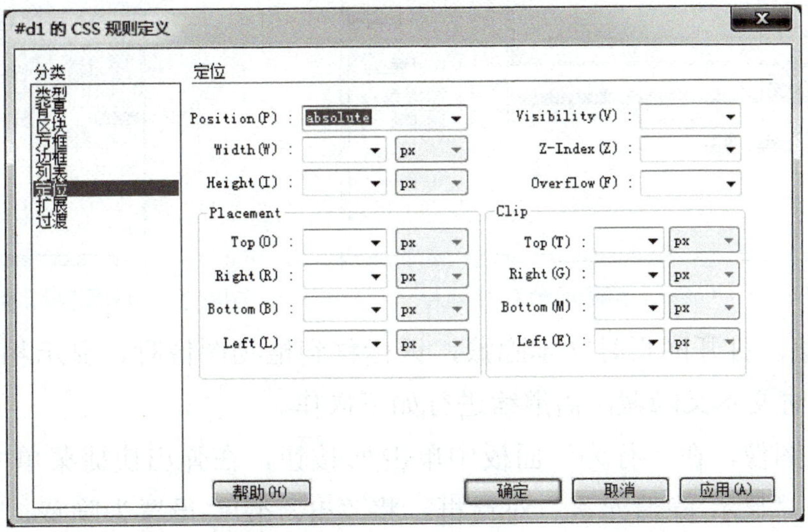

图8-18　“#d1的CSS规则定义”对话框

图8-19　ID为“d1”和“d2”的两个Div

6）设置鼠标移至植物图像上时，显示相关文本。选择植物图像（ID为plant），在“行为”面板中单击+.按钮，在弹出菜单中选择“显示-隐藏元素”命令，打开“显示-隐藏元素”对话框，将“div 'd2'”设置为显示，如图8-20所示，单击“确定”按钮。

7）在“行为”面板中，设置鼠标事件为“onMouseOver”，如图8-21所示。

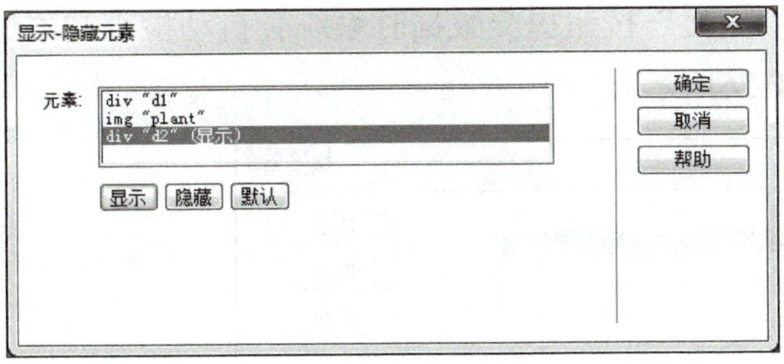

图8-20　“显示-隐藏元素”对话框

图8-21　设置鼠标事件为“onMouseOver”

8）将ID为“d2”的Div设置为网页打开时隐藏。选择<body>标签，在“行为”面板中单击+.按钮，在弹出菜单中选择“显示-隐藏元素”命令，在“显示-隐藏元素”对话框中将“div 'd2'”设置为隐藏，如图8-22所示，单击“确定”按钮。在“行为”面板中设置鼠标事件为“onLoad”，如图8-23所示。

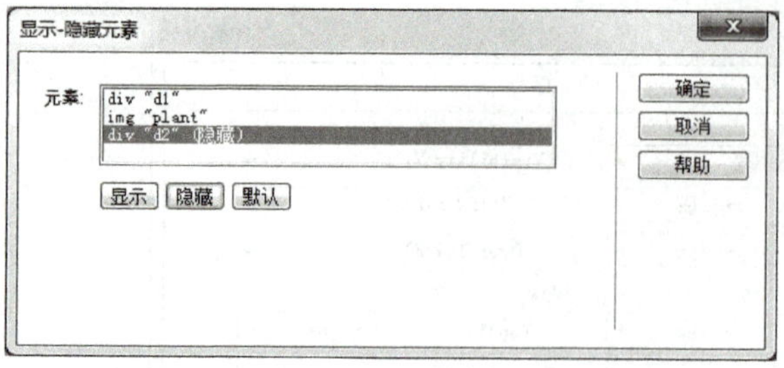

图8-22 “显示-隐藏元素”对话框

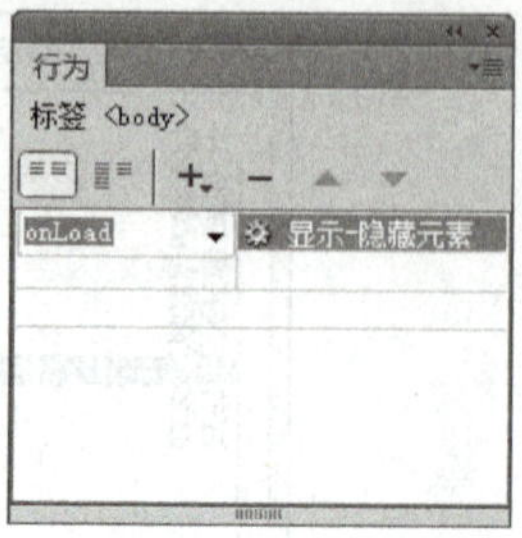

图8-23 设置鼠标事件为“onLoad”

9）保存，预览。打开网页时文本隐藏，鼠标移到植物图像时，显示相关文本。如果要使鼠标从图像上移开时文本又隐藏，需继续进行如下操作。

10）选中植物图像，在“行为”面板中单击+按钮，在弹出快捷菜单中选择“显示-隐藏元素”命令，打开“显示-隐藏元素”对话框，将“div 'd2'”设置为隐藏，如图8-24所示，单击“确定”按钮。

11）在“行为”面板中，设置鼠标事件为“onMouseOut”，如图8-25所示。保存，预览。鼠标从图像上移开时文本隐藏。

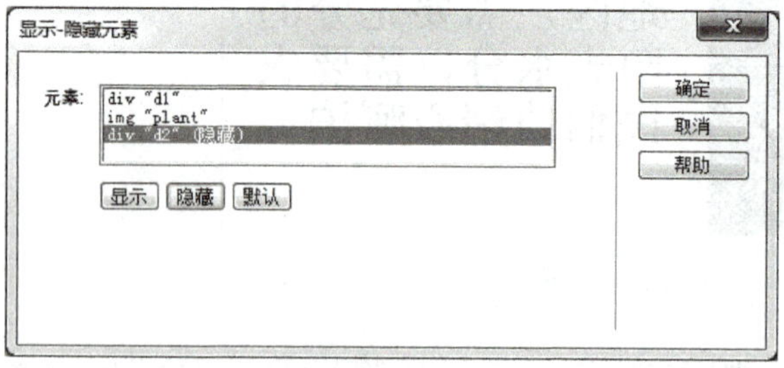

图8-24 “显示-隐藏元素”对话框

图8-25 设置鼠标事件为“onMouseOut”

（6）检查表单

使用“检查表单”动作可以为文本域设置有效性规则，检查文本域中的内容是否有效，以确保用户输入了正确的数据。产生行为的对象一般为“提交”按钮，事件设置为提交（onSubmit），动作为检查表单。当单击“提交”按钮提交数据时系统会自动检查文本域中的内容是否有效。“检查表单”对话框如图8-26所示。

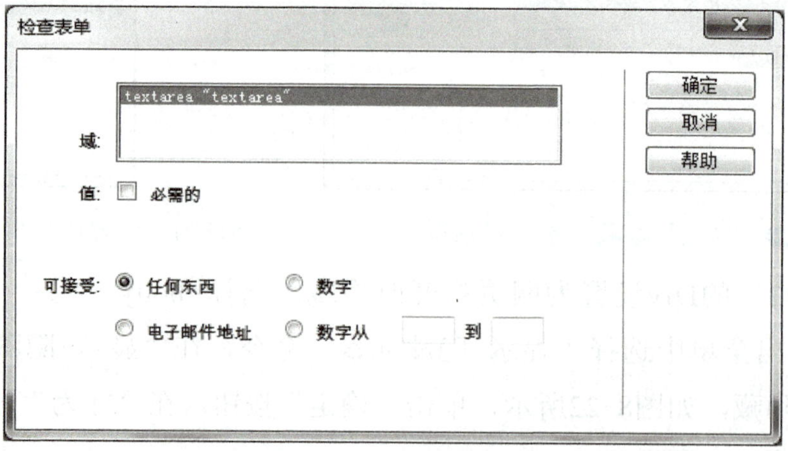

图8-26 “检查表单”对话框

（7）检查插件

插件程序是为了实现IE浏览器自身不能支持的功能而直接与IE连接起来使用的软件，通常也称为插件。具有代表性的插件是Flash播放器。IE浏览器本身没有播放Flash动画的功能，首次打开含有Flash动画的网页时，会出现需要安装Flash播放软件的警告消息。可以通过为网页添加“检查插件”行为来检查用户是否安装了播放Flash动画的插件，如果访问者的计算机安装了该插件，则可以播放网页中的Flash动画，如果访问者没有安装该插件，则会给出相应提示。

要确认是否安装了插件，可使用“检查插件”动作，产生行为的对象是整个网页<body>标签，事件为onLoad。利用该行为可以确认的插件有Shockwave、QuickTime、Windows Media Player等，可以使用如下方法添加“检查插件”动作。

1）在状态栏选择<body>标签，再在“行为”面板中单击+.按钮，在弹出的快捷菜单中选择“检查插件”命令，打开“检查插件”对话框，如图8-27所示。

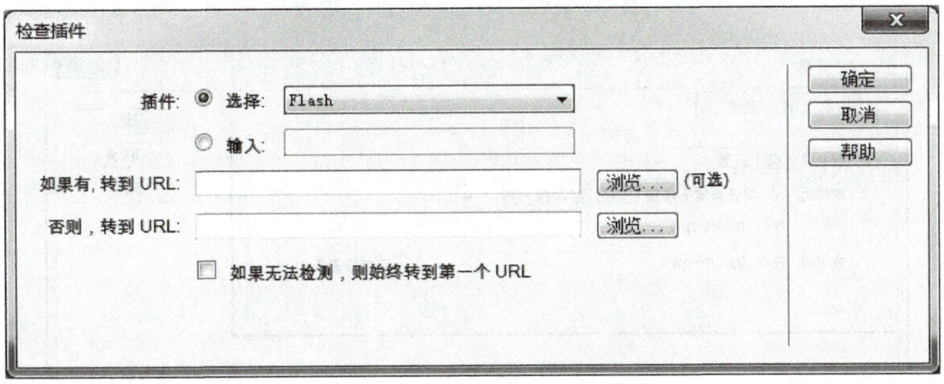

图8-27　“检查插件”对话框

2）设置各个选项，其中，“插件”项可以选择“选择”单选按钮，从右侧的下拉列表框中选择插件类型，也可以选中“输入”单选按钮，直接在其右侧的文本框中输入要检查的插件类型。

“如果有，转到URL”：可以设置当检查到浏览器中安装了该插件时，跳转到的URL地址。也可以单击“浏览”按钮，选择目标网页，也可以不设置。

“否则，转到URL”：可以设置检查到当浏览器中没有安装该插件时，跳转到的URL地址，也可以单击“浏览”按钮，选择目标网页。

“如果无法检测，则始终转到第一个URL”：勾选时，如果浏览器不支持对该插件的检查，则直接跳转到上面设置的第一个URL地址。大多数情况下，浏览器会提示下载并安装该插件。设置完毕后，单击“确定”按钮即可。

（8）拖动AP元素

在Dreamweaver CC中，AP元素即是以“solute”方式定位的Div，“拖动AP元素”动作允许访问者拖动AP Div元素。使用此动作可用于创建拼板游戏等。产生行为的对象为AP Div元素，事件为onLoad，动作为拖动AP元素。

在“行为”面板中单击 + 按钮，在弹出的菜单中选择“拖动AP元素”命令，打开“拖动AP元素”对话框，如图8-28所示。可以对“移动”进行限制或不限制，对目标放置的位置进行设定，设定的数值是相对于浏览器窗口的左上角。如果要定义AP元素的拖动控制点、在拖动AP元素时跟踪AP Div元素的移动以及当放下AP Div元素时触发一个动作，则可单击“高级”标签，如图8-29所示。

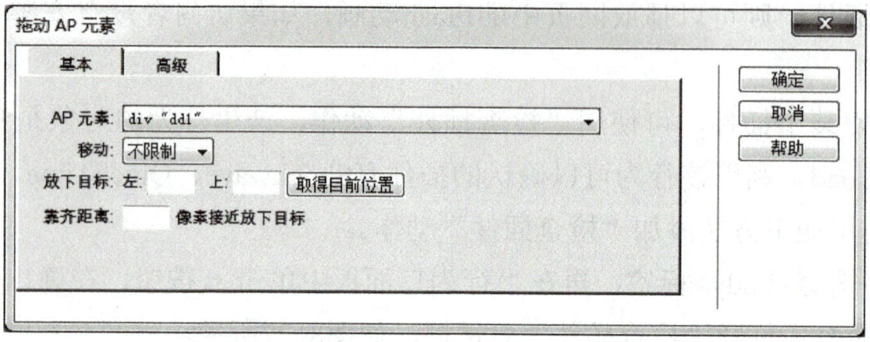

图8-28　拖动AP元素对话框的“基本”选项

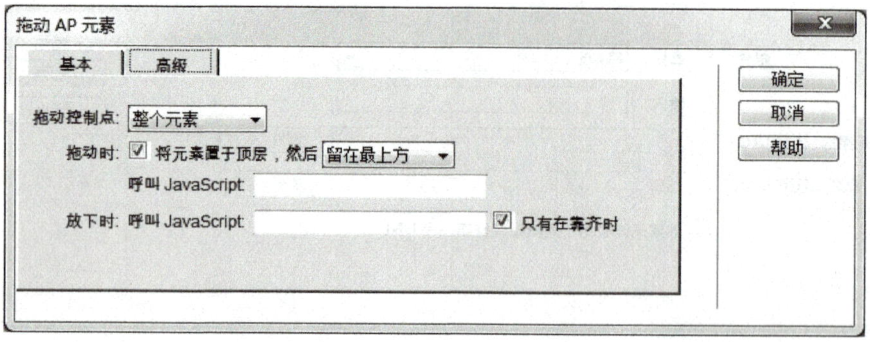

图8-29　拖动AP元素对话框的“高级”选项

在“高级”选项中，如果AP Div元素在被拖动时应该移动到堆叠顺序的顶部，则选择“将AP元素移至最前”。选择此选项后会弹出菜单，选择是否将AP Div元素保留在最前面或将其恢复到堆叠顺序中的原位置。

在“呼叫JavaScript”文本框中输入JavaScript代码或函数名称（例如，monitorapDiv()），在拖动AP Div元素时会反复执行该代码或函数。例如，可以编写一个函数，监视AP Div元素的坐标并在一个文本框中显示提示（如“您离拖放目标还很远”）。

在第二个“呼叫JavaScript”文本框中输入JavaScript代码或函数名称（例如，evaluateapDivPos()），在放下AP Div元素时会执行该代码或函数。如果只有在AP Div元素到达拖放目标时才执行该JavaScript，则选择“只有在靠齐时”。

> 注意
>
> 不能将“拖动AP元素”动作附加到具有onMouseDown或onClick事件的对象上。

（9）Spry效果

在Dreamweaver CC中可以制作丰富多彩的Spry效果，如“折叠”效果、“遮帘”效果、

"增大/收缩"效果、"滑动"效果、"晃动"效果、"弹跳"效果等，可以使制作的网页更加漂亮，更加吸引人，这些效果都是使用"行为"面板中"效果"行为来实现，并且可以应用于网页中的很多元素，如图像、AP Div元素等。

1）滑动效果：滑动行为使对象产生缓缓向上或向下滑动的效果。如鼠标单击图像向上滑动，行为对象为图像，事件为onClick。制作方法如下：

① 新建网页，在网页中插入一幅图像，选中图像，在"属性"面板中设置ID为"plant"。

② 在"行为"面板中单击 +. 按钮，在弹出的快捷菜单中选择"效果"命令，然后选择"Slide"命令，打开"Slide"对话框，各项如图8-30所示。

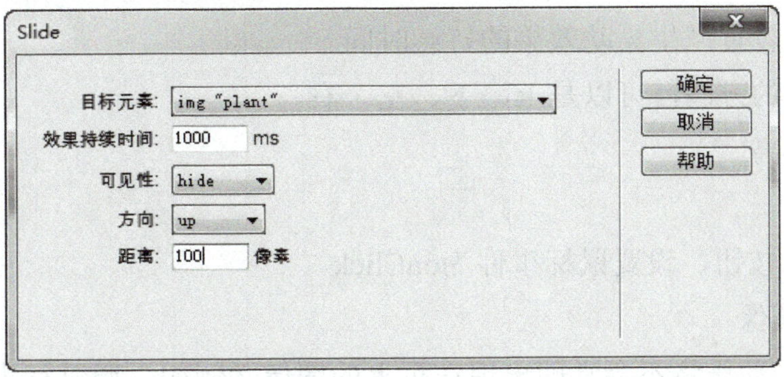

图8-30 "Slide"对话框

目标元素：设置产生滑动效果的元素。

效果持续时间：设置产生滑动效果的持续时间。

可见性：滑动效果是否可见。

方向：滑动的方向，可以是上、下、左、右。

距离：滑动的距离。

③ 单击"确定"按钮，设置鼠标事件为onClick，如图8-31和图8-32所示。

图8-31 滑动前的效果

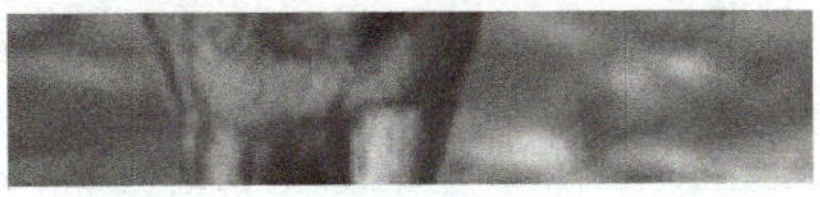

图8-32 滑动后的效果

2）晃动效果：晃动行为使对象产生左右或上下晃动的效果，如鼠标单击一幅图像时，图像产生晃动效果，行为产生的对象为图像，事件为onClick，制作方法如下：

① 新建网页，在网页中插入一幅图像，选中图像，在"属性"面板中设置ID为"img4"。

② 在"行为"面板中单击 +. 按钮，在弹出的快捷菜单中选择"效果"命令，然后选择"Shake"命令，打开"Shake"对话框，如图8-33所示。

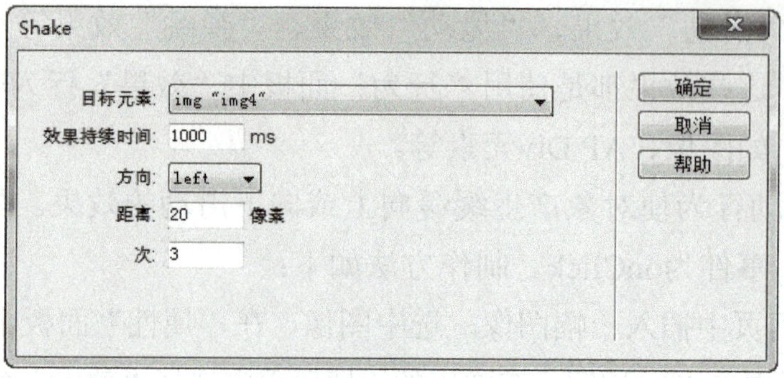

图8-33 “Shake”对话框

目标元素：设置产生晃动效果的元素。

效果持续时间：设置产生晃动效果的持续时间。

方向：首先晃动的方向，可以是上、下、左、右。

距离：晃动的距离。

次：晃动的次数。

③单击“确定”按钮，设置鼠标事件为onClick。

（10）预先载入图像

“预先载入图像”动作将不会立即出现在页上的图像（例如，通过行为或JavaScript调入的图像）提交载入到浏览器缓存中。这样可防止当图像显示时由于下载而导致延迟，行为对象一般为<body>，事件为onLoad。

在“行为”面板中单击+.按钮，在弹出快捷菜单中选择“预先载入图像”，打开“预先载入图像”对话框中，如图8-34所示。单击“浏览”选择要预先载入的图像文件，单击对话框顶部的⊞按钮可将更多的图像添加到“预先载入图像”列表中，单击“确定”按钮即可。

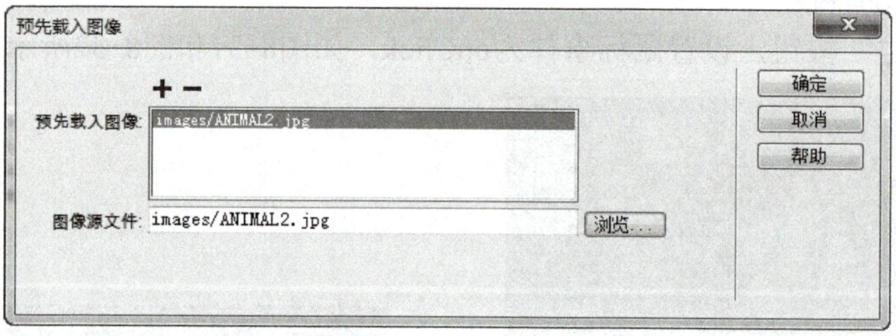

图8-34 “预先载入图像”对话框

注意

如果在输入下一个图像之前没有单击加号按钮，那么列表中选择的图像将被所选择的下一个图像替换。

【强化训练】 行为练习——制作网页“我的独白”

实现鼠标移到图像上显示文字，鼠标移开则文字隐藏，通过拖拽可以移动网页中的图像。

通过操作可以学习如何插入Div元素和嵌套Div元素，如何为Div元素设置“显示-隐藏AP元素”和“拖动AP元素”行为，最终效果如图8-35所示。

图8-35　网页“我的独白”效果图

操作步骤：

（1）规划站点

新建文件夹“dubai”，将素材文件夹“dubai”中所有文件复制到“dubai”文件夹中。

规划站点

（2）定义站点

在Dreamweaver CC中，执行“站点”→“新建站点”命令，通过“站点设置对象”对话框定义站点，站点名称为“我的独白”，本地站点文件夹设置为“dubai”文件夹。

定义站点

（3）布局网页中的Div

1）新建网页，单击“属性”面板中的“页面属性”按钮，设置网页的背景颜色为“#FFECEC”，标题设为“我的独白”，将网页保存到站点文件夹中，名称为index.html。

布局网页中的Div

2）插入ID为“d1”的Div。执行“插入”→“Div”命令，打开“插入Div”对话框，在“插入”中选择“在标签开始之后”，然后选择<body>标签，在“ID”中输入“d1”，如图8-36所示。

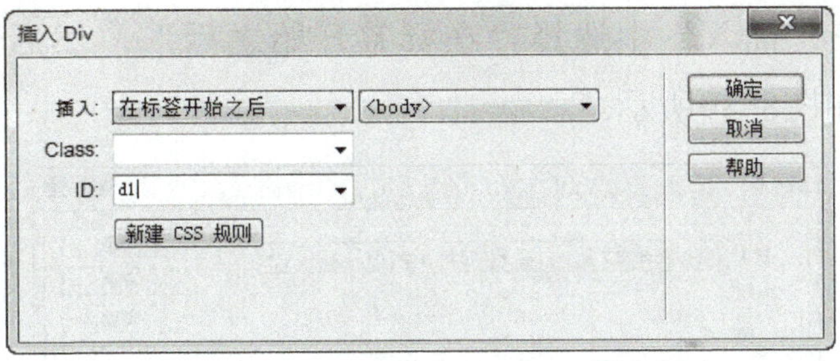

图8-36　“插入Div”对话框

3）单击“插入Div”对话框中的“新建CSS规则”按钮，打开“新建CSS规则”对话框，如图8-37所示，设置默认，单击“确定”按钮，打开“#d1的CSS规则定义”对话框。

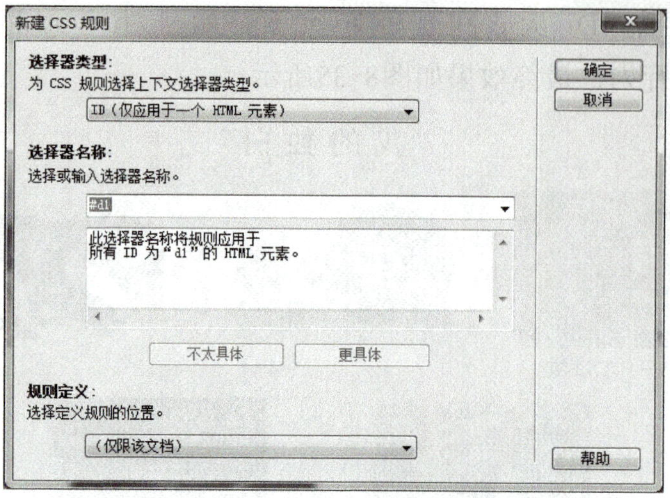

图8-37 “新建CSS规则”对话框

4）在“分类”中选择“定位”，设置“Position”的值为“absolute”，即绝对定位，如图8-38所示，单击“确定”按钮，返回“插入Div”对话框，再次单击“确定”按钮，完成ID为“d1”的Div插入。

5）选择ID为“d1”的Div，在“属性”面板中设置宽为200px，高为150px，将光标定位在ID为“d1”的Div中，删除原来的文字，插入图像“ANIMAL1.jpg”。

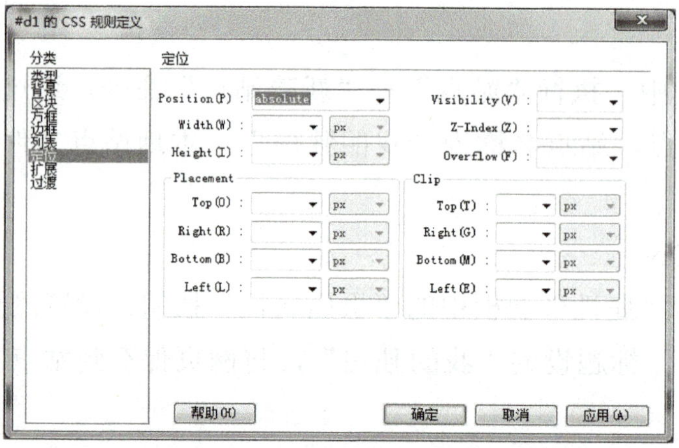

图8-38 “#d1的CSS规则定义”对话框

6）在ID为“d1”的Div中嵌套ID为“d2”的Div。执行“插入”→“Div”命令，打开“插入Div”对话框，在“插入”中选择“在标签开始之后”，然后选择<div id="d1">，在“ID”中输入“d2”，如图8-39所示。

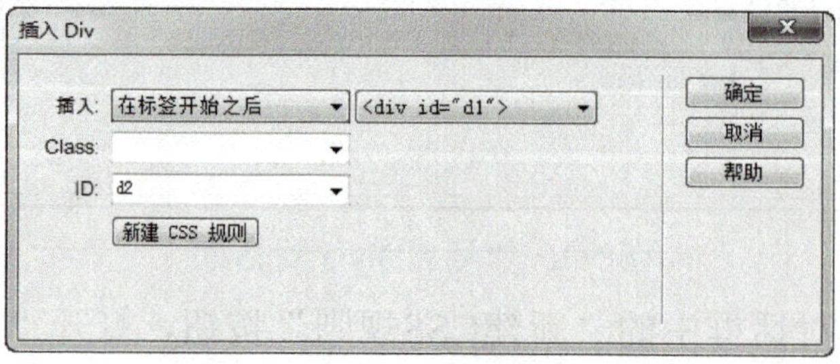

图8-39 “插入Div”对话框

7）单击“新建CSS规则”按钮，打开“新建CSS规则”对话框，设置默认，单击“确定”按钮，打开“#d2的CSS规则定义”对话框。

8）在“分类”中选择“定位”，设置“Position”的值为“absolute”，两次单击“确定”按钮，完成ID为“d2”的Div插入，并已经将其嵌套在ID为“d1”的Div中。

9）拖动ID为“d2”的Div至ID为“d1”的Div下方，在其中输入文本“我是一只北方的狼”，如图8-40所示。

图8-40　ID为“d1”的Div和ID为“d2”的Div

10）同样的方法，依次插入ID为“d3”至“d10”的Div，注意ID为“d4”的Div嵌套在ID为“d3”的Div中，ID为“d6”的Div嵌套在ID为“d5”的Div中，ID为“d8”的Div嵌套在ID为“d7”的Div中，ID为“d10”的Div嵌套在ID为“d9”的Div中。在ID为“d3”“d5”“d7”和“d9”的Div中分别插入“ANIMAL2.jpg”“ANIMAL3.jpg”“ANIMAL4.jpg”和“ANIMAL5.jpg”图像。在ID为“d4”“d6”“d8”“d10”的Div中分别输入相应的文字，如图8-41所示。

11）在网页顶部插入ID为“d0”的Div，并输入文字“我的独白”，选中文字，在“属性”面板的格式中应用“标题1”，如图8-41所示。

图8-41　网页中所有Div的布局

（4）设置Div显示/隐藏行为

1）选中“狼”的图像，在“行为”面板中单击+.按钮，在弹出菜单中选择“显示-隐藏元素”动作，在“显示-隐藏元素”对话框中选择“div 'd2'”，单击“显示”按钮，如图8-42所示，单击“确定”按钮，添加控制ID为“d2”的Div显示的行为。

设置Div显示/隐藏行为

2）在“行为”面板中将事件类型改为“onMouseOver”，如图8-43所示，当鼠标移动到“狼”的图像上时，会显示文字“我是一只北方的狼”。

3）再次在“行为”面板中单击+.按钮，在弹出菜单中选择“显示-隐藏元素”动作，在“显示-隐藏元素”对话框中选择“div 'd2'”，单击“隐藏”按钮，如图8-44所示。单击

“确定”按钮，添加控制ID为“d2”的Div隐藏的行为。

4）在“行为”面板中将事件类型改为“onMouseOut”，如图8-45所示。鼠标移出“狼”的图像时，文字“我是一只北方的狼”隐藏。

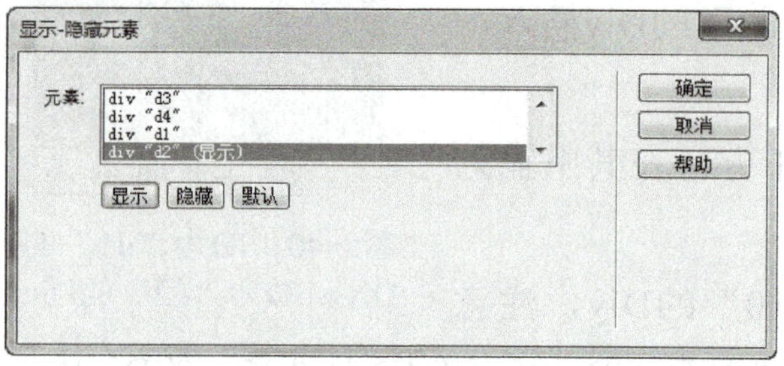

图8-42　设置ID为“d2”的Div显示

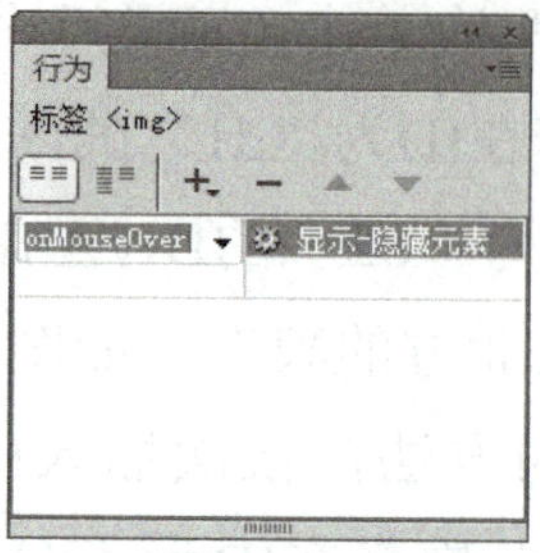

图8-43　设置“狼”图像的“onMouseOver”鼠标事件

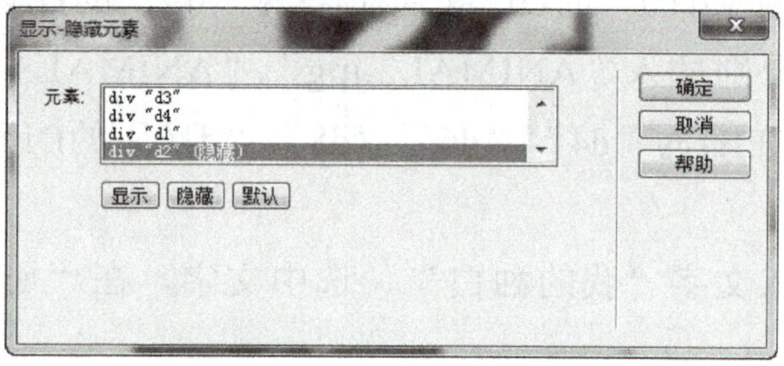

图8-44　设置ID为“d2”的Div隐藏

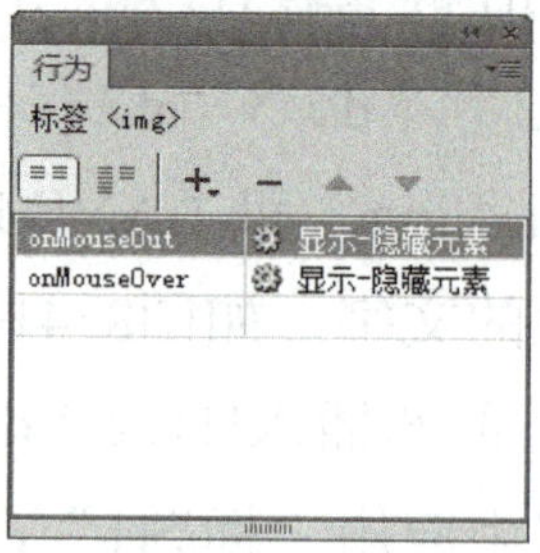

图8-45　设置“狼”图像的“onMouseOut”鼠标事件

5）同样的方法，为其他图像所对应的Div设置显示与隐藏。

6）选择ID为“d2”的Div，在“属性”面板中，将“可见性”设置为“hidden”，即隐藏Div，如图8-46所示。同样的方法，设置ID为“d4”“d6”“d8”“d10”的Div设为“hidden”。

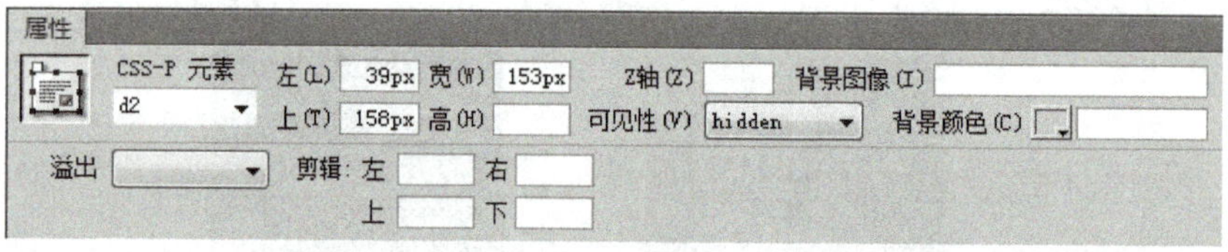

图8-46　在“属性”面板中设置ID为“d2”的Div的“可见性”为“hidden”

7）保存，按<F12>键预览效果，可以看到默认情况下不显示文字，当鼠标移动到图像上时，下方出现文字，鼠标移出图像时，文字隐藏。

（5）设置Div拖动行为

1）在文档窗口的状态栏中选择<body>标签，在“行为”面板中单击+按钮，在弹出菜单中选择“拖动AP元素”动作。在“拖动AP元素”对话框中“AP元素”列表中选择“div 'd1'”，如图8-47所示，单击“确定”按钮，事件为onLoad。预览效果，拖拽“狼”的图像可以移动到任何位置，文字“我是一只北方的狼”所在的Div嵌套在ID为“d1”的Div中，会跟着一起移动。

设置Div拖动行为

2）同样的方法，设置ID为“d3”“d5”“d7”“d9”的Div的“拖动AP元素”动作，最后保存，预览。

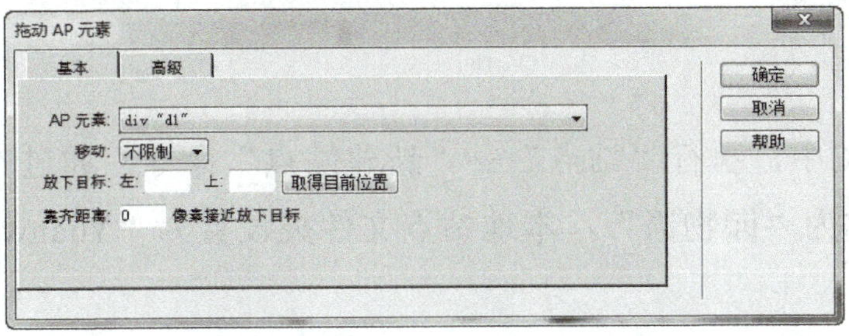

图8-47 “拖动AP元素”对话框

【强化训练】 行为练习——制作网页“园物语”

本次训练是在完成网页布局的基础上进行制作的，网页中的元素具有以下效果：

制作网页“园物语”

1）照相机图像具有鼠标经过图像效果；

2）状态栏显示欢迎文字；

3）鼠标分别移到三张建筑图像上时，图像会晃动；

4）自动检查Flash播放器插件是否安装。

通过操作学习如何使用“图像交换”和“恢复图像交换”制作鼠标经过图像效果，如何在状态栏设置文字，如何检查Flash播放器插件是否安装，如何设置Spry效果中晃动效果，最终效果如图8-48所示。

图8-48 网页“园物语”效果图

操作步骤：

（1）规划站点

新建文件夹“Yuanwuyu”，将素材文件夹“yuanwuyu”中所有文件和文件夹复制到

“Yuanwuyu”文件夹中。

（2）定义站点

在Dreamweaver CC中，执行“站点”→“新建站点”命令，通过“站点设置对象”对话框定义站点，站点名称为“园物语”，本地站点文件夹设置为“Yuanwuyu”文件夹，打开网页文件index.html。

（3）制作鼠标经过图像效果

1）设置交换图像。在网页中选中相机图像“5400.jpg”（ID为camera），在“行为”面板中单击+按钮，在弹出的菜单中选择“交换图像”命令，打开“交换图像”对话框。

2）在“图像”列表中选择“图像 'camera' 在层 'apDiv6'”，在“设定原始档为”项单击“浏览”按钮，选择变换后的图像“a80.jpg”，选择“预先载入图像”，如图8-49所示，设置完成后，单击“确定”按钮。如果在此选择了“鼠标移开时恢复图像”，则不需要添加恢复交换图像的行为。

3）此时，在“行为”面板中会出现刚设置的行为，鼠标事件为“onMouseOver”，如图8-50所示，完成鼠标移动到照相机图像上，显示另一幅照相机图像，保存，预览。

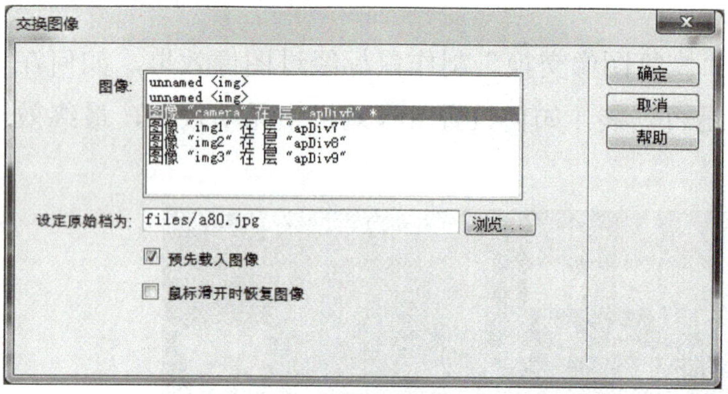

图8-49 “交换图像”对话框

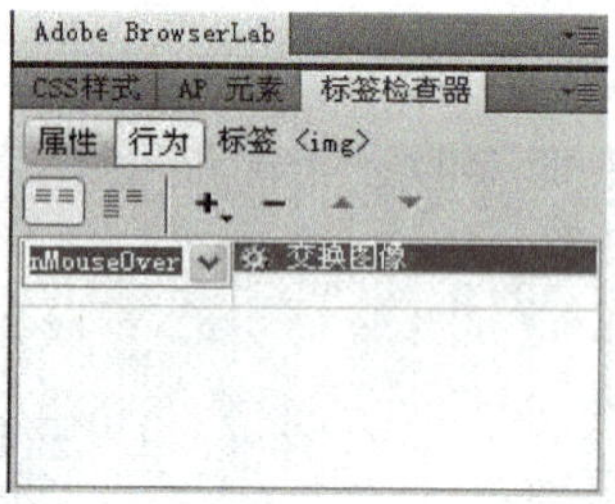

图8-50 设置“交换图像”后的“行为”面板

4）设置恢复交换图像。在“行为”面板中单击+按钮，在弹出的菜单中选择“恢复交换图像”命令，如图8-51所示，单击“确定”按钮，“行为”面板中会出现恢复图像的行为，鼠标事件为“onMouseOut”，如图8-52所示，保存，预览。鼠标移上去显示另一幅相机图像，当鼠标移动时又恢复原来的图像。

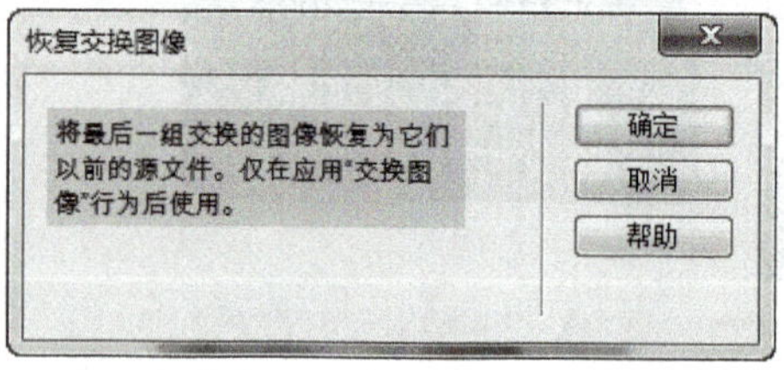

图8-51 “恢复交换图像”对话框

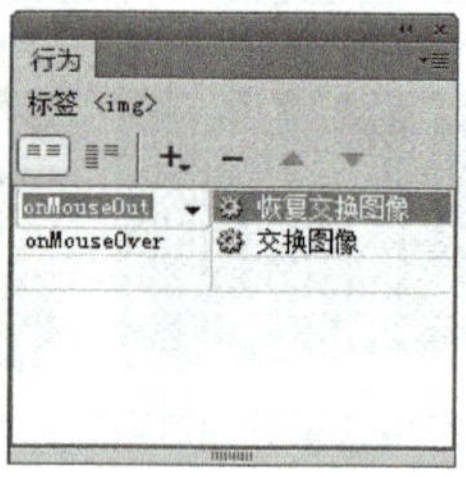

图8-52 设置“恢复交换图像”后的“行为”面板

（4）设置状态栏文本

1）在状态栏选择<body>标签，在“行为”面板中单击+按钮，在弹出的快捷菜单中选择“设置文本”→“设置状态栏文本”命令，打开“设置状态栏文本”对话框，如图8-53所示。

2）在消息文本框中输入文字“欢迎您的光临！”，单击“确定”按钮。此时行为“面板”中的行为如图8-54所示，鼠标事件为“onMouseOver”。保存，预览，状态栏出现文字“欢迎您的光临！”。

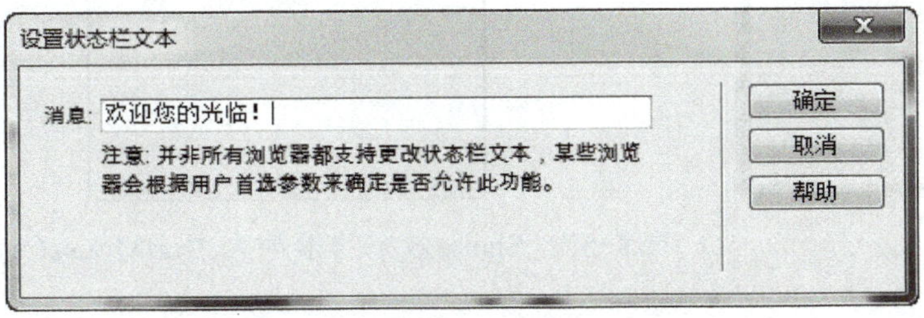

图8-53 “设置状态栏文本”对话框

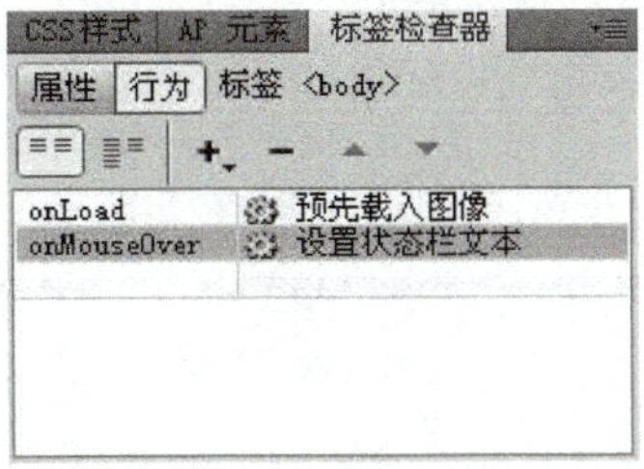

图8-54 “行为”面板

（5）设置检查插件

1）在状态栏选择<body>标签，在“行为”面板中单击+按钮，在弹出的菜单中选择“检查插件”命令，打开“检查插件”对话框。

2）“插件”项选择“选择”，类型为“Flash”，“如果有，转到URL”不做设置，“否则，转到URL”设置为“no.html”，如图8-55所示，单击“确定”按钮。

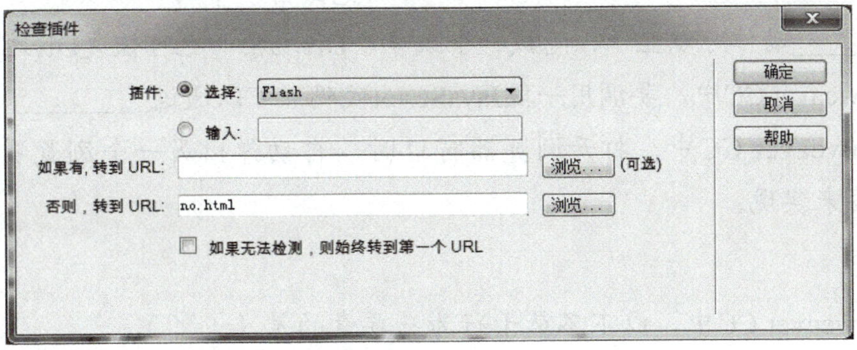

图8-55 “检查插件”对话框的设置

（6）设置Spry效果中晃动（Shake）的效果

为网页中的三张图像设置鼠标移上去时产生晃动效果。

1）设置鼠标移到第一幅图像上晃动的效果。

① 选中第一幅图像（图像的ID为img1），设置空超链接，在“行为”面板中单击+按钮，在弹出的菜单中选择“效果”命令，然后选择“Shake”命令，打开“Shake”对话框。

② 在对话框中设置“目标元素”为img1"img1"，效果持续时间为1000ms，方向为“left”，距离为20px，次为1，如图8-56所示。然后单击“确定”按钮。

③ 选择第一幅图像，在“行为”面板中的行为。将鼠标事件设置为“onMouseOver”，如图8-57所示。保存预览，此时将鼠标移动到第一幅图像上会产生晃动效果。

2）用同样的方法，选中第二张图像（图像的ID为img2），设置第二张图像的晃动效果。

3）用同样的方法，选中第三张图像（图像的ID为img3），设置第三张图像的晃动效果。保存，预览，到此全部制作完毕。

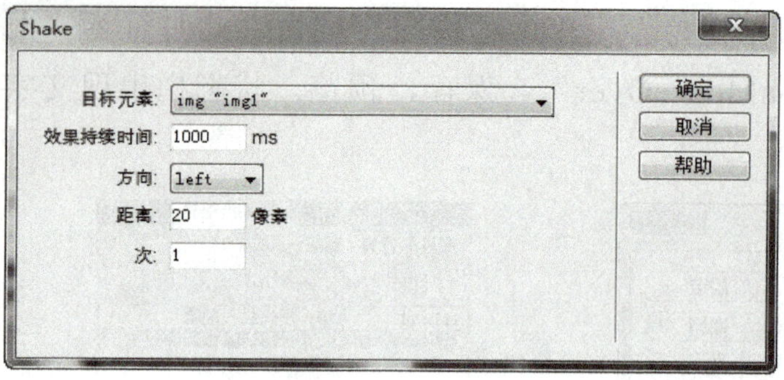

图8-56 “Shake”对话框

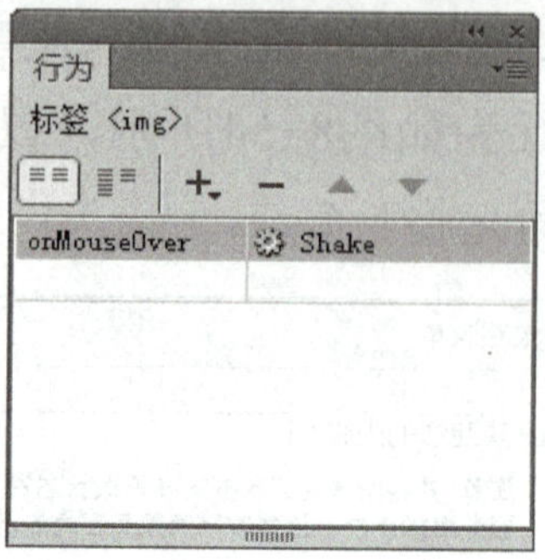

图8-57 Shake效果的事件为“onMouseOver”

习题

1. 填空题

1）____________定位是以Div到网页的左边界和上边界的距离来定位，即Div的左边框到网页左边界的距离，上边框到网页上边界的距离。

2）使用____________动作，可以在一个新的浏览器窗口中打开网页。

3）____________动作可以显示、隐藏一个或多个Div元素，也可恢复Div元素的默认属性。

4）在Dreamweaver CC中，要调用一段JavaScript代码，可以通过____________行为来设置。

5）在Dreamweaver CC中，打开浏览器窗口时，自动弹出另一个浏览器窗口，可以通过____________标签来实现。

2. 单选题

1）在Dreamweaver CC中，以下不属于行为三要素的是（　　）。

A. 对象　　B. 事件　　C. 动作　　D. 调用

2）拼图游戏应该使用（　　）行为结合Div元素来实现。

A. 显示/隐藏元素　　B. 拖动AP元素

C. 预先载入图像　　D. 调用JavaScript

3）（　　）是产生行为的主体，可以是很多种网页元素，如图像、文本、多媒体文件等，甚至是整个页面。

A. 对象　　B. 事件　　C. 动作　　D. 调用

3. 简答题

1）在Dreamweaver CC中创建行为的方法是什么？

2）在Dreamweaver CC中晃动效果制作的步骤有哪些？

4. 操作题

1）制作一个翻转图像的效果。

2）结合行为和Div元素制作一个12格的拼图游戏，游戏所用的图像不限。

学习单元9　模板和库

学 习 目 标

1）了解“资源”面板的构成。
2）能够创建、编辑、删除模板。
3）能够利用模板创建网页。
4）能够建立库项目并使用库项目编辑网页。
5）能够在网站中合理使用模板或库提高网站制作效率。
6）能够利用已有的模板制作网站。
7）培养善于思考、积极创新的能力。

在进行大量网页制作时，会有很多网页用到相同的布局、图片和文字等元素，为了避免一次又一次的重复劳动，可以使用Dreamweaver CC软件提供的模板、库功能将具有相同版面结构的网页制作成模板，将相同的部分（如导航、版权信息等）做成库项目存放在库中供随时调用，可以大大提高工作效率，事半功倍。本单元将学习模板和库的创建及使用方法。

任务1　模板的创建与应用——制作网页“极地动物”

【任务描述】

在Dreamweaver CC中，模板是一种特殊类型的文档，它用来产生带有固定性和共同格式的文档，是进行批量制作文档的起点。在编辑网页时，如果在每个文档中都重复添加某些内容，既麻烦又容易出错。这时可以先创建模板，然后将每个文档共有的内容在模板中做成不可编辑区域，将不同的部分做成可编辑区域，再使用模板来创建网页，相同的部分会自动出现在网页中，减少了重复的工作。修改网页时，如果是不可编辑部分，只需修改模板就可以更新由模板生成的网页。通过本任务的操作，学习如何创建模板，如何使用模板创建网页，如何建立和删除模板可编辑区域，最终效果如图9-1所示。

【任务实施】

（1）定义站点

新建文件夹“jididongwu1”，将素材文件夹“jididongwu1”中的所有文件夹和网页文件复制到“jididongwu1”文件夹中。在Dreamweaver CC 中定义站点，站点名称为“极地动物”，本地站点文件夹为“jididongwu1”。打开用于制作模板的网页beijixiong.html，如图9-2所示。

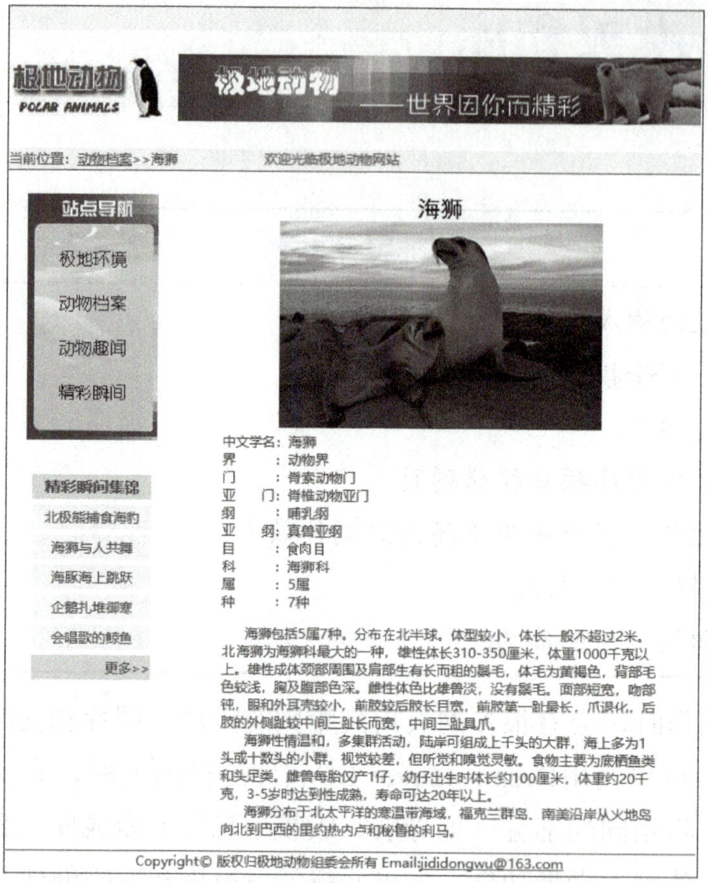

图9-1　网页“极地动物”效果

图9-2　网页“北极熊”

制作网页“极地动物”

（2）可编辑区域的建立与取消

由模板建立的网页上，哪个区域需要进行编辑是需要预先设定的，没有可编辑区域的模块是没有意义的。建立可编辑区域需要在模板制作的时候完成。

1）将光标定位在要建立可编辑区域的位置，选择“当前位置：动物档案>>北极熊”中的“北极熊”，如图9-3所示。

图9-3　可编辑区域的位置

2）在“插入”面板中单击“常用”右侧的下拉按钮，将“插入”面板切换到“模板”部分，如图9-4所示。单击“可编辑区域”命令，自动弹出要求将文档转换为模板的提示框，如图9-5所示，单击“确定”按钮。

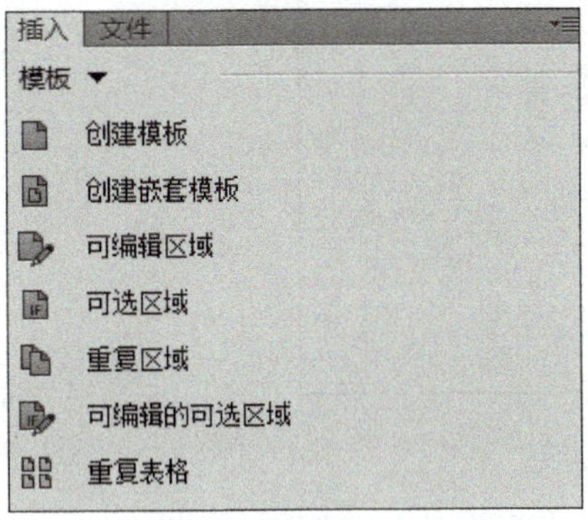

图9-4　“模板”面板

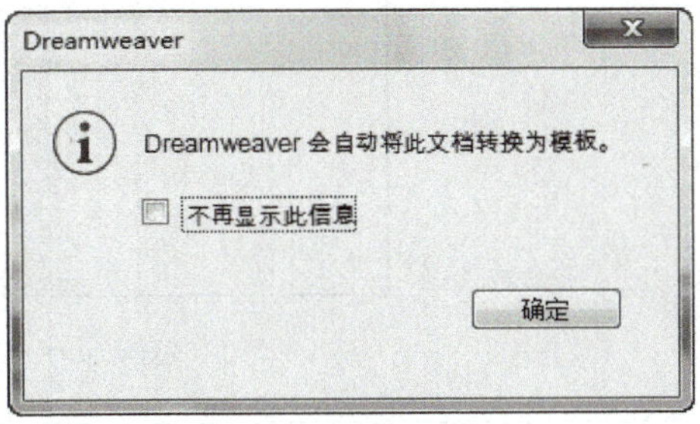

图9-5　文档转换为模板的提示框

3）在打开“新建可编辑区域”对话框中，修改可编辑区域的名称为“动物名称”，如图9-6所示。单击“确定”按钮，此处可编辑区域创建完成。

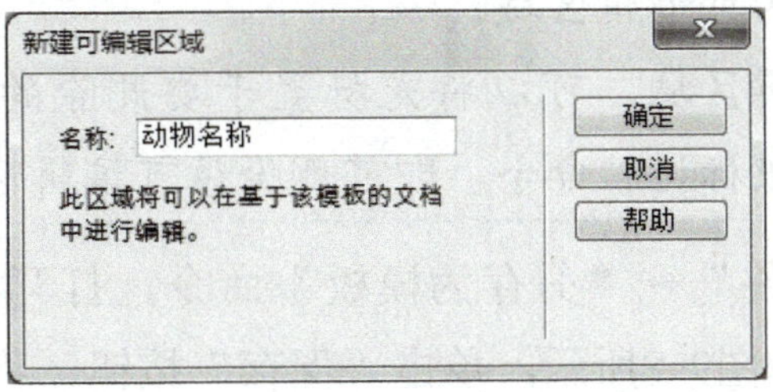

图9-6　“新建可编辑区域”对话框

4）将光标移到正文中动物名称“北极熊”的单元格中，在左下角状态栏中单击最右侧的<td>标记符，则文字所在的单元格被选中，单击模板面板中的“可编辑区域”命令，设名称为“动物名称1”，单击“确定”按钮。

同样的操作方法，将照片、动物属性、介绍文字所在的单元格定义为可编辑区域，名称分别为“照片”“动物属性”“介绍文字”，如图9-7所示。

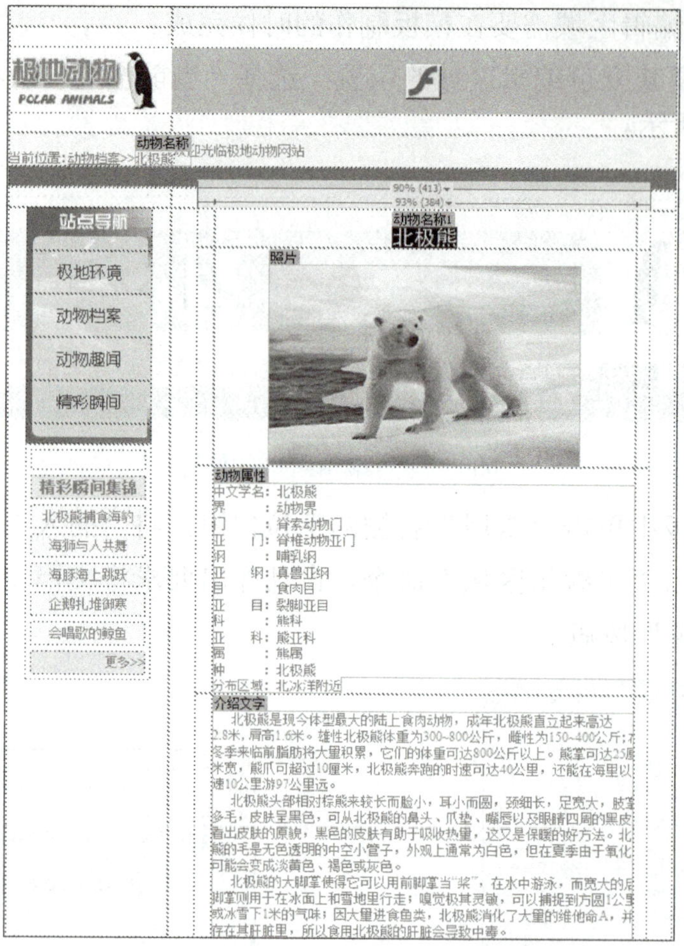

图9-7　网页中的可编辑区域

注意

1）在Dreamweaver CC中，可以将图像、文本、表格等网页元素设为可编辑区域。对于表格，可以把整个表格及其中的内容设为可编辑区域，也可以把某一个单元格设为可编辑区域，但不能把几个单元格设为可编辑区域。

2）如果需要删除可编辑区域，可以将光标置于要删除的可编辑区域之内，执行“修改”→“模板”→“删除模板标记”命令，即可删除该可编辑区域。

5）保存模板。执行“文件”→“另存为模板”命令，打开“另存模板”对话框，“另存为”中输入“jididongwu”，如图9-8所示，单击“保存”按钮，将完成的模板保存下来。

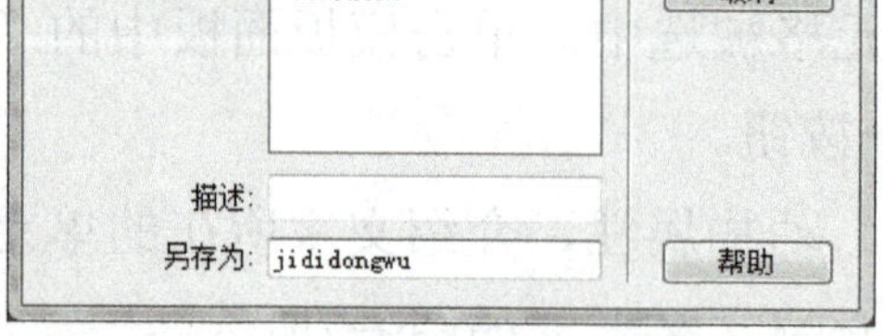

图9-8　“另存模板”对话框

6）保存为模板后，在站点中会生成模板文件夹“Templates”，其中有已保存的模板“jididongwu.dwt”。

（3）利用所建模板建立“海狮”的网页

1）执行“文件”→“新建”命令，打开“新建文档”对话框，在左侧单击“网站模板”选项，站点选择“极地动物”，在“站点‘极地动物’的模板”中选择“jididongwu”，选择“当模板改变时更新页面”复选框，在右侧“预览”框中可以预览模板的效果。单击“创建”按钮，即可创建基于模板的网页。

2）使用模板创建的网页四周有黄色边框，右上角有黄色标签及模板名称。网页中可编辑区域被套上蓝色边框，只有可编辑区域的内容能够编辑，如图9-9所示。

图9-9　基于模板的网页

3）将“动物名称”“动物名称1”“动物属性”和“介绍文字”四处可编辑区域替换为“海狮”的相关信息。将光标定位在“照片”位置，将图片替换为“haishi1.jpg”，如图9-10所示。

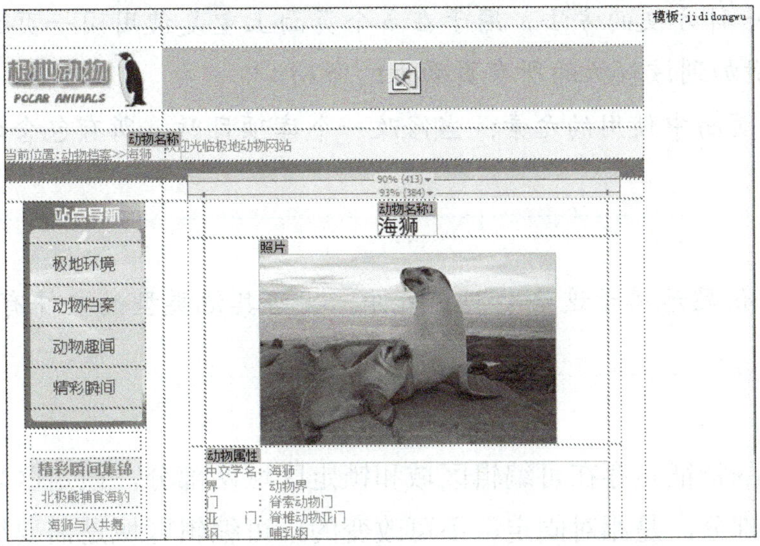

图9-10　在可编辑区域替换文字和图像

4）将网页保存为“haishi.html”，按<F12>键预览，最终效果如图9-1所示。用同样的方法可以创建其他页。

【新知解析】

1．“资源”面板

在Dreamweaver CC中使用“资源”面板来管理网站中的各类元素，方便资源的管理和使用。下面将介绍“资源”面板的使用。

1）打开“资源”面板

在Dreamweaver CC中，执行“窗口”→“资源”命令打开“资源”面板，如图9-11所示。

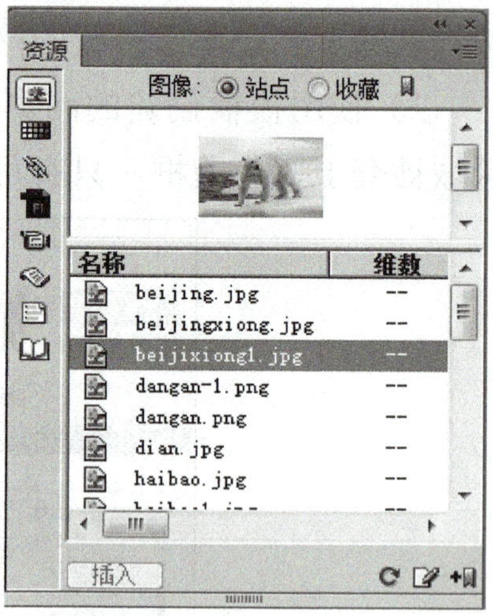

图9-11 “资源”面板

2）查看资源

资源包括存储在站点中库的各种元素，如图像、颜色或超链接等。“资源”面板提供了两种查看资源的方式。

“站点”：列表显示站点的所有资源。

“收藏”：列表仅显示经常使用的资源。

3）在这两个列表中，资源被分成七类，显示在“资源”面板的左侧。

- 图像：是GIF、JPEG或PNG格式的图像文件。
- 颜色：是站点的文档和样式表中使用的颜色，包括文本颜色、背景颜色和链接颜色。
- URLs：是当前站点文档中的外部链接。此类别包括下列类型的链接：FTP、HTTP、HTTPS、JavaScript、电子邮件（mailto）和本地文件（file://）。
- 媒体：是视频、音频等媒体文件。
- 脚本：是JavaScript或VBScript文件。
- 模板：提供了一种方便的方法，用于在多个页面上重复使用同一页面布局，以及在修改模板的同时修改附加到该模板的所有页面上的布局。
- 库：是在多个页面中使用的元素；当修改一个库项目时，所有包含该项目的页面都将被更新。

> **注意**
>
> “资源”面板中仅显示属于这些类别的文件。某些其他类型的文件有时也称为资源，但不在面板中显示。

2．模板

模板文件最显著的特征是存在可编辑区域和锁定区域两部分。锁定区域是不需要编辑的区域，多个网页的相同部分，是相对固定、不可改变的；可编辑区域是需要编辑的区域，用来定义网页具体内容部分。模板的扩展名为“.dwt”，存放在站点文件夹下的“Templates”文件夹中，如果该文件夹在站点中尚不存在，Dreamweaver CC 在保存新建模板时就会自动创建。

3. 模板的创建

1）创建模板有三种方法：①首先创建一个普通的页面，制作完成后保存为模板；②在“新建文档”对话框中选择“HTML模板”创建；③在“资源”面板中选择“模板”界面，单击右下角的“新建模板”按钮创建。

2）在创建模板时，除了建立可编辑区域外，还可以添加可选区域、重复区域和重复表格。

3）嵌套模板。嵌套模板其实就是利用另一个模板来创建新的模板，在新的模板中，可以对基础模板中的可编辑区域做进一步的定义。

4. 通过更新模板来更新网页

通过模板创建网页可以方便快捷地建立格式相同的一组网页，而在网页的维护中，如果需要修改该组网页的共同部分，则可以通过更新模板来更新本组网页。

【技巧提示】

1. 与模板相似网页的建立

利用模板可以方便地创建和维护一组布局格式相同、但内容不同的网页。也可以利用现有的模板创建网页，使其脱离模板成为独立的网页，这样既可以利用模板快速生成网页布局，又可以脱离模板的限制，对其进行自由的编辑。

1）创建模板并利用模板生成网页。

2）使文件脱离模板。执行“修改”→“模板”→“从模板中分离”命令，网页会脱离模板，成为独立的网页。

2. 管理模板

1）在“资源”面板中重命名模板。

执行“窗口”→“资源”命令，打开“资源”面板，选择面板左侧的“模板”类别，选择要修改的模板，单击模板的名称或右击选择“重命名”，然后输入一个新名称，按 <Enter>键使更改生效。Dreamweaver将询问是否要更新基于此模板的文档的链接。若要更新则单击“更新”，否则单击“不更新”。

2）在“资源”面板中删除模板文件。

在“资源”面板中，选择面板左侧的“模板”类别，在要删除的模板上单击鼠标右键，选择“删除”命令，或者选择某一模板，单击面板底部的“删除”按钮。

【强化训练】 通过更新模板更新网页

通过模板更新网页中的Flash动画和“精彩瞬间荟萃”，学习如何编辑模板，如何利用模板更新网页，最终效果如图9-12所示。

图9-12　更新Flash动画和“精彩瞬间荟萃”的网页效果

通过更新模板更新网页

操作步骤：

1）在“案例制作”中完成网页的基础上继续操作。在“Templates”文件夹下打开模板文件“jididongwu.dwt”，将光标置于“精彩瞬间集锦”一栏内，将“精彩瞬间集锦”修改为“精彩瞬间荟萃”。再选中banner部分中的Flash动画，将其替换为ad1.swf文件。

2）执行“文件”→“保存”命令，弹出“更新模板文件”对话框，如图9-13所示。

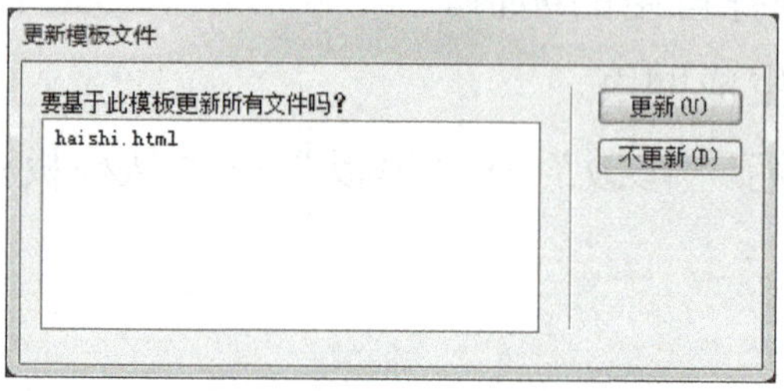

图9-13　“更新模板文件”对话框

3）选择需要更新的网页，单击“更新”按钮，弹出“更新页面”对话框，单击“关闭”按钮，即可对所选网页完成更新。

任务2　库的建立与应用——修改网页“北极熊”站点导航

【任务描述】

库是一种特殊的Dreamweaver文件，库里的资源称为库项目。在库中可以存储各种各样经常重复使用的页面元素，如图像、表格、声音和Flash动画等文件。每当更改某个库项目的内容时，可以更新所有使用该项目的页面。Dreamweaver CC将库项目存储在每个站点的本地根目录的Library文件夹中。本任务利用库修改网页“北极熊”站点导航，学习如何建立一个库项目，如何使用和更新库项目，最终效果如图9-14所示。

修改网页“北极熊”站点导航

图9-14　利用库修改网页“北极熊”站点导航的最终效果

【任务实施】

（1）定义站点

新建文件夹“jididongwu2”，将素材文件夹“jididongwu2”中所有网页文件和文件夹复制到“jididongwu2”文件夹中。在Dreamweaver CC 中定义站点，站点名称为“极地动物”，本地站点文件夹为“jididongwu2”文件夹。

（2）创建库项目

1）新建空白网页，执行“窗口”→“资源”命令，打开“资源”面板，单击“资源”面板左侧的“库”选项，在面板右下角单击按钮，新建库项目，命名为“zddh”，如图9-15所示。

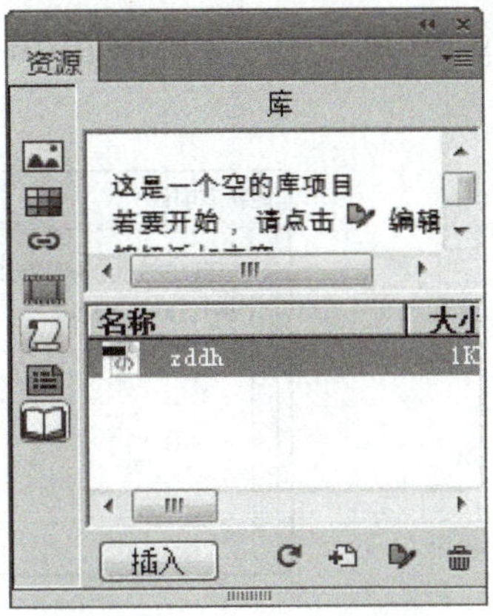

图9-15　插入库项目

2）单击编辑按钮，进入编辑窗口，插入一个6行1列、宽116px、其他各项均为0的表格。此时表格处于选中状态，切换到代码视图，将光标移到字符“<table”后面按空格键，在出现的属性下拉列表中双击“background”属性，单击弹出的浏览按钮，指定背景图像文件是“image/beijing.gif”。继续按空格键，在出现的属性下拉列表中双击“height”属性，输入数

值为218，这样就设定了表格的背景图像和高度，如图9-16所示。选中所有单元格，设水平和垂直的对齐方式为居中。

3）在表格的第2～5行分别插入鼠标经过图像“极地环境”“动物档案”“动物趣闻”“精彩瞬间”，设第一行单元格高度为40，如图9-17所示。

图9-16　设置表格的背景图像和高度

图9-17　插入鼠标经过图像后的导航

4）执行“文件”→“保存”命令，保存库项目。

（3）在网页“beijixiong.html”和“haishi.html”中插入库项目

1）打开beijixiong.html文件，选择导航所在的表格，将表格删除，并将光标定位在原表格处。选择库项目的“zddh”，单击“资源”面板下方的

按钮，插入该库项目。

2）对haishi.html文件进行同样的操作。

（4）修改库项目

1）在“资源”面板的“库”中双击库项目“zddh”，打开该项目，删除原来的“精彩瞬间”图片，输入鼠标经过图像“动物危机”，如图9-18所示。

2）编辑完成后，保存，弹出“更新库项目”对话框，如图9-19所示。单击“更新”按钮，使用该库项目的网页“beijixiong.html”和“haishi.html”会自动更新。

图9-18　修改后的库项目

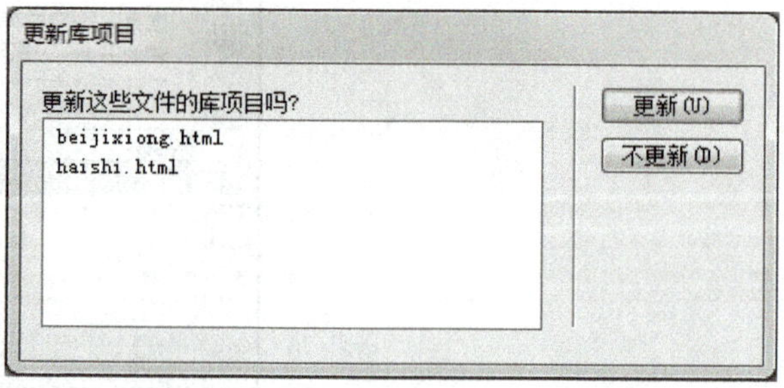

图9-19　“更新库项目”对话框

【新知解析】

库是一种特殊的Dreamweaver文件，库可以包括任何元素，如文本、图像、动画、表格、脚本等资源。库中的这些资源称为库项目，在Dreamweaver中保存的只是对被链接项目的引用，原始文件仍保留在指定的位置。

1. 创建库项目

创建库项目有两种方法：直接创建库项目和将网页上的元素转换为库项目。

1）直接创建库项目。

将“资源”面板切换到“库”，单击新建库项目按钮，建立一个空白库项目，再单击编辑按钮进入库项目编辑窗口，在编辑窗口进行操作，完成后保存即可。

2）将网页上的元素转换为库项目。

选择文档的某一部分，将“资源”面板切换到“库”，单击新建库项目按钮，选择的对象被添加到库的资源列表中，然后输入新的库项目名称。或者选中某一对象后执行“修改”→“库”→“增加对象到库”命令，再输入新的库项目名称。

Dreamweaver CC会在站点中新建一个Library文件夹，并将库项目保存在该文件夹中，库项目文件的扩展名为“.lib”。

2. 编辑库项目

库项目应用到网页中后是不能编辑的，如果要编辑库项目，需要先打开“资源”面板，切换到“库”，在要编辑的库项目上双击，打开库项目的原始文件进行修改。修改完成后，执行“文件”→“保存”命令，保存库项目。如果该项目应用在其他网页里，会弹出“更新库项目”对话框，在其中选择要更新的网页，单击“更新”按钮，自动更新。

> 注意
>
> 所创建的库项目中无法带有CSS样式和行为，因为这些元素的代码有部分或全部在head中，而不全在body中，但库只能包含body中的元素。

3. 使文档中的库项目可编辑

库项目添加到文档后，如果要针对该页编辑，则必须断开文档中的库项目实例和库之间的链接。方法如下，在当前文档中选中库项目，在“属性”面板中单击“从源文件中分离”按钮，如图9-20所示。则网页中的库项目变成网页中普通的一部分，当库项目发生更改时不会再更新该实例。

图9-20 “属性”面板中的“从源文件中分离”按钮

任务3　商业网站模板的修改与应用——制作网站“金雁酒店”

【任务描述】

使用模板制作网页，既可以保证网站风格的统一，又可以在网站的维护中，使网站的样式与内容分开，大大提高网页制作的速度，方便维护。网络中有大量的商业网站模板，合理地利用这些模板，既可以缩短建站时间、节约成本，又可以比较直观地看到网站的样式，有助于整体规划和布局网站。

网上下载的模板，无论何种格式，首先要根据使用者的需要进行处理，然后再制作成站点中的模板，并利用模板制作更多的网页。在此重点讲解商业模板的处理。

从网络上获取的网页模板主要有三种格式，即JPEG、PSD和HTML格式。处理方法如下。

1）对于HTML格式的模板，其布局、CSS样式和修饰图案等已经确定，能修改的一般是文字和插入的图像。可以在Dreamweaver中打开模板，直接修改需要修改的部分。再按照站点规划制作其他网页。这种模板使用方便，但是调整的灵活度较小。

2）对于JPEG和PSD格式的模板，可以先利用Photoshop、Fireworks等软件进行切片处理，再保存为WEB文件以备使用。

本任务将学习如何应用商业模板制作网页，如何在Photoshop中对模板进行编辑、切片，如何将切片后的图像储存为网页，如何在网页中调整图像，生成新的网页，最终效果如图9-21所示。

图9-21 “金雁酒店”首页最终效果

【任务实施】

1. 第一部分 在Photoshop中整理下载的PSD模板

（1）处理图像

处理图像

1）新建文件夹jyjd，在Photoshop中打开素材文件夹中的“网页模板.psd”，模板中包含很多图层，接下来可以根据需要进行修改。

2）导航条上的文字需要在网页中输入，且需要使用导航的背景，因此将导航的文字图层删除，其他部分用户根据需要进行处理。

（2）切片并保存分割图像

切片并保存分割图像

为了便于进行定位分割，可以在关键部位的轮廓处拉参考线。可以执行“视图”→“标尺”命令，使窗口的边沿显示标尺。鼠标移到窗口的上沿或左沿的标尺上拖拽出参考线。鼠标移到参考线上可移动参考线，将参考线拖回标尺则取消参考线。根据个人需要在图片的四周白色与彩色交界处、左侧公告栏的两侧、顶部导航区域拉出参考线。

1）在Photoshop的工具箱中单击“裁剪工具”右下角的小三角，会弹出一个组合工具，选择“切片工具”，在图像的需要位置按下鼠标进行拖拽，到另一个位置松开鼠标，划过的区域形成一个切片。切片具有标号，显示蓝色标记，称为用户切片，如图9-22所示。

2）与此同时，画面上会同时自动形成另外的切片，显示灰色标记，这些为系统切片。如图9-23所示。如果对系统切片的区域不满意，可以用切片工具重新分割。

图9-22　用户切片

图9-23　系统切片（右侧切片）

3）切片可以移动和调整大小。在工具箱中单击“裁剪工具”右下端的小三角，选择“切片选择工具”，该工具可以选中（单击）、移动切片（拖动），可以调整切片大小、位置和命名切片（双击切片可以修改），也可以选中切片按删除键进行删除。根据需要，将图像进行了切割，如图9-24所示。

图9-24　切片后的图像

4）保存为Web格式。执行“文件”→“存储为Web和设备所用格式”命令，打开“存储为Web和设备所用格式”对话框，如图9-25所示。

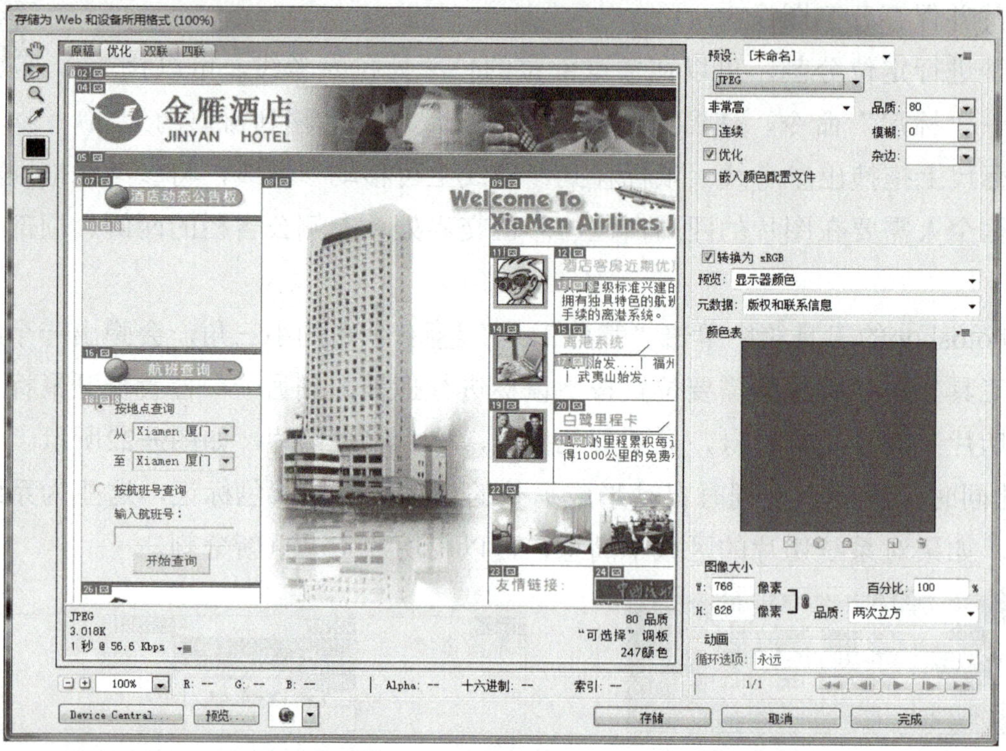

图9-25 “存储为Web和设备所用格式”对话框

5）在右侧“预设”下面的列表中选择“JPEG”，可将图像颜色丰富部分的切片存为JPEG格式，其他为GIF格式，品质设为“80”。

6）单击“存储”按钮，打开“将优化结果另存为”对话框，将文件存储在jyjd文件夹，名称为“index.html”，保存类型为“HTML和图像（*.html）”，切片为“所有切片”，单击“保存”按钮。此时文件夹中出现index网页文件和一个images文件夹。Photoshop CS5将所有的切片转化为一个HTML表格，保持图像的布局形式，每一个切片变成单元格中插入的图像。

2. 第二部分　在Dreamweaver CC中处理网页

（1）定义站点

在Dreamweaver CC中，执行“站点”→“新建站点”命令，通过“站点设置对象”对话框定义站点，站点名称为“金雁酒店”，本地站点文件夹设置为“jyjd”文件夹。

定义站点

（2）制作导航部分

1）打开index.html，设置标题为“金雁酒店首页”，选中表格，在“属性”面板中设置“Align”为“center”，将表格居中显示。

制作导航部分

2）在“images”文件夹中选中导航条的背景图像，查看图像的高度为24px，将光标定位在导航的背景图像所在的单元格，设置高为24px。

3）定义“.nav_bg”CSS规则。打开“CSS设计器”面板，在“源”窗格中单击+图标，选择“在页面中定义”，在“源”窗格中生成<style>标签。选择创建的源<style>，在“选择器”窗格中单击添加选择器图标+，输入选择器“.nav_bg”。

4）将光标定位在导航条所在的单元格中，将“属性”面板切换至CSS属性状态，在“目标规则”中选择“.nav_bg”规则。

5）单击“属性”面板中的“编辑规则”按钮，打开“.nav_bg的CSS规则定义”对话框，在左侧“分类”中单击“背景”，将“Background-image”设置为“image/index_05.gif”，如图9-26所示，单击“确定”按钮。

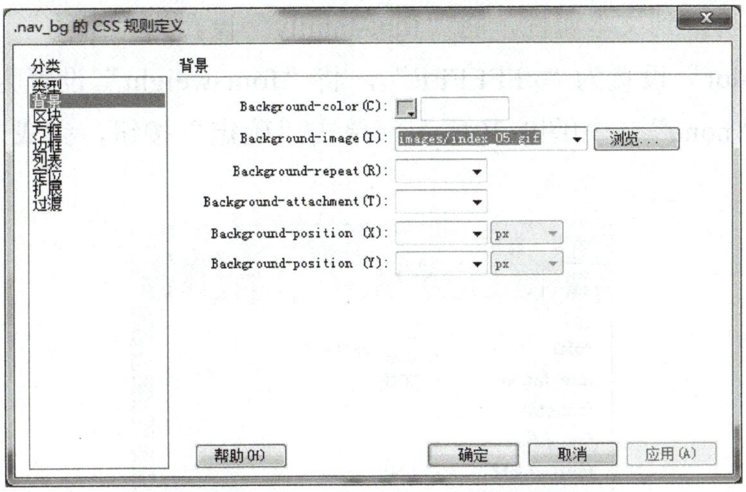

图9-26　导航条所在单元格设置背景

6）单元格已经设置的背景图像如图9-27所示。在单元格中插入1行2列的表格，宽为100%，边框粗细、单元格边距、单元格间距设置为0，然后设置左侧单元格的宽度为25%。

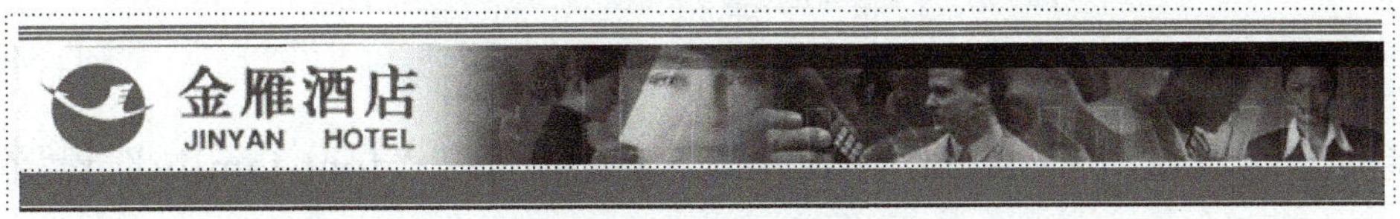

图9-27　“将优化结果另存为”对话框

7）将光标定位在左侧单元格，执行“插入”→“HTML”→“日期”命令，选择日期格式如图9-28所示，单击“确定”按钮，插入日期，并在日期前插入全角空格。

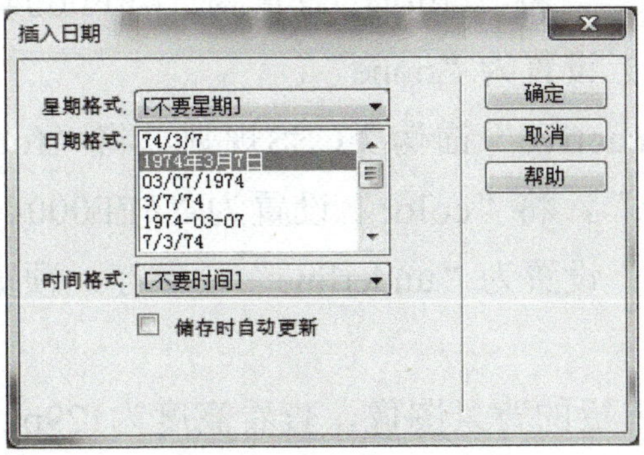

图9-28　“插入日期”对话框

8）在右侧单元格输入导航文字“酒店简介　旅游服务　地理位置　酒店特色　大事记　网上订房”，设置水平居中，并为每个导航项设置空超链接，网页效果如图9-29所示。

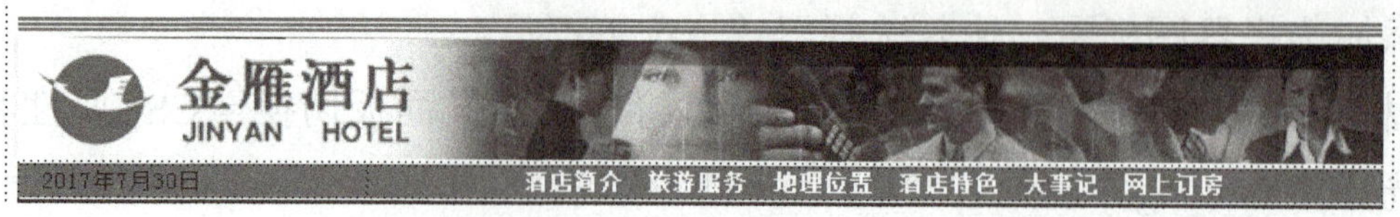

图9-29　导航条的网页效果

9）创建锚伪类CSS规则修饰网页导航项。

①选择“源”窗格中的源“<style>”，在“选择器”窗格添加“a:link”选择器，并选中，将“属性”窗格切换到文本属性，将“font-family”设置为“宋体”，将“font-size”设置为“13px”，将“color”设置为“#FFFFFF”，将“font-weight”设置为“bold”，将“text-decoration”设置为“none”；如图9-30所示，单击“确定”按钮，完成“a:link”锚伪类规则的设置。

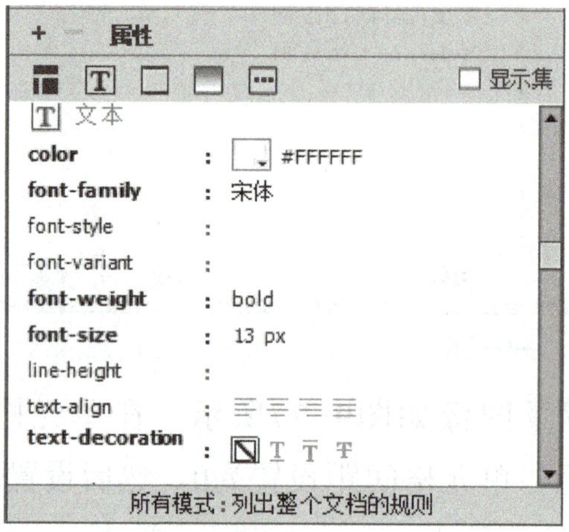

图9-30　设置“a:link”选择器的属性

②用同样的方法设置“a:visited”锚伪类CSS规则。将“font-family”设置为“宋体”，将“font-size”设置为“13px”，将“color”设置为“#FFFFFF”，将“font-weight”设置为“bold”，将“text-decoration”设置为“none”。

③用同样的方法设置“a:hover”锚伪类CSS规则。将“font-family”设置为“宋体”，将“font-size”设置为“13px”，将“color”设置为“#FF0004”，将“font-weight”设置为“bold”，将“text-decoration”设置为“none”。

④用同样的方法设置“a:active”锚伪类CSS规则。将“font-family”设置为“宋体”，将“font-size”设置为“13px”，将“color”设置为“#FF0004”，将“font-weight”设置为“bold”，将“text-decoration”设置为“underline”，保存，预览。

（3）制作左侧部分

1）制作公告板。选择公告板的背景图像，查看高度为129px后，将其删除，将光标定位在背景图像所在的单元格，将高度设置为129px，垂直为顶端对齐。

制作左侧部分

2）选择“源”窗格中的源“<style>”，在“选择器”窗格添加“.left”选择器，并选中，将“属性”窗格切换到“文本”属性，将“font-family”设置为“宋体”，将“font-size”设置为“13px”，将“Color”设置为“#333333”，将“line-height”设置为“150%”，如图9-31所示。

3）将“属性”窗格切换到“布局”属性，设置“padding”的上、右、下、左的值为5px，即填充为5px。如图9-32所示。

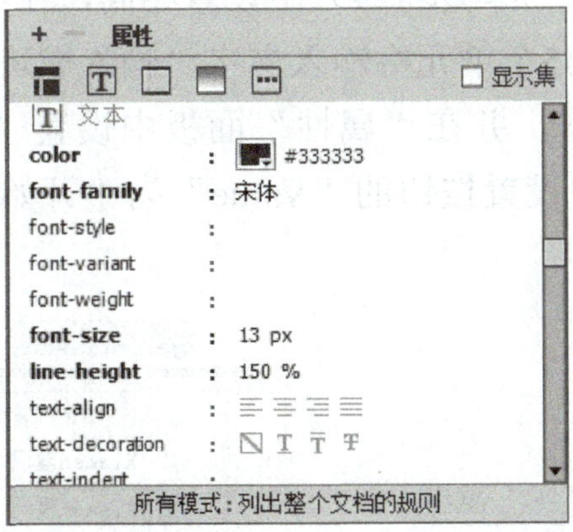

图9-31　设置“.left”选择器的文本属性

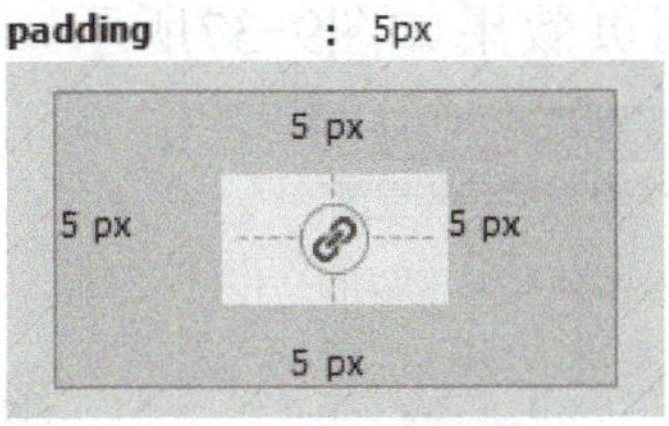

图9-32　设置“.left”选择器的padding属性

4）将“属性”窗格切换到“背景”属性，将“background-image”设置为“index_10.gif”，如图9-33所示。

5）将光标定位于单元格中，将“属性”面板切换到“CSS”属性，在“目标规则”中选择“.left”，应用类选择器规则。输入素材文中公告板中的文字，段首设置两个全角空格，如图9-34所示。

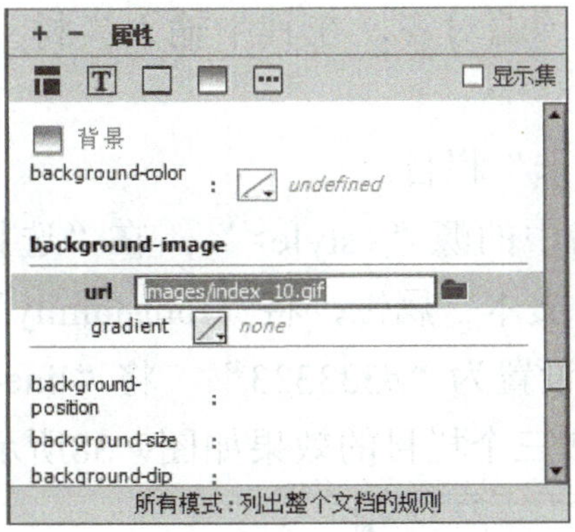

图9-33　设置“.left”选择器的背景属性

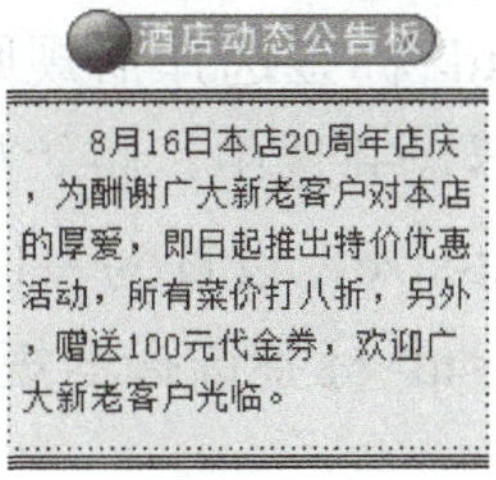

图9-34　公告板网页中的效果

6）制作航班查询。在“images”文件夹中选择航班查询栏目中的图像，查看高度为193px后，将其删除，将光标定位在背景图像所在的单元格，将高度设置为193px，垂直为顶端对齐。

7）将光标定位于单元格中，将“属性”面板切换到“CSS”属性，在“目标规则”中选择“.left”，应用类选择器规则。

8）在单元格中插入表单域，在表单域中插入7行1列的表格，设置宽度为100%，边框粗细、单元格边距、单元格间距设置为0。选中所有单元格，设置高度为26px，设置水平居中对齐。如图9-35所示。

9）在第1个单元格插入单选按钮，设置文字为“按地点查询”，在第2个单元格输入“从”，并插入选择菜单，选中选择菜单，在“属性”面板中单击列表值，在“项目标签”和“值”中分别输入“Xiamen厦门”，如图9-36所示。

10）在第3个单元格中输入“至”，插入选择菜单，并与步骤9）中设置相同，在第4个单元格插入单选按钮，并设置文字“按航班号查询”，在第5个单元格输入文字“输入航班号：”。

11）在第6个单元格插入文本框，删除其中的文本，并在“属性”面板中设置“Size”为16；在第7个单元格插入提交按钮，在“属性”面板中设置按钮的“Value”为“开始查询”。航班查询网页效果如图9-37所示。

图9-35　航班查询

图9-36　选择菜单的列表值

图9-37　航班查询网页效果

（4）制作右侧三个栏目部分

1）选择“酒店客户近期优惠”栏目下方的图像，查看高度为45px，将图像删除，设置图像所在单元格的高度为45px，垂直为顶端对齐，在其中输入素材中相应的文字。

制作右侧三个栏目部分

2）同样的方法制作“离港系统”和“白鹭里程卡”栏目。

3）创建<td>标签选择器规则。选择“源”窗格中的源“<style>”，在“选择器”窗格添加“td”选择器，并选中，将“属性”窗格切换到“文本”属性，将“font-family”设置为“宋体”，将“font-size”设置为“13px”，将“color”设置为“#333333”，将“line-height”设置为“150%”。<td>标签选择器规则会自动应用，右侧三个栏目的效果如图9-38所示。

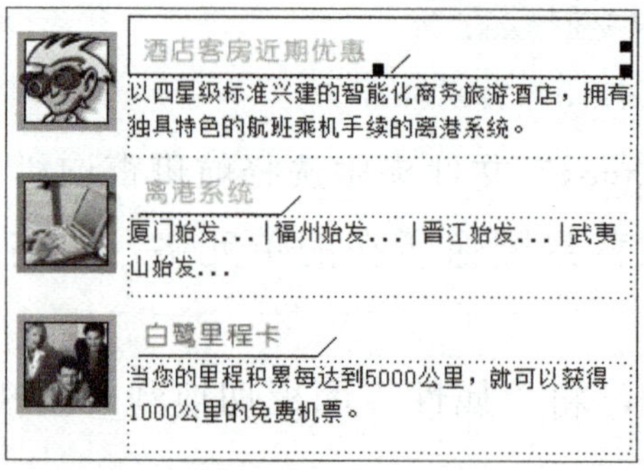

图9-38　三个栏目的网页效果

（5）制作版权部分

制作版权部分

1）在“images”文件夹中选择版权部分的图像，查看高度为31px，将图像删除，设置图像所在单元格的高度为31px，垂直为居中对齐，水平为居中对齐。

2）在其中输入素材中相应的文字“2011厦门航空金雁酒店 版权所有”，并在文字前插入版权符号，如图9-39所示。保存，预览，最终效果如图9-21所示。

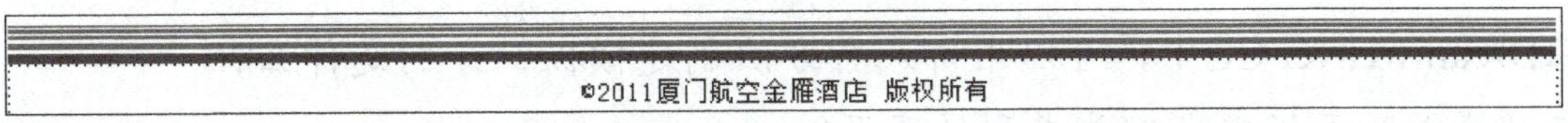

图9-39　版权的网页效果

通过本任务的操作，读者要学会利用商业模板制作网页的思路。有关Photoshop切片工具的使用及制作图像翻转效果的知识，请参阅Photoshop软件的相关教程。

习题

1. 填空题

1）如果需要删除可编辑区域，可以将光标置于要删除的可编辑区域内，执行“______”→“模板”→“删除模板标记”命令，即可删除该可编辑区域。

2）资源包括存储在站点中库的各种元素，如图像、颜色或超链接等，__________提供了两种查看资源的方式。

3）____________实际上也是一种文档，它的扩展名为“.dwt”，存放在站点文件夹下的“__________”文件夹中，如果该文件夹在站点中尚不存在，则Dreamweaver CC在保存新建模板时会自动创建。

4）使文件脱离模板，可以执行“修改”→“模板”→“____________”命令，网页会脱离模板，成为独立的网页。

5）在Photoshop软件中，设计者可以根据自己的需要对模板图像进行修改或替换，然后利用切片工具按照想要的布局进行分割，最后以________的形式保存。

2. 单选题

1）下列关于模板说法不正确的是（　　）

A. 一旦删除模板文件，则无法对其进行检索。

B. 如果网页文件是由模板创建的，则无法再成为普通网页文件。

C. 模板文件更新时，由其创建的网页会跟着更新。

D. 使用模板能够大大提高网页制作效率。

2）下列关于可编辑区域说法不正确的是（　　）

A. 在Dreamweaver CC中，可以将图像、文本、表格等网页元素设为可编辑区域。

B. 可以把某一个单元格设为可编辑区域。

C. 可以同时把几个单元格设为可编辑区域。

D. 用户可以在可编辑区域内插入新的网页元素。

3. 简答题

1）在Dreamweaver CC中，可以用哪几种方法创建模板？分别是什么？

2）在“资源”面板中有哪些类型的资源？

3）如何在“资源”面板中重命名模板？

4. 操作题

结合本单元的任务实战，使用相关素材，利用模板技术制作出其他动物的网页，完善网站的“动物档案”栏目。

学习单元10 常见动态特效的制作

学 习 目 标

1）能够在标题栏设置动态效果。

2）能够在状态栏设置动态效果。

3）能够制作出“添加到收藏夹”的功能。

4）能够在网页中显示获取的系统时间和日期。

5）树立良好的网站安全意识，做好网站防范。

为了使网页生动有趣、给浏览者留下深刻的印象，在网页制作中常常给网页增加一些动态特效，如状态栏走马灯效果、动态时间效果等。这些动态特效可以使用JavaScript语言来实现，只需要写几行简单的代码没有编程基础的读者也可以完成。通过本单元的学习，熟练运用脚本语言来制作网页动态效果。

任务　制作动态特效——为网页“诗词新苑”添加动态效果

【任务描述】

动态特效效果通常使用一些脚本语言来实现，如JavaScript、VBScript等，这些脚本语言非常简单，但却能制作出一些实用、有趣的效果。本任务是在网页已经布局好的基础之上，加上“添加收藏”“动态标题栏”“背景音乐”动态特效，通过操作可以学习如何在网页中制作设为添加收藏，如何在网页中制作动态标题栏效果，如何为网页添加背景音乐，最终效果如图10-1所示。

为网页“诗词新苑”添加动态效果

【任务实施】

1）定义站点。新建文件夹“ShiciXinyuan”，将素材中所有的文件和文件夹复制到“ShiciXinyuan”文件夹。在Dreamweaver CC中新建站点，站点名称为“诗词新苑”，站点文件夹定义为文件夹“ShiciXinyuan”。

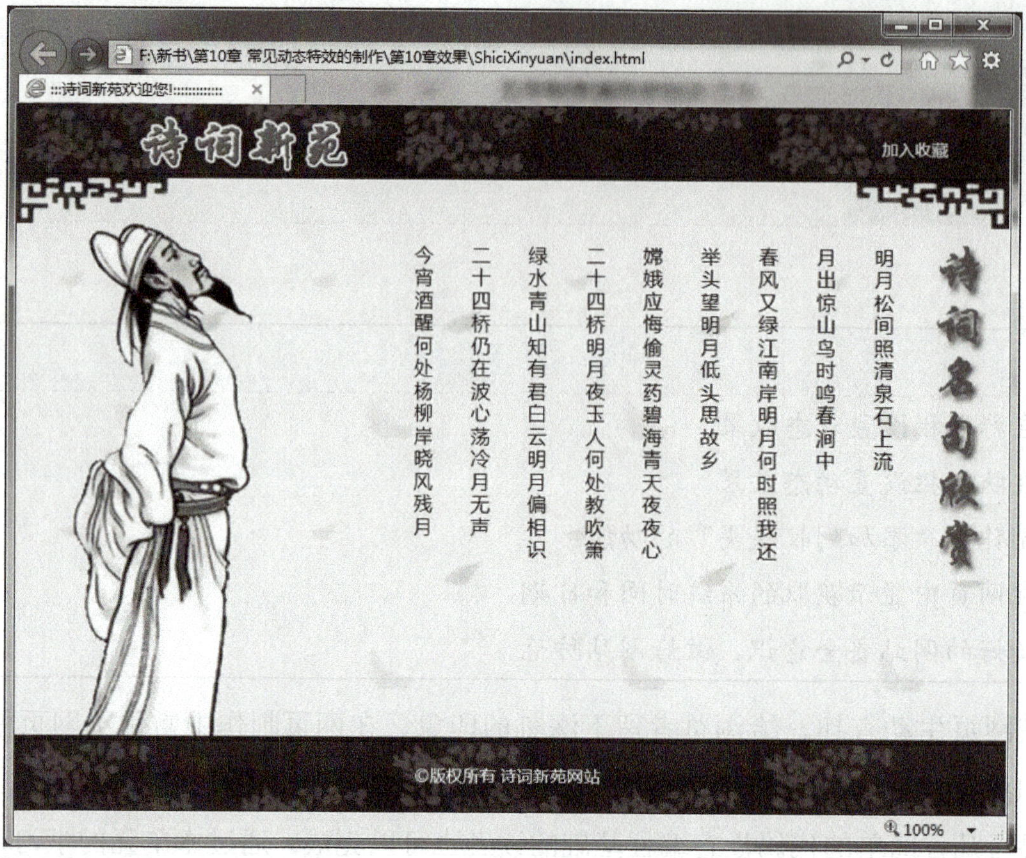

图10-1　网页“诗词新苑”效果图

2）设置添加到收藏夹。假如本网站的网址为http://www.SCXY.com，打开index.html文件，选择文本“添加收藏”，切换到代码视图，在“添加收藏”前后输入如下代码。

```
<a href="javascript:window.external.AddFavorite('http://www.SCXY.com', '诗词新苑')">添加收藏</a>
```

3）切换到设计视图，如图10-2所示。“添加收藏”是一个超链接，可以使用伪锚记CSS规则美化。

图10-2　“添加收藏”的网页效果

4）创建伪锚记CSS规则。

① 添加a:link选择器。在“属性”窗格中将“Font-size”设置为“13px”，将“Color”设置为“#FFFFFF”，将“Text-decoration”设置为“none”。

② 添加a:visited选择器。在“属性”窗格中将“Font-size”设置为“13px”，将“Color”设置为“#FFFFFF”，将“Text-decoration”设置为“none”。

③ 添加a:hover选择器。在“属性”窗格中将“Font-size”设置为“13px”，将“Color”设置为“#F8FF00”，将“Text-decoration”设置为“none”。

④ 添加a:active选择器。在“属性”窗格中将“Font-size”设置为“13px”，将“Color”

设置为“#F8FF00”，将“Text-decoration”设置为“underline”。“添加收藏”网页效果如图10-3所示。

图10-3 添加伪锚记CSS规则后的“添加收藏”网页效果

5）保存，预览，单击“添加收藏”按钮，会打开“添加收藏”对话框，如图10-4所示，单击“添加”按钮，可以将本网站添加到收藏夹。

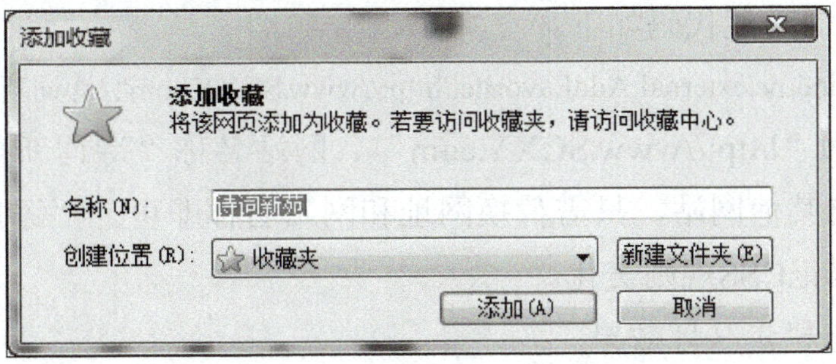

图10-4 “添加收藏”对话框

6）设置标题栏动态效果。切换到代码视图，将光标定位在<head></head>标签之间，输入如下代码：

```
<script language="javascript">
    a=":::::::诗词新苑欢迎您!:::::::"
    function title()
    {
        a=a+a.substring(0,1)
        a=a.substring(1,a.length)
        document.title=a
        setTimeout("title()",500)
    }
    title()
</script>
```

7）设置背景音乐。将光标定位在<head></head>标签之间，输入如下代码：

```
<bgsound loop="-1" src="other/bgmusic.mp3" />
```

8）预览，可得图10-1所示的效果，同时，可以听到背景音乐的声音。到此本任务制作完毕。

【新知解析】

1. 什么是脚本语言

脚本语言是一种在互联网上广为流行的特效程序语言，是一种不需要编译的语言。网页中常用的有JavaScript和VBScript两种。JavaScript基于客户端浏览器，具有简单、动态、跨平台、节省CGI的交互时间等特点，得到了广泛应用。

2. JavaScript脚本的插入与应用

在<head>与</head>之间插入JavaScript脚本，JavaScript脚本要放在<script language="jscript"></script>标签中间。例如设置动态状态栏和背景音乐的脚本代码的插入。

3. 常见的Script脚本特效

（1）添加到收藏夹

“添加到收藏夹”的功能代码如下。

```
<a href="javascript:window.external.AddFavorite('http://www.SCXY.com', '诗词新苑')">添加收藏</a>
```

该代码是将网址为“http://www.SCXY.com”、网站名称“诗词新苑”的网站首页添加到收藏夹中，如果要设置其他网站，只需替换网址和网站名称即可。“添加收藏”本质上是一个超链接，可以使用伪锚记CSS规则美化。

（2）标题栏与状态栏走马灯效果

将光标定位在<head></head>标签之间，输入代码即可。标题栏走马灯效果的代码如下。

```
<script language="jscript">
    a=":::::::欢迎来到天鹅大观网站!:::::::"    //为变量a赋值。
    function bb() //定义函数bb（）
    {
        a=a+a.substring(0,1)      //将变量a与从变量a中取出的字符串相连，并赋给变量a,
        //其中，a.substring(0,1)表示从变量a中取字符串，从第0个字符开始取1个字符。
        a=a.substring(1,a.length) //从字符串变量a中取字符串，从第1开始取，共取a.length个，
        //其中，a.length表示字符变量a的长度。
        document.title=a       //将变量a赋给标题栏变量。
        setTimeout("bb()",500)   //每隔500ms刷新一次函数bb()。
        }
        bb()              //调用函数bb()。
</script>
```

如果将代码中document.title改为window.status即可在状态栏添加 走马灯效果。

（3）获取显示当前系统时间和日期

在状态栏显示当前日期与时间，可以在网页中<head></head>标签内输入如下代码。

```
<script language="jscript">
    <!--
    function shijian()     //定义shijian()函数
    {
     today=new Date();    //创建当前日期对象today
       var week_day;      //定义星期几的变量
     var date;            //定义日期变量
```

```
    if(today.getDay()==0) //判断获取星期的值，如果为0，则为week_day赋值"星期日"。
   week_day="星期日"
    if(today.getDay()==1) //如果为1，则为week_day赋值"星期一"。
      week_day="星期一"
    if(today.getDay()==2) //如果为2，则为week_day赋值"星期二"。
      week_day="星期二"
    if(today.getDay()==3) //如果为3，则为week_day赋值"星期三"。
      week_day="星期三"
    if(today.getDay()==4) //如果为4，则为week_day赋值"星期四"。
      week_day="星期四"
    if(today.getDay()==5) //如果为5，则为week_day赋值"星期五"。
      week_day="星期五"
    if(today.getDay()==6) //如果为6，则为week_day赋值"星期六"。
      week_day="星期六"
      date=(today.getYear())+"年"+(today.getMonth()+1)+"月"+today.getDate()+"日";
//getYear()获取年份，getMonth()获取月份，getDate()获取日期
 h=today.getHours()      //getHours()获取时；
   m=today.getMinutes()     //getMinutes()获取分；
   s=today.getSeconds()     //getSeconds()获取秒；
   if (h<=9)              //如果时小于9，则小时前补0；
       h="0"+h
   if (m<=9)              //如果分小于9，则分前补0；
     m="0"+m
   if (s<=9)              //如果秒小于9，则秒前补0；
    s="0"+s
   time=h+":"+m+":"+s  //将变量h（时）的值、变量m（分）的值、s变量（秒）的值赋
   //给变量time；
   window.status="当前时间："+date+week_day+" "+time  //输出日期与时间；
   setTimeout("shijian()",1000)
   }
   shijian()             //调用shijian()函数；
   // -->
</script>
```

如果要在网页中显示时间可以将window.status="当前时间："+date+week_day+" "+time和setTimeout("shijian()",1000)替换为document.write("<span class='style1'>"+"当前时间"+date+week_day+" "+time+"</span>")，其中style1为网页中需要创建的样式。

【强化训练】 为“玫瑰文化”网页添加动态效果

在网页已布局好的基础之上，加上“动态标题栏”“系统日期与时间”“背景音乐”效果。通过操作可以学习如何设置“动态标题栏”，如何获取与显示当前系统的日期与时间，如

何为网页添加背景音乐，最终效果如图10-5所示。

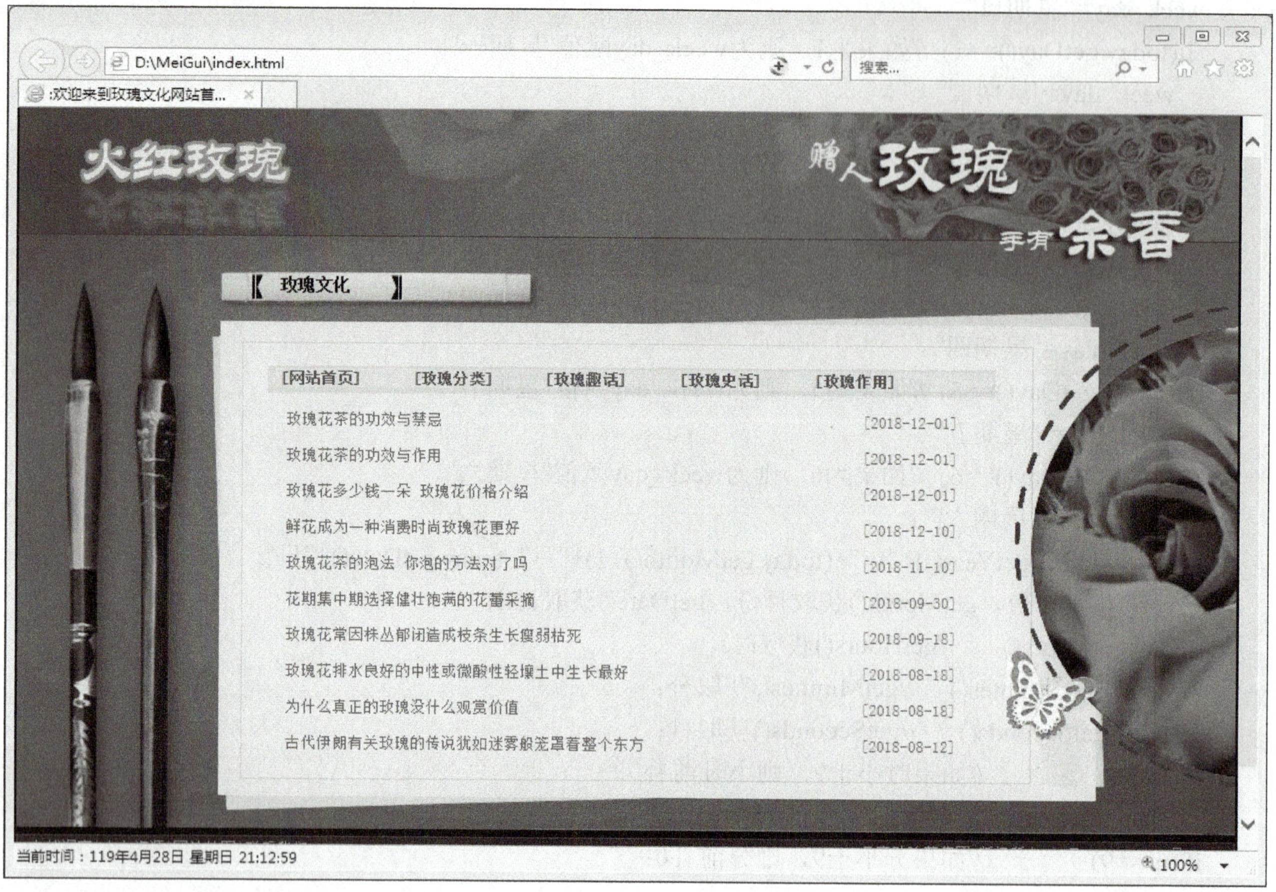

图10-5　网页“玫瑰文化”效果图

操作步骤：

1）定义站点。新建文件夹“MeiGui”，将素材中所有的文件和文件夹复制到“MeiGui”文件夹。在Dreamweaver CC中新建站点，站点名称为“玫瑰文化”，站点文件夹定义为文件夹“MeiGui”。

2）设置标题栏动态效果。将光标定位在<head></head>标签之间，输入如下代码，保存，预览。

```
<script language="jscript">
  a=":::::::欢迎来到玫瑰文化网站首页!:::::::"
  function bb()
  {
      a=a+a.substring(0,1)
      a=a.substring(1,a.length)
      document.title=a
      setTimeout("bb()",500)
  }
  bb()
</script>
```

为“玫瑰文化”网页添加动态效果

3）设置状态栏动态时间效果。将光标定位在<head></head>标签之间，输入以下代码。保存，预览。

```
<script language="jscript">
<!--
function shijian()
{
  today=new Date();
  var week_day;
  var date;
  if(today.getDay()==0)
    week_day="星期日"
  if(today.getDay()==1)
    week_day="星期一"
  if(today.getDay()==2)
    week_day="星期二"
  if(today.getDay()==3)
    week_day="星期三"
  if(today.getDay()==4)
    week_day="星期四"
  if(today.getDay()==5)
    week_day="星期五"
  if(today.getDay()==6)
    week_day="星期六"
  date=(today.getYear())+"年"+(today.getMonth()+1)+"月"+today.getDate()+"日";
  h=today.getHours()
  m=today.getMinutes()
  s=today.getSeconds()
  if (h<=9)
    h="0"+h
  if (m<=9)
    m="0"+m
  if (s<=9)
    s="0"+s
  time=h+":"+m+":"+s
  window.status="当前时间："+date+week_day+" "+time
  setTimeout("shijian()",1000)
}
shijian()
-->
</script>
```

4）设置背景音乐。将光标定位在<head></head>标签之间，输入以下代码，保存，预览。

```
<bgsound loop="-1" src="others/bgsound.mp3"/>
```

5）预览，可得图10-5所示的效果。

习题

1. 填空题

1）网页中常用的脚本语言有____________和____________两种。

2）动态状态栏效果脚本代码一般写在____________和____________标记之间。

3）添加到收藏夹的脚本代码一般写在____________和____________标记之间。

2. 操作题

请使用给定的练习素材为“采蒲台的苇”网页添加动态效果。

1）在网页中添加脚本代码，显示当前的系统日期和时间。

2）设置网页的状态栏为动态。

3）为网页添加“添加到收藏夹”的动态效果。

学习单元11 站点的发布与维护

学习目标

1）能够使用文件面板管理站点。

2）能够进行文件的上传与下载。

3）培养良好的职业素养与职业道德。

4）培养精益求精的工匠精神。

前面已经学习了如何创建本地网站，但网站要让别人浏览，就必须把它放到远程服务器上。浏览者可以通过单击网站的域名或IP地址，浏览到网站内容。Dreamweaver CC的站点管理功能提供了全方位的服务。本单元将通过对文件面板的学习来掌握如何维护站点、如何上传和下载站点。

任务1 管理站点

【任务描述】

通过完成本任务，学习站点的管理方法。

【任务实施】

1. 定义站点

在定义站点时，站点设置对象包括站点、服务器、版本控制和高级设置。

（1）定义本地站点

执行“站点”→“新建站点”命令，在打开的站点设置对象对话框中有4个选项，在“站点”选项下，可以设置本地站点的名称和指定站点文件夹，如图11-1所示。

定义本地站点

（2）设置远程服务器

当本地站点制作完成、并进行测试成功后，就需要将站点上传到互联网的远程站点上。在上传前，需要对远程站点进行相应的设置。这就需要在站点设置对象对话框中选择“服务器”选项。

设置远程服务器

执行“站点”→“管理站点”命令，在打开的“管理站点”对话框中选择要编辑的站点“极地动物”，单击编辑当前选定的站点按钮✎，如图11-2所示。

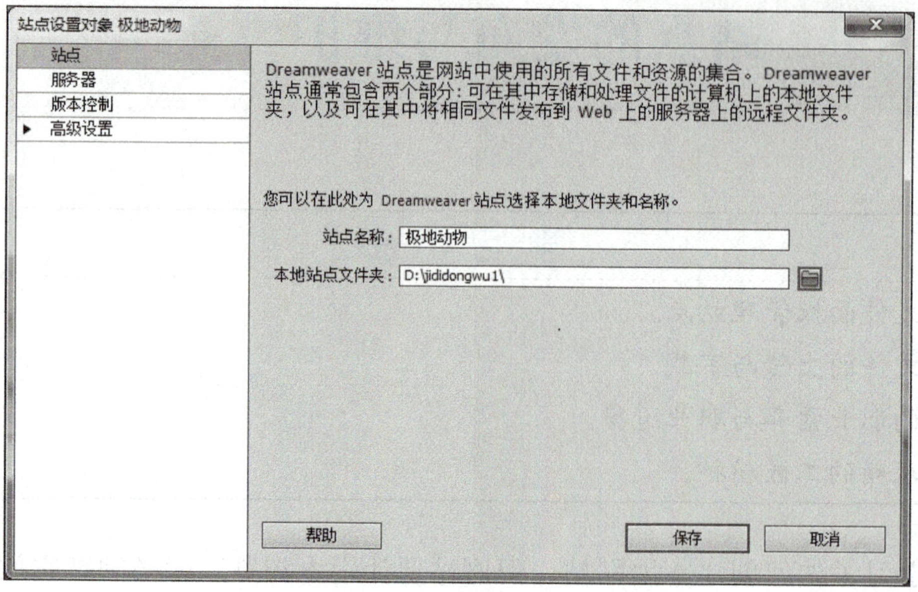

图11-1　站点设置对象对话框

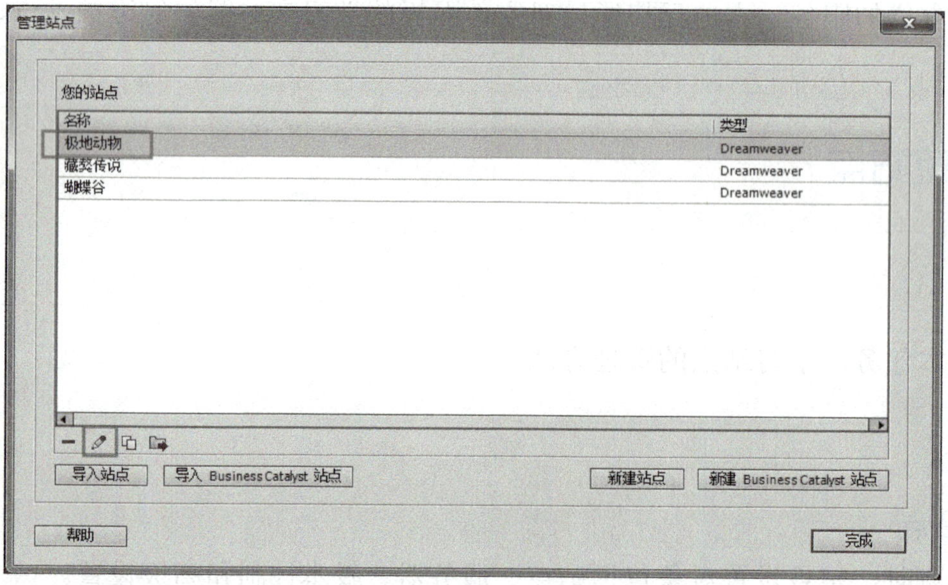

图11-2　管理站点对话框

在接下来打开的站点设置对象对话框中选择第2个选项“服务器”，单击页面左下角的加号按钮+，添加新服务器，如图11-3所示。

对服务器的设置有“基本”和“高级”两个部分。“基本”设置主要是对服务器的名称、连接方法等进行设置。一般地，服务器默认的连接方法为FTP连接。其他的连接方法还有SFTP、本地/网络、WebDAV和RDS，如图11-4所示。如果需要进一步设置，则可以展开“更多选项”栏进行设置。在此选择FTP，服务器名称可以任意选取，在FTP地址栏中输入申请空间的IP地址或域名，再输入申请的用户名和密码，单击“测试”按钮，测试连接是否成功。若连接成功，则出现“Dreamweaver已成功连接到您的Web服务器”的对话框，单击“确认”按钮即可完成设置。

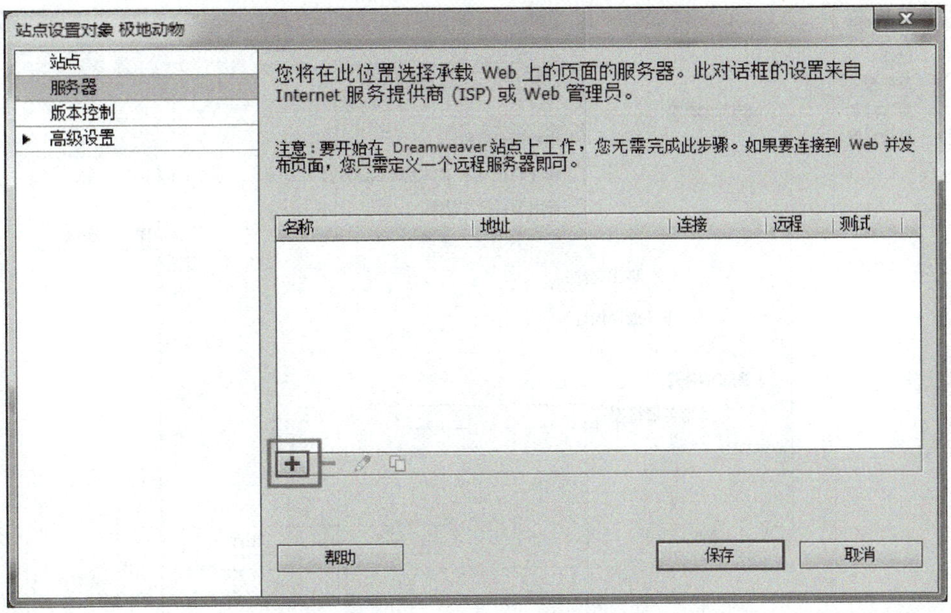

图11-3 “服务器”对话框

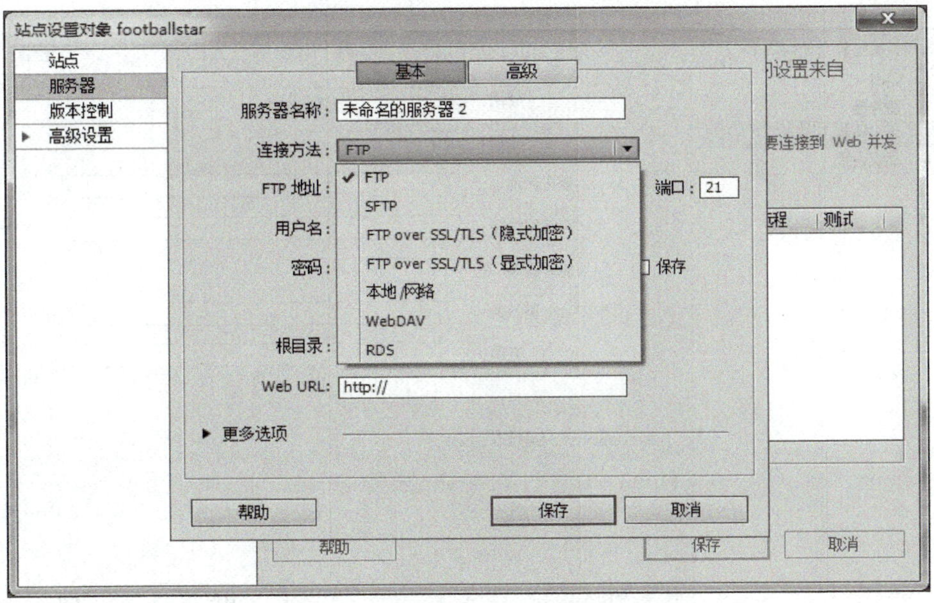

图11-4　服务器的连接方法设置

“高级”设置是对远程服务器和测试服务器的服务器模型进行设置，如图11-5所示。如果需要在几台不同的计算机上工作，需选择“启用文件取出功能”，并设置取出名称和电子邮件地址。如果希望对网站禁用文件存回和取出，则取消选择此选项。

（3）版本控制设置

第3个选项为“版本控制”，用户可以设置使用Subversion获取和存回文件，如图11-6所示。Subversion是一种版本控制系统，能够使用户协作编辑和管理远

版本控制设置

程Web服务器上的文件。Dreamweaver不是一个完整的Subversion客户端，但却可使用户获取文件的最新版本、更改和提交文件。

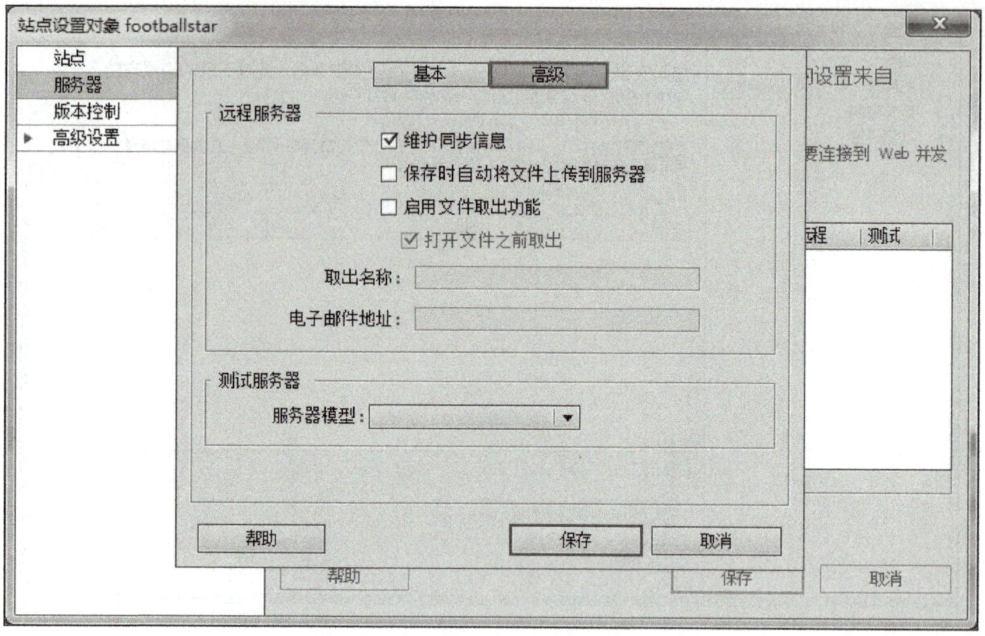

图11-5　服务器的“高级”设置

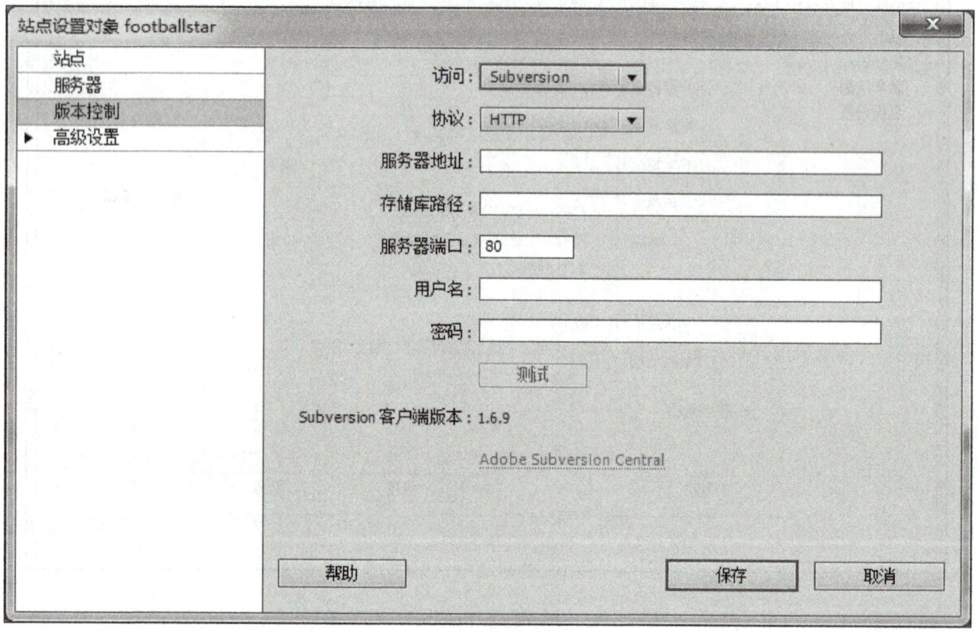

图11-6　“版本控制”对话框

（4）高级设置

高级设置

高级设置可以对初步设置的站点进行进一步的细化设置。

这个选项包含“本地信息”“遮盖”“设计备注”“文件视图列”“Contribute”“模板”“jQuery”“Web字体”和“EdgeAnimate资源”的设置。“本地信息”选项如图11-7所示。其余几个选项可根据用户的需要进行设置。

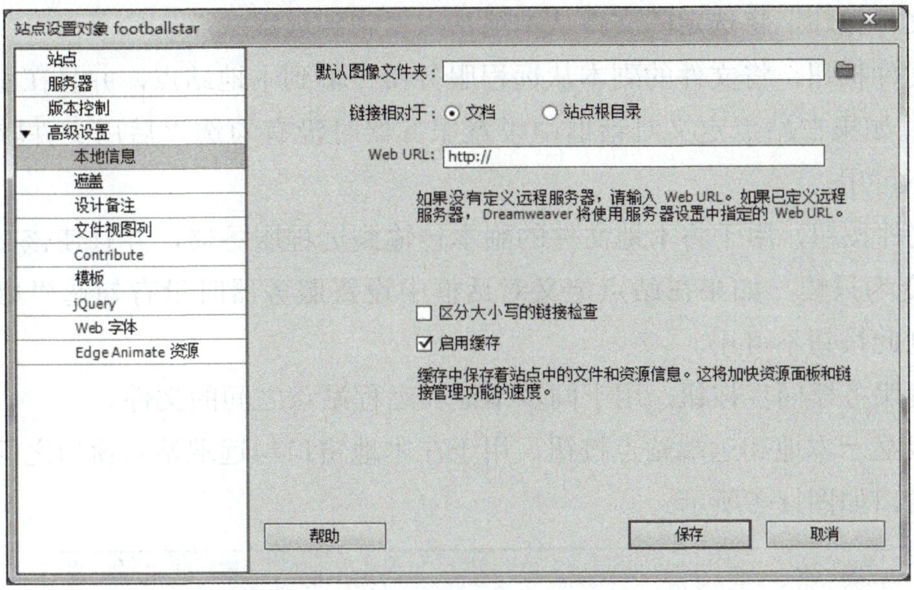

图11-7 “高级设置”的本地信息设置

2. 管理站点

执行“站点”→“管理站点”命令，打开“管理站点”对话框，如图11-2所示，可以对站点进行新建、编辑、复制、删除、导入、导出等操作。

3. 利用“文件”面板管理文件

“文件”面板

（1）“文件”面板

执行“窗口”→“文件”命令，可以打开“文件”面板。在Dreamweaver CC中定义好一个站点后，“文件”面板中便列出了所定义的站点中包含的所有内容，如图11-8所示。

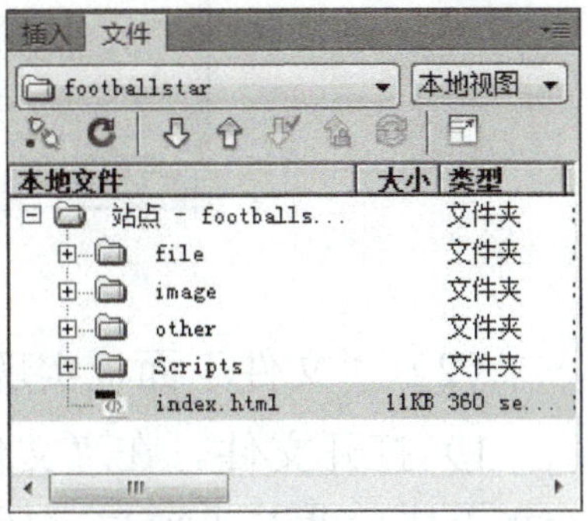

图11-8 “文件”面板

：站点选择列表按钮，当定义了多个站点时，可以通过该按钮选择某个站点为当前站点。

：单击该按钮出现下拉列表，可以设置站点的本地视图、远程服务器、测试服务器和存储库视图4种视图方式，便于进行相应操作。

：连接到远程服务器按钮，用于连接到远程服务器或断开与远程服务器的连接。默认情况下，如果Dreamweaver已空闲30分钟以上，则将断开与远程服务器的连接（仅限FTP）。若要更改时间限制，可以执行“编辑”→“首选参数”命令，然后在弹出的对话框中，在左侧的“分类”列表中选择“站点”选项，在右侧的内容中进行修改即可。

：刷新按钮，用于刷新本地和远程目录列表。单击此按钮可进行手动刷新。

：获取文件按钮，用于将选定文件从远程站点复制到本地站点（如果该文件本地有副本，则将其覆盖）。如果已选中“启用存回和取出”复选框，则本地副本为只读，文件仍将留在远程站点上，可供小组成员取出。

：上传文件按钮，将选定的文件从本地站点复制到远程站点。

：取出文件按钮，将文件的副本从远程服务器传输到本地站点，并且在服务器上将该文件标记为取出。如果在站点定义对话框中设置服务器时没有勾选“启用文件取出功能”复选框，则此按钮不可用。

：存回文件按钮，用于将本地文件的副本传输到远程服务器，并且使该文件可供他人编辑。本地文件变为只读。如果在站点定义对话框中设置服务器时没有勾选“启用文件取出功能”复选框，则此按钮不可用。

：与远程服务器同步按钮，用于同步本地和远程站点之间的文件。

：展开以显示本地和远端站点按钮，用于在本地窗口与远端站点窗口之间来回切换。本地与远端站点窗口如图11-9所示。

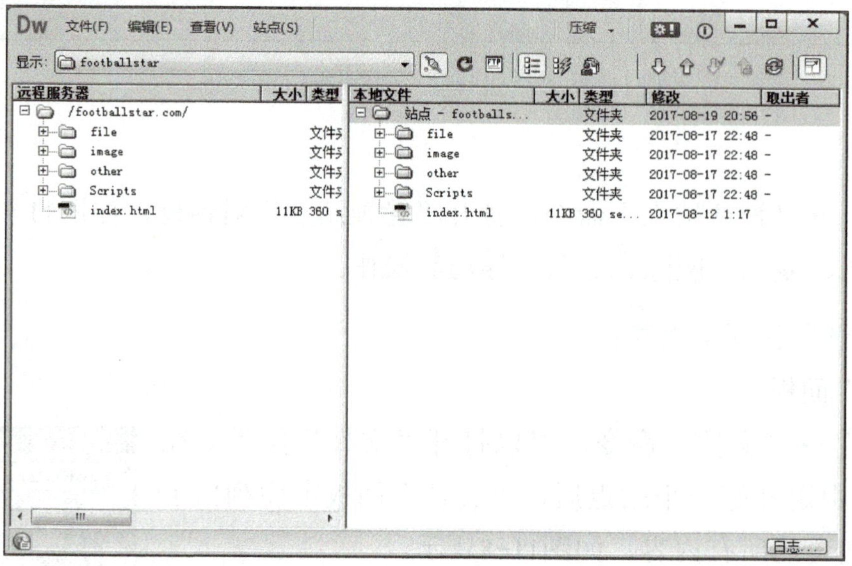

图11-9　本地与远端站点窗口

（2）“文件”面板实现的功能

1）打开文件。在“文件”面板中双击文件图标，或右击该文件，在弹出快捷菜单中选择“打开”命令。

“文件”面板实现的功能

2）新建文件或文件夹。在“文件”面板中右击空白处或单击面板右上角的按钮，在弹出菜单中选择“新建文件”或“新建文件夹”命令。

同样，按照此操作方法，可以完成对站点文件的复制、删除、重命名等操作。

3）切换站点。定义了多个站点后，当要选择某个站点为当前站点时，可单击“文件”面板第2行左侧站点选择列表进行选择。

4）刷新站点文件列表。在“文件”面板中单击刷新按钮，对站点列表进行刷新。本操作是为了刷新远程目录列表，以达到和远程目录同步的目的。

5）检查单个或多个网页文件的链接或整个站点的链接。在“文件”面板“本地视图”下，选取需要检查链接的文件，单击鼠标右键，在弹出的快捷菜单中选择“检查链接”→“选择文件/文件夹”命令进行检测，结果会显示在“结果”窗口中，如图11-10所示。

在“文件”面板中选择站点，单击鼠标右键，在弹出的快捷菜单中选择“检查链接”→“整个本地站点”命令，可对整个站点进行链接检测。在“链接检查器”面板中，从“显示”的下拉菜单中选择“外部链接”或“孤立的文件”，如图11-11所示。若要保存检查的报告，请单击“链接检查器”面板中的“保存报告”按钮。

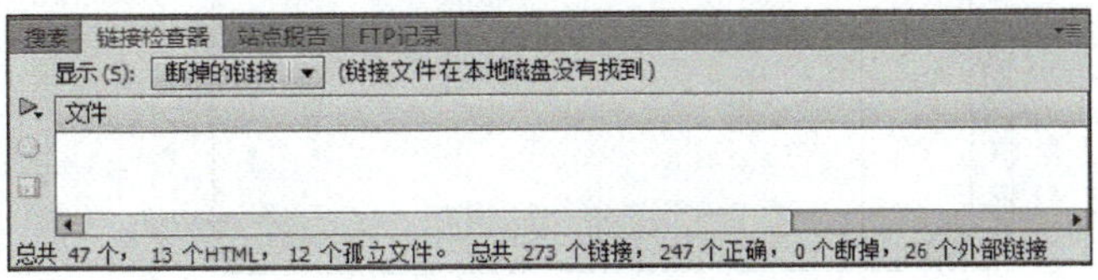

图11-10　链接检查器

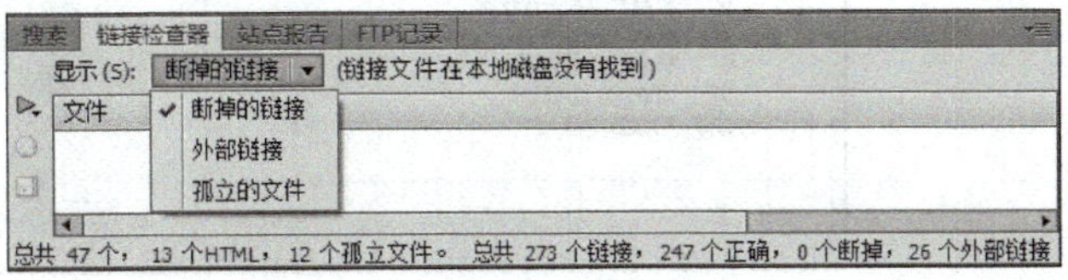

图11-11　设置检查链接的类型

6）上传和下载站点文件。

Dreamweaver CC中内置了FTP功能，可以直接将本地站点内的文件传输到远程服务器上（即上传）或从服务器上获取文件（即下载）。

在“文件”面板的站点下拉列表中选择需要上传的站点，单击连接到远程服务器按钮，建立与远程服务器的连接，然后选中要上传的文件，单击上传按钮，当出现提示上传任何从属文件时单击“确定”按钮，即可上传文件。

下载文件和上传文件步骤相似，但需要注意的是，在使用文件的上传和下载功能之前必须先定义远程服务器。

任务2　站点测试

【任务描述】

通过完成本任务，学习站点测试的方法。

【任务实施】

1．创建站点报告

当一个站点制作完成后，在上传之前，需要对站点进行检测，以便发现错误并进行修改。Dreamweaver能够自动检测网站内部的网页文件，并生成关于文件信息、HTML代码信息的报告。

创建站点报告

打开站点中的任意一个页面，执行“站点”→“报告”命令，弹出报告对话框，在“报告在”下拉列表中选择“整个当前本地站点”，在“选择报告”的“HTML报告”项下勾选各复选框，单击“运行”按钮，如图11-12所示。Dreamweaver会对整个站点进行检查，检查完毕自动打开“站点报告”面板，显示检查结果如图11-13所示。

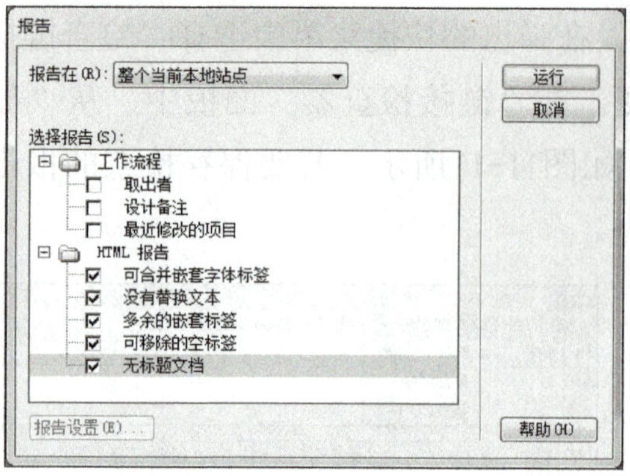

图11-12　设置报告对话框

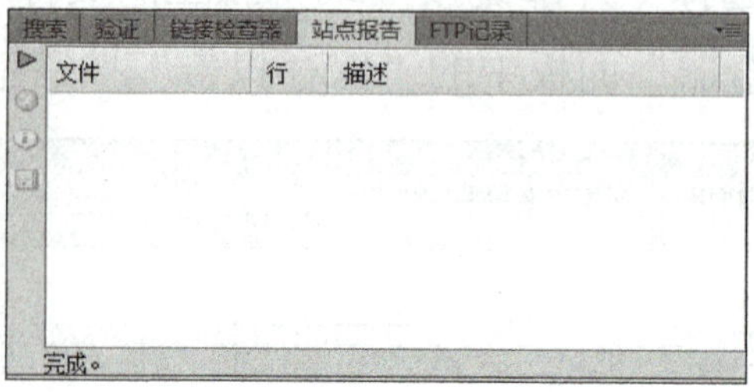

图11-13　站点报告面板

2. 清理文档

在Dreamweaver CC中可以清理一些不必要的HTML语句，也可以清理由Word生成的HTML文件。

清理文档

（1）清理不必要的HTML语句

执行“命令”→“清理HTML”命令，在弹出的对话框中进行设置，如图11-14所示，单击“确定”按钮，会弹出显示清理结果的对话框，如图11-15所示。

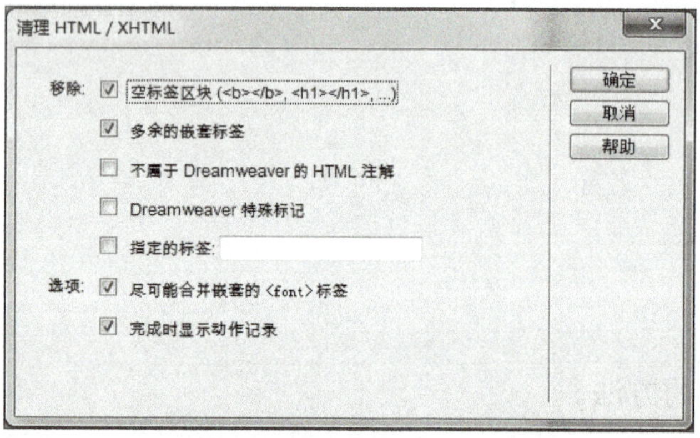

图11-14　清理HTML对话框

图11-15　显示清理结果

（2）清理由Word生成的HTML文件

执行“命令”→“清理Word生成的HTML”命令，在弹出的对话框中的“基本”选项卡和“详细”选项卡中进行设置，如图11-16和图11-17所示。

3. 检查网页链接

在“文件”面板中选择站点，单击鼠标右键，在弹出的快捷菜单中选择“检查链接”→“选择文件/文件夹”或“整个本地站点”命令，则对整个站点进行链接检测。在“链接检查器”面板中，从“显示”的下拉菜单中选择检查的类型，检查结果会显示在“链接检查器”面板中，如图11-10所示。

检查网页链接

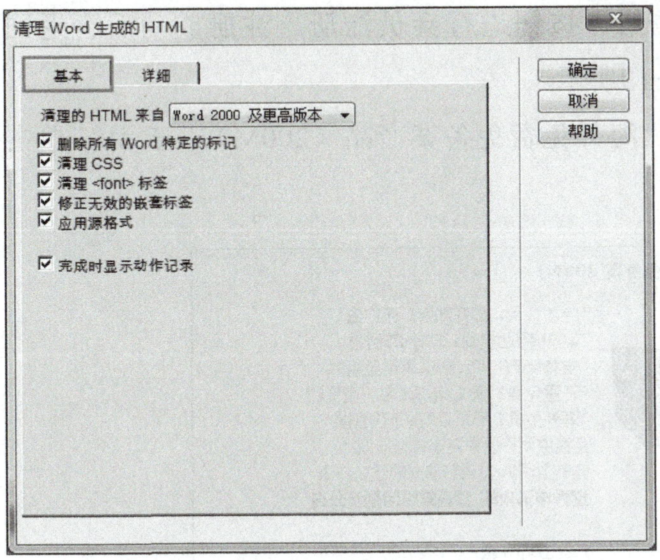

图11-16　“基本”选项卡

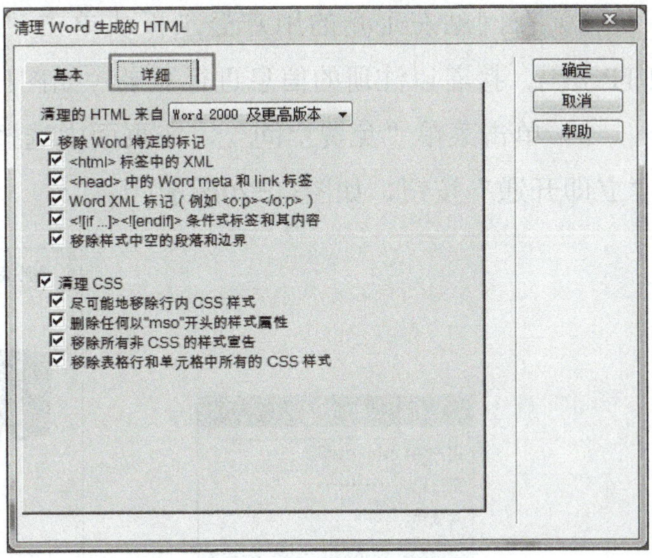

图11-17　“详细”选项卡

任务3　文件的上传与下载——申请空间

申请空间

【任务描述】

完成了网站的创建、检测后，接下来需要将站点上传到远程服务器上。在网站发布前，应当在网上注册一个域名，申请一个网页空间来存放网站。网站空间是指远程服务器中的用于存放网页的硬盘空间。本任务将在“浦东信息港”网站上申请免费网站空间。

通过本任务的操作，可以学习如何在互联网上申请免费的网站空间。

1）在浏览器地址栏中输入网址“http://www.pdxx.net/”，进入网站“浦东信息港”主页，如图11-18所示。

图11-18　网站“浦东信息港”主页

2）在网站左上角的用户登录板块单击“注册”按钮进行会员注册。注册成功后会返回FTP密码。接着以注册的信息进行登录，如图11-19所示。

3）单击菜单“免费空间”，在页面中选择“海外免费免备案产品（200M）”产品，单击“立即开通”按钮，如图11-20所示。

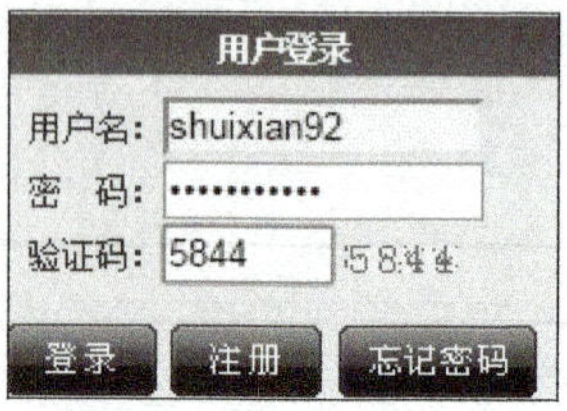

图11-19 注册登录账号

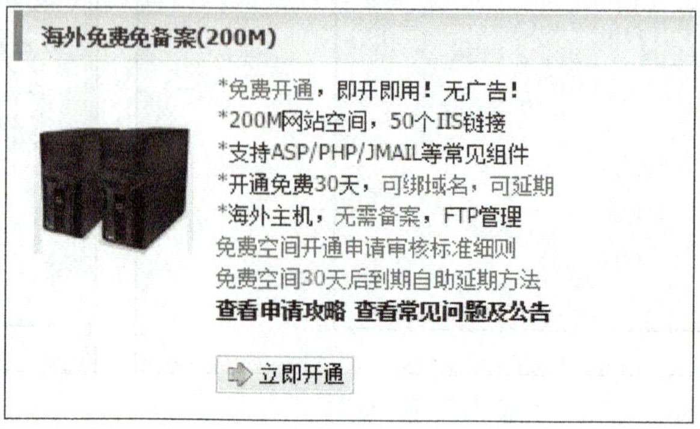

图11-20 选择“免费空间”产品

4）在出现的虚拟主机申请单中输入绑定域名、FTP密码，勾选“我已阅读并接受虚拟主机租用协议”，单击“确认申请”按钮，如图11-21所示。

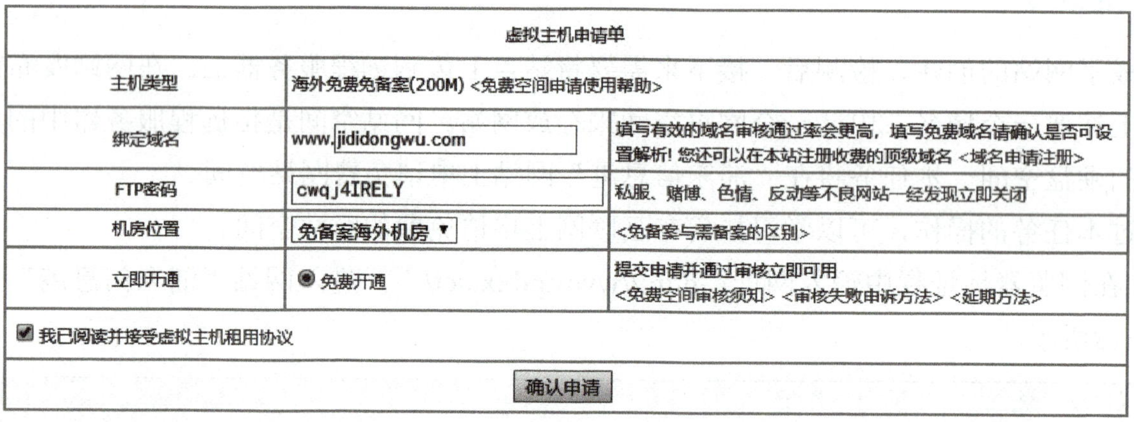

图11-21 填写虚拟主机申请单

5）接下来弹出一个提示窗口，提示进入审核流程，如图11-22所示。审核成功后，网站会给注册邮箱发送一个业务开通通知。

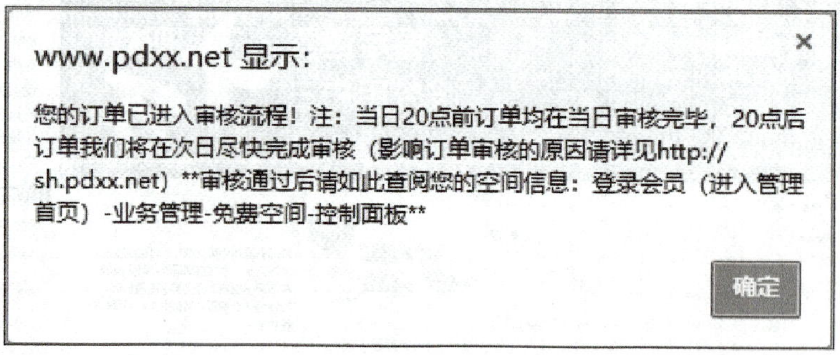

图11-22 进入审核流程提示窗口

6）输入网址“http://www.pdxx.net/”，进入“浦东信息港”主页，以注册的会员名登录，进入管理首页→业务管理→免费空间→控制面板→输入验证码→确认登录→进入控制面板产品管理页面，单击“FTP信息”按钮查看信息，如图11-23所示。

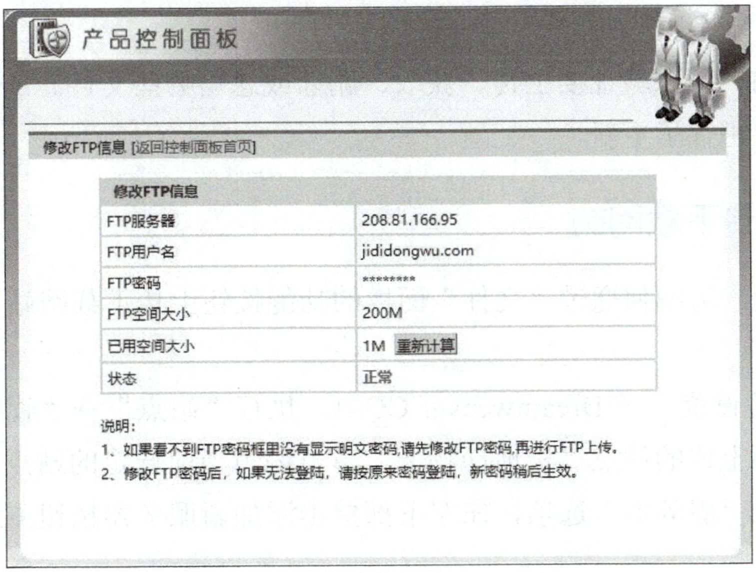

图11-23　查看申请的FTP信息

至此，有了远程空间就可以利用Dreamweaver CC对站点进行上传和下载。

【新知解析】

1．网站空间的获取

获取网站空间的方法一般有以下几种。

（1）申请免费主页空间　现在国内提供免费主页空间的网站越来越少，容量却有限。

（2）付费空间　付费空间有以下几种形式。

1）主机托管。

2）主机租用。

3）虚拟主机。

2．域名申请

域名是Internet用于解决地址对应问题的一种方法。域名的形式是以若干英文字母和数字组成，由“.”分隔成几个部分。目前国内域名注册统一由中国互联网络信息中心（CNNIC）进行管理，具体注册工作通过CNNIC论证授权的各代理商执行。

要申请一个与自己网站相符的域名，需向域名代理机构提出申请。一些提供免费主页空间的网站，在申请免费网页空间时会免费提供一个域名。

3．上传/下载文件

一般可以利用提供免费空间的站点的“网站空间管理”面板来完成，也可以利用

Dreamweaver提供的上传/下载功能来完成。首先需要设置远程站点的相关信息，测试与服务器的连接是否成功，然后再利用“文件”面板的上传下载功能进行文件的传递。详情见实战演练部分的介绍。

4. 网站同步

在同步站点之前，可以验证要上传、获取、删除或忽略哪些文件。Dreamweaver 将在完成同步后确认哪些文件进行了更新。

【强化训练】 上传下载网站

上传下载网站

通过强化训练，学习如何通过“文件”面板的功能按钮上传下载网站。

操作步骤：

（1）远程站点的设置　在Dreamweaver CC中，执行“站点”→“管理站点”命令，在弹出的对话框中选择要上传的站点“极地动物”，单击编辑当前选定的站点按钮，进入站点设置对象对话框，单击“服务器”选项，在左下部单击添加新服务器按钮进行相应的设置，如图11-24所示。

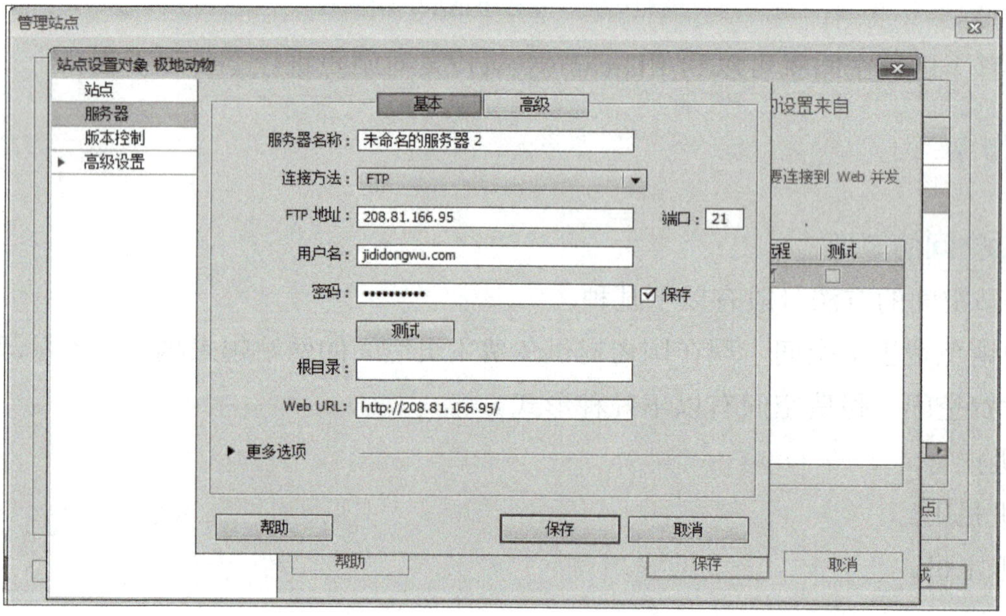

图11-24 “服务器”对话框

单击“测试”按钮，若测试成功的话，出现如图11-25所示的对话框，单击“确定”按钮，接着单击“保存”按钮完成远程服务器的设定就可以进行网页上传了。

图11-25 与远程服务器连接测试成功信息

（2）网页上传　回到“文件”面板，单击“展开以显示本地和远端站点”按钮展开“文件”面板，单击远程连接图标开始自动连接远程主机。如果连接成功，则“文件”面板将在左边栏目中列出远程站点的所有文件和文件夹，如图11-26所示。

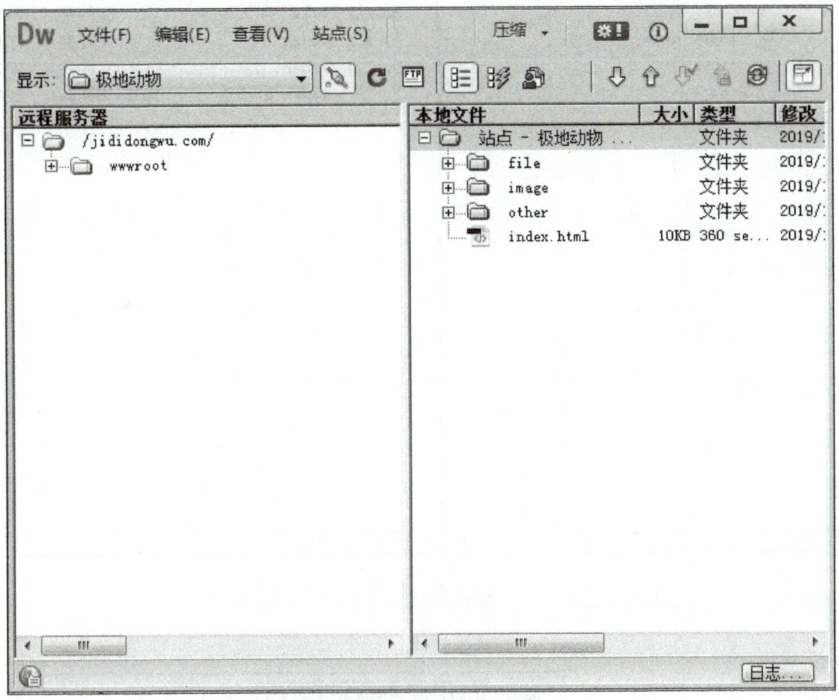

图11-26　列出远程站点的所有文件和文件夹

在“文件”面板中选择要上传的文件，单击按钮，文件即可上传，上传的过程中会出现进度提示，如图11-27所示。

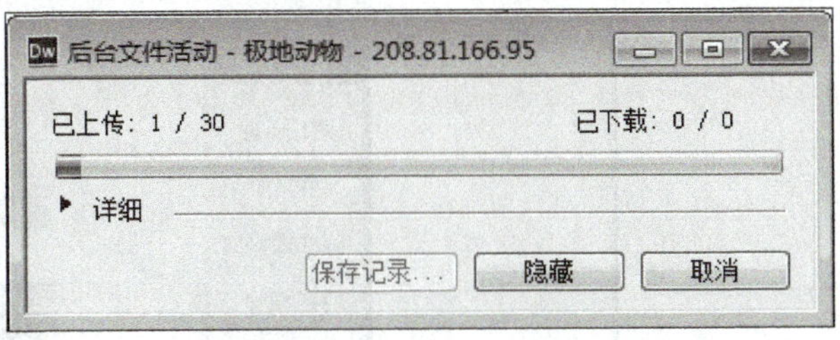

图11-27　上传进度提示

当所有内容都放到远程空间后，在左侧的远程服务器端，右键单击文件夹“wwwroot”，在弹出的快捷菜单中选择“编辑”→“删除”命令，最终远程服务器端如图11-28所示。

（3）服务器端查看站点效果　在浦东信息港网站主页登录个人账户后，在会员管理中心下面依次单击“业务管理”→“查找”→“控制面板”→“Web上传”→“Web上传”命令，在网页中单击超链接“wwwroot”后，页面如图11-29所示。双击文件“index.html”，浏览者就能通过浏览器观看远程服务器端的网站效果了，如图11-30所示。购买域名后，系统服务商会将域名解析到申请空间的IP地址上，在浏览器地址栏中输入域名，站点的主页就会自动打开，就可以浏览远程站点的效果了。

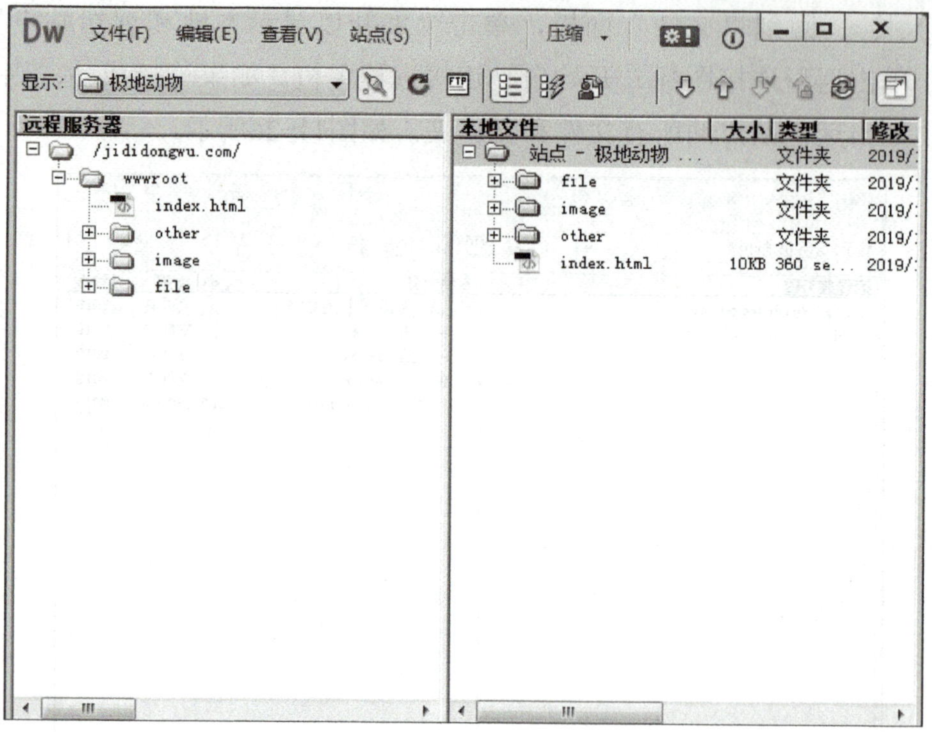

图11-28　上传后的远程服务器端站点

图11-29　通过FTP访问远程站点

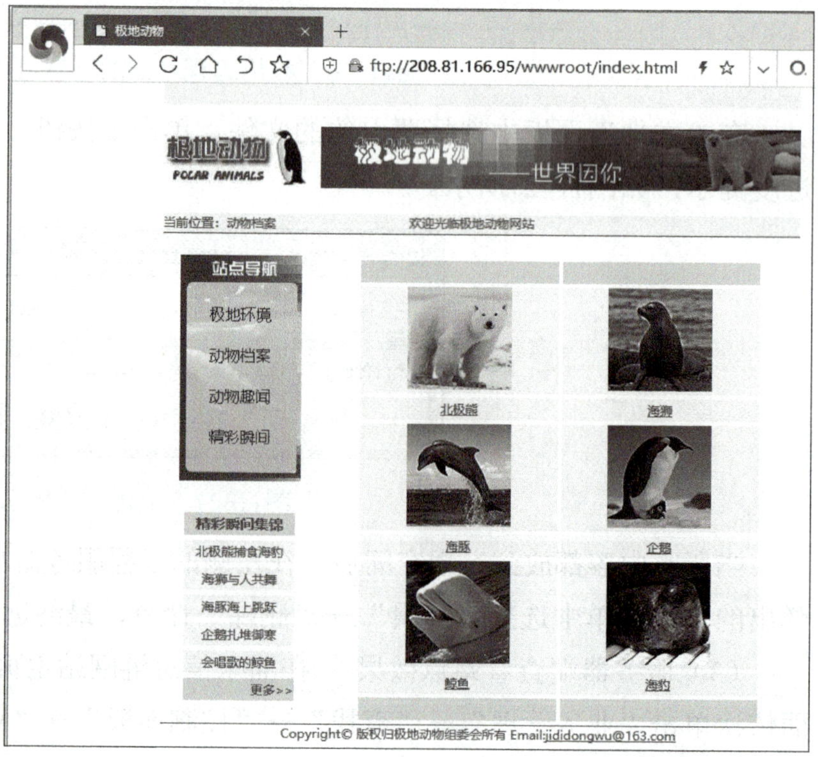

图11-30　远程服务器端的网站效果

（4）在文件面板上单击⇩按钮，远程站点的文件即可下载到本地站点。还可以选中站点，单击◎按钮与远程服务器进行同步。

习题

1. 填空题

1）站点设置对象对话框中主要包括______________、____________、____________和____________四个选项。

2）网站创建后，接下来需要将站点上传到远程服务器上。在网站发布以前，应当先在网上注册____________，申请____________，用以存放网站。

3）利用Dreamweaver提供的功能来进行文件的上传/下载时，服务器的连接方法一般采用____________连接。

4）若想使远程站点与本地站点保持统一性，可以通过单击__________按钮来实现操作。

2. 操作题

申请一个免费空间，将所做的网站传送到远程站点上并检测各网页的链接是否正确。

学习单元12　综合站点制作

学 习 目 标
1）了解如何规划网站、组织素材及制作网站的流程。
2）掌握网站布局的方法和实用技巧。
3）掌握如何在网页中添加动态特效代码。
4）培养良好的职业素养与职业道德。

通过前面的学习，对网页制作的基本技能有了系统的掌握。从本单元开始，将通过完整网站的页面制作来了解制作网站的流程，掌握页面布局中的多种主流技术。由于“Div+CSS”布局网页技术成为Web标准，在本单元的任务2中将完整地体现其制作技巧。

任务1　制作网站“蝴蝶谷”

【任务描述】

通过本任务的操作，学习如何利用表格和嵌套表格进行复杂的页面布局，如何利用页面属性对页面元素进行格式化，如何插入各种网页元素和设置Flash背景透明，最终效果如图12-1和图12-2所示。

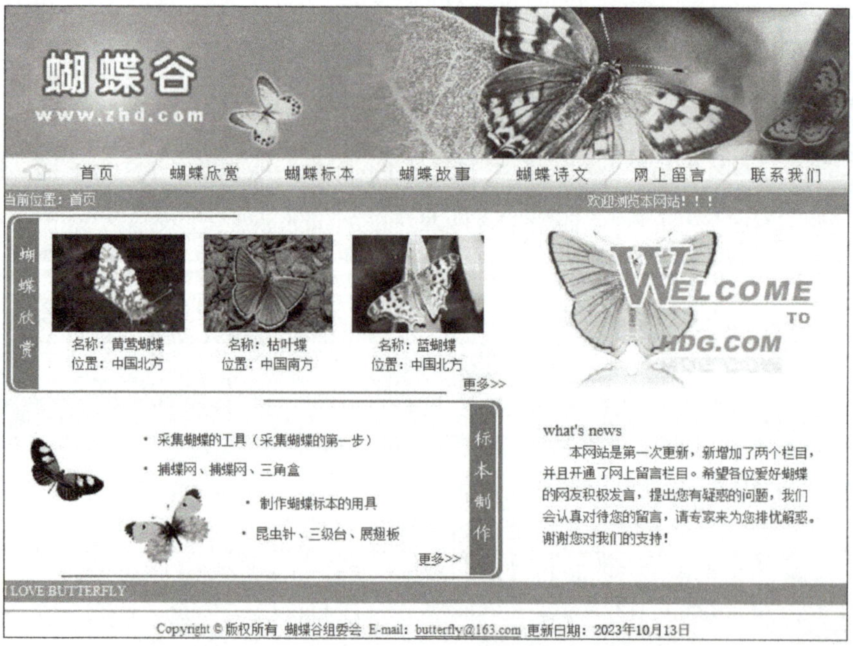

图12-1　网站“蝴蝶谷”首页效果图

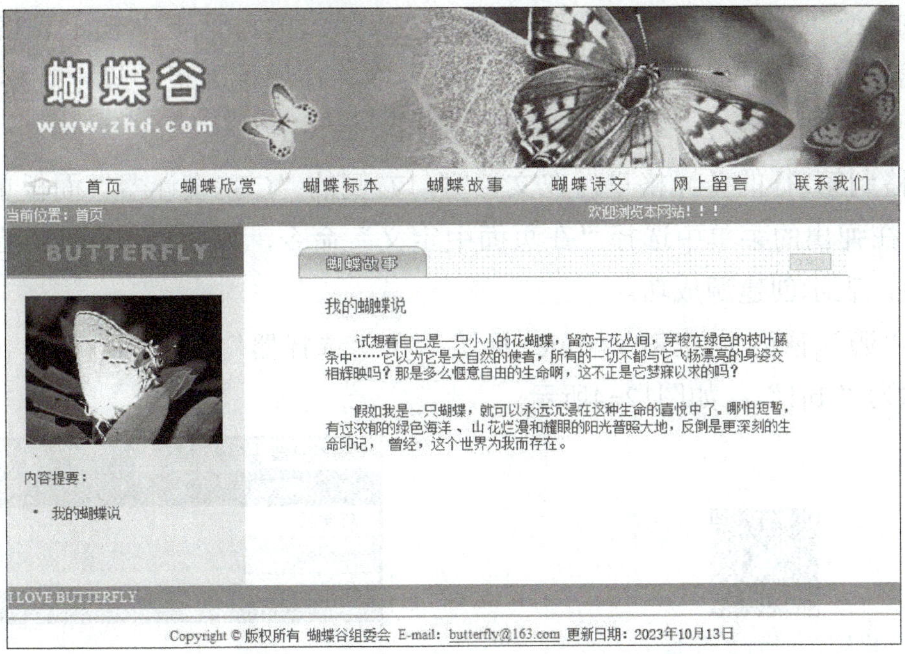

图12-2　网站“蝴蝶谷”子页效果图

【任务实施】

（1）准备素材　制作一个主题网站时，第1步是收集相关的图片与文字，同时还要对网站的制作形式和色彩进行构思，根据需求确定网站的布局模式、色调和组成版块，重点对首页进行规划。第2步是合成素材。要制作有艺术感的网站，需要借助图形图像处理软件Photoshop进行素材的合成和色调处理，并保存为jpg或gif格式文件。还需借助动画制作软件Flash制作一些小的动画，并生成“.swf”格式文件。无论是合成图像还是Flash动画，它们的制作尺寸都是根据网页的布局尺寸确定的。在本网站中，需要应用Photoshop合成头部的背景图片、导航菜单图片、两个栏目的背景图片、欢迎介绍图片及各栏目头图片。用Flash制作网页头部动画和蝴蝶宣传动画。

（2）规划站点　新建文件夹hudie，在文件夹中新建image、file、other三个子文件夹。image文件夹将放置所有图片素材，站点中除主页以外的所有网页文件将放置在file文件夹中，其他所有的素材将放置在other文件夹中。将站点中的图片素材复制到image文件夹中，将Flash素材复制到other文件夹中。

（3）定义站点　启动Dreamweaver CC，执行“站点”→“新建站点”命令，通过“站点设置对象”对话框定义站点名称为“hudie”，将文件夹hudie定义为存放当前站点的文件夹。

（4）制作网页页眉部分

1）新建网页，在站点的根目录下保存为index.html，将网页的标题改为“蝴蝶谷”。单击属性面板上的“页面设置”按钮，在“外观（CSS）”选项下设页面字体大小为12，“上边距”为0。在“链接（CSS）”选项下设“链接颜色”和“已访问链接”的颜色为#666666，“变换图像链接”颜色为#4EC100，“活动链接”颜色设为红色，单击“确定”按钮完成设置。

2）执行“插入”→“表格”命令新建表格，在弹出的对话框中设定表格为3行1列，宽770px，其余参数为0，单击“确定”按钮。选中表格，在属性面板中设定表格的“Align”为居中对齐。

3）将光标移到第1行的单元格里，在文档窗口右侧的“CSS设计器”面板单击“源”窗格右侧的按钮+，在弹出的菜单中选择“在页面中定义”命令，如图12-3所示。在“源”窗格中生成<style>标签，表示创建源成功。

4）选中在“源”窗格中创建的<style>标签，在“选择器”窗格的右侧单击按钮+，设置新的选择器名称为“.bj1”，如图12-4所示。

设置页眉背景图像

图12-3　在“源”窗格中创建源

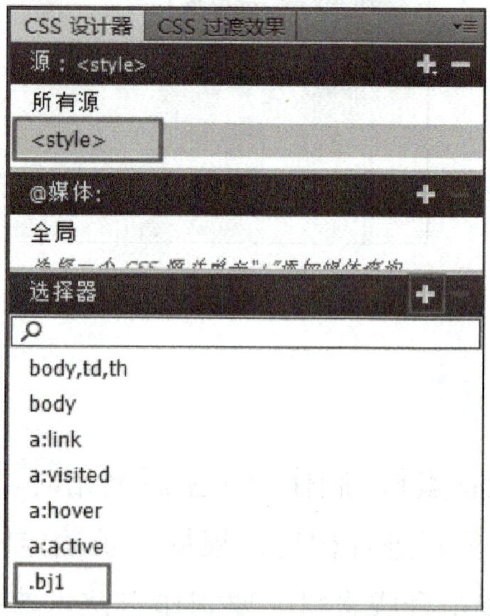

图12-4　添加选择器“.bj1”

5）在CSS属性面板中设“目标规则”为“bj1”，单击“编辑规则”按钮，打开“.bj1的CSS规则定义”对话框，在弹出的对话框中选择左侧的“背景”选项，设背景图像Background-image为image/tou.jpg，如图12-5所示，单击“确定”按钮。设单元格“宽”为770，“高”为140。属性面板如图12-6所示，表格如图12-7所示。

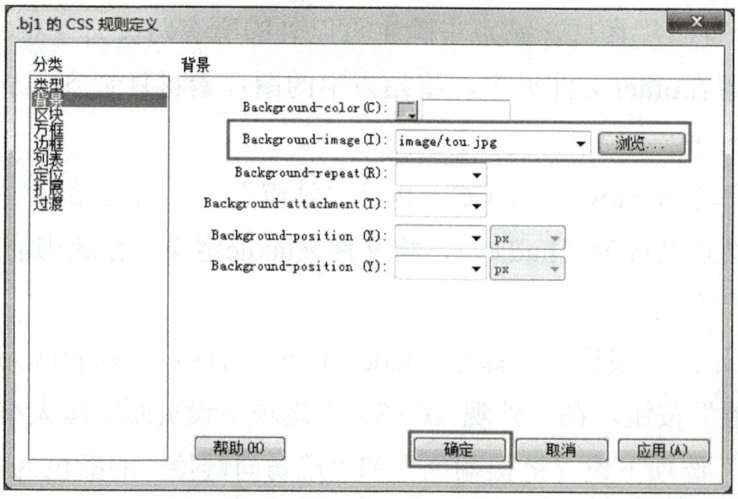

图12-5　.bj1的CSS规则定义

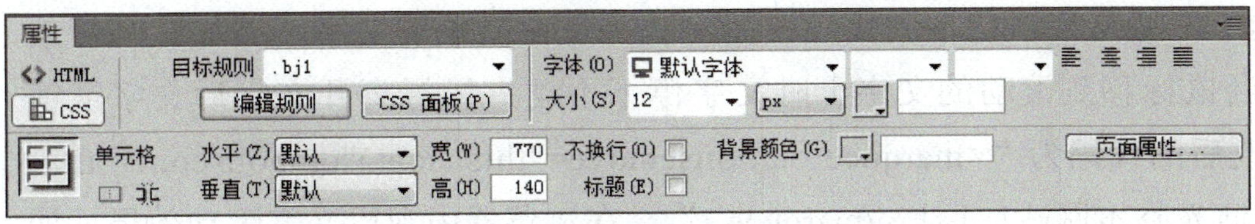

图12-6　设置单元格

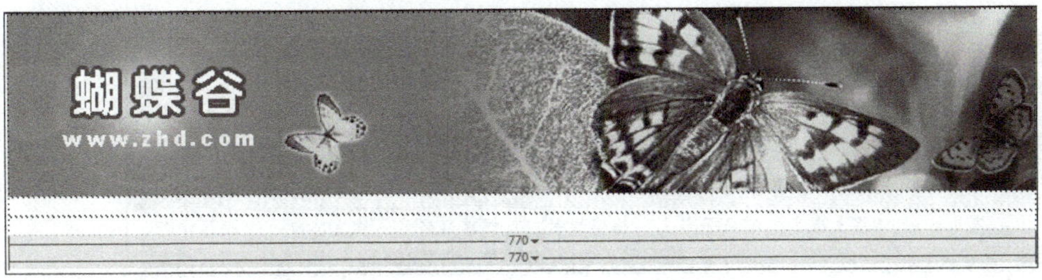

图12-7　单元格设置背景图像

为页眉添加
网页元素

6）光标在第1行单元格中。执行“插入”→“媒体”→“Flash SWF”命令，打开“选择文件”对话框，找到image/mu.swf，单击“确定”按钮插入Flash的SWF文件。选中SWF文件，在属性面板中单击Wmode的下拉列表选择“透明”，属性面板如图12-8所示。按<F12>键预览Flash背景是否透明。

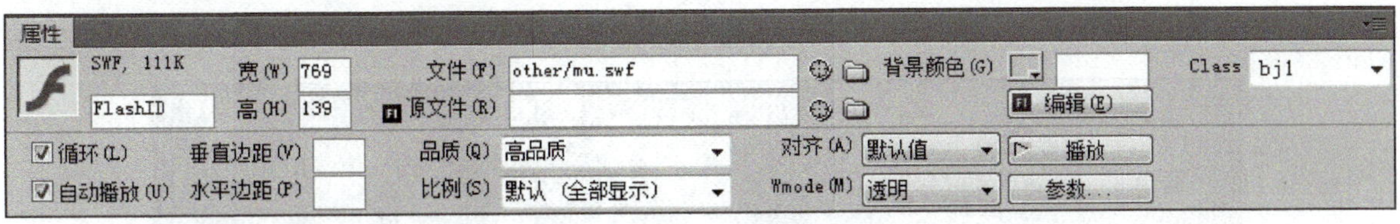

图12-8　SWF属性面板

7）将光标移到第2行单元格中，插入图像文件image/caidan.jpg。选中图像，在属性面板上选择矩形热点工具，分别在菜单图像上绘制矩形热点区域，如图12-9所示。系统自动为热区建立空链接。

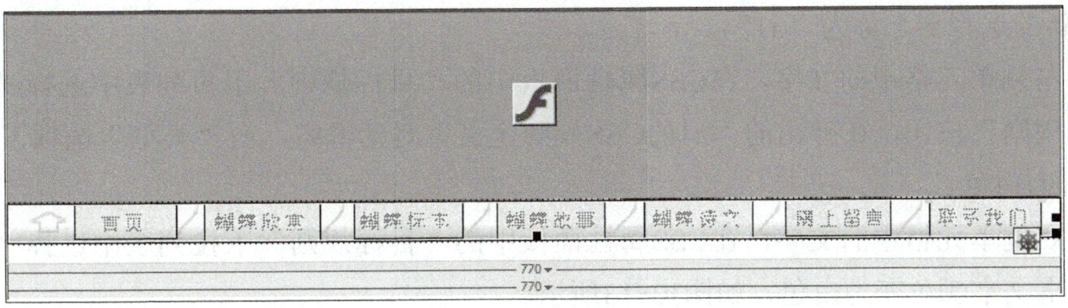

图12-9　菜单图像上绘制矩形热点区域效果图

8）将光标移到第3行单元格中，在CSS属性面板中，设单元格宽度为770，高度为20，背景颜色为#4EC100。

在CSS属性面板中单击拆分单元格按钮，将单元格拆分为两列。光标移到左侧单元格中，输入文字“当前位置：首页”，在右侧单元格输入文字“欢迎浏览本网站！！！”。鼠标拖动两列单元格之间的边框向左移动，使右侧单元格大一些。

9）选中右侧文字，切换到代码视图，找到反白显示的文字，添加跑马灯效果代码，当鼠标移到滚动的文字上时文字停下不动，鼠标离开文字后文字继续滚动。修改后的代码为“<marquee onmousemove="this.stop()"onmouseout="this.start()">欢迎光临本网站！！！</marquee>”。在浏览器中观察文字滚动效果，如图12-10所示。

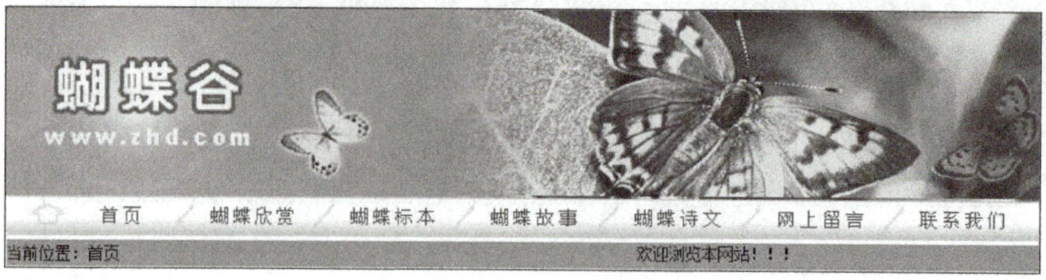

图12-10　浏览器中观察文字滚动效果

10）此时会发现滚动文字所在的绿色背景单元格与上一行菜单之间出现了一条缝隙，这是浏览器兼容性问题造成的。切换到代码视图，将光标移到第一行，将代码<!doctype html>改为<!doctype html public>，如图12-11所示。在浏览器中观察效果，会发现闪缝没有了，如图12-12所示。

```
<!doctype html public>
<html>
<head>
<meta charset="utf-8">
<title>蝴蝶谷</title>
```

图12-11　修改代码

图12-12　修改代码后的效果

11）在CSS选择器中选中“源”窗格中的<style>标签，在“选择器”窗格的右侧单击按钮 ＋，设置新的选择器名称为“.t1”。

选中左侧单元格中的文字，在CSS属性面板中的“目标规则”下拉列表中选择“t1”，单击“编辑规则”按钮，在弹出的“.t1的CSS规则定义”对话框中，在“类型”选项下设置字体颜色Color为白色。

选中右侧单元格中的文字，在CSS属性面板中的“目标规则”下拉列表中选择“t1”，则右侧单元格文字颜色变为白色，如图12-13所示。

图12-13　文字应用CSS样式t1后的效果

（5）制作正文部分

1）单击表格右侧外部的空白区域，将光标移到表格的右侧，执行“插入”→“表格”命令，新建一个新的2行2列表格，设表格宽为770，其他为0。在属性面板中设表格的“Align”为居中对齐，如图12-14所示。

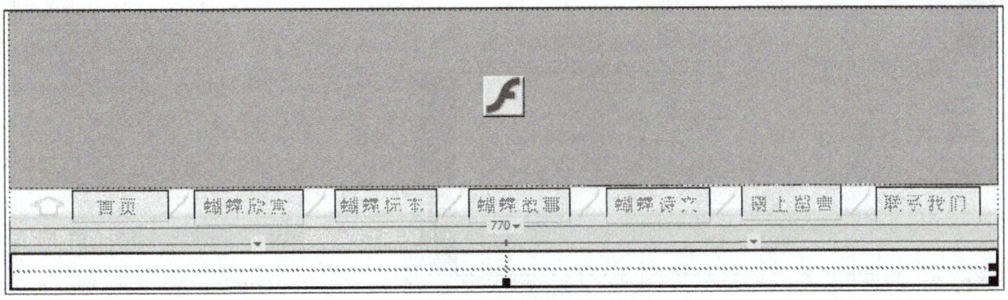

图12-14　新建表格

2）框选所有单元格，在属性面板中设单元格的“垂直”对齐方式为“顶端”。

3）将光标移到第1行左侧单元格中，在CSS选择器中选中“源”窗格中的<style>标签，在“选择器”窗格的右侧单击按钮■，设置新的选择器名称为“.b1”。在CSS属性面板中的“目标规则”下拉列表中选择“b1”，单击“编辑规则”按钮，在弹出的“.b1的CSS规则定义”对话框中，在“背景”选项下设背景图像Background-image为“image/left.jpg”，背景重复Background-repeat选择“No-repeat”。在“方框”选项下设宽为460，高为170，单击“确定”按钮应用CSS样式“.b1”，如图12-15所示。

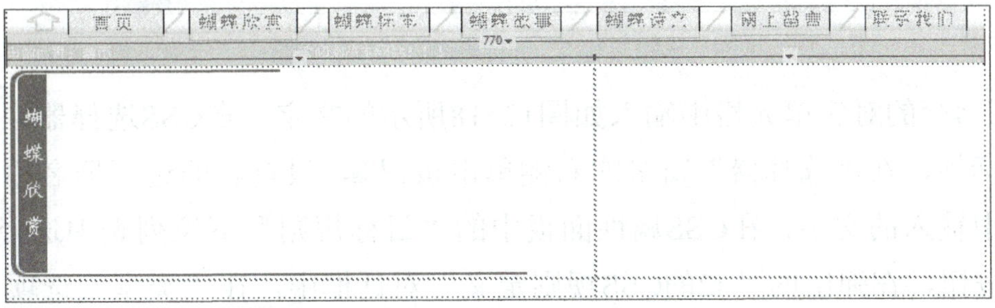

图12-15　单元格应用CSS样式“.b1”效果

4）将光标移到第2行左侧单元格中，在CSS选择器中选中“源”窗格中的<style>标签，在“选择器”窗格的右侧单击按钮■，设置新的选择器名称为“.b2”。在CSS属性面板中的“目标规则”下拉列表中选择“b2”，单击“编辑规则”按钮，在弹出的“.b2的CSS规则定义”对话框中，在“背景”选项下设背景图像Background-image为““image/right.jpg””，背景重复Background-repeat选择“No-repeat”。在“方框”选项下设宽为460，高为170，单击“确定”按钮应用CSS样式“.b2”，如图12-16所示。

5）光标移到第1行左侧单元格内，插入一个5行7列、宽为100%、其他为0的嵌套表格。选中所有单元格，设“水平”和“垂直”对齐方式为“居中”。

在第2行的第2、4、6单元格中分别插入如图12-17所示的图像。光标分别移到插入图像的单元格中，在属性面板中设单元格的“宽”为27%，“高”为95。

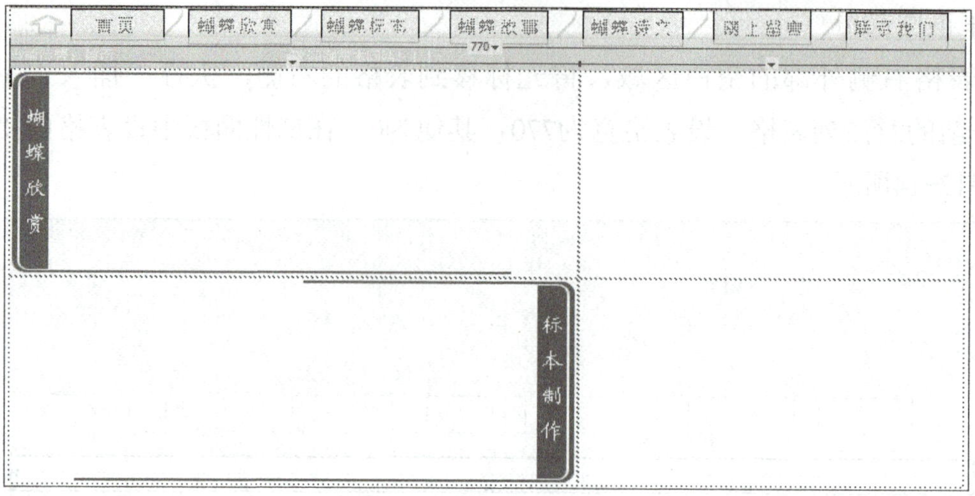

图12-16　单元格应用CSS样式“.b2”效果

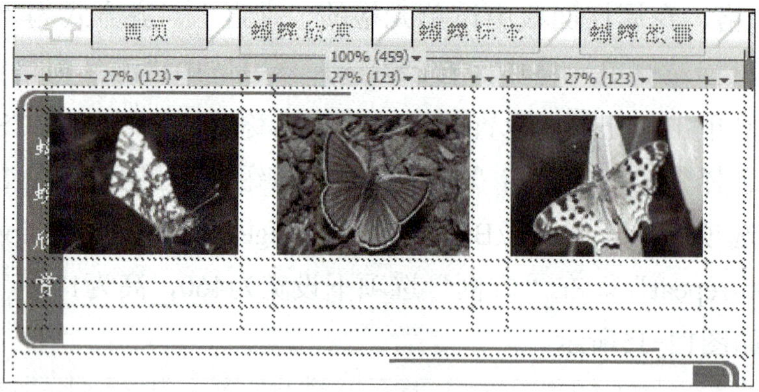

图12-17　建立嵌套表格并插入图像

制作左侧栏目1

6）在第3、4行的对应单元格中输入如图12-18所示的文字。在CSS选择器中选中“源”窗格中的<style>标签，在“选择器”窗格的右侧单击按钮+，设置新的选择器名称为“.t2”。选中一个单元格中输入的文字，在CSS属性面板中的“目标规则”下拉列表中选择“t2”，单击“编辑规则”按钮，在弹出的“.t2的CSS规则定义”对话框中，在“类型”选项下设字号Font-size为12、字体颜色Color为#666666，单击“确定”按钮。再分别选中其他单元格中的文字，在CSS属性面板中的“目标规则”下拉列表中选择“t2”。框选文字单元格，在属性面板中设单元格的“高”为18。

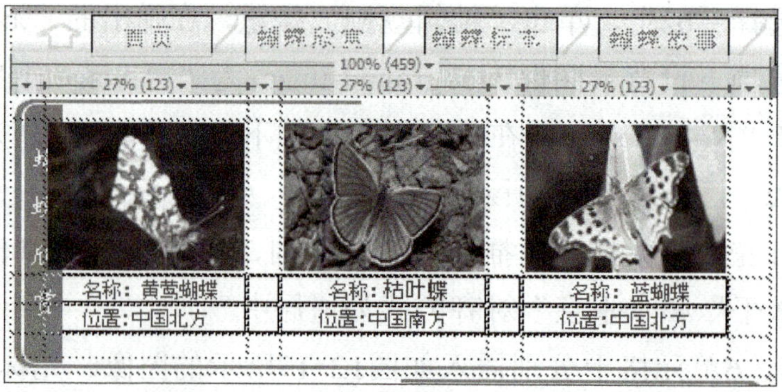

图12-18　输入文字并设置格式

7）在第5行中合并第6、7个单元格，并输入文字“更多>>”。选中文字，在CSS属性面板中的“目标规则”下拉列表中选择“t2”，设单元格“水平”为“右对齐”，“垂直”为“底部”。其效果如图12-19所示。若左侧的背景图片的栏目名称被覆盖遮挡的话，可以向右拖动第1个单元格右侧的边线，使栏目名称不被遮挡。

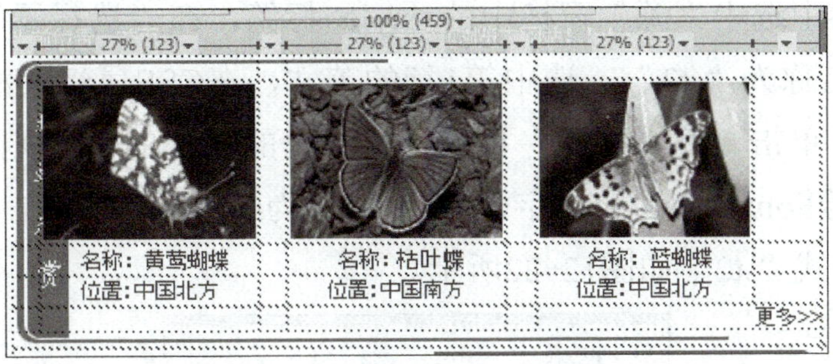

图12-19 嵌套表格的布局效果

8）将光标移到第2行左侧单元格内，插入6行7列、宽为100%的嵌套表格。按照图12-20所示的布局进行单元格合并，并拖动单元格边框改变单元格的宽度。

制作左侧栏目2

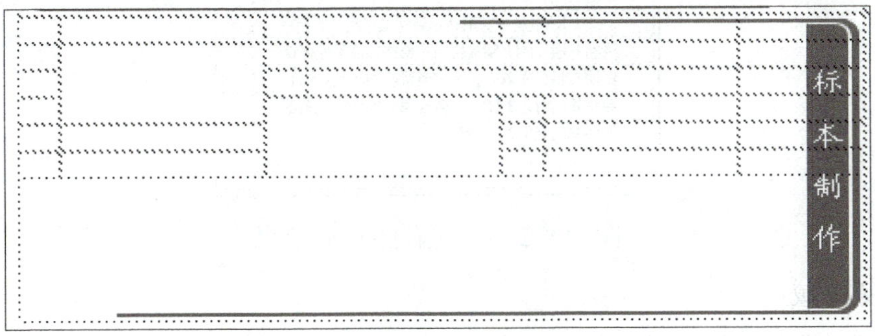

图12-20 合并单元格

9）在相应的单元格中插入图片和文字，文字前面的黑点，是通过执行“插入”→“HTML”→“特殊字符”→“其他字符”命令找到黑点符号来实现的。分别选中文字应用“.t2”样式，最后1行的单元格设“垂直”对齐方式为“右对齐”，设每行单元格高度为18。根据布局美观要求，可适当调整各单元格的宽度，如图12-21所示。

图12-21 嵌套表格的布局效果

10）将光标移到大表格第1行右侧的单元格中，设单元格的“水平”和“垂直”的对齐方式为“居中”。插入图像image/YOUTU1.jpg。

制作右侧栏目

11）将光标移到大表格第2行右侧的单元格中，设单元格的“垂直”的对齐方式为“顶端”。插入一个7行3列、宽为100%的嵌套表格。分别在其中输入如图12-22所示的文字。设每行单元格的“高”为20。

12）在CSS选择器中选中“源”窗格中的<style>标签，在“选择器”窗格的右侧单击按钮 +，设置新的选择器名称为“.t3”。选中第1行的英文，在CSS属性面板中的“目标规则”下拉列表中选择“t3”，单击“编辑规则”按钮，在弹出的“.t3的CSS规则定义”对话框中，在“类型”选项下设字号Font-size为14、字体颜色Color为#cc0000，单击“确定”按钮。选中其他的文字，应用CSS样式“.t2”如图12-22所示。

图12-22　正文右侧布局效果

（6）制作版权区域

制作版权区域

1）单击表格右侧外部的空白区域，将光标移到表格的右侧，插入一个新的3行1列表格，设表格宽为770，其他为0。在属性面板中设表格的“Align”为居中对齐。

2）光标移到第1行单元格中，在CSS属性面板中，设“宽”为770，“高”为20，背景颜色为#4EC100。输入文字“I LOVE BUTTERFLY”，选中文字，在属性面板中的“目标规则”中应用“t1”样式，文字颜色为白色。

3）将光标移到第2行单元格中，插入水平线，选中水平线，在属性面板中设高度为2，切换到代码视图，找到反白显示的水平线代码，修改代码为“<hr size="2" color="#A2C012" />”，将水平线改为浅绿色。

4）在第3行单元格中输入版权文字，并设置电子邮件链接和更新日期，在属性面板中设置单元格的“水平”对齐方式为“居中对齐”。选中文字，应用“.t2”样式，如图12-23所示。

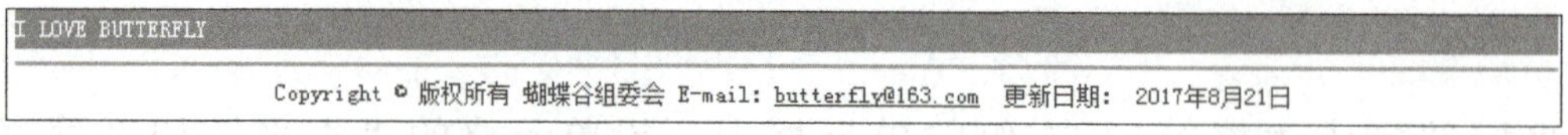

图12-23　版权区域效果图

（7）网站子页的制作

1）将网页index.html另存为gushi.html，保存到file文件夹下。将网页正文部分左、右两侧的嵌套表格和图像删除掉。分别选中左侧的上下两个单元格，在属性面板的“目标规则”中选择“删除类”，删除单元格背景。选中正文部分的表格，在属性面板中修改为1行2列，如图12-24所示。

制作子页左侧栏目

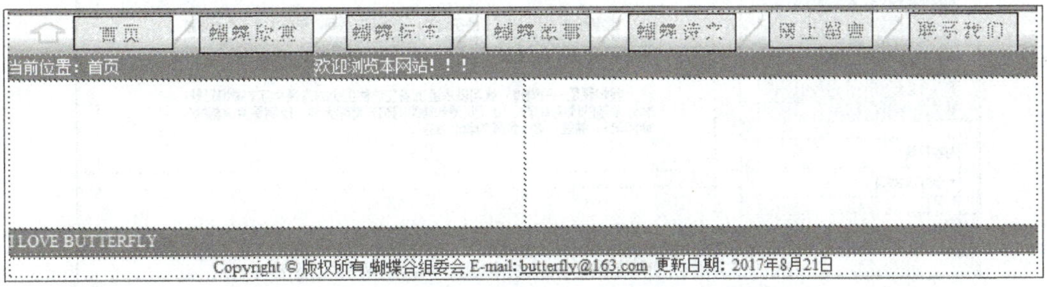

12-24　正文部分修改后的布局效果

注意

若想选中整个表格，比较快捷的方法是将光标移到要删除的表格的单元格中，在状态栏中单击左侧离该单元格标记<td>最近的表格标记<table>，就选中了整个表格，按<Delete>键即可删除表格。

2）将光标移到正文部分表格的左侧单元格内，在属性面板中设单元格的“宽”为205、背景颜色为#EEEEEE、“垂直”对齐方式为“顶部”。

3）插入一个8行3列、宽为100%、其他为0的嵌套表格。将第1行的3个单元格进行合并，插入图像image/futou.jpg。

将光标移到第3行第2个单元格中，设单元格的“水平”和“垂直”对齐方式为“居中”。插入Flash文件other/fumu.swf。

将光标移到第5行的中间单元格中，输入文字“内容提要：”并应用“.t2”样式。

将光标移到第6行的中间单元格中，执行“插入”→“HTML”→“特殊字符”→“其他字符”命令单击黑点符号，再输入文字“我的蝴蝶说”。选中文字，应用样式“.t2”。选中小黑点，在属性面板的“目标规则”中应用t3样式。拖动单元格的边线调整单元格的高度，其布局效果如图12-25所示。

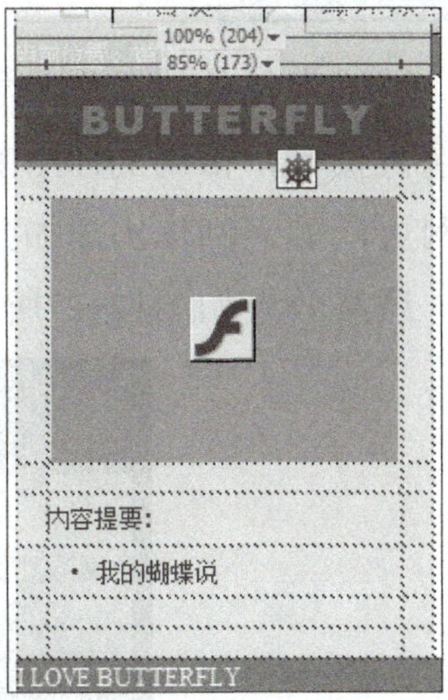

图12-25　正文部分左侧布局

4）将光标移到右侧的单元格中，设单元格的“垂直”对齐方式为“顶端”。插入一个5行3列、宽为100%、其他为0的嵌套表格。在第2行第2个单元格中插入图像image/gushi.jpg。将光标移到第4行第2个单元格中，设单元格的“水平”对齐方式为“居中对齐”，“垂直”对齐方式为“顶端”。插入一个1行1列、宽为

制作子页右侧栏目

80%的嵌套表格，在其中输入文字。选中第1行文字，在CSS属性面板的“目标规则”中应用“t3”样式。其他文字应用“.t2”样式。其布局效果如图12-26所示。

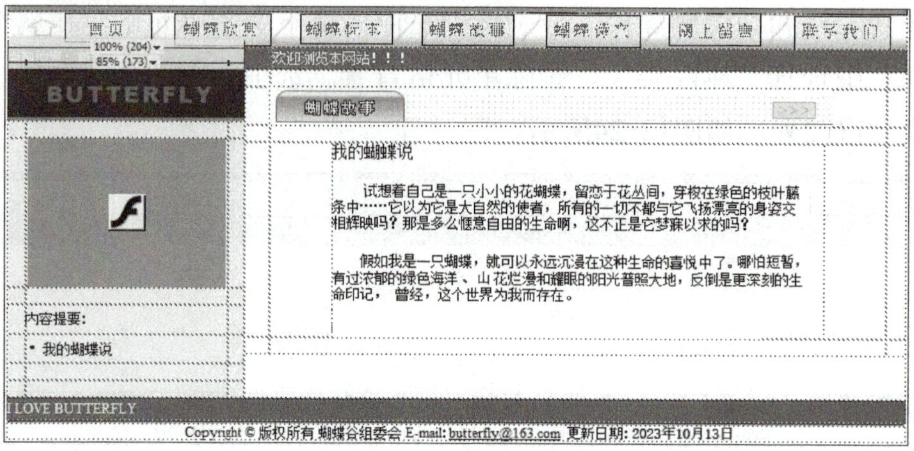

图12-26　子页正文部分布局效果图

5）将头部区域文字“当前位置：首页”修改为“当前位置：蝴蝶故事”。

6）在网页index.html中，选中导航部分的“蝴蝶故事”热点区域，在属性面板的“链接”文本框中输入file/gushi.html。在网页gushi.html中，选中导航部分的“首页”热点区域，在属性面板的“链接”文本框中输入../index.html。则建立了网页间的链接。

读者可根据网站素材完成其他页面的制作，并建立超链接。

建立超链接

任务2　制作网站“葆伟汽车”

【任务描述】

通过本任务的操作，学习如何插入图像、SWF动画等网页元素，如何设置图像超链接、热区超链接等，常用的HTML标签，如何合理创建、编辑、删除CSS规则，如何使用DIV+CSS布局网页，如何制作出添加到收藏夹的功能，如何在标题栏设置动态效果，如何制作背景音乐效果，最终效果如图12-27所示。

图12-27　网站“葆伟汽车”效果图

【任务实施】

规划站点

（1）规划站点

新建文件夹“BaoweiQiche”，将素材文件夹“BaoweiQiche”中的“images”和“others”文件夹复制到“BaoweiQiche”文件夹中。

定义站点

（2）定义站点

在Dreamweaver CC 中，执行“站点”→“新建站点”命令，通过“站点设置对象”对话框定义站点，站点名称为“葆伟汽车”，本地站点文件夹设置为“BaoweiQiche”文件夹。

制作Banner部分

（3）制作Banner部分

1）新建网页“index.html”，保存到站点文件夹下，打开网页“index.html”，将网页的标题改为“葆伟汽车首页”，切换到代码视图，将第一行代码<!doctype html >改为<!doctype html public>。

2）打开“CSS设计器”面板，在“源”窗格中创建新的CSS文件，文件名为“cssfile.css”，将文件保存到“others”文件夹，并以“链接”附加。

3）创建一个*标签选择器规则。在“选择器”窗格中添加选择器“*”，并选中，如图12-28所示。将“属性”窗格切换到布局属性，设置“margin”的值为0px，“padding”的值为0px，如图12-29和图12-30所示。

4）将“属性”窗格切换到边框属性，设置“border”的值为0px，如图12-31所示。

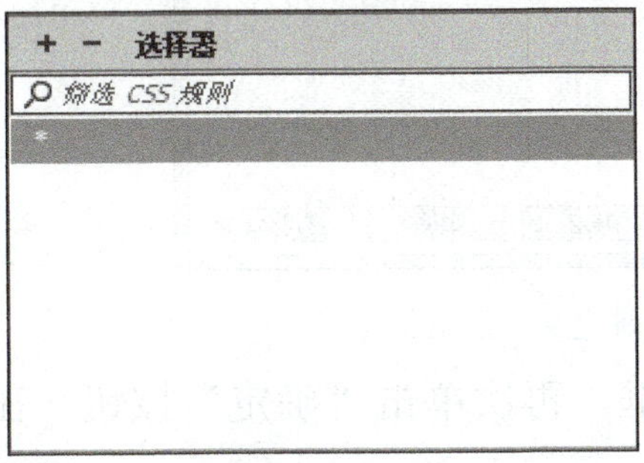

图12-28　在“选择器”窗格中添加选择器“*”

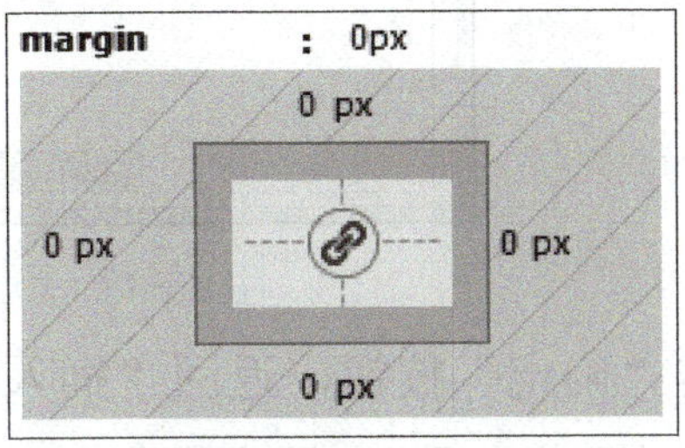

图12-29　设置“margin”属性

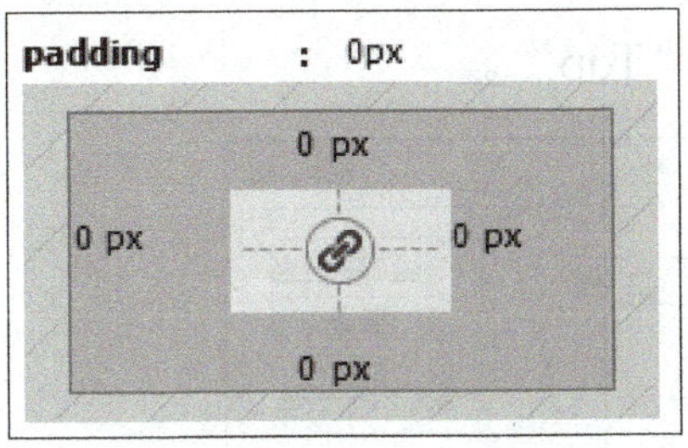

图12-30　设置“padding”属性

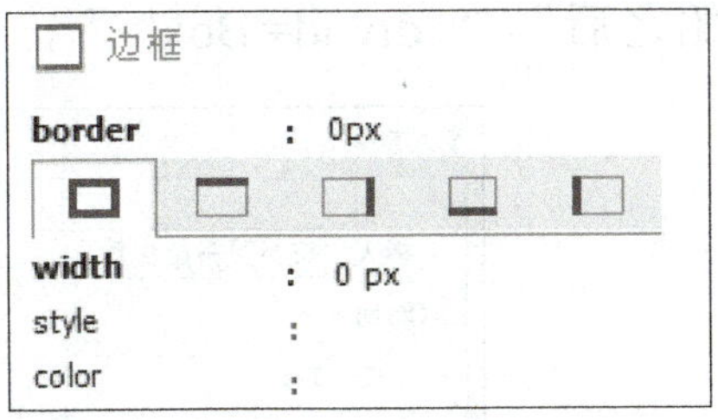

图12-31　设置“border”属性

5）打开“插入”面板，插入Div，在“插入”项中选择“在插入点”，在ID中输入“Box”，如图12-32所示。

6）单击“新建CSS规则”按钮，打开“新建CSS规则”对话框，“选择器类型”选择“ID”，“选择器名称”设置为“#Box”，“规则定义”选择“cssfile.css”。

7）单击“确定”按钮，打开“#Box的CSS规则定义”对话框。在“分类”中选择“方框”项，设置“Width”为1004px，设置“Height”为615px，取消“Margin”中的“全部相同”的对钩，设置“Top”为0，“Right”为auto，“Bottom”为0，“Left”为auto，如图12-33所示。

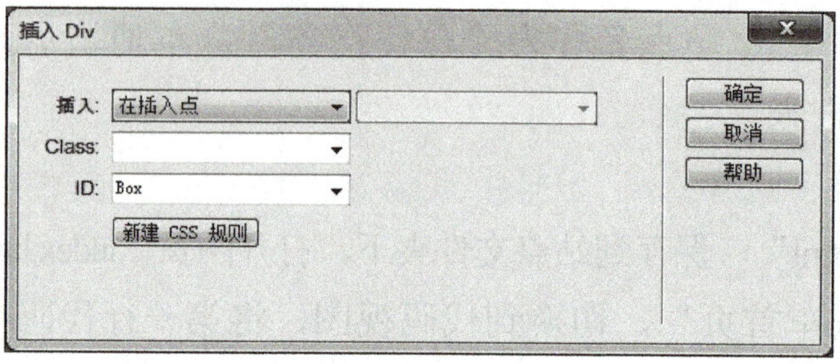

图12-32 “插入Div”对话框

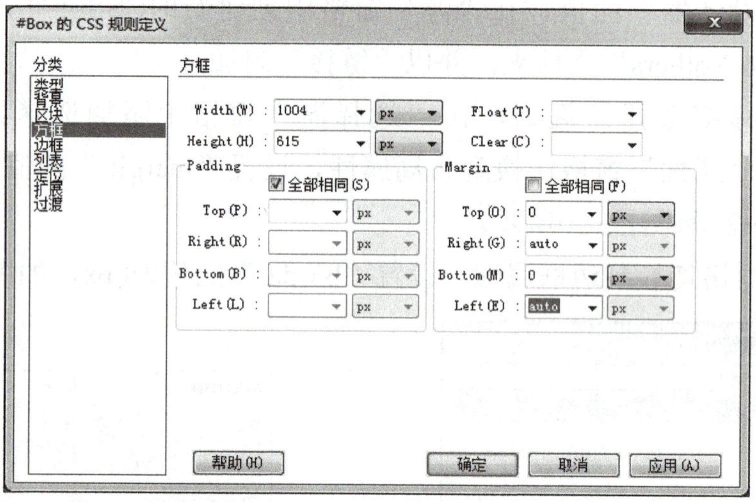

图12-33 “#Box的CSS规则定义”对话框

8）单击“确定”按钮，返回“插入Div”对话框，再次单击“确定”按钮，在页面中插入ID为“Box”的Div，且Div居中显示。

9）将Div中默认的文字删除，插入Div标签，设置如图12-34所示，在“插入”项中选择“在标签开始之后”“<div id='Box'>”，在ID中输入“Top”。

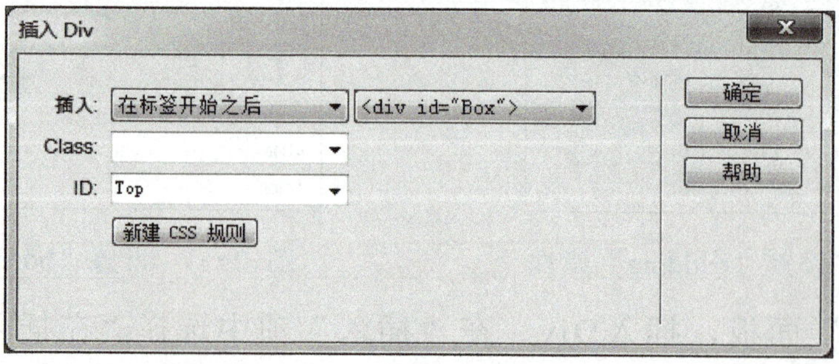

图12-34 “插入Div”对话框

10）为ID为“Top”的Div创建ID选择器规则，在“方框”中设置“Width”为1004px、“Height”为106px，在“背景”中设置“Background-image”为“Top_bg.jpg”，ID为“Top”的Div在网页中的效果如图12-35所示。

图12-35　ID为“Top”的Div在网页中的效果

11）将默认的文字删除，插入Div标签，在“插入”项中选择“在标签开始之后”“<div id=' Top'>”，在ID中输入“Flash”，设置如图12-36所示。

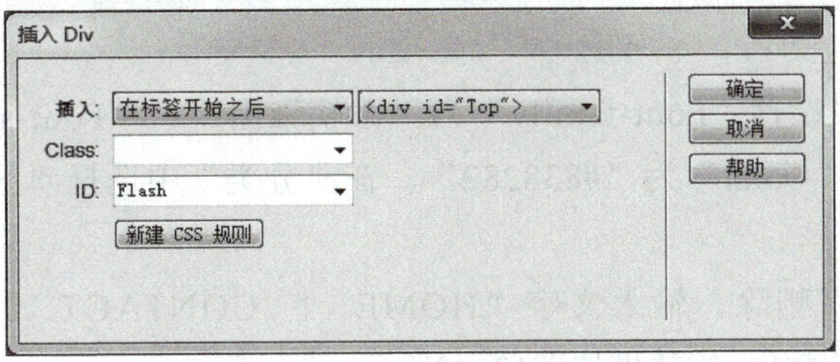

图12-36　“插入Div”对话框

12）为ID为“Flash”的Div创建ID选择器规则，在“方框”中设置“Width”为270px，“Height”为106px，“Float”为left。

13）将默认的文字删除，将光标定位在ID为“Flash”的Div中，插入Flash SWF文件“xing.swf”，选中Flash SWF文件，将“宽”和“高”都设置为106px，“Wmode”设置为“透明”，保存，预览，Flash SWF文件在浏览器中效果如图12-37所示。

14）插入Div标签，在“插入”项中选择“在标签后”“<div id=" Flash">”，在ID中输入“Contact-Nav”，设置如图12-38所示。

图12-37　Flash SWF文件在浏览器中的效果

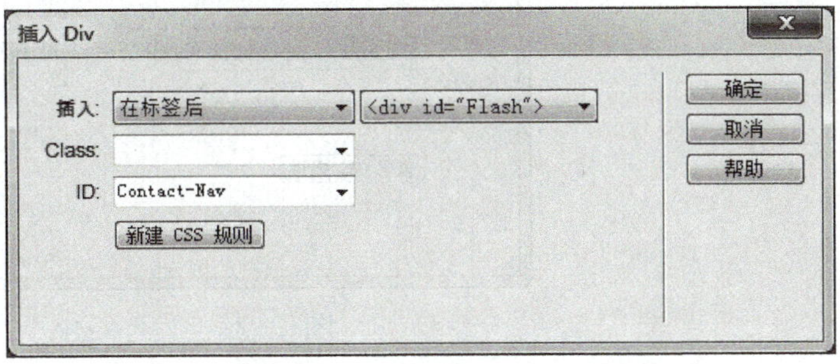

图12-38　“插入Div”对话框

15）为ID为“Contact-Nav”的Div创建ID选择器规则，在“方框”中设置“Width”为734px，“Height”为106px，“Float”为left。

16）将默认的文字删除，插入Div标签，在“插入”项中选择“在标签开始之后”“<div id='Contact-Nav'>”，在ID中输入“Contact-us”，设置如图12-39所示。

17）为ID为“Contact-us”的Div创建ID选择器规则，并在“方框”中设置“Width”为633px，“Height”为26px，取消选择“Padding”中的“全部相同”复选框，设置“Top”为40px，取消选择“Margin”中的“全部相同”复选框，设置“Right”为101px。

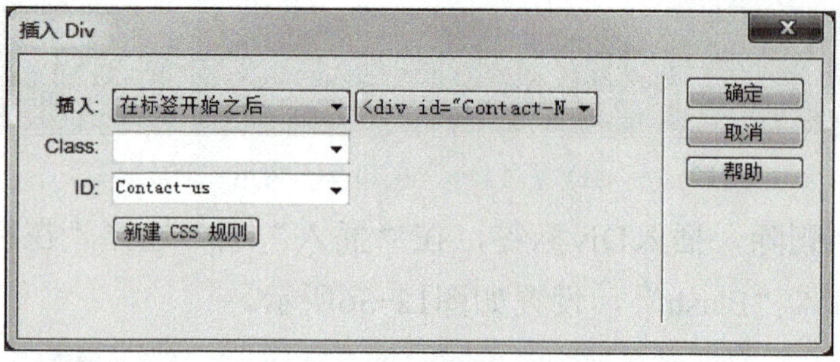

图12-39 “插入Div”对话框

18）在“类型”中设置“Font-family”为“微软雅黑”、“Font-size”为9px、“Font-weight”为“bold”、“Color”为“#838282”。在“分类”中选择“区块”项，设置“Text-align”为“right”。

19）将默认的文字删除，输入文字“HOME | CONTACT | MAIL TO US”，“HOME”文字部分在网页中的效果如图12-40所示。

图12-40 “HOME”文字部分在网页中的效果

（4）制作导航部分

1）插入一个Div，在“插入”项中选择“在标签后”“<div id='Contact-us'>”，在“ID”中输入“Nav”，设置如图12-41所示。

制作导航部分

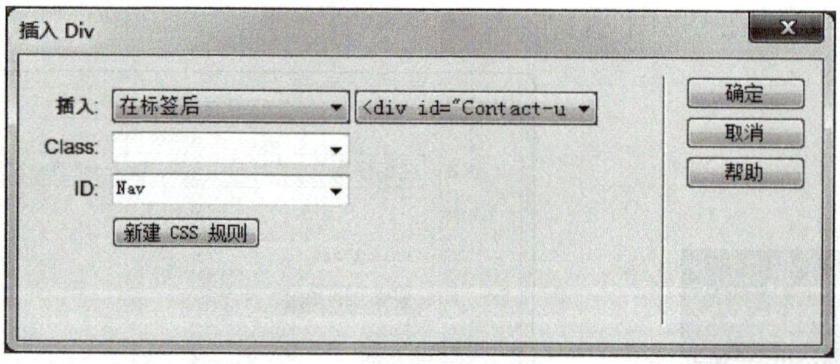

图12-41 “插入Div”对话框

2）为ID为“Nav”的Div创建ID选择器规则，在“方框”中设置“Width”为633px，“Height”为40px，取消选择“Margin”中的“全部相同”复选框，设置“Right”为101px。

3）在“类型”中设置“Font-family”为宋体、“Font-size”为13px、“Color”为#DDDDDD。

4）在“分类”中选择“区块”项，设置“Text-align”为“right”。在“分类”中选择“背景”项，设置“Background-color”为#000000。

5）将默认的文字删除，输入文字素材中的对应导航文字，为每条“|”左右各插入1个全角空格，为每个导航项设置空超链接，设置空链接后的导航部分在网页中的效果如图12-42所示。

图12-42　设置空链接后的导航部分在网页中的效果

6）在“选择器”窗格中添加伪锚记选择器“a.nav:link”，在“属性”窗格中，设置“font-family”为宋体、“font-size”为13px、“color”为#CCCCCC、“line-height”为40px、“font-weight”为“bold”、“text-decoration”为“none”。

7）在“选择器”窗格中添加伪锚记选择器“a.nav:visited”，在“属性”窗格中，设置“font-family”为宋体、“font-size”为13px、“color”为#CCCCCC、“line-height”为40px、“font-weight”为“bold”、“text-decoration”为“none”。

8）在“选择器”窗格中添加伪锚记选择器“a.nav:hover”，在“属性”窗格中，设置“font-family”为宋体、“font-size”为13px、“color”为#FF0004、“line-height”为40px、“font-weight”为“bold”、“text-decoration”为“none”。

9）在“选择器”窗格中添加伪锚记选择器“a.nav:active”，在“属性”窗格中，设置“font-family”为宋体、“font-size”为13px、“color”为#FF0004、“line-height”为40px、“font-weight”为“bold”、“text-decoration”为“underline”。导航部分在网页中的效果如图12-43所示。

图12-43　导航部分在网页中的效果

（5）制作“优惠大赠送”部分

1）插入一个Div，在“插入”项中选择“在标签后”“<div id='Top'>”，在“ID”中输入“Main”，设置如图12-44所示。

制作“优惠大赠送”部分

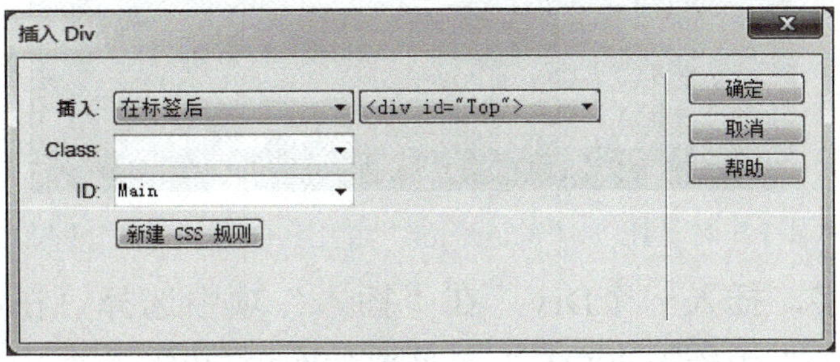

图12-44　“插入Div”对话框

2）为ID为“Main”的DIV创建ID选择器规则，在“方框”中设置“Width”为1004px、“Height”为365px。在“背景”中设置“Background-image”为“Main_bg.jpg”。ID为“Main”的Div在网页中的效果如图12-45所示。

图12-45　ID为“Main”的Div在网页中的效果

3）删除默认的文字，插入一个Div，在“插入”项中选择“在标签开始之后”“<div id='Main'”>，在“ID”中输入“Main-left”，设置如图12-46所示。

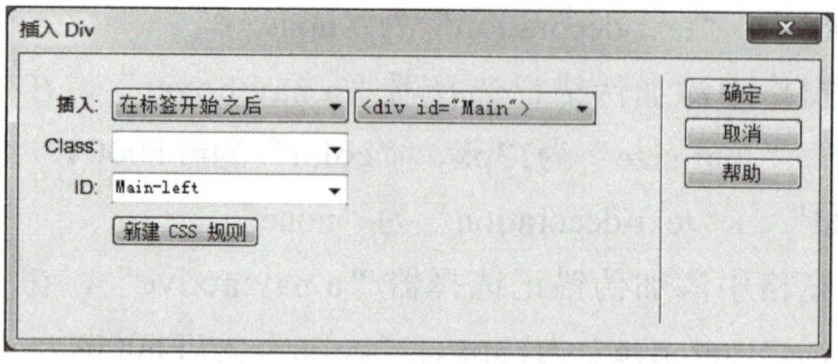

图12-46　“插入Div”对话框

4）为ID为“#Main-left”的Div创建ID选择器规则，在“方框”中设置“Width”为456px、“Height”为365px、“Float”为left。取消选择“Padding”中的“全部相同”复选框，设置“Left”为46px。ID为“Main-left”的Div在网页中的效果如图12-47所示。

图12-47　ID为“Main-left”的Div在网页中的效果

5）删除默认的文字，插入一个Div，在“插入”项中选择“在标签开始之后”“<div id='Main-left'”>，在“ID”中输入“Title”，设置如图12-48所示。

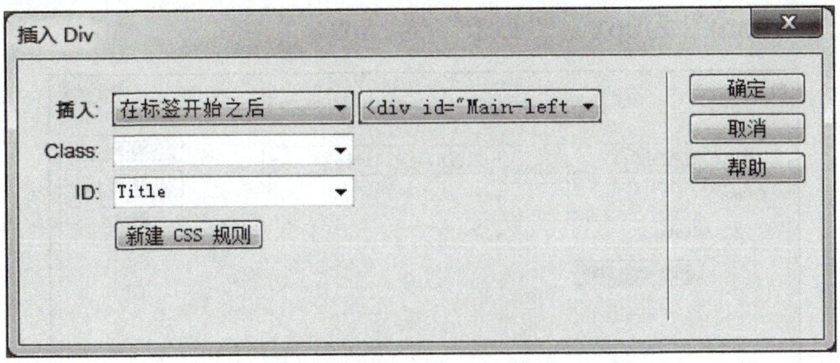

图12-48　“插入Div”对话框

6）为ID为“Title”的Div创建ID选择器规则，并在“方框”中设置“Width”为441px、“Height”为26px。

7）取消选择“Padding”中的“全部相同”复选框，设置“Left”为15px。取消选择“Margin”中的“全部相同”复选框，设置“Top”为74px。

8）在“背景”中设置“Background-image”为“bg.gif”、“Background-repeat”为“no-repeat”，ID为“Title”的Div在网页中的效果如图12-49所示。

图12-49　“优惠大赠送”部分在网页中的效果

9）删除ID为“Title”的Div中默认的文字，输入文字“优惠大赠送”，在“赠送”文字的后面插入两个全角空格。

10）在“选择器”窗格中添加类选择器“.Title-write”，并选中，将“属性”窗格切换到文本属性，设置“font-family”为Arial、“font-size”为15px、“color”为#EEEEEE、“line-height”为26px、“font-weight”为“bold”。

11）在“选择器”窗格中添加类选择器“.Title-red”，并选中，将“属性”窗格切换到文本属性，设置“font-family”为微软雅黑、“font-size”为15px、“color”为#D81316、“line-height”为26px、“font-weight”为“bold”。

12）文本“优惠大赠送”在网页中的效果如图12-50所示。

图12-50　文本“优惠大赠送”在网页中的效果

13）插入一个Div，在“插入”项中选择“在标签后”“<div id=' Title'>”，在“ID”中输入“Content”，设置如图12-51所示。

14）为ID为“Content”的Div创建ID选择器规则，在“方框”中设置“Width”为426px、“Height”为175px，取消选择“Padding”中的“全部相同”复选框，设置“Top”为15px、

"Right"为15px、"Bottom"为0px、"Left"为15px。

图12-51 "插入Div"对话框

15）在"类型"中设置"Font-family"为宋体、"Font-size"为13px、"Line-height"为26px、"Font-weight"为"bold"、"Color"为#EEEEEE。

16）将默认的文本删除，输入文字素材中相应的文字，并在"凡时"和"现场"文字前分别输入两个全角空格，"优惠大赠送"部分在网页中的效果如图12-52所示。

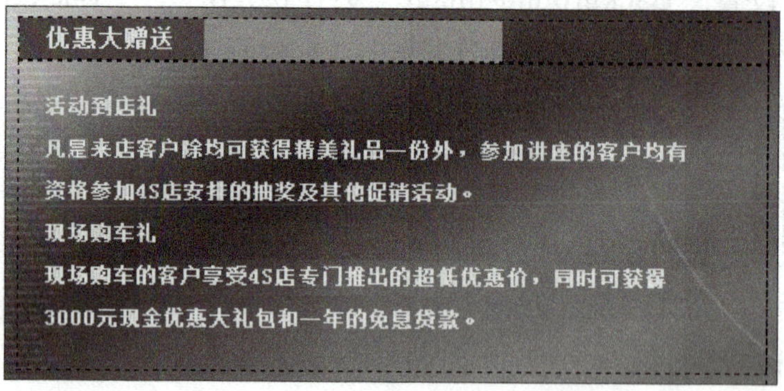

图12-52 "优惠大赠送"部分在网页中的效果

（6）制作用户登录部分

1）插入一个Div，在"插入"项中选择"在标签后""<div id='Content'>"，在"ID"中输入"Login"，设置如图12-53所示。

制作用户登录部分

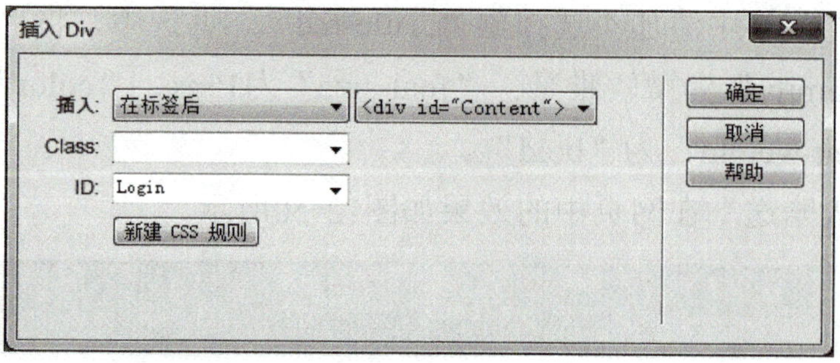

图12-53 "插入Div"对话框

2）为ID为"Login"的Div创建ID选择器规则，在"方框"中设置"Width"为100%、"Height"为27px，取消选择"Margin"中的"全部相同"复选框，设置"Top"为20px。

3）在"类型"中设置"Font-family"为宋体、"Font-size"为13px、"Font-weight"为"bold"、"Color"为#DDDDDD。

4）将ID为“Login”的Div中默认的文本删除，在其中插入表单域，在再表单域中插入一个文本框和一个密码框，将文本框的文字改为“用户名：”，将密码框的文字改为“密码：”，选中文本框，在“属性”面板中将“size”设置为15，同样设置密码框。

5）将光标定位在密码框后面，插入提交按钮和重置按钮。保存，预览，用户登录部分在网页中的效果如图12-54所示。

图12-54　用户登录部分预览的效果

6）可以进一步美化提交按钮和重置按钮。在“选择器”窗格中添加类选择器“.button”，并选中，将“属性”窗格切换到布局属性，设置“padding”的上填充为1px、右填充为6px、下填充为1px、左填充为6px，如图12-55所示。

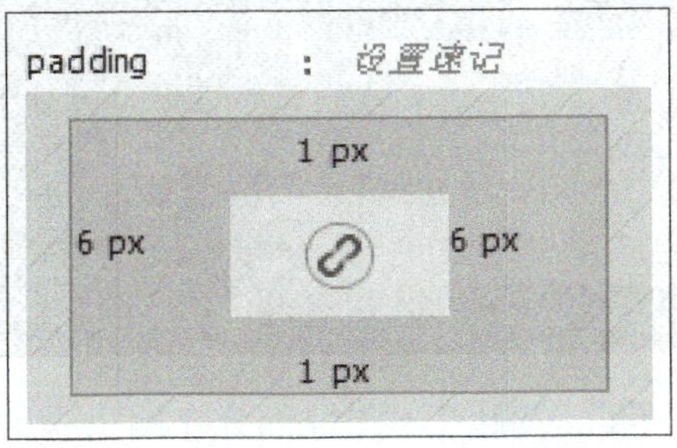

图12-55　“padding”属性的设置

7）选择提交按钮，在“属性”面板的“class”中选择“button”，同样设置重置按钮，保存，预览。用户登录部分在浏览器中的效果如图12-56所示。

图12-56　用户登录部分在浏览器中的效果

（7）制作右侧汽车图像部分

1）插入一个Div，在“插入”项中选择“在标签后”“<div id='Main-left'>”，在“ID”中输入“Main-right”，设置如图12-57所示。

制作右侧汽车图像部分

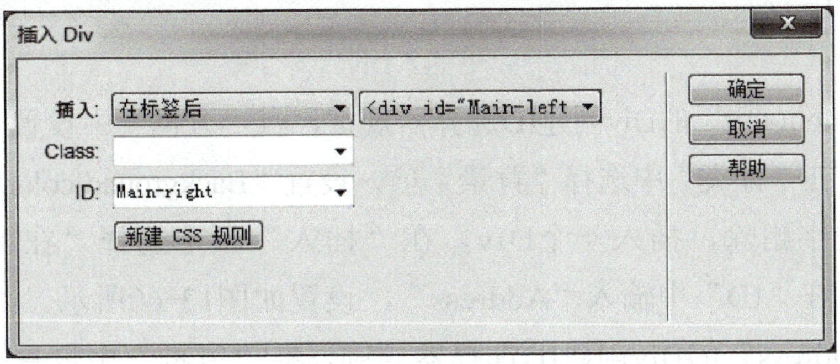

图12-57　“插入Div”对话框

2）为ID为“Main-right”的Div创建ID选择器规则，在“方框”中设置“Width”为

401px，“Height”为335px，“Float”为left，取消选择“Margin”中的“全部相同”复选框，设置“Top”为30px。

3）删除默认的文字，将光标定位于ID为“Main-right”的Div中，在其中插入图像“Car.png”，汽车图像部分在网页中的效果如图12-58所示。

图12-58　右侧汽车图像部分在网页中的效果

（8）制作地址部分

制作地址部分

1）插入一个Div，在“插入”项中选择“在标签后”“<div id='Main'>”，在“ID”中输入“Bottom-top”，设置如图12-59所示。

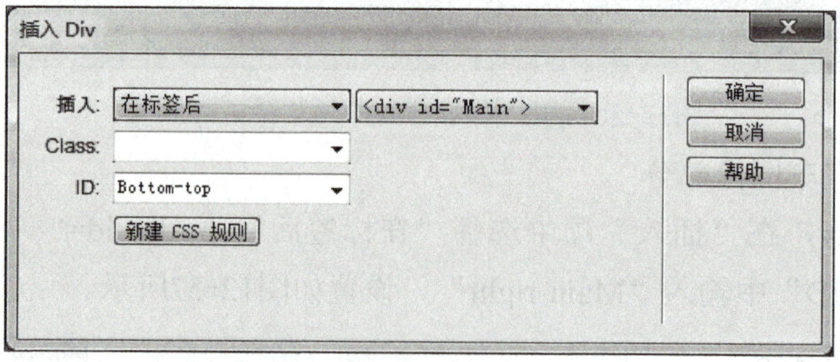

图12-59　“插入Div”对话框

2）为ID为“Bottom-top”的Div创建ID选择器规则，在“方框”中设置“Width”为1004px、“Height”为100px，在“分类”中选择“背景”项，设置“Background-color”为#969696。

3）将默认的文字删除，插入一个Div，在“插入”项中选择“在标签开始后”“<div id='Bottom-top'>”，在“ID”中输入“Address”，设置如图12-60所示。

4）为ID为“Address”的Div创建ID选择器规则，在“方框”中设置“Width”为217px，“Height”为78px，“Float”为left，取消选择“Padding”中的“全部相同”复选框，设置“Top”为12px、“Right”为10px，“Bottom”为10px，“Left”为40px。

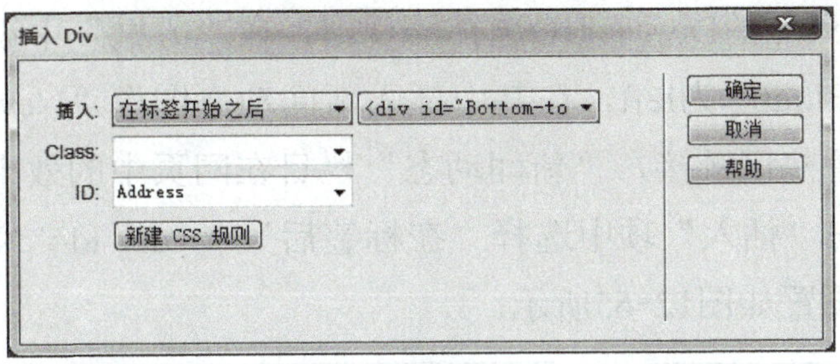

图12-60　“插入Div”对话框

5）在“背景”中设置“Background-image”为“Address-bg.jpg”，删除默认的文字，在其中输入文字素材中的地址文字，ID为“Address”的Div在网页中的效果如图12-61所示。

图12-61　ID为“Address”的Div在网页中的效果

6）在“选择器”窗格中添加类选择器“.address”，并选中，将“属性”窗格切换到文本属性，设置“font-family”为宋体、“font-size”为13px、“color”为#FEC124、“line-height”为26px。

7）选中文字，在“属性”面板中的“目标规则”中选择“address”，应用CSS规则，地址部分在网页中的效果如图12-62所示。

图12-62　地址部分在网页中的效果

（9）制作“新闻动态”栏目部分

1）插入一个Div，在“插入”项中选择“在标签后”“<div id="Address">”，在“ID”中输入“News-left”，设置如图12-63所示。

制作“新闻动态”栏目部分

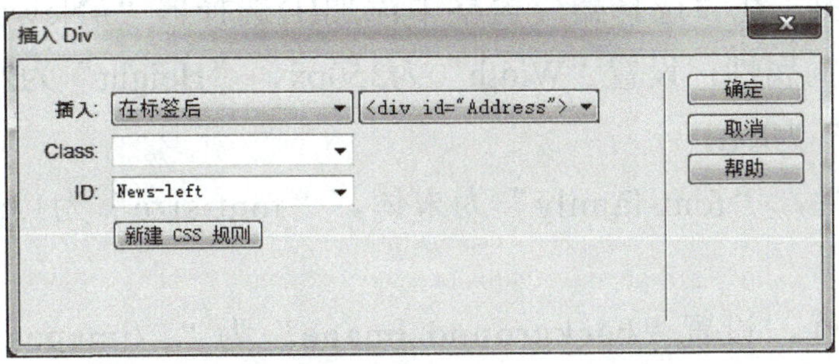

图12-63　“插入Div”对话框

2）为ID为“News-left”的Div创建ID选择器规则，在“方框”中设置“Width”为141px、“Height”为100px、“Float”为left，在其中插入新闻动态图像“News-title.jpg”，为图像的新闻动态和More部分设置热区链接，“新闻动态”栏目在网页中的效果如图12-64所示。

3）插入一个Div，在“插入”项中选择“在标签后”“<div id=' News-left'>”，在“ID”中输入“News-title”，设置如图12-65所示。

图12-64 “新闻动态”栏目在网页中的效果

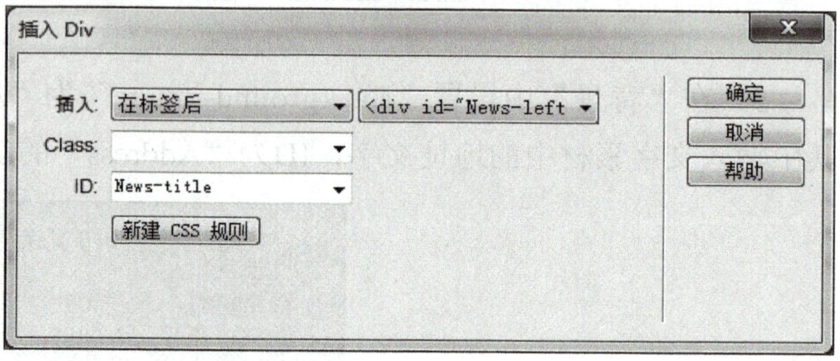

图12-65 “插入Div”对话框

4）为ID为“News-title”的Div创建ID选择器规则，在“方框”中设置“Width”为475px、“Height”为80px、“Float”为left，取消选择“Padding”中的“全部相同”复选框，设置“Top”为10px、“Right”为12px，“Bottom”为10px，“Left”为10px。

5）将默认的文字删除，切换到代码视图，在<div id="News-title "></div>标签中输入定义列表，在每个<dt></dt>中输入文字素材中标题文本，在每个<dd></dd>中输入文字素材中的日期文本，文本与代码如下。

```
<div id="News-title">
 <dl>
  <dt>百城百店WEY你而来 VV7登陆全国百家万达广场</dt>
  <dd>2023-04-19</dd>
  <dt>2023年一次带你领略7个异彩纷呈的WEY之世界</dt>
  <dd> 2023-04-19 </dd>
  <dt> WEY汽车基因密室首次公开招募探秘人员！你想试试吗？</dt>
  <dd> 2023-04-19 </dd>
 </dl>
</div>
```

6）切换到设计视图，在“选择器”窗格中添加ID选择器“#News-title dl dt”，在“属性”窗格中，切换到布局属性，设置“Width”为350px、“Height”为26px，设置padding左填充为12px，设置“float”为left。

7）切换到文本属性，“font-family”为宋体、“font-size”为13px、“line-height”为26px。

8）切换到背景属性，设置“background-image”为“../images/point_image.jpg”、“background-repeat”为“no-repeat”、“background-position”为“left center”。如图12-66所示。

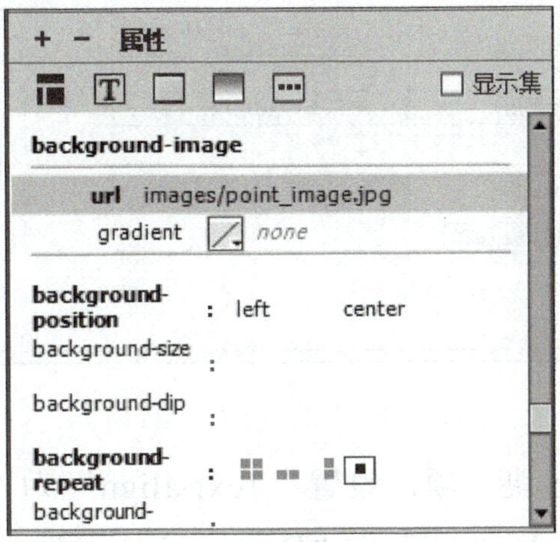

图12-66　设置背景属性

9）为每个标题设置空链接，在“选择器”窗格中添加伪锚记选择器“a.title:link”，在“属性”窗格中，设置“color”为#6C0002、“text-decoration”为“none”。

10）在“选择器”窗格中添加伪锚记选择器“a.title:visited”，在“属性”窗格中，设置“color”为#6C0002、“text-decoration”为“none”。

11）在“选择器”窗格中添加伪锚记选择器“a.title:hover”，在“属性”窗格中，设置“color”为#FD0004、“text-decoration”为“none”。

12）在“选择器”窗格中添加伪锚记选择器“a.title:active”，在“属性”窗格中，设置“color”为#FD0004、“text-decoration”为“underline”。分别选择三条标题，在“属性”面板的“目标规则”中选择“title”，应用CSS规则。

13）在“选择器”窗格中添加ID选择器“#News-title dl dd”，在“属性”窗格中，切换到布局属性，设置“Width”为70px、“Height”为26px，设置“float”为left，设置“padding”左填充为20px。

14）切换到文本属性，“font-family”为宋体、“font-size”为13px、“color”为#6C0002、“line-height”为26px。“新闻动态”栏目部分在网页中的效果如图12-67所示。

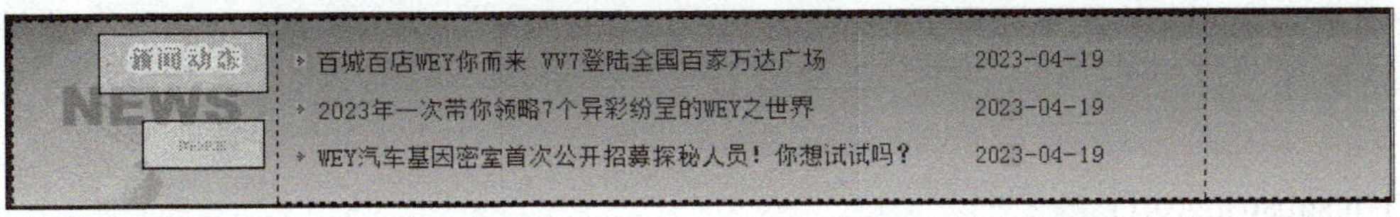

图12-67　“新闻动态”栏目部分在网页中的效果

（10）制作版权部分

1）插入一个Div，在“插入”项中选择“在标签后”“<div id=' Bottom-top>”，在“ID”中输入“Bottom-bm”，设置如图12-68所示。

2）为ID为“Bottom-bm”的Div创建ID选择器规则，在“方框”中设置“Width”为964px、“Height”为40px，取消选择“Padding”中的“全部相同”复选框，设置“Left”为40px。

制作版权部分

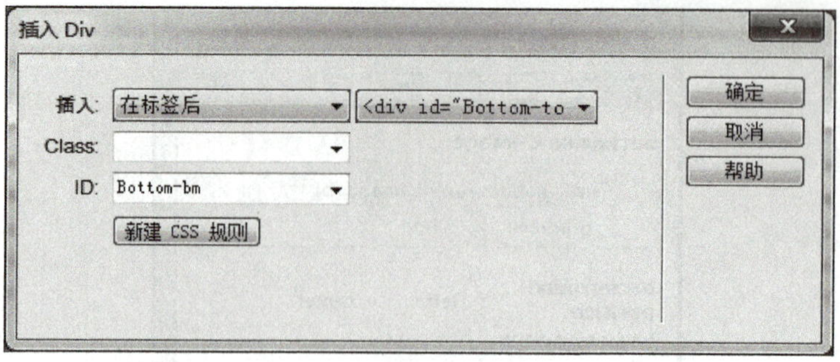

图12-68 “插入Div”对话框

3）在“分类”中选择“区块”项，设置“Text-align”为“center”。在“分类”中选择“背景”项，设置“Background-image”为“Bottom_bg.jpg”，将默认的文字删除，插入素材中的版权文字。

4）在“选择器”窗格中添加类选择器“.copyright”，在“属性”窗格中，切换到文本属性，“font-family”为宋体、“font-size”为13px、“color”为#CBCBCB、“line-height”为44px。

5）选中版权文字，在“属性”面板中的“目标规则”中选择“copyright”，应用CSS规则，在文字“2023”前插入版权符号和半角空格，版权部分在网页中的效果如图12-69所示。

图12-69 版权部分在网页中的效果

（11）制作动态效果

1）设置背景音乐。切换到代码视图，将光标定位在<head></head>标签之间，输入以下代码，保存，预览。

制作动态效果

```
<bgsound loop="-1" src="others/bgmusic.mp3" />
```

2）设置标题栏动态效果。将光标定位在<head></head>标签之间，输入如下代码，保存，预览。

```
<script language="jscript">
    a=":::::::欢迎来到葆伟汽车首页!:::::::"
    function bb()
    {
        a=a+a.substring(0,1)
        a=a.substring(1,a.length)
        document.title=a
        setTimeout("bb()",500)
    }
    bb()
</script>
```

3）到此全部制作完毕，切换到代码视图，保存，预览。网页最终效果如图12-27所示。

参 考 文 献

[1] 赵丰年，李小平，刘仕云，等．Dreamweaver CC实例教程[M]．5版．北京：人民邮电出版社，2021．

[2] 宋晓明，张冰．Dreamweaver CC 2018网页制作案例教程[M]．北京：清华大学出版社，2018．

[3] 黄煜欣．网页设计与制作[M]．北京：人民邮电出版社，2022．